中国持续性极端降水事件诊断

翟盘茂　陈　阳　廖　圳
王东海　余　荣　袁宇锋　著

内 容 简 介

本书主要以图示的形式，针对我国持续性极端降水事件(即夏季持续性暴雨事件和冬季持续性低温雨雪冰冻事件)，从大气条件和多尺度天气系统结构配置及其演变角度，展示了多尺度天气系统相互作用对我国持续性重大天气异常的影响；同时还提供了1951—2010年期间我国夏季持续性暴雨和冬季持续性低温雨雪冰冻两类持续性极端事件的个例。本书可供广大天气气候业务与研究人员、大气科学有关高校师生参考。

图书在版编目(CIP)数据

中国持续性极端降水事件诊断 / 翟盘茂等著. --北京 ：气象出版社，2016.10 (2018.3 重印)

ISBN 978-7-5029-6383-5

Ⅰ.①中… Ⅱ.①翟… Ⅲ.①强降水-研究-中国 Ⅳ.①P426.6

中国版本图书馆 CIP 数据核字(2016)第 216672 号

Zhongguo Chixuxing Jiduan Jiangshui Shijian Zhenduan

中国持续性极端降水事件诊断

出版发行：气象出版社

地　　址：北京市海淀区中关村南大街46号　　邮政编码：100081

电　　话：010-68407112(总编室)　010-68408042(发行部)

网　　址：http://www.qxcbs.com　　E-mail：qxcbs@cma.gov.cn

责任编辑：齐　翟　马　可　　终　　审：邵俊年

责任校对：王丽梅　　责任技编：赵相宁

封面设计：博雅思企划

印　　刷：北京建宏印刷有限公司

开　　本：889 mm×1194 mm　1/16　　印　　张：14.5

字　　数：371千字

版　　次：2017年1月第1版　　印　　次：2018年3月第2次印刷

定　　价：100.00元

序

持续性天气异常时常引发多种严重的气象灾害，其中夏季持续性强降水、冬季持续性低温雨雪冰冻影响时间长、范围广，往往给人民生命财产造成极为严重的损失。

近20多年来，我国持续性重大天气异常引发的气象灾害频发，其影响的程度和范围呈不断增长趋势。如，1998年夏季，长江流域持续性暴雨天气长达40天，前后发生了两次分别长达10天和6天的持续性强降水，引发的全流域洪涝灾害造成直接经济损失达2500亿元人民币，死亡人数超过3000人；又如，2008年1—2月，我国南方广大地区遭遇了持续时间近20天的低温雨雪冰冻事件，造成我国大范围电力中断，春运停滞，大量民工滞留在南方各省主要城市，给国民经济造成1900亿元的损失。

持续性天气异常成因十分复杂，涉及不同时空尺度大气环流系统之间的相互作用，需要深入认识不同纬度、不同层次的环流系统之间的相互配合和作用。除了大气内部的热力、动力学过程外，诸如海洋热力异常和青藏高原的热力和动力影响等外强迫因素也对此类高影响天气的形成起到重要的影响。

对高影响天气的形成机理的理解和认识不足，直接制约对持续性天气异常的预报能力。如何能有效地把预报时效延伸到有决策价值的1～2周时长，是当今国内外气象界共同面临的最前沿的重大气象科学问题。

本书汇集了基于国家重大基础研究发展规划项目“我国持续性重大天气异常形成机理与预报理论和方法研究”中的研究成果。在确定近60年我国夏季持续性强降水和冬季低温雨雪冰冻事件的基础上，采用主观分析和客观统计方法相结合的方案，提取了大量历史个例的环流共性并进行环流分型，建立了引发持续性天气异常的各关键环流系统的异常特征及各系统之间的组合搭配。书中细致地描述了我国典型持续性强降水事件个例中降水的空间分布、时间演变特征及相应的低频分量的相对贡献，重点关注和刻画了典型环流型中各关键系统的发展和维持。

本书提供了大量的历史个例及相应的要素场分析图，为读者快速地了解我国夏季持续性强降水和冬季持续性低温雨雪冰冻事件及其大气条件提供相关信息，并可以开展最为直观和准确的诊断，也为进一步的机理分析和预报理论及方法研究提供支持。

丁一汇

2016年10月于北京

序

引 言

本书针对我国夏季持续性暴雨和冬季持续性低温雨雪冰冻两类持续性极端降水事件，展示了我国冬夏两季持续性降水事件的多尺度天气系统结构配置及其演变特征，旨在加深我们对多尺度天气系统相互作用对我国持续性重大天气异常的影响及其机理的认识，为提高我国东部夏季持续性极端降水与冬季南方低温雨雪冰冻灾害预报能力提供科学依据。

本书依据新提出的持续性暴雨及持续性冰冻雨雪天气事件定义，确定了1951—2010年间发生的长江流域持续性暴雨事件、华南地区持续性暴雨事件、台风型持续性暴雨事件以及南方持续性低温雨雪冰冻事件等个例。在此基础上利用1980年以后完整可靠的降水、温度、大气环流、水汽和对流活动等观测和再分析资料，针对台风型持续性暴雨事件以外的持续性极端事件过程配以丰富的分析图展示，不仅清晰地描述了逐日降水演变特征，而且从波活动通量、对流层高层西风急流、南亚高压、中层副热带高压、阻塞高压、低层的低值扰动、低空急流、整层大气水汽输送以及低纬度对流活动等多个方面，全方位地揭示夏季持续性暴雨过程的三维多尺度演变特征；对冬季持续性低温雨雪冰冻事件，既刻画了逐日温度与降水的持续性异常，也进一步利用高空大气再分析资料诊断了冷空气、印缅槽活动和对流层温度层结的影响。除大气特征外，本书还基于滤波统计方法对持续性暴雨期间逐日降水变化进行了低频分解，从而为评估不同低频成分在持续性极端降水中的相对贡献提供一定的参考。

为了增加本书的可读性，还对各类事件中具有代表性的持续性极端天气事件进行了较为详细的文字分析。在附表中给出了遴选出的持续性暴雨及持续性冰冻雨雪天气事件的发生时间、区域、影响范围、严重程度，同时列出本书中诊断的事件的主要影响天气系统之间的组合型搭配。

上述丰富的图文信息方便业务人员和研究人员快速了解相关高影响历史个例的概况，为进一步总结预报经验和启发相关研究起到一定的参考。希望本书能在对我国持续性重大天气气候异常事件及其形成机理的认识方面起到积极的影响和促进的作用。

本书的出版得到了国家973项目“我国持续性重大天气异常形成机理与预测理论和方法研究”(2012 CB 417200)支持。在编制过程中得到了倪允琪教授、乔林研究员、牛若芸研究员、孙建华研究员的大力支持和帮助，也吸收了李蕾、吴慧、胡娅敏、陆虹、钱晰、冯海山、周佰铨、李慧、贺冰蕊、王倩等的研究成果，在此表示诚挚的感谢！

本书作者

2016年10月

目　录

第1章　资料、定义与指标

1.1　资料

1.1.1　观测资料

本书中所采用的观测资料为国家气象信息中心提供的中国756个站的逐日降水、逐日最高温度和逐日最低温度数据，数据时间范围为1951—2010年。该资料经过国家气象信息中心较为严格的质量控制，数据质量得以保证(Zhai et al.,2005)。该套资料中的站点主要分布在中国东部地区(105°E以东)，而西部地区(105°E以西)站点分布较为稀疏，特别是高原地区站点最为稀少。识别持续性暴雨事件用到其中的逐日降水量数据；识别持续性低温雨雪冰冻事件综合使用逐日降水数据、逐日最高和最低温度数据。

1.1.2　格点资料

本书中使用美国NCEP/NCAR提供的逐日再分析资料(Kalnay et al.,1996)。该套再分析资料的水平分辨率为2.5°×2.5°，所用时段为1981—2010年，用到的变量主要有逐日位势高度场(单位:gpm)、高空温度(单位:℃)、风场(单位:m/s)和比湿(单位:kg/kg)场等。同时，采用了NOAA的向外长波辐射(OLR)的逐日资料和长期平均资料(Lee, 2014)，选用的水平分辨率为1°×1°。还使用了欧洲中期天气预报中心提供的ERA Interim再分析资料(Dee et al.,2011)，选用的水平分辨率为0.75°×0.75°，频率为一日4次资料，并且将其处理成日平均资料，所用时段为1981—2010年，用到的变量主要为风场(单位:m/s)。

1.1.3　卫星观测资料

本书中使用的TBB(黑体亮度温度)资料(可以用来反映热带、副热带地区对流活动)来自日本气象厅气象研究所和日本气象厅发布的静止气象卫星(GMS)资料，资料的覆盖范围为60°S～60°N、80°E～160°W。两种来源的TBB资料覆盖时段和分辨率不同，其中1980—1997年的TBB资料取自日本气象厅气象研究所，分辨率为1°×1°经纬度；1998—2010年使用日本气象厅发布的GMS卫星数据，分辨率为0.05°×0.05°经纬度。采用了NOAA的向外长波辐射(OLR)的逐日资料和长期平均资料(Lee, 2014)，选用水平分辨率为1°×1°。

1.2　定义与指标

书中定义的持续性暴雨事件是指持续时间达到3天及以上、具有一定影响范围的区域性暴雨事件(Chen et al.,2013)；持续性低温雨雪事件是指持续时间达到5天及以上、具有一定影响范围的区域性持续性低温雨雪事件(Qian et al.,2014)。

1.2.1　持续性暴雨事件的识别

单站持续性暴雨需满足以下条件：某站前 3 天逐日降水量均需≥50 mm，从第 4 天起，暴雨日可以间断 1 天，但降水过程仍需持续，以连续 2 天日降水量小于 50 mm 作为一次过程结束的标志。这样的定义综合考虑了降水的致灾性、极端性、持续性以及过程雨量。以图 1.1 中所示的降水过程为例，按上述定义，持续性暴雨过程从第 2 天开始，第 7 天结束，共持续 6 天，过程降水量为 320 mm。

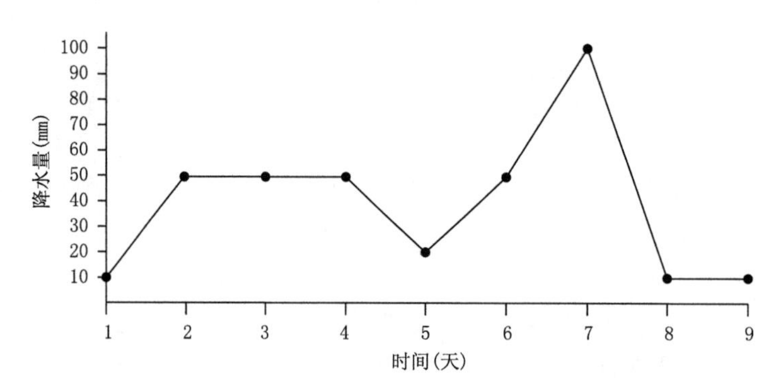

图 1.1　持续性暴雨识别过程示意图

区域性持续性暴雨的识别方法需进一步考虑单站持续性暴雨事件在时间上的持续性和在空间上的重合性。具体而言，有两个因素需要考虑，一是各单站事件发生时间的连续性；二是各站点之间的空间紧邻性。具体操作步骤如下：

1)找出在持续时段内，时间上有重合(至少重合 1 天)的单站持续性暴雨事件。

2)在上一步的基础上判断空间相邻性：邻站条件要求两个站点之间的距离小于 200 km。

将第 1 步得到的时间上有重合的所有站点视作一个集合，在该集合中根据邻站条件将邻站最多的站作为“中心站”。以该“中心站”为中心，识别中心站的邻站。此时中心站及其邻站共同构成了“临时核心区域”，再以“临时核心区域”各站为中心，进行“核心区域”的新邻站增补，构成新的“临时核心区域”。增补过程循环进行，直至没有新的站点增补进来，形成最终的“核心区域”。

3)由于在第 2 步判断空间相邻性的过程可能会剔除集合中的一些站点，需检查最终的核心区域各站点之间是否依然满足时间上的重合性。

上述三步完毕后，如果核心区域中站点数不少于 3 个，则视为一次区域性持续性暴雨事件。由于区域中每个站点都满足单站持续性暴雨的条件，即至少连续 3 天暴雨，按照该方法识别出的个例，保证了暴雨稳定地维持在一个相对固定和集中的区域，这样既保证了暴雨具有持续性，又保证了识别出的事件具有一定的影响范围(Chen et al.，2013)。

考虑到东亚季风对中国暖季降水的影响(Ding et al.，2005)，本书中识别的持续性暴雨事件时段主要集中在 4—10 月，将这段时间视作暖季。

1.2.2　持续性低温雨雪冰冻事件的识别

单站持续性低温雨雪冰冻事件需要满足以下条件：某站每天日最低温度低于第 10 个百分位值(基于 1951—2010 年)，并且至少连续 5 天的日最高温度均低于 0 ℃；在连续 5 天中至少包含 4 个降水日(≥0.1 mm/d)，同时要求起始 3 天不包含非降水日(Bai et al.，2007)；当日最低温高于阈值，或者日最高温高于 0 ℃，或者从第 6 天起连续 2 天无降水时，作为一次过程结束的标志。

区域持续性低温雨雪冰冻事件识别方法主要考虑持续性低温雨雪冰冻事件时间上的连续性和空间上的重合性。具体而言，有两个因素需要考虑，一是各观测站持续性低温雨雪事件发生时间上的连续性；二是各站点之间的空间上的紧邻性。具体操作步骤如下：

1)找出在持续时段内,时间上有重合(至少重合1天)的单站持续性低温雨雪冰冻事件。

2)在上一步基础上判断空间相邻性:邻站条件要求两个站点之间的距离小于200 km。

将第1步得到的时间上有重合的所有站点视作一个集合,在该集合中根据邻站条件确定邻站最多的站作为"中心站"。以该"中心站"为中心,识别中心站的邻站。此时的中心站及其邻站共同构成了"临时核心区域",再以"临时核心区域"各站为中心,进行"核心区域"的新邻站增补,构成新的"临时核心区域"。增补过程循环进行,直至没有新的站点增补进来。形成最终的"核心区域"。

3)由于在第2步判断空间相邻性的过程可能会剔除集合中的一些站点,需检查最终的核心区域各站点之间是否依然满足时间上的重合性。

上述三步完毕后,如果核心区域中站点数不少于3个,则视为一次区域性持续性低温雨雪冰冻事件。按照该方法识别出的个例,由于区域中每个站点都满足单站事件的条件,保证了持续性低温雨雪冰冻事件稳定地维持在一个相对固定、集中的区域,这样在保证低温雨雪冰冻持续性的同时也保证了识别出的事件具有一定的影响范围(Qian et al., 2014)。

书中参考Zhang et al.(2011)设计的强度指数(PT 值)来衡量区域低温雨雪冰冻的综合强度,P_i 和 T_i 分别代表第 i 天的降水量和日最低温度,$\overline{P}$ 和 $\overline{T}$ 分表第 i 天的平均降水量和平均日最低温度,P_s 和 T_s 则对应相应的标准差。其公式为:

$$PT=\frac{P_i-\overline{P}}{P_s}-\frac{T_i-\overline{T}}{T_s}$$

当温度越低,降水量越大时,PT 值越大,表明该事件的致灾性越强。本书中识别的持续性低温雨雪事件时段主要集中于11月—次年2月,将这段时间视作冷季。

1.2.3 相关物理量及诊断方法

1.2.3.1 整层积分水汽通量

整层积分的水汽通量的纬向分量和经向分量分别按如下公式进行计算:

$$\frac{1}{g}\int_{ptop}^{ps}qu\,dp,\ \frac{1}{g}\int_{ptop}^{ps}qv\,dp$$

其中 g 为重力加速度(单位:m/s^2),q 为比湿(单位:kg/kg),u 和 v 分别为纬向风和经向风(单位:m/s),ps 和 $ptop$(单位:hPa)分别为地表气压以及300 hPa。

1.2.3.2 波活动通量

波活动通量通常用来诊断球面上罗斯贝波动(Rossby wave)能量的频散路径,本文主要关注波活动通量的水平分量:

$$W=\frac{p\cos\phi}{2|U|}\begin{Bmatrix}\frac{u}{a^2\cos^2\phi}\left[\left(\frac{\partial\psi'}{\partial\lambda}\right)^2-\psi'\frac{\partial^2\psi'}{\partial\lambda^2}\right]+\frac{v}{a^2\cos\phi}\left[\frac{\partial\psi'}{\partial\lambda}\frac{\partial\psi'}{\partial\phi}-\psi'\frac{\partial^2\psi'}{\partial\lambda\partial\phi}\right]\\ \frac{u}{a^2\cos\phi}\left[\frac{\partial\psi'}{\partial\lambda}\frac{\partial\psi'}{\partial\phi}-\psi'\frac{\partial^2\psi'}{\partial\lambda\partial\phi}\right]+\frac{v}{a^2}\left[\left(\frac{\partial\psi'}{\partial\phi}\right)^2-\psi'\frac{\partial^2\psi'}{\partial\phi^2}\right]\end{Bmatrix}+C_UM$$

其中 p 为气压(单位:hPa),U 为基本流水平风场(单位:m/s),u 为纬向风(单位:m/s),v 为经向风(单位:m/s),a 为地球半径(单位:km),ψ' 为流函数扰动(单位:m^2/s),ϕ 为纬度,λ 为经度,C_U 为纬向相速度(单位:m/s),M 为波活动假动量(Takaya et al., 2001)。

1.2.3.3 经验模态分解(EMD)

书中采用经验模态分解方法(EMD)来提取各事件的低频振荡特征。首先,相对于传统功率谱分解,EMD方法的优势在该方法不需要对分解基底做任何假设,分解基于序列固有的本征模态进行;其二,该方法分解出的各个分量可以反映不同周期成分的振荡强度随时间的变化特征,是一种时-频二维分解。因此我们采用该方法来提取出持续性暴雨事件期间低频活动特征,并分析相应的周期成分在持续性暴雨发生时段的相对大小以及其与降水峰值的吻合程度,进而确定不同分量对总降水异常的相对贡献。在此，我们主要关注3个关键低频分量，其中心周期分别为15、30和60天。

书中计算各要素的逐日异常时，各要素的逐日气候态平均值的计算采用 Hart and Grumm (2001)设计的方法，基本参考时段为1981—2010年。

1.2.4 区域定义

本书兼顾极端性、致灾性、持续性、过程雨量的持续性极端降水定义（其中夏季暴雨的阈值采用了业务预报中常用的50 mm/d)，分析了中国近60年来的持续性极端降水特征，共识别出74个区域性持续性暴雨个例和21个区域性持续性低温雨雪冰冻个例。发现持续时间长、强度大的持续性暴雨过程一般发生在长江流域和华南地区，而持续性低温雨雪冰冻过程一般发生在中国南方地区；北方地区持续性暴雨以及持续性低温雨雪冰冻持续时间较短，强度较弱。因此，图集中主要分析识别出中国34°N以南的70个区域性持续性暴雨个例和20个区域性持续性低温雨雪冰冻个例，并给出了每个个例的具体信息（附录表1—4)。

第2章　长江流域持续性暴雨事件及其环流特征

2.1　设计思路

1950—2010 年长江流域持续性暴雨事件共 25 个(详见附录表 1),每个事件的持续时间与影响区域都有所不同。前期研究表明,阻塞高压的维持是造成暴雨持续的重要原因,而在阻塞高压维持时段内,高中低层环流系统的组合性异常是造成长江流域持续性暴雨发生的决定性因素(Chen et al., 2014a,b)。因此,本章在给出 1980—2010 年 16 个事件高中低层逐日环流演变特征时,重点关注高层的南亚高压、西风急流以及波动能量频散(波活动通量可以描述高层波动能量的频散路径)的特征,中层 500 hPa 阻塞高压和副热带高压的位置与强度,以及低层来自热带海洋上水汽输送的情况。

为清晰地描述持续性暴雨事件环流形势演变异常特征,本章参考暴雨天气学模型(陶诗言 等,2007),用 500 hPa 相对涡度、850 hPa 风场距平、TBB(TBB 可以描述对流系统的强度和位置)和 500 hPa 相对涡度、500 hPa 位势高度场的时间—经(纬)度剖面图分别展示了影响长江流域持续性暴雨事件的北部(阻塞高压),南部(季风涌),西部(西南涡/高原涡),东部(西太平洋副热带高压)等四个关键影响系统的演变情况。

2.2　图形信息说明

2.2.1　逐日环流、水汽输送和降水特征图

长江流域持续性暴雨事件期间,如果事件持续时间过长,就间隔数日选取某一日绘制了诊断图形,事件起始日和结束日涵盖于其中。

逐日环流、水汽输送和降水特征图的图序为(a)、(b)、(c)、(d)、(e)、(f),具体信息说明如下所述:

图(a)为 200 hPa 南亚高压、西风急流、位势高度标准化距平(填色)和水平风场距平(矢量箭头,单位:m/s),其中,1252 dgpm 位势高度等值线所画范围(蓝色)表示南亚高压主体,30 m/s 纬向风等值线所画范围(红色)表征高空西风急流位置;

图(b)为对流层整层(300～1000 hPa)可降水量(填色,单位:kg/m^2)以及水汽通量(矢量箭头,单位:kg/(m·s));

图(c)为 500 hPa 位势高度(等值线,单位:d gpm)及标准化距平(填色),588 dgpm 位势高度等值线所画范围(加粗)表征西太平洋副热带高压位置;

图(d)为 200 hPa 流函数距平(填色,单位:m^2/s)和波活动通量(矢量箭头,单位:m^2/s^2);

图(e)为 850 hPa 风场(矢量箭头,红色箭头代表低空急流(全风速≥12 m/s),单位:m/s);

图(f)为 24 小时累计降水量(等值线,单位:mm),红色实心圆点为出现暴雨站点,空心三角形为出现大暴雨站点。

2.2.2 时间—经(纬)度剖面综合图

时间—经(纬)度剖面图的图序为(a)、(b)、(c)、(d)、(e),具体信息说明如下所述:

图(a)为黑体亮度温度(TBB)(填色,单位:℃)和 500 hPa 相对涡度(等值线,单位:s^{-1})时间—经度剖面,纬度范围取主雨带所在纬度带;

图(b)为 500 hPa 相对涡度(单位:s^{-1})经度—时间剖面,纬度范围取阻塞高压中心所在纬度带;

图(c)、(f)为极端降水中心区域平均的日降水量时间序列(单位:mm);

图(d)为 850 hPa 水平风场距平(单位:m/s)和降水量(单位:mm)的纬度—时间剖面,经度范围取主雨带所在经度带;

图(e)为 500 hPa 位势高度(单位:dgpm)经度—时间剖面,纬度范围取西太平洋副热带高压所在位置;

此外,图(a)—(e)中两条黑色虚线指示持续性暴雨事件发生时段。

2.3 环流特征

长江流域持续性暴雨往往与梅雨期间的准静止锋的形成和维持密切相关。通过对大量历史个例的诊断可以发现,在长江流域持续性暴雨期间,对流层中层(500 hPa)中高纬度地区往往存在阻塞高压,作为异常环流稳定维持的重要来源。阻塞高压一方面使得中高纬度环流经向程度加大,利于冷空气不断南下,为准静止锋的形成提供必要条件;另一方面也可向下游频散能量,使得下游天气系统不断加强、发展和维持。本章从 25 个长江流域个例中选取了 1980 年以后 16 个个例进行分析,阻塞高压呈现出两种主要的模态,一种是双阻型,两个阻塞高压分别位于乌拉尔山附近和鄂霍次克海附近,二者之间为一西北—东南走向的槽;另一种是单阻型,阻塞高压位于贝加尔湖附近,其东侧为东北—西南方向伸展的深槽。在低纬度地区,西太平洋副热带高压的异常活动则与梅雨锋极端降水密切相关。在持续性暴雨期间,副热带高压通常表现为西伸加强,并稳定维持,其强度和位置往往决定了水汽辐合的强度和位置。在对流层高层(200 hPa),持续性暴雨发生期间,南亚高压和副热带西风急流表现出明显的异常。具体为南亚高压东伸,急流轴位置偏南,江淮地区大致位于急流入口区南侧以及偏北风和西风的辐散区,二者相互配合为持续性暴雨的发生提供高层的有利辐散条件。就气候态下的水汽输送通道而言,长江流域持续性暴雨的水汽来源主要为三支:第一支为与索马里急流相联系的西南季风,经阿拉伯海、孟加拉湾向中国南方地区输送;第二支为与西太平洋副热带高压相联系的东南季风;第三支为由南海向北输送的水汽。从异常水汽来源来看,持续性暴雨所需的异常充足的水汽主要来源于副热带高压南侧的异常加强的东南风输送。除了以上行星尺度系统,东移的高原涡和西南涡对长江流域的垂直运动的触发、加强以及降水强度的增长也有重要贡献,因此下文分析中主要分析北侧的阻塞高压,南侧的水汽输送,西侧的低值扰动(高原涡/西南涡),东侧的西太平洋副热带高压,及它们之间的组合搭配。

2.4 1982 年 6 月 13—19 日事件范例分析

2.4.1 降水概况

1982 年 6 月 13—19 日发生了一次长江流域持续性暴雨事件,该次事件共持续了 7 天,极端降水中心区域范围为27.05°～28.07°N，111.45°～118.52°E，影响面积达到9.16万km²，涉及9个气象观测站，事件期间，降水中心区域累计降水最大值为551.50 mm，最小值为240.80 mm（图2.1a）。在三个低频分量中以准双周的周期与降水序列在事件期间的峰值吻合度最好，表明在事件发生期间准双周分量造成的降水异常的贡献较大，更长周期的低频成分的贡献相对较小（图2.1b）。

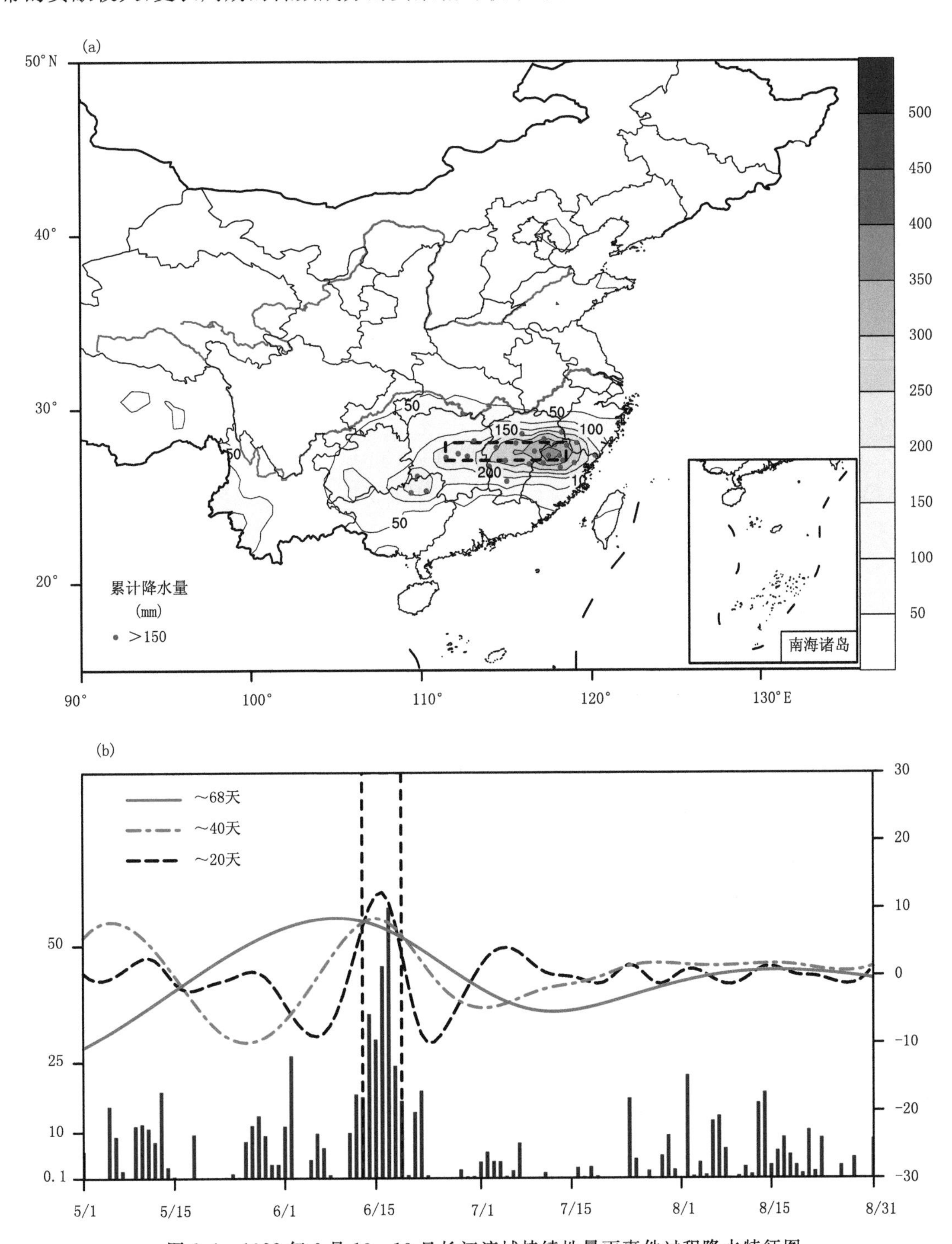

图2.1 1982年6月13—19日长江流域持续性暴雨事件过程降水特征图

(a)事件期间累计降水量，以及累计降水超过150 mm的站点，事件核心区域用黑色虚线框标出；(b)事件期间核心区域平均降水量（单位：mm），以及原降水序列的三个本征模态（红色实线，蓝色虚线以及黑色虚线），代表3个不同频段的低频周期，中心周期在图中标出，事件发生时段用黑色竖虚线标出

2.4.2 诊断分析

事件发生期间(图 2.3—2.6),对流层高层(200 hPa)南亚高压加强并缓慢东伸,高空西风急流位于南亚高压北侧的 30°N～40°N 附近,长江流域处于高空西风急流与南亚高压东北象限偏北风构成的分流强辐散区中,为持续性暴雨的发生和维持提供了非常有利的高层辐散条件。从 200 hPa 流函数距平场看,江淮、江南区域对应正异常中心,即反气旋异常环流,这也从另一角度印证了高层有利的辐散条件。

500 hPa 亚洲北部环流呈纬向多波动的特征,其中贝加尔湖西侧有一低槽逐渐加深东移,期间还有低涡生成,槽底向南伸到江南地区。由于受到其东侧高压脊的阻挡,该低槽移动速度缓慢。事件期间中高纬度不断有能量向低槽东侧高压脊地区频散,使高压脊加强并稳定维持。此时,华南以西地区高层流函数距平为正距平,对应该地区为反气旋性异常环流,为长江流域持续性暴雨的形成提供了有利的高层辐散环流条件。期间西太平洋副高位置相对稳定(北界在 22°～25°N 摆动,西脊点在 110°～115°E 之间),有利于引导低层西南暖湿气流源源不断向北输送。从而,形成冷暖空气在长江流域频繁交汇产生持续性极端降水。

持续性极端降水与异常充足稳定的水汽输送密切相关。事件日期间来自阿拉伯海和孟加拉湾的西南气流以及沿副热带高压西侧转向的偏南气流源源不断地向长江流域输送水汽,充沛的水汽供应为该地区持续性降水发生提供了必备的水汽、热力及动力条件。

从图 2.2a 可以看出,在事件开始前一周,6 月 5 号开始,TBB 低值中心出现东传迹象,6 月 13 日起 TBB 低值区已经到达我国中东部;从相对涡度场看,在事件前 3 日,正相对涡度主体东移,并且在事件开始时已到达我国中东部,二者在事件期间配合较好,共同表征长江地区上游不断有对流扰动东移,这个对流系统可以加强长江流域的垂直运动,为持续性暴雨提供动力条件。

上文中描述的阻塞高压稳定维持,季风涌向北推进以及副热带高压西伸在时间-经(纬)度剖面综合图中均有明显体现(图 2.2b,d,e)。

2.4.3 时间一经(纬)度剖面综合图

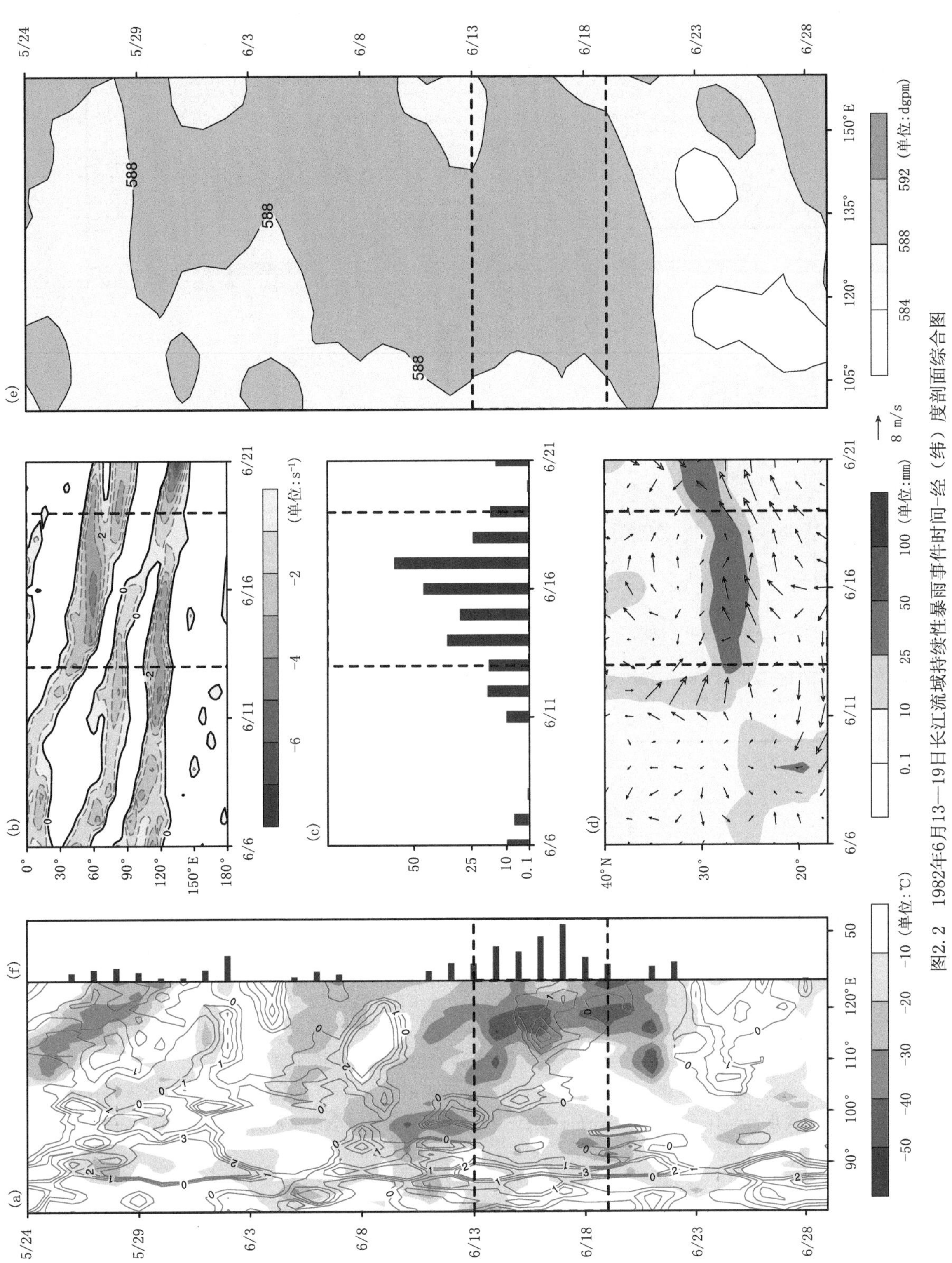

图2.2 1982年6月13—19日长江流域持续性暴雨事件时间-经（纬）度剖面综合图

(a) TBB和500 hPa涡度在降水核心区中心的时间-经度剖面；(b) 500 hPa涡度在55°N的经度-时间剖面；(c) 降水时间序列；(d) 850 hPa风场距平以及降水量在115°E的纬度-时间剖面；(e) 500 hPa位势高度在17.5°N的时间-经度剖面；(f) 降水序列

2.4.4 逐日环流、水汽输送和降水特征图

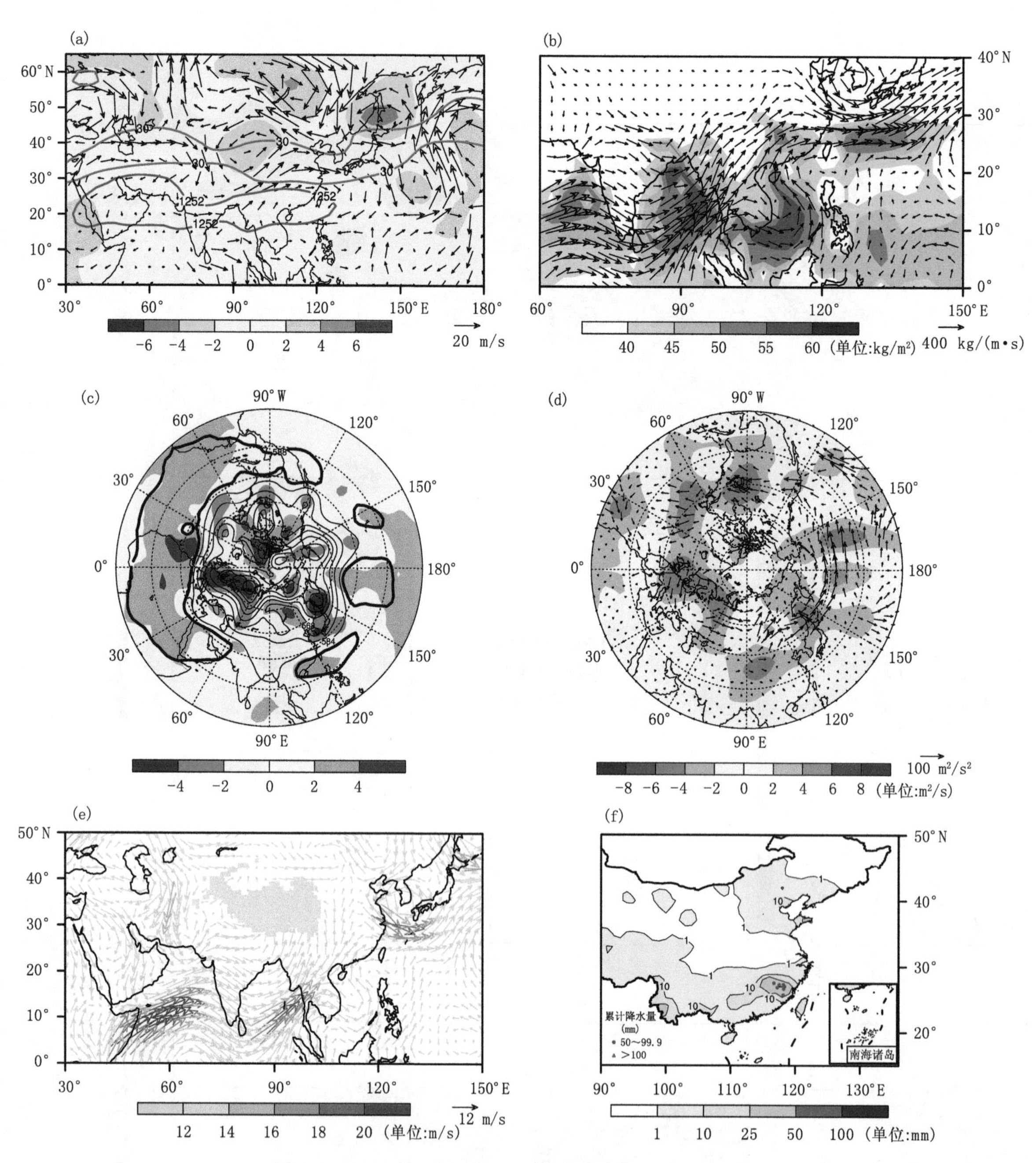

图 2.3　1982 年 6 月 13 日环流、水汽输送及降水特征图

(a)200 hPa 南亚高压、西风急流、位势高度标准化距平和矢量风距平的分布；(b)整层积分水汽和水汽输送的分布；(c)500 hPa 位势高度及其标准化距平的分布；(d)200 hPa 波通量和流函数距平的分布；(e)850 hPa 矢量风分布；(f)累计降水量的分布

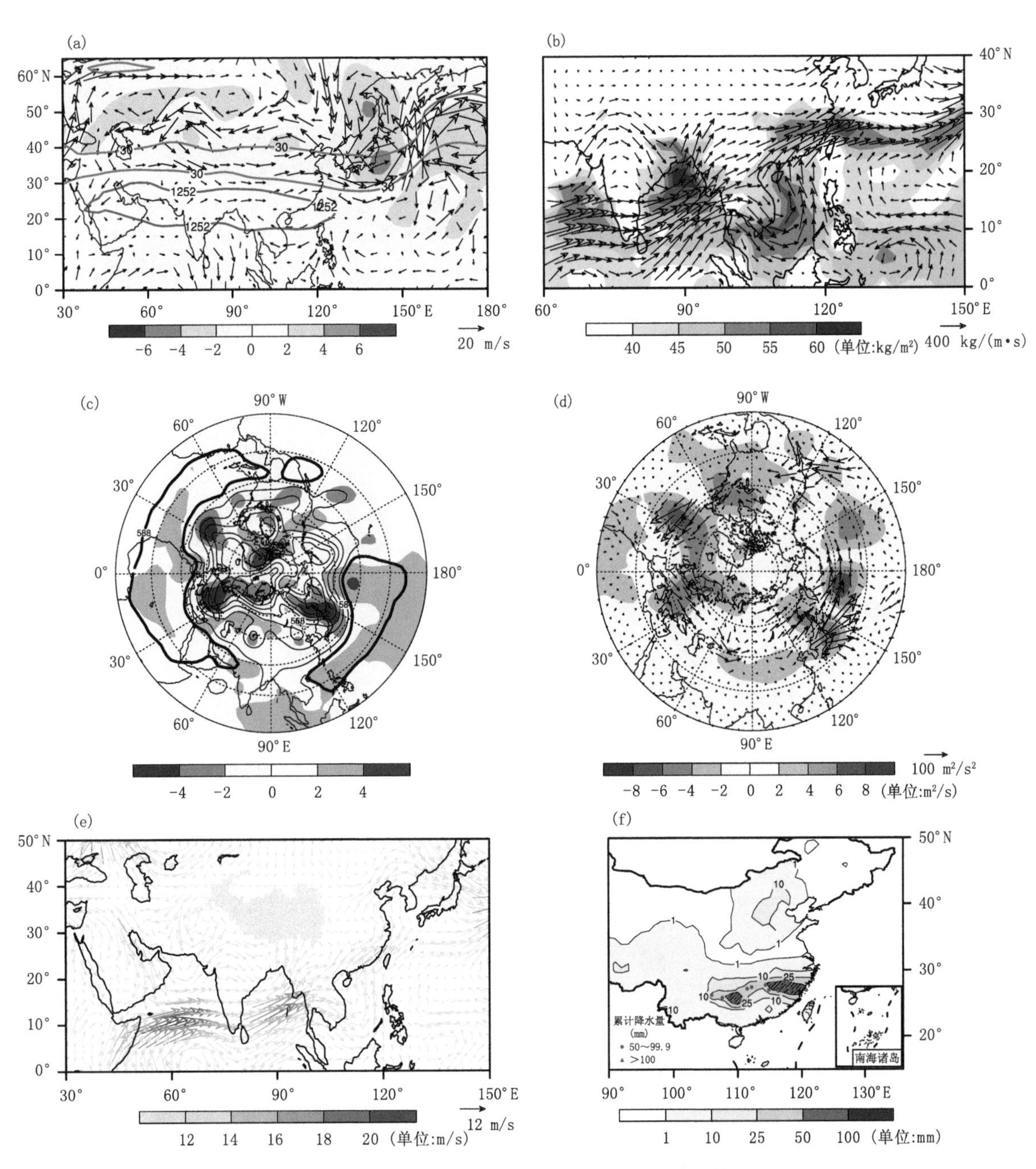

图 2.4　1982 年 6 月 15 日环流、水汽输送及降水特征图

(a)200 hPa 南亚高压、西风急流、位势高度标准化距平和矢量风距平的分布；(b)整层积分水汽和水汽输送的分布；(c)500 hPa 位势高度及其标准化距平的分布；(d)200 hPa 波通量和流函数距平的分布；(e)850 hPa 矢量风分布；(f)累计降水量的分布

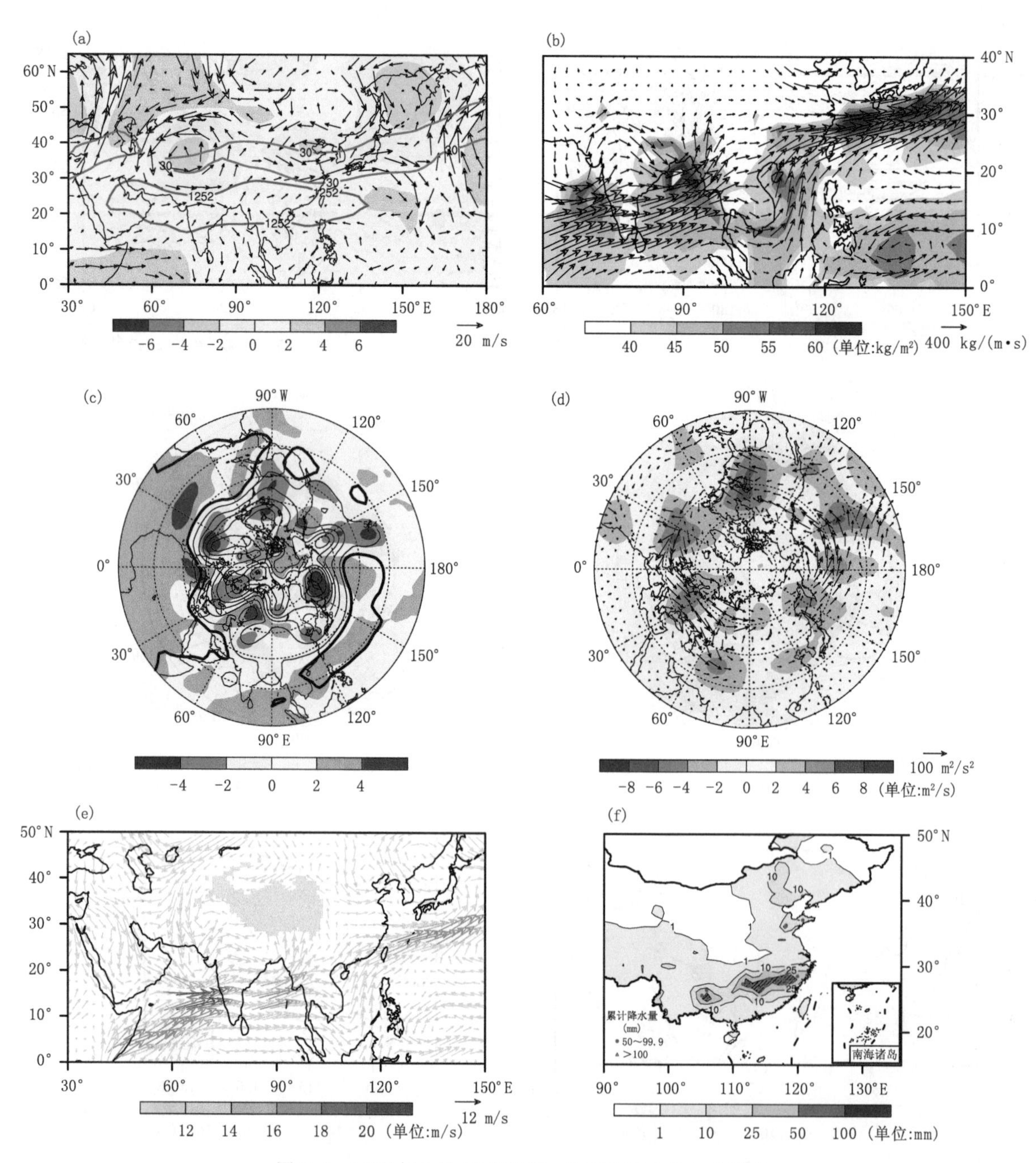

图 2.5　1982 年 6 月 17 日环流、水汽输送及降水特征图

(a)200 hPa 南亚高压、西风急流、位势高度标准化距平和矢量风距平的分布;(b)整层积分水汽和水汽输送的分布;(c)500 hPa 位势高度及其标准化距平的分布;(d)200 hPa 波通量和流函数距平的分布;(e)850 hPa 矢量风分布;(f)累计降水量的分布

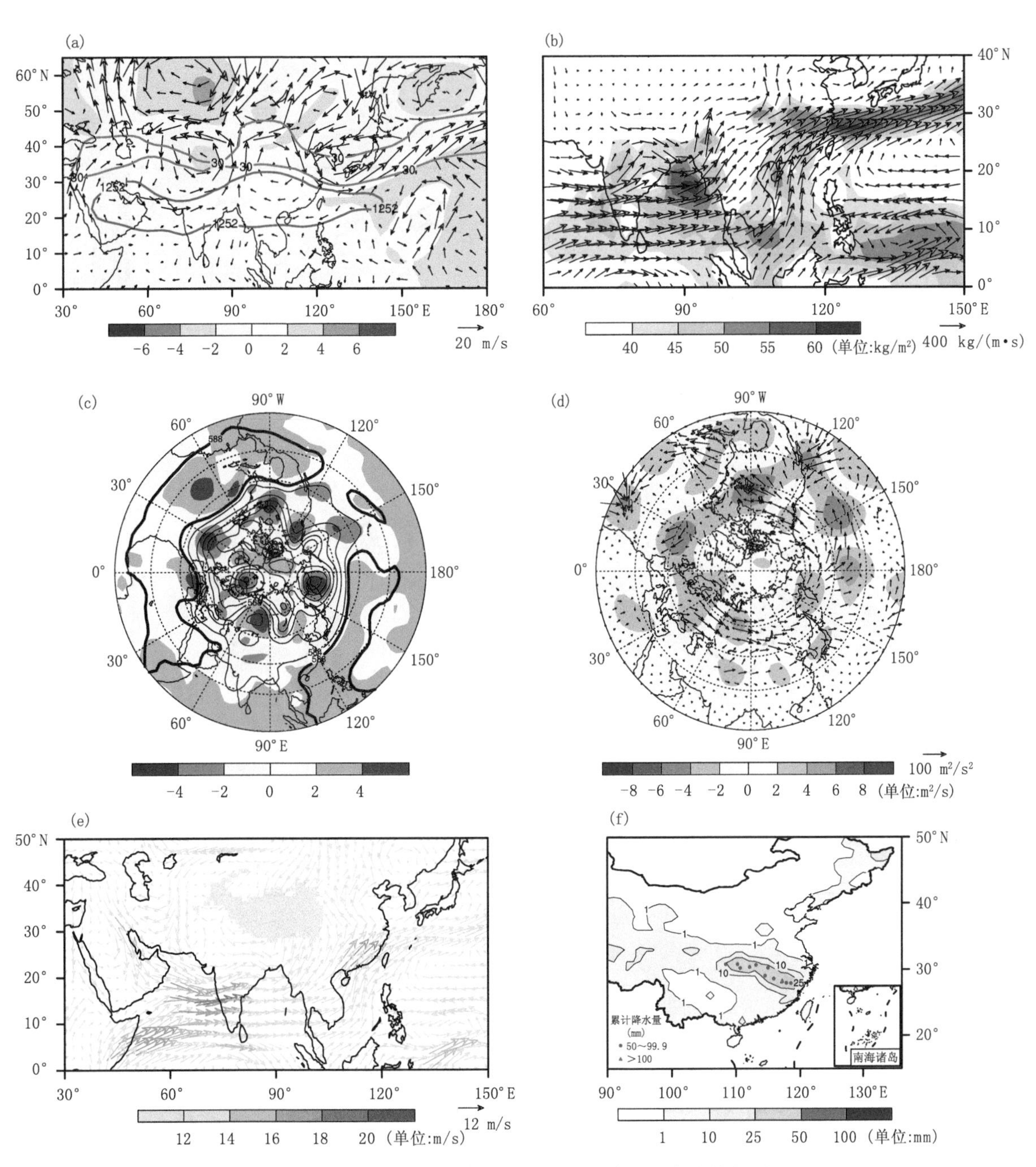

图 2.6 1982 年 6 月 19 日环流、水汽输送及降水特征图

(a)200 hPa 南亚高压、西风急流、位势高度标准化距平和矢量风距平的分布;(b)整层积分水汽和水汽输送的分布;(c)500 hPa 位势高度及其标准化距平的分布;(d)200 hPa 波通量和流函数距平的分布;(e)850 hPa 矢量风分布;(f)累计降水量的分布

2.5 个例图集

2.5.1 1989 年 6 月 29 日—7 月 3 日事件

2.5.1.1 降水概况

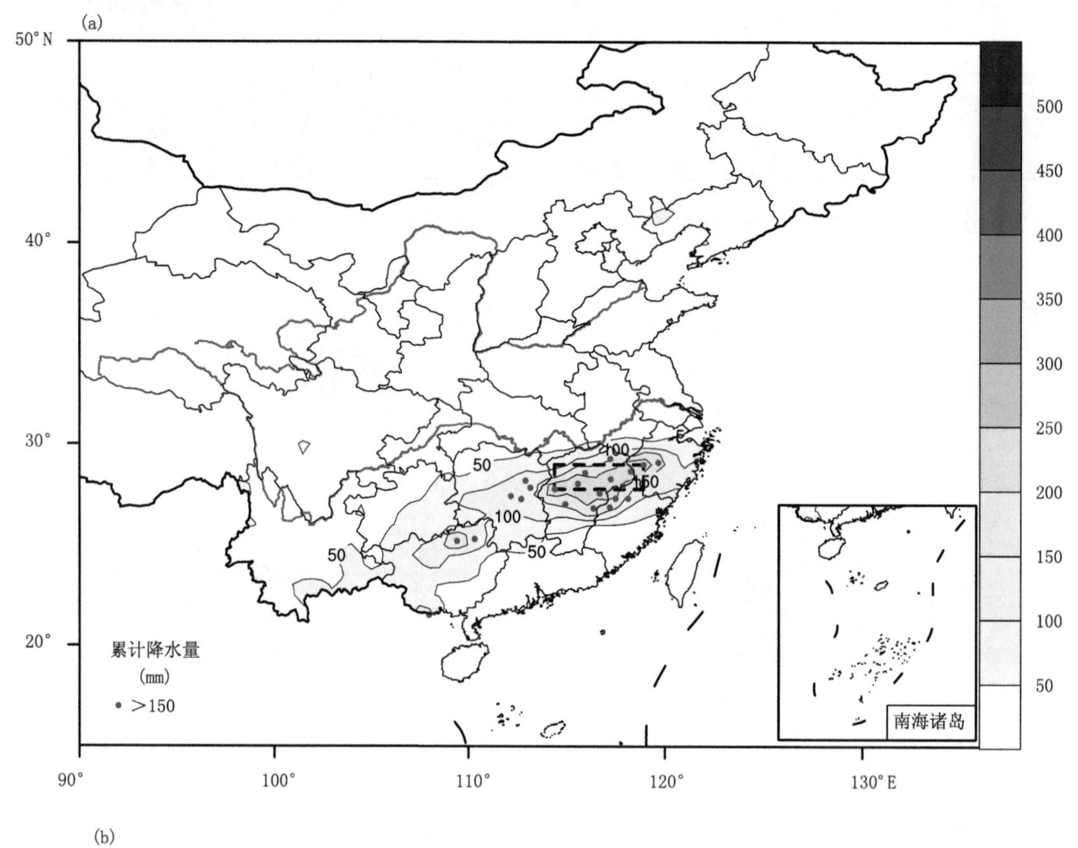

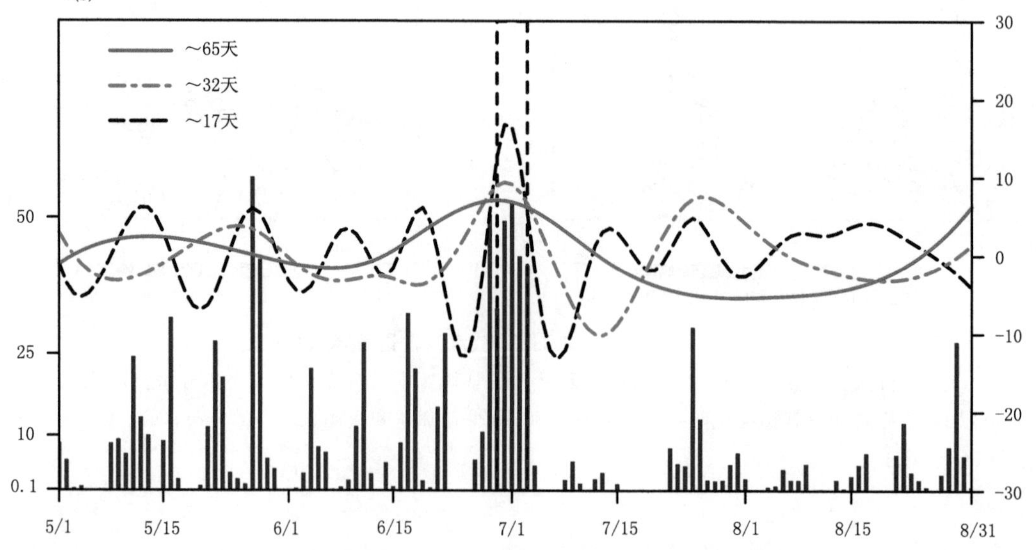

图 2.7 1989 年 6 月 29 日—7 月 3 日长江流域持续性暴雨事件过程降水特征图

(a)事件期间累计降水量,以及累计降水超过 150 mm 的站点,事件核心区域用黑色虚线框标出;(b)事件期间核心区域平均降水量(单位:mm),以及原降水序列的三个本征模态(红色实线,蓝色虚线以及黑色虚线),代表 3 个不同频段的低频周期,中心周期在图中标出,事件发生时段用黑色竖虚线标出

2.5.1.2 时间—经(纬)度剖面综合图

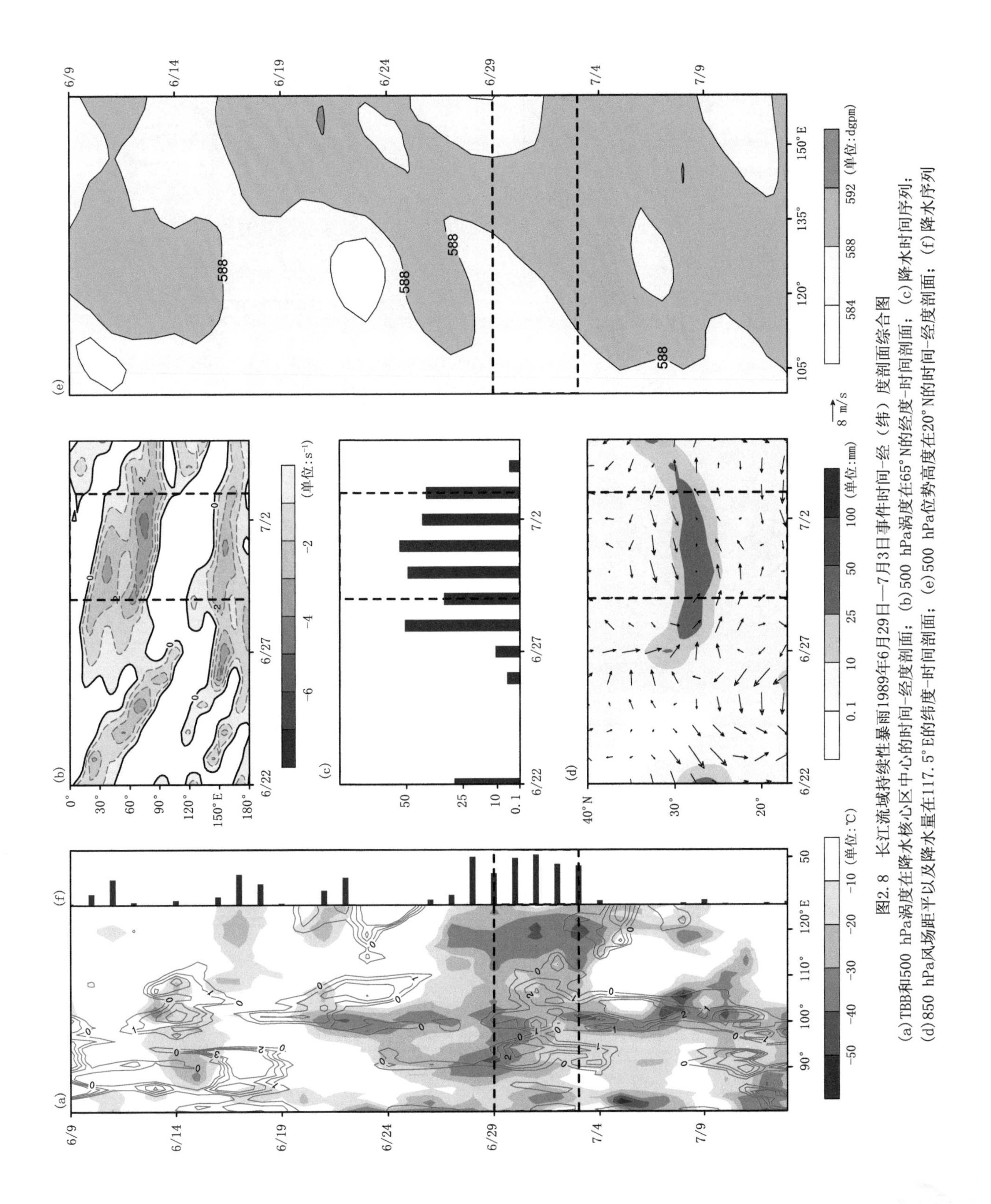

图2.8 长江流域持续性暴雨1989年6月29日—7月3日事件时间-经（纬）度剖面综合图

(a)TBB和500 hPa涡度在降水核心区中心的时间-经度剖面；(b)500 hPa涡度在65°N的经度-时间剖面；(c)降水时间序列；(d)850 hPa风场距平以及降水量在117.5°E的纬度-时间剖面；(e)500 hPa位势高度在20°N的时间-经度剖面；(f)降水序列

2.5.1.3 逐日环流、水汽输送和降水特征图

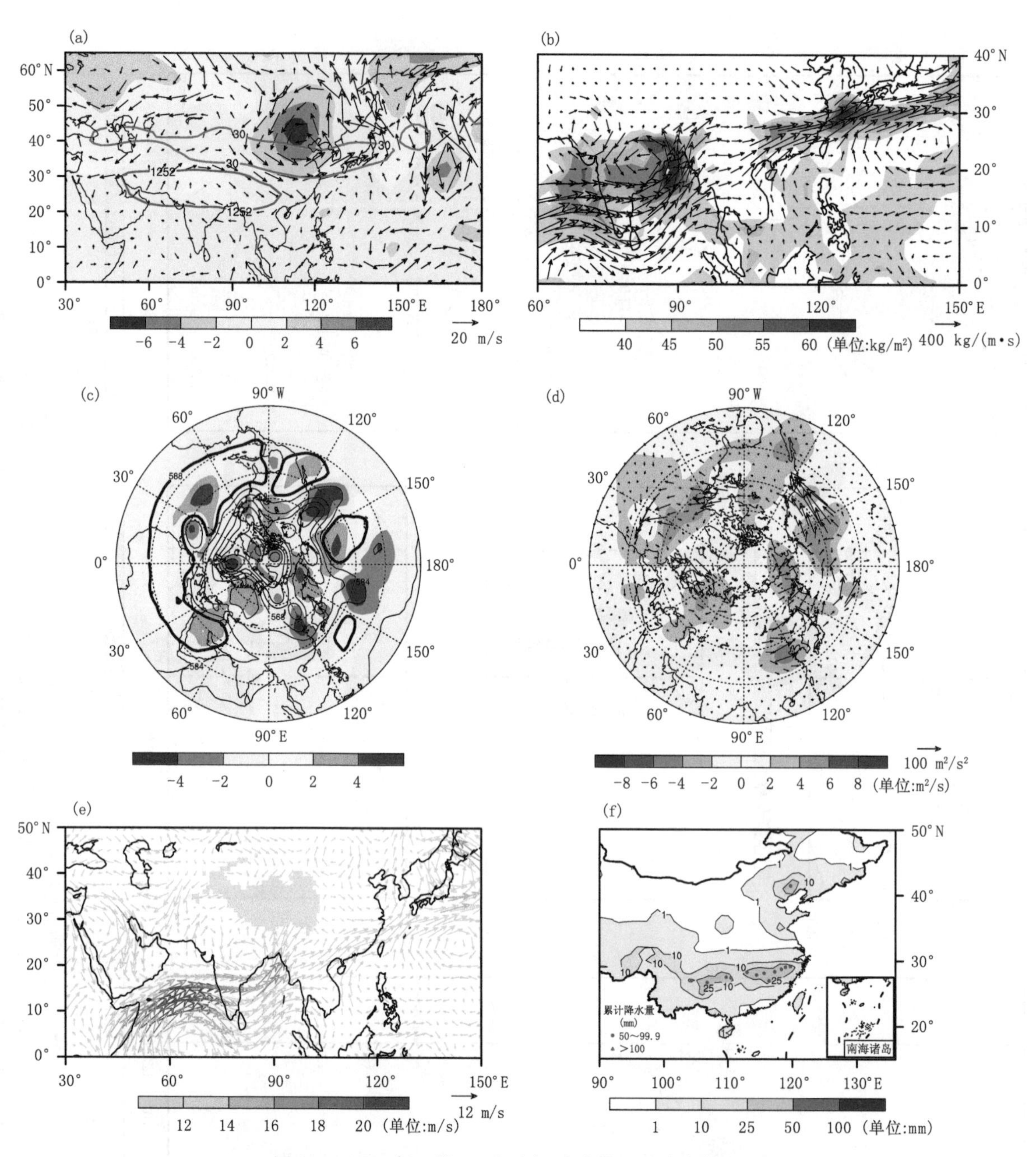

图 2.9　1989 年 6 月 29 日环流、水汽输送及降水特征图

(a)200 hPa 南亚高压、西风急流、位势高度标准化距平和矢量风距平的分布;(b)整层积分水汽和水汽输送的分布;(c)500 hPa 位势高度及其标准化距平的分布;(d)200 hPa 波通量和流函数距平的分布;(e)850 hPa 矢量风分布;(f)累计降水量的分布

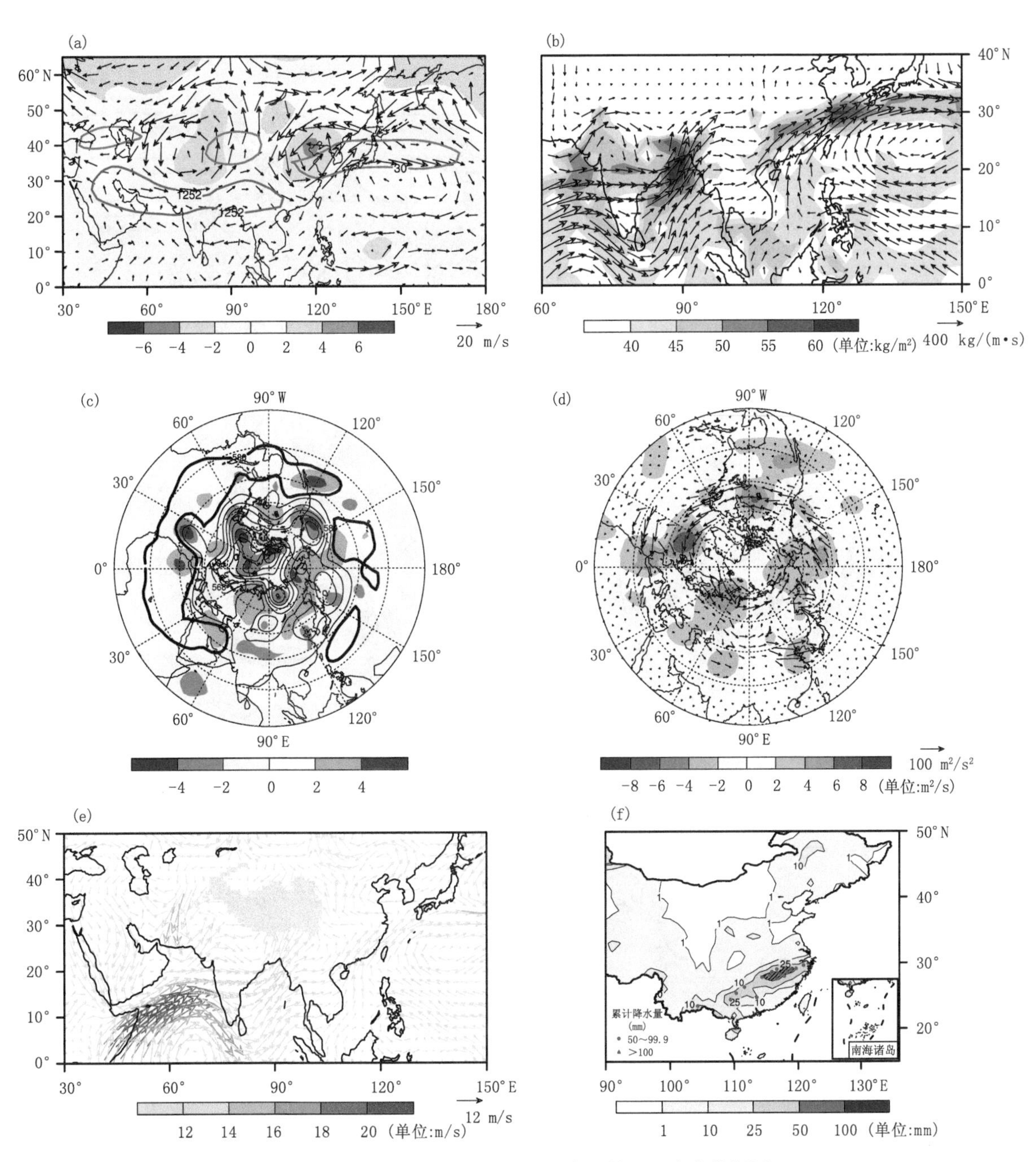

图 2.10 1989年7月1日环流、水汽输送及降水特征图

(a)200 hPa 南亚高压、西风急流、位势高度标准化距平和矢量风距平的分布;(b)整层积分水汽和水汽输送的分布;(c)500 hPa 位势高度及其标准化距平的分布;(d)200 hPa 波通量和流函数距平的分布;(e)850 hPa 矢量风分布;(f)累计降水量的分布

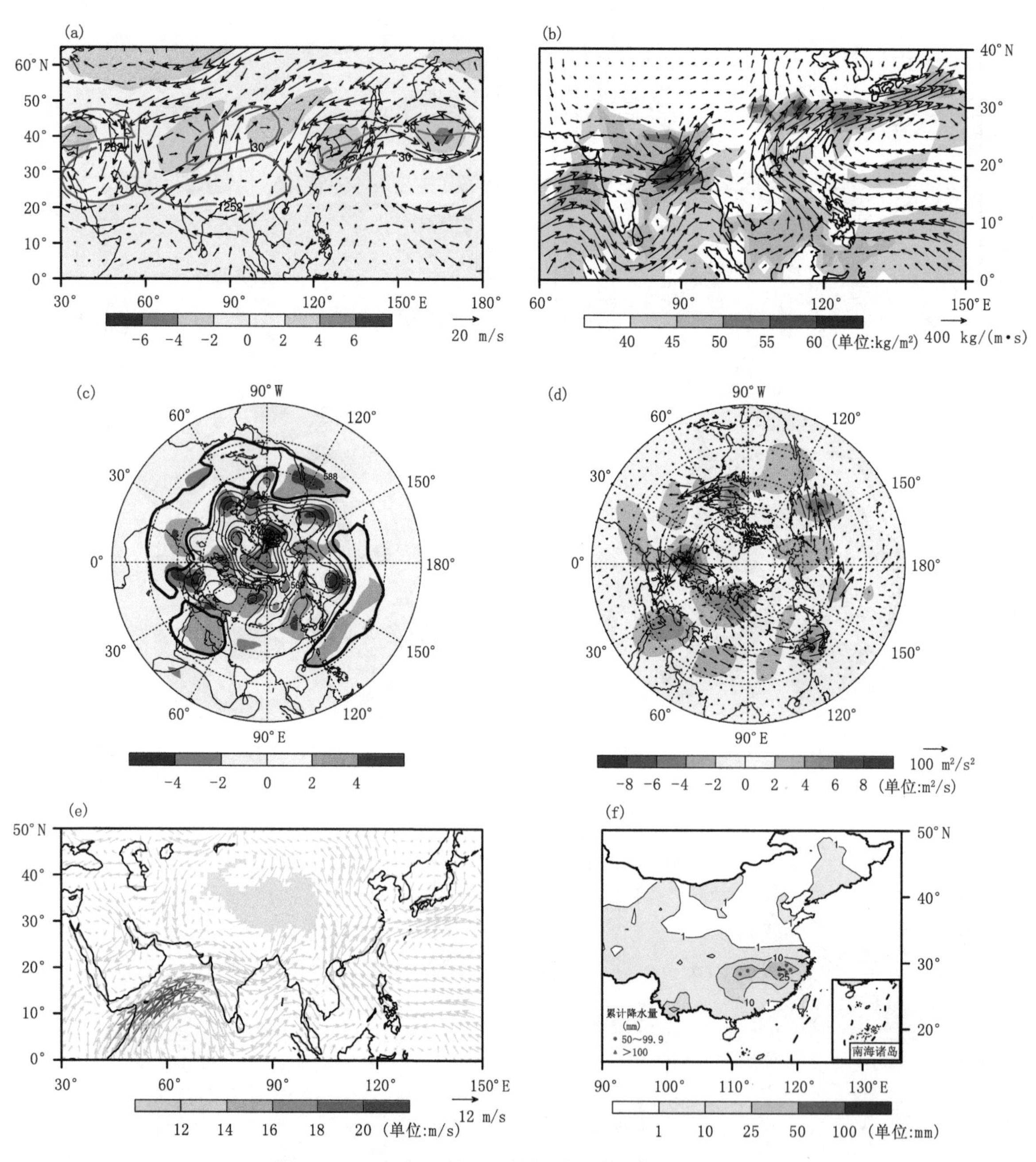

图 2.11　1989 年 7 月 3 日环流、水汽输送及降水特征图

(a)200 hPa 南亚高压、西风急流、位势高度标准化距平和矢量风距平的分布；(b)整层积分水汽和水汽输送的分布；(c)500 hPa 位势高度及其标准化距平的分布；(d)200 hPa 波通量和流函数距平的分布；(e)850 hPa 矢量风分布；(f)累计降水量的分布

2.5.2 1991年6月12—15日个例

2.5.2.1 降水概况

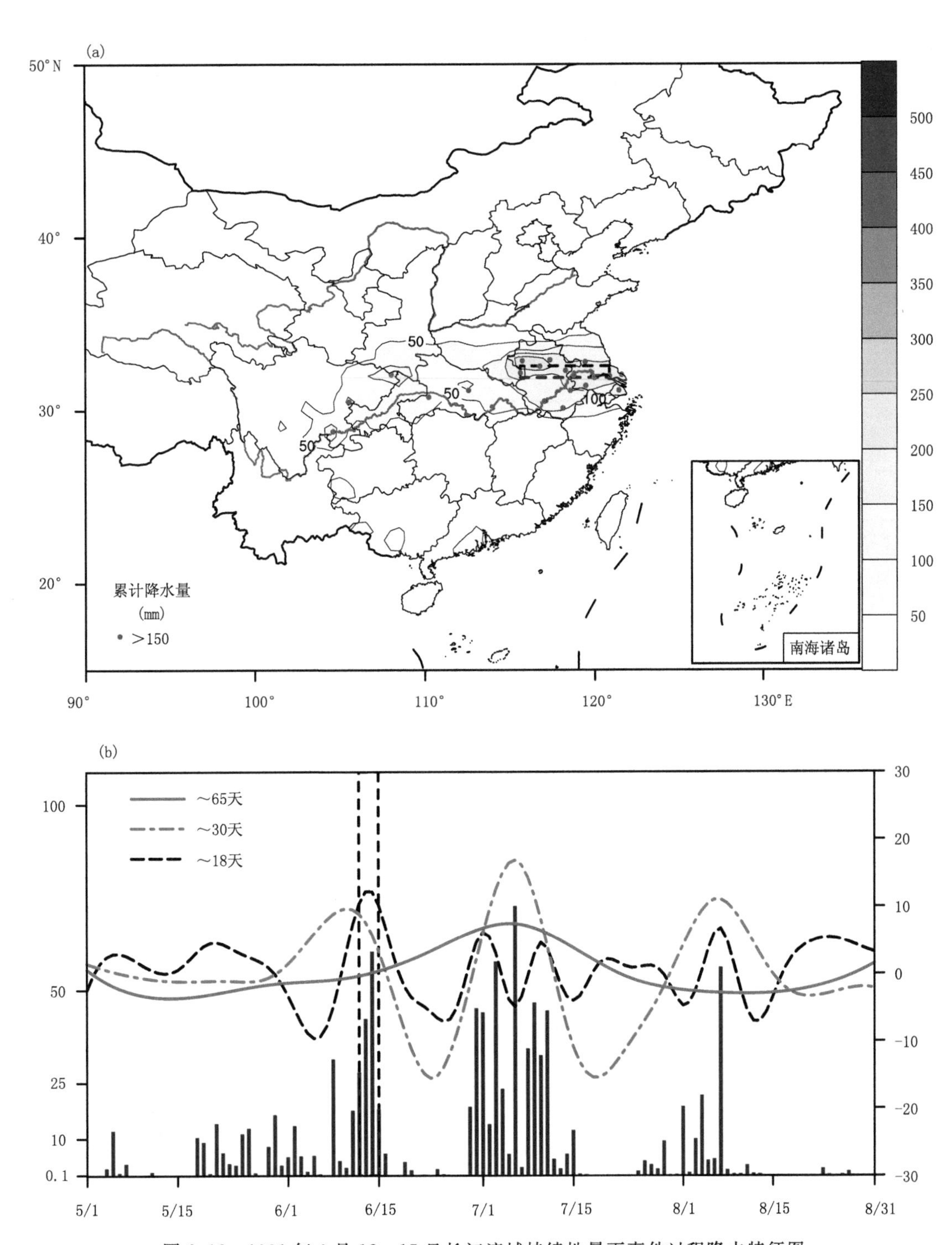

图2.12 1991年6月12—15日长江流域持续性暴雨事件过程降水特征图

(a)事件期间累计降水量,以及累计降水超过150 mm的站点;(b)事件期间核心区域平均降水量(单位:mm),以及原降水序列的三个本征模态(红色实线,蓝色虚线以及黑色虚线),代表3个不同频段的低频周期,中心周期在图中标出

2.5.2.2 时间—经(纬)度剖面综合图

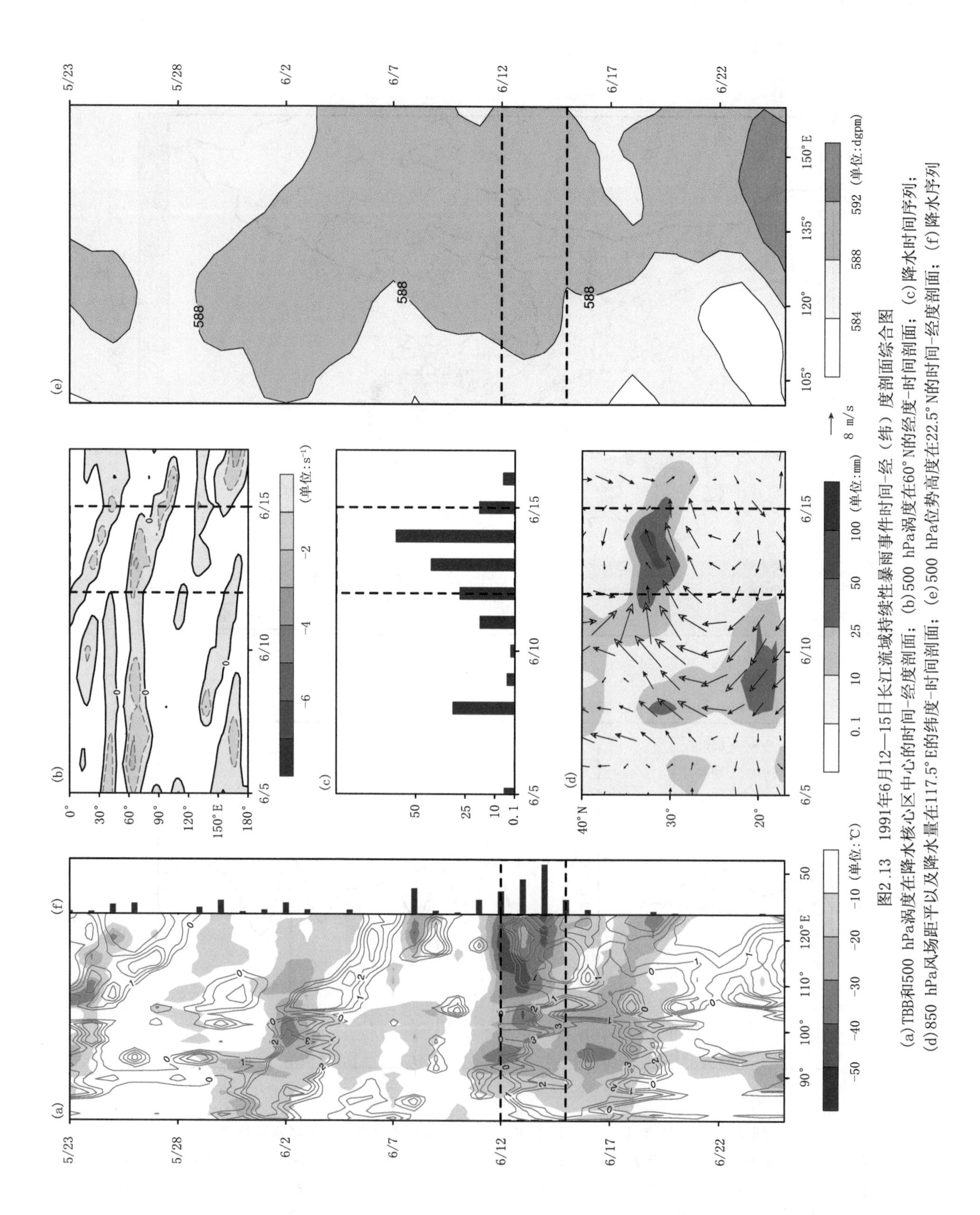

图2.13 1991年6月12—15日长江流域持续性暴雨事件时间-经（纬）度剖面综合图

(a) TBB和500 hPa涡度在降水核心区中心的时间-经度剖面；(b) 500 hPa涡度在60°N的经度-时间剖面；(c) 降水时间序列；(d) 850 hPa风场距平以及降水量在117.5°E的纬度-时间剖面；(e) 500 hPa位势高度在22.5°N的时间-经度剖面；(f) 降水序列

2.5.2.3 逐日环流、水汽输送和降水特征图

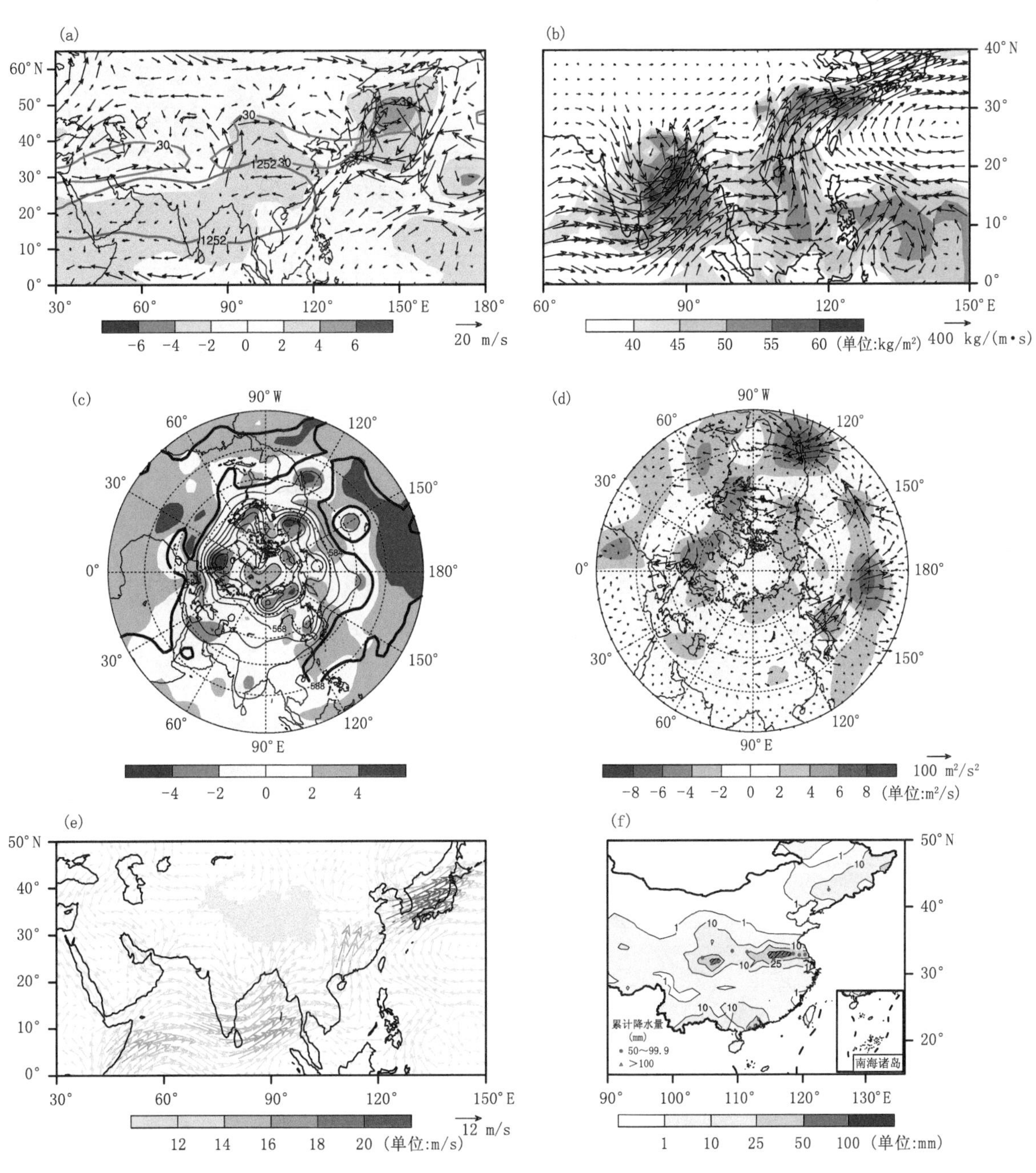

图2.14 1991年6月12日环流、水汽输送及降水特征图

(a)200 hPa南亚高压、西风急流、位势高度标准化距平和矢量风距平的分布;(b)整层积分水汽和水汽输送的分布;(c)500 hPa位势高度及其标准化距平的分布;(d)200 hPa波通量和流函数距平的分布;(e)850 hPa矢量风分布;(f)累计降水量的分布

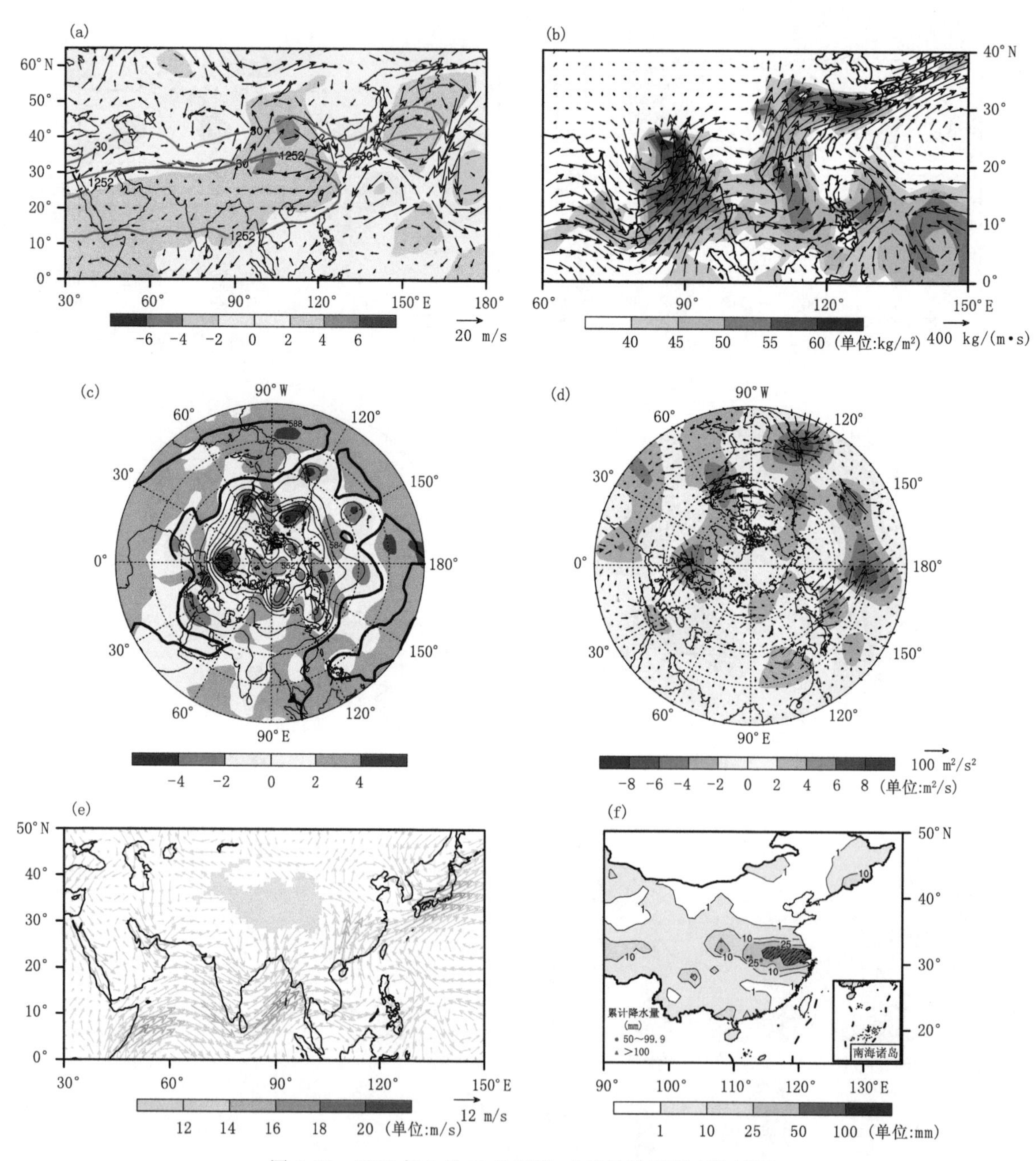

图 2.15　1991 年 6 月 13 日环流、水汽输送及降水特征图

(a)200 hPa 南亚高压、西风急流、位势高度标准化距平和矢量风距平的分布；(b)整层积分水汽和水汽输送的分布；(c)500 hPa 位势高度及其标准化距平的分布；(d)200 hPa 波通量和流函数距平的分布；(e)850 hPa 矢量风分布；(f)累计降水量的分布

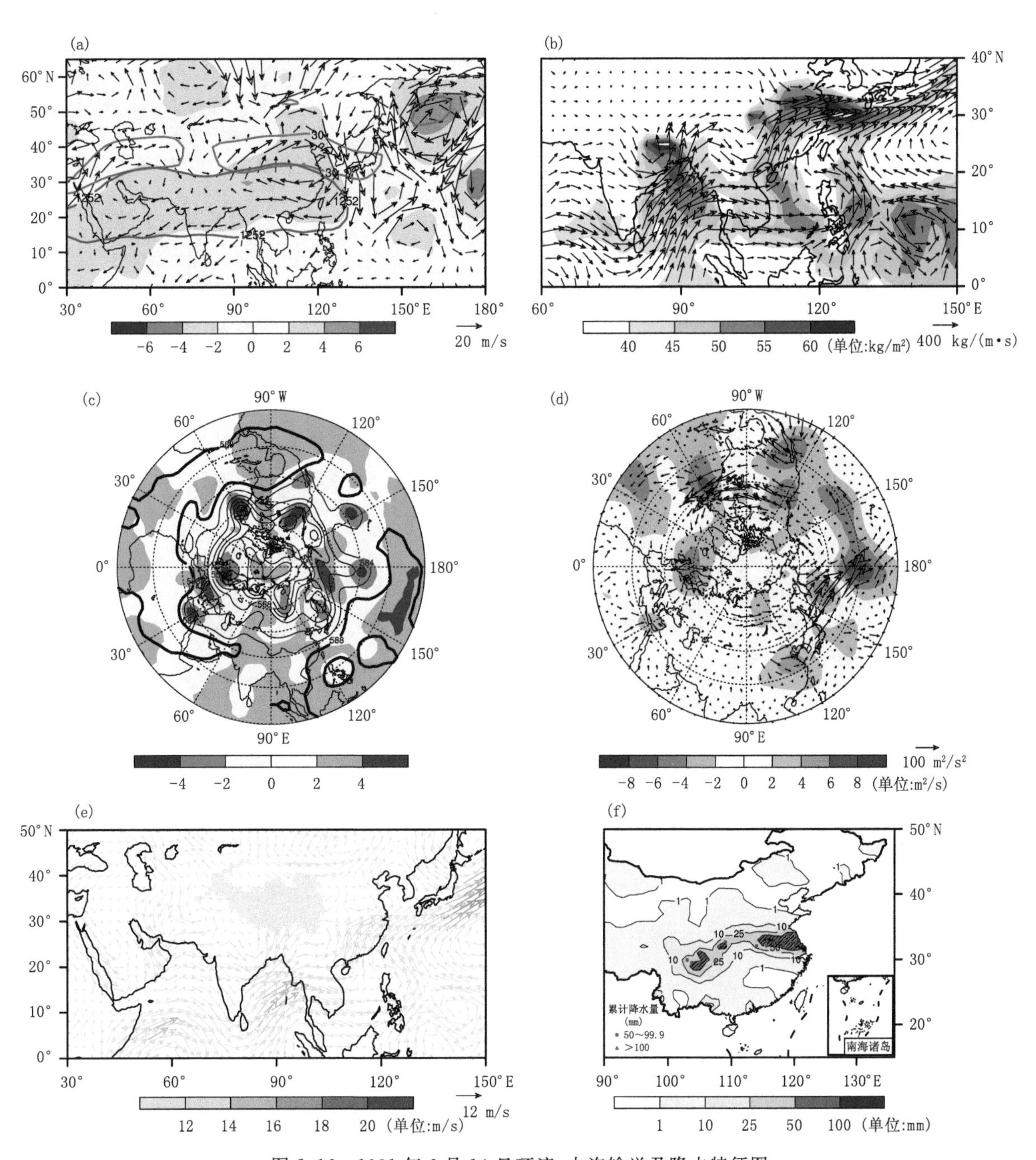

图 2.16 1991 年 6 月 14 日环流、水汽输送及降水特征图

(a)200 hPa 南亚高压、西风急流、位势高度标准化距平和矢量风距平的分布;(b)整层积分水汽和水汽输送的分布;(c)500 hPa 位势高度及其标准化距平的分布;(d)200 hPa 波通量和流函数距平的分布;(e)850 hPa 矢量风分布;(f)累计降水量的分布

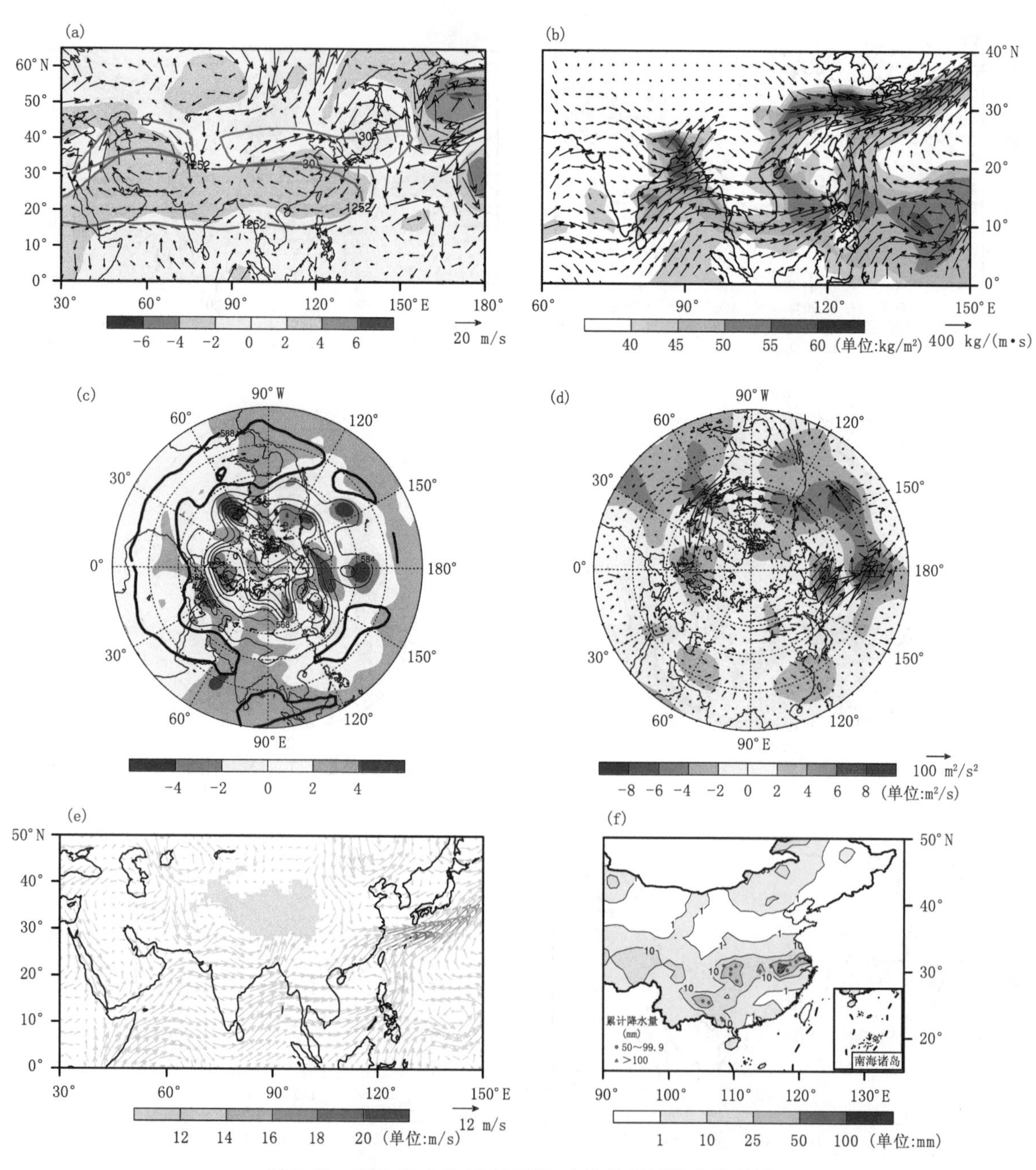

图 2.17 1991 年 6 月 15 日环流、水汽输送及降水特征图

(a)200 hPa 南亚高压、西风急流、位势高度标准化距平和矢量风距平的分布；(b)整层积分水汽和水汽输送的分布；(c)500 hPa 位势高度及其标准化距平的分布；(d)200 hPa 波通量和流函数距平的分布；(e)850 hPa 矢量风分布；(f)累计降水量的分布

2.5.3 1991年7月1—11日事件

2.5.3.1 事件过程概况

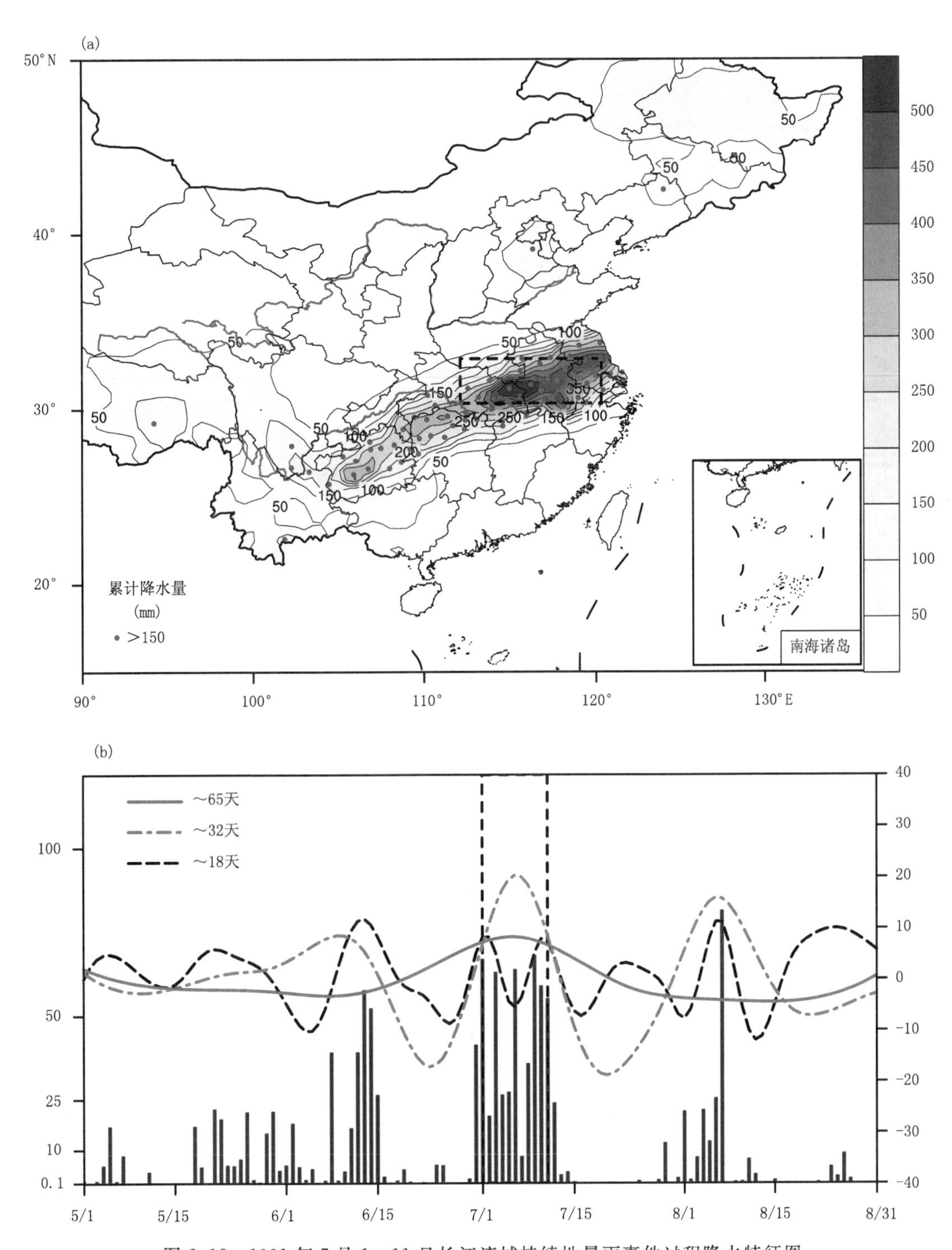

图2.18 1991年7月1—11日长江流域持续性暴雨事件过程降水特征图

(a)事件期间累计降水量，以及累计降水超过150 mm的站点，事件核心区域用黑色虚线框标出；(b)事件期间核心区域平均降水量(单位：mm)，以及原降水序列的三个本征模态(红色实线，蓝色虚线以及黑色虚线)，代表3个不同频段的低频周期，中心周期在图中标出，事件发生时段用黑色竖虚线标出

2.5.3.2 时间—经(纬)度剖面综合图

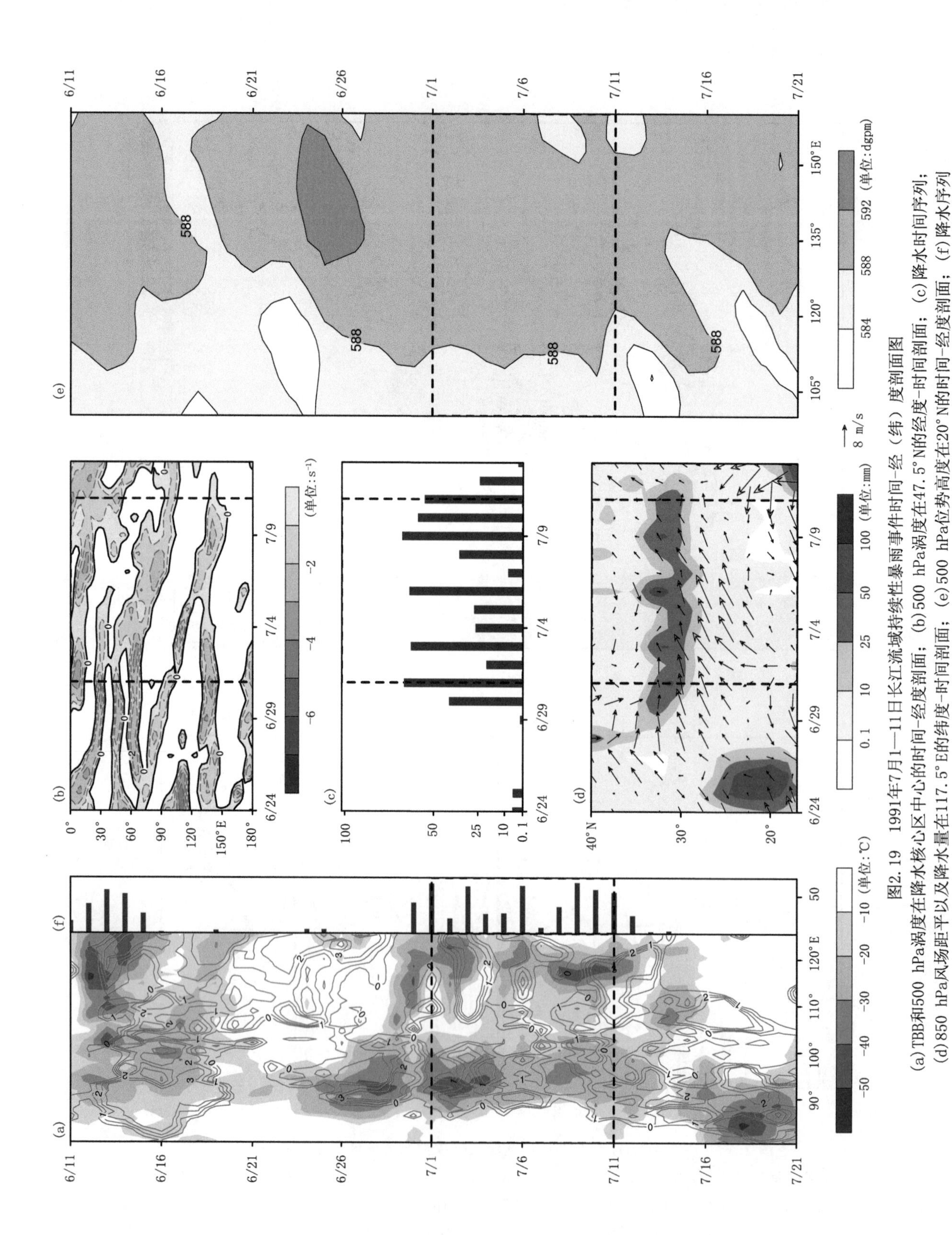

图2.19 1991年7月1—11日长江流域持续性暴雨事件时间-经（纬）度剖面图

(a)TBB和500 hPa涡度在降水核心区中心的时间-经度剖面；(b)500 hPa涡度在47.5°N的经度-时间剖面；(c)降水时间序列；(d)850 hPa风场距平以及降水量在117.5°E的纬度-时间剖面；(e)500 hPa位势高度在20°N的时间-经度剖面；(f)降水序列

2.5.3.3 逐日环流、水汽输送和降水特征图

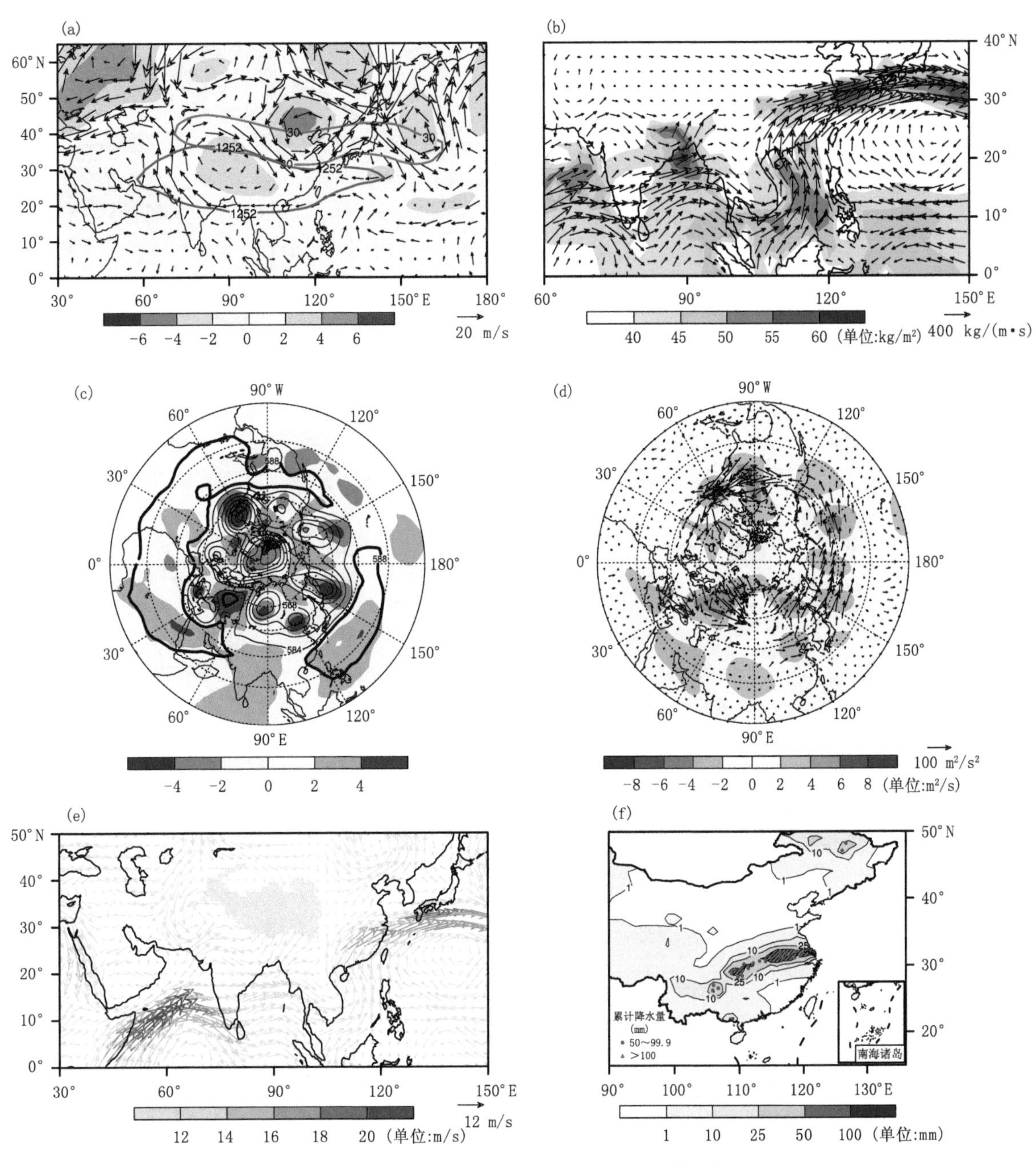

图 2.20　1991 年 7 月 1 日环流、水汽输送及降水特征图

(a)200 hPa 南亚高压、西风急流、位势高度标准化距平和矢量风距平的分布；(b)整层积分水汽和水汽输送的分布；(c)500 hPa 位势高度及其标准化距平的分布；(d)200 hPa 波通量和流函数距平的分布；(e)850 hPa 矢量风分布；(f)累计降水量的分布

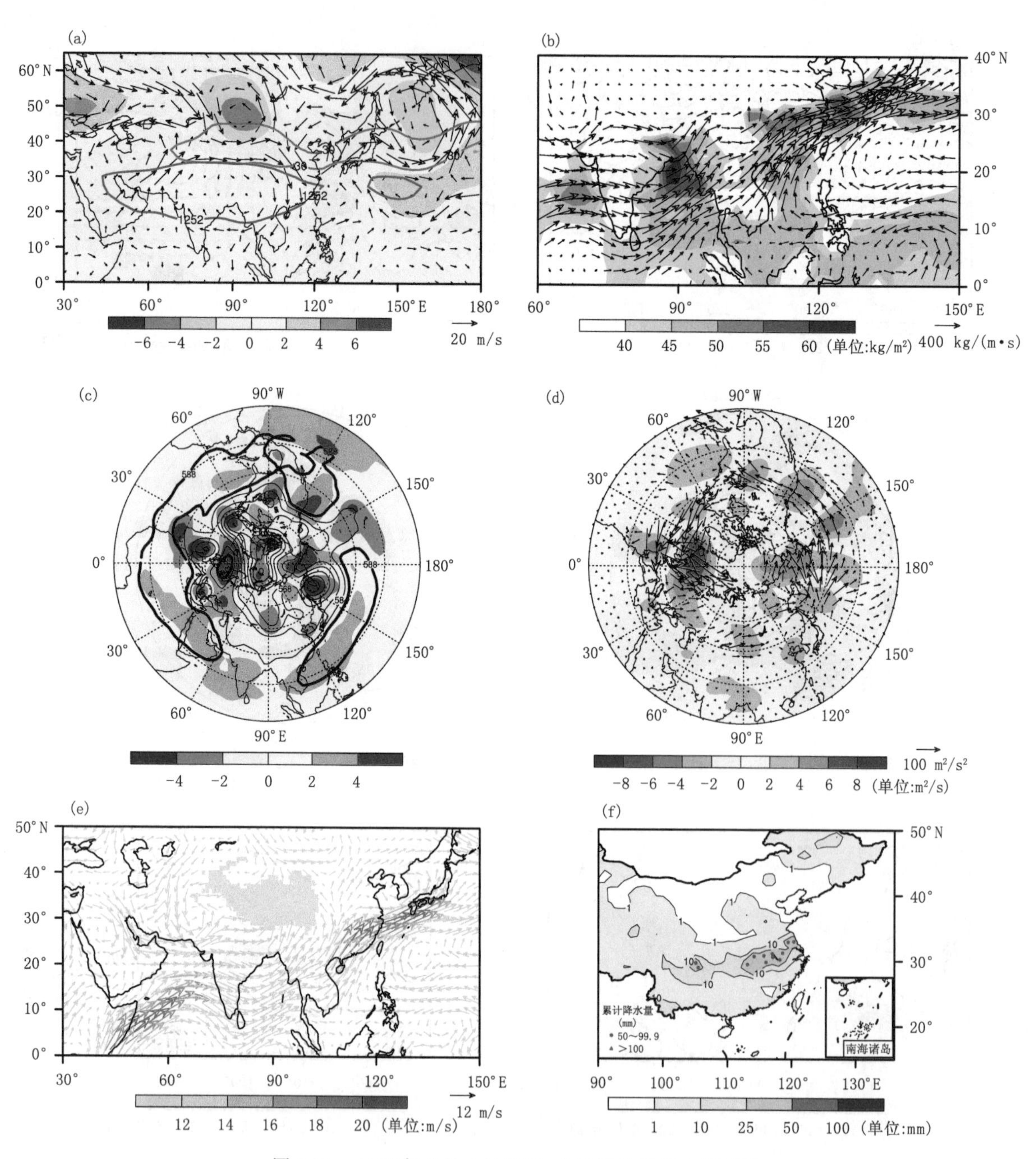

图 2.21 1991 年 7 月 4 日环流、水汽输送及降水特征图

(a)200 hPa 南亚高压、西风急流、位势高度标准化距平和矢量风距平的分布;(b)整层积分水汽和水汽输送的分布;(c)500 hPa 位势高度及其标准化距平的分布;(d)200 hPa 波通量和流函数距平的分布;(e)850 hPa 矢量风分布;(f)累计降水量的分布

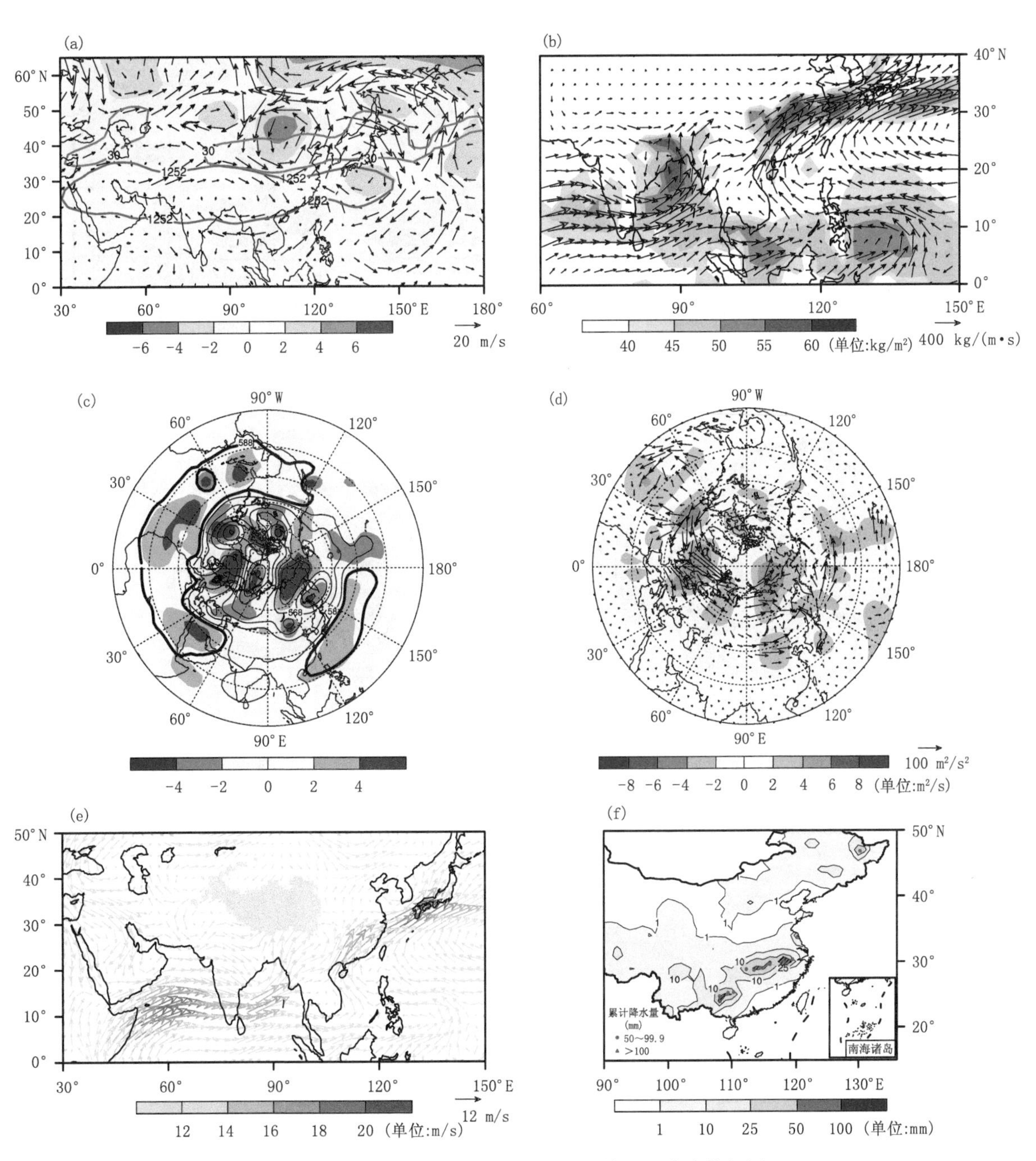

图 2.22 1991 年 7 月 7 日环流、水汽输送及降水特征图

(a)200 hPa 南亚高压、西风急流、位势高度标准化距平和矢量风距平的分布;(b)整层积分水汽和水汽输送的分布;(c)500 hPa 位势高度及其标准化距平的分布;(d)200 hPa 波通量和流函数距平的分布;(e)850 hPa 矢量风分布;(f)累计降水量的分布

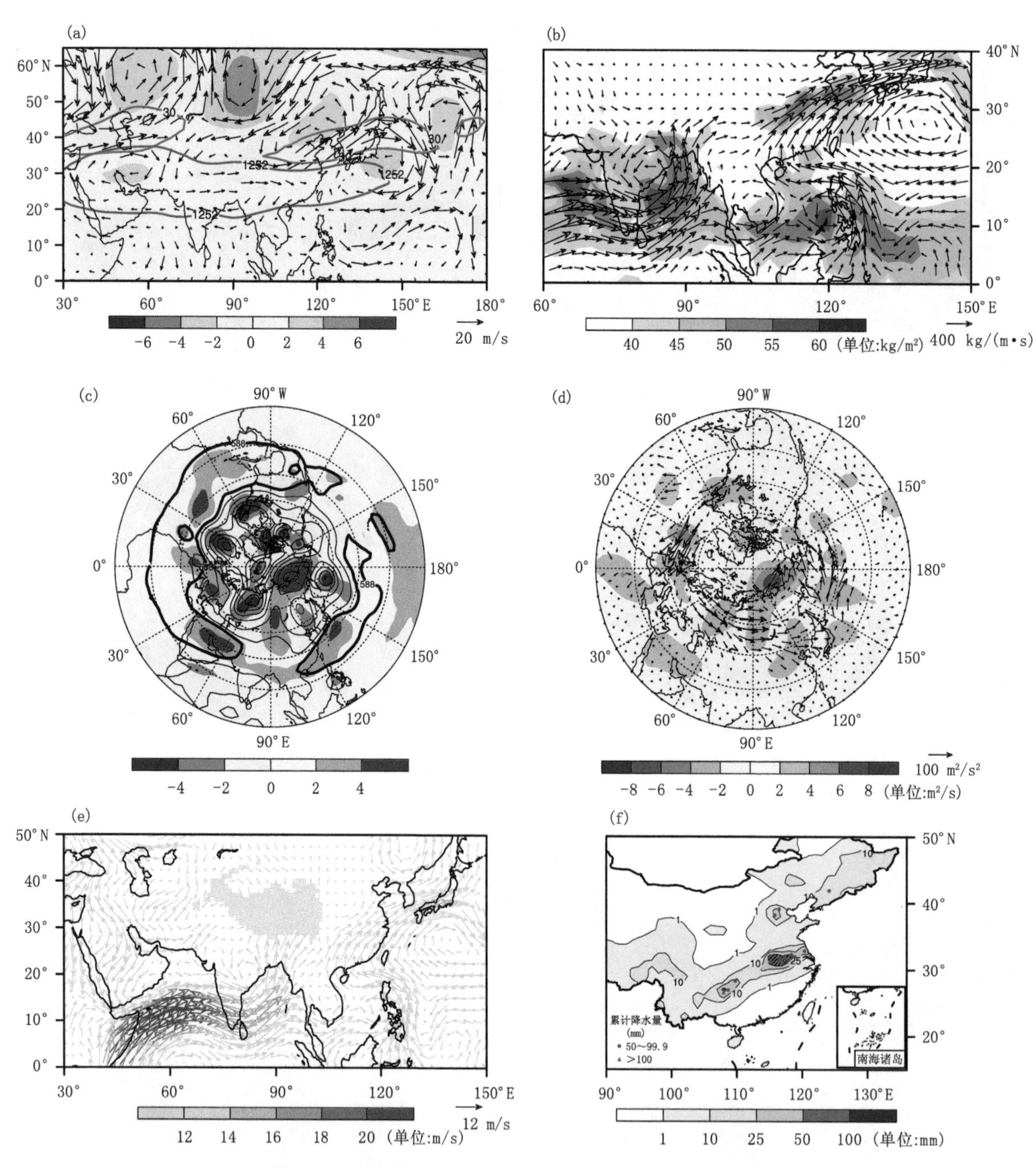

图 2.23 1991 年 7 月 10 日环流、水汽输送及降水特征图

(a)200 hPa 南亚高压、西风急流、位势高度标准化距平和矢量风距平的分布；(b)整层积分水汽和水汽输送的分布；(c)500 hPa 位势高度及其标准化距平的分布；(d)200 hPa 波通量和流函数距平的分布；(e)850 hPa 矢量风分布；(f)累计降水量的分布

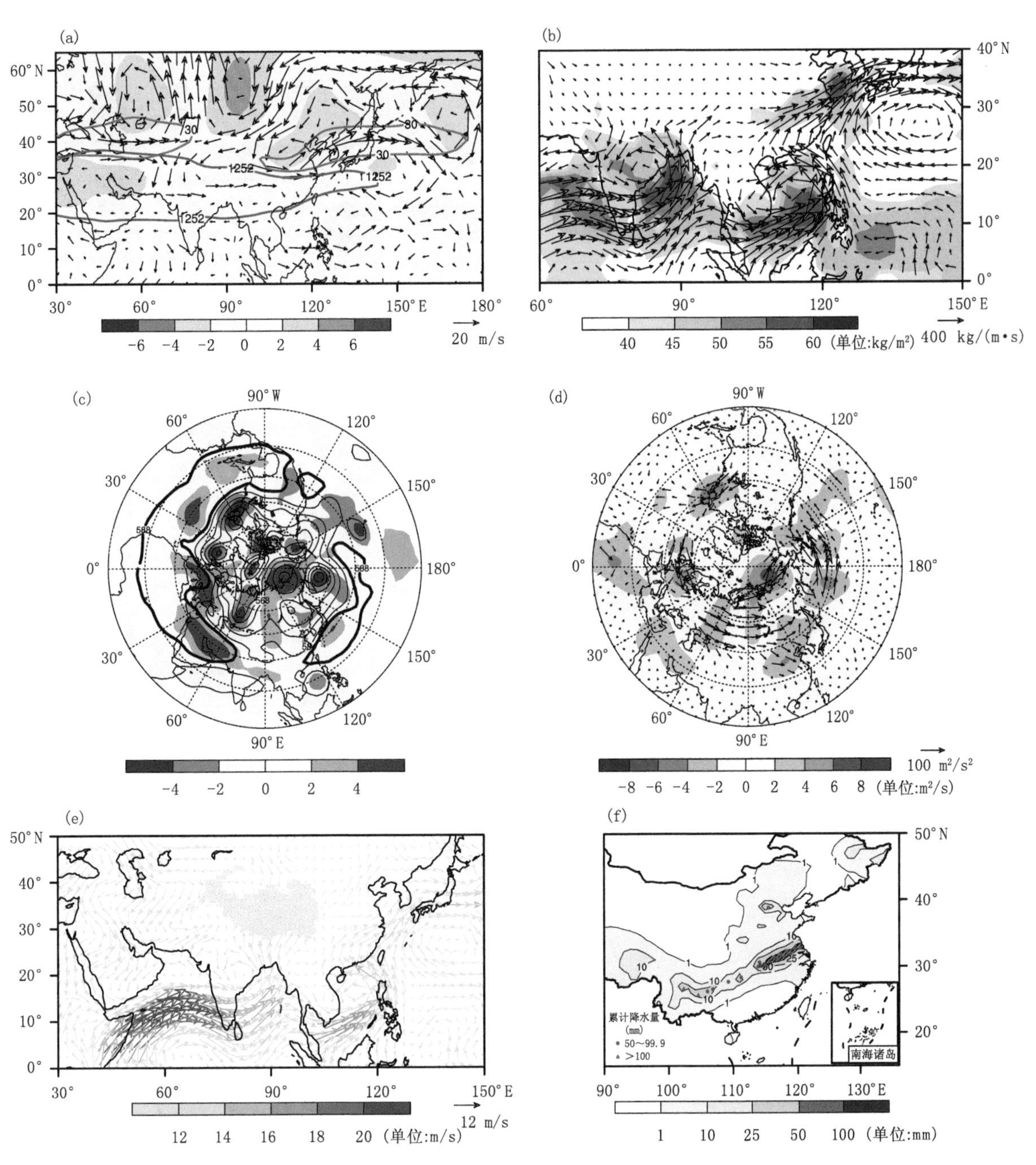

图 2.24 1991 年 7 月 11 日环流、水汽输送及降水特征图

(a)200 hPa 南亚高压、西风急流、位势高度标准化距平和矢量风距平的分布;(b)整层积分水汽和水汽输送的分布;(c)500 hPa 位势高度及其标准化距平的分布;(d)200 hPa 波通量和流函数距平的分布;(e)850 hPa 矢量风分布;(f)累计降水量的分布

2.5.4 1992 年 7 月 4—8 日事件

2.5.4.1 降水概况

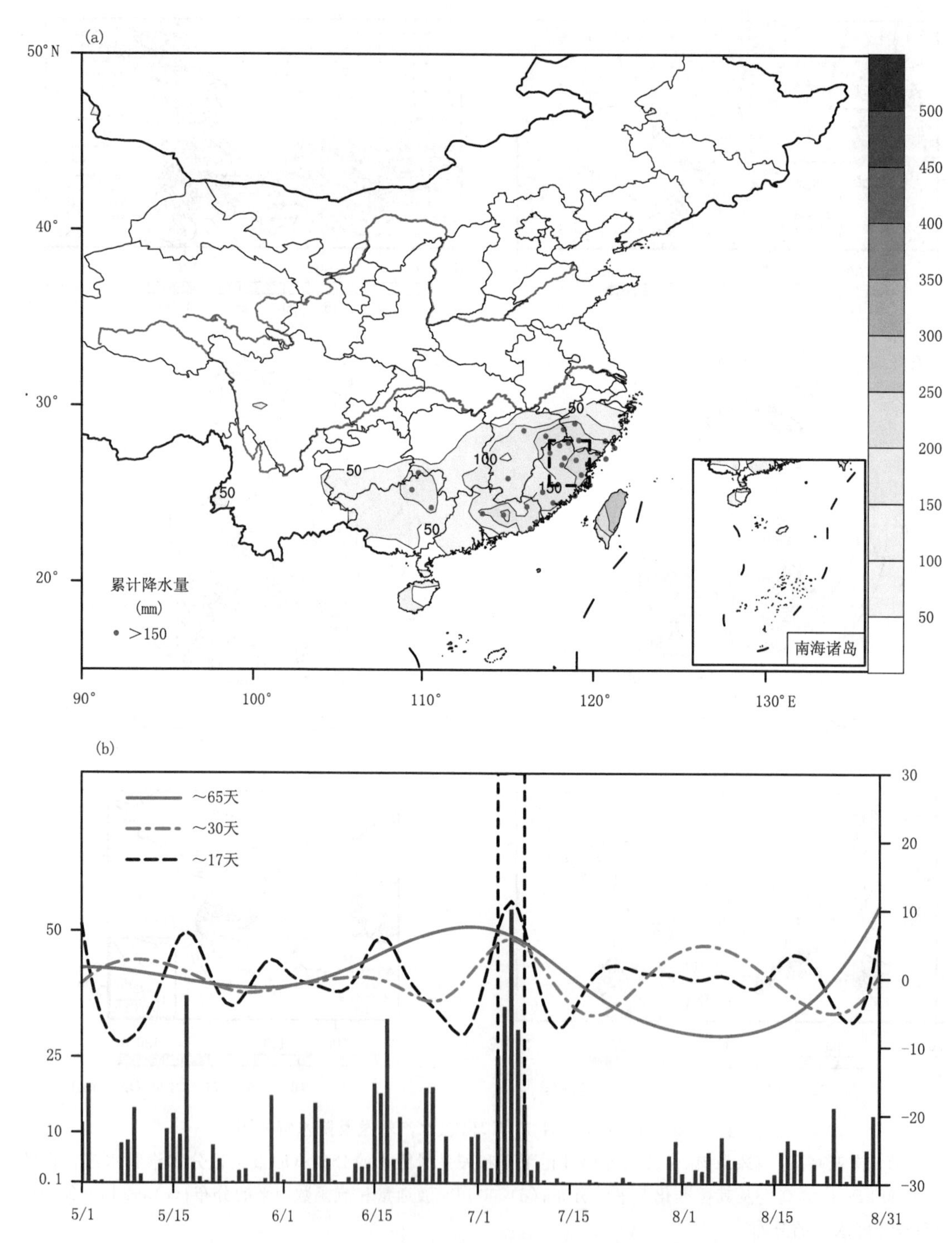

图 2.25 1992 年 7 月 4—8 日长江流域持续性暴雨事件过程降水特征图

(a)事件期间累计降水量,以及累计降水超过 150 mm 的站点,事件核心区域用黑色虚线框标出;(b)事件期间核心区域平均降水量(单位:mm),以及原降水序列的三个本征模态(红色实线,蓝色虚线以及黑色虚线),代表 3 个不同频段的低频周期,中心周期在图中标出,事件发生时段用黑色竖虚线标出

2.5.4.2 时间—经(纬)度剖面综合图

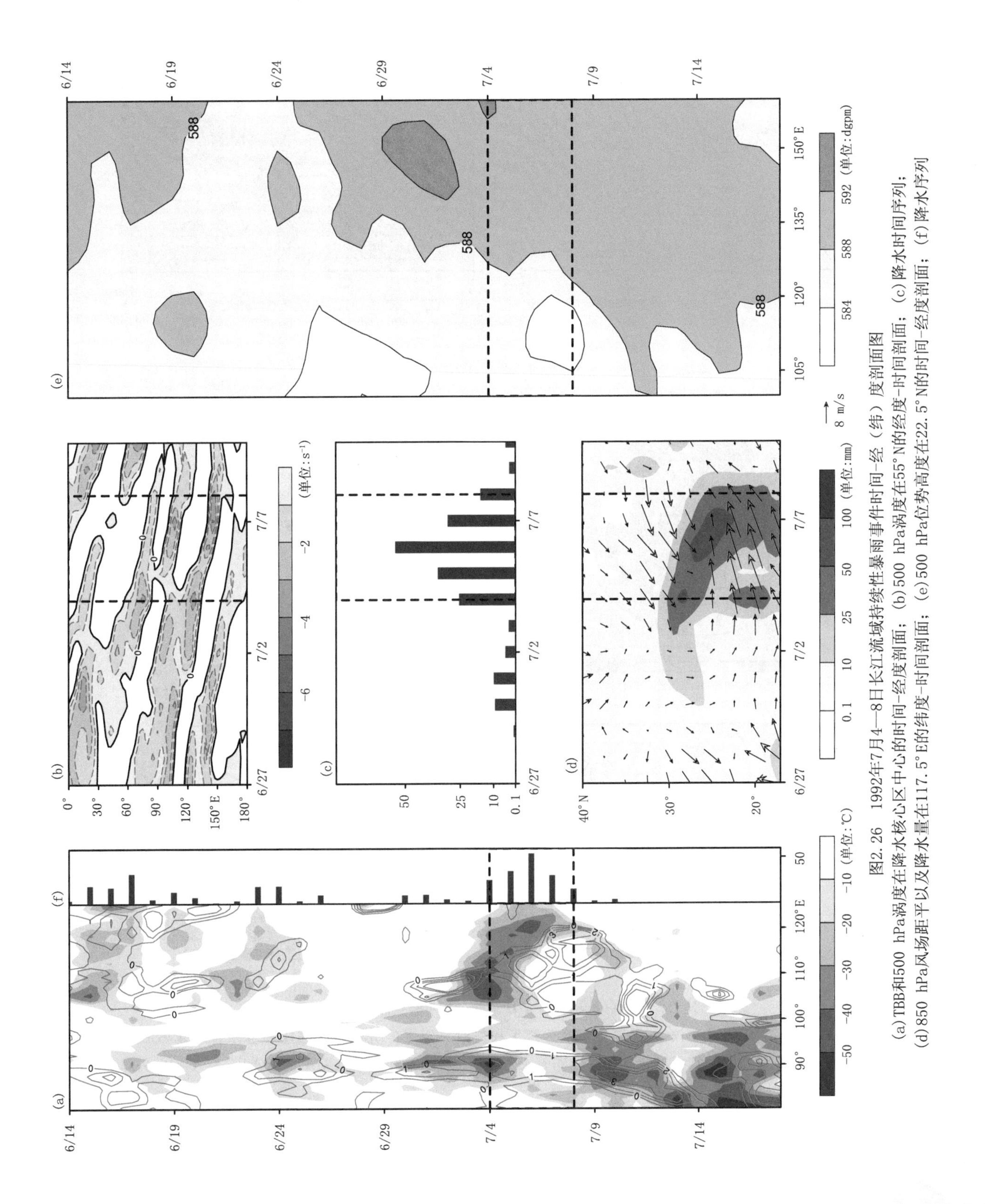

图2.26　1992年7月4—8日长江流域持续性暴雨事件时间-经（纬）度剖面图

(a) TBB和500 hPa涡度在降水核心区中心的时间-经度剖面；(b) 500 hPa涡度在55°N的经度-时间剖面；(c) 降水时间序列；(d) 850 hPa风场距平以及降水量在117.5°E的纬度-时间剖面；(e) 500 hPa位势高度在22.5°N的时间-经度剖面；(f) 降水序列

2.5.4.3 逐日环流、水汽输送和降水特征图

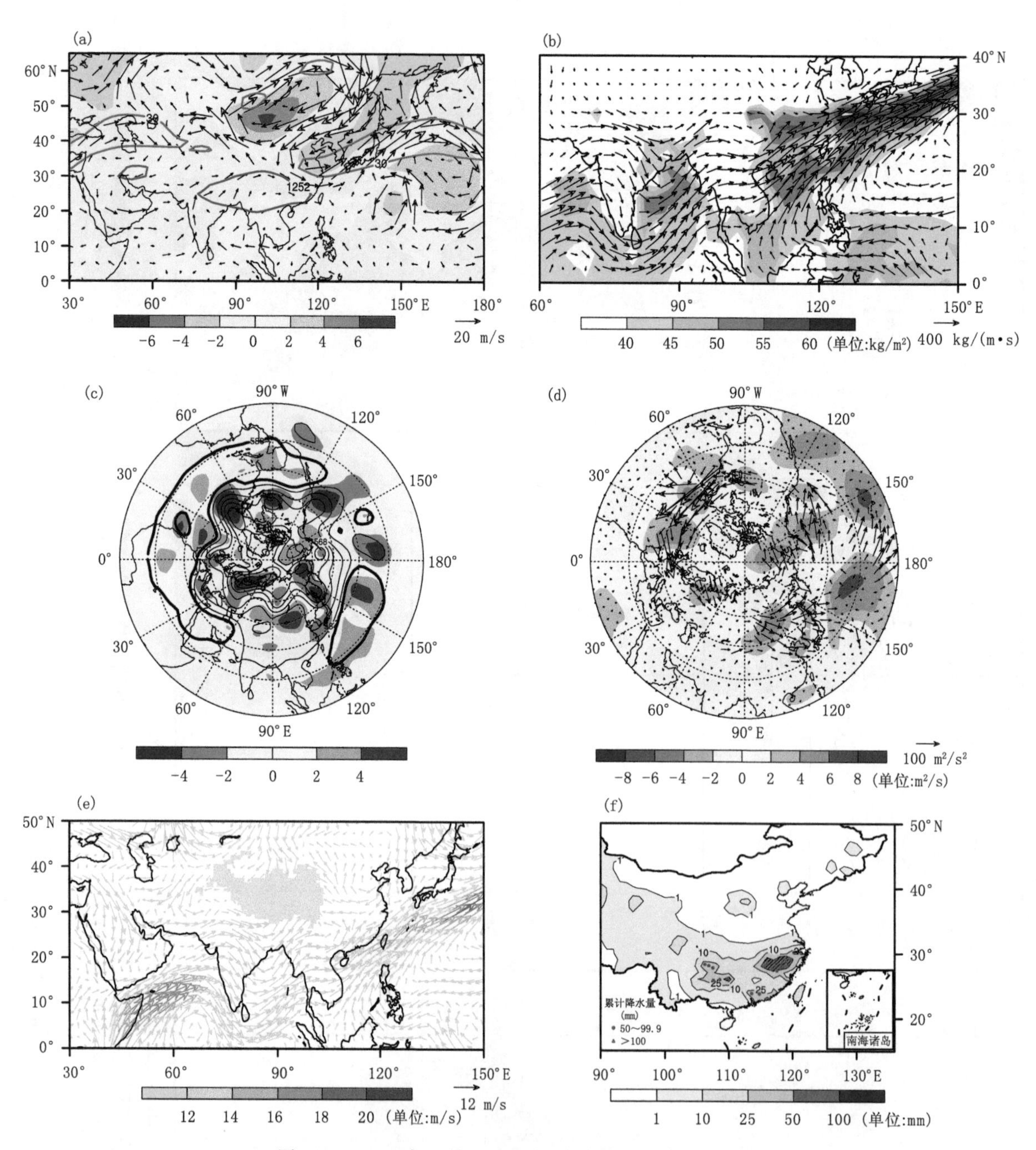

图 2.27 1992 年 7 月 4 日环流、水汽输送及降水特征图

(a)200 hPa 南亚高压、西风急流、位势高度标准化距平和矢量风距平的分布；(b)整层积分水汽和水汽输送的分布；(c)500 hPa 位势高度及其标准化距平的分布；(d)200 hPa 波通量和流函数距平的分布；(e)850 hPa 矢量风分布；(f)累计降水量的分布

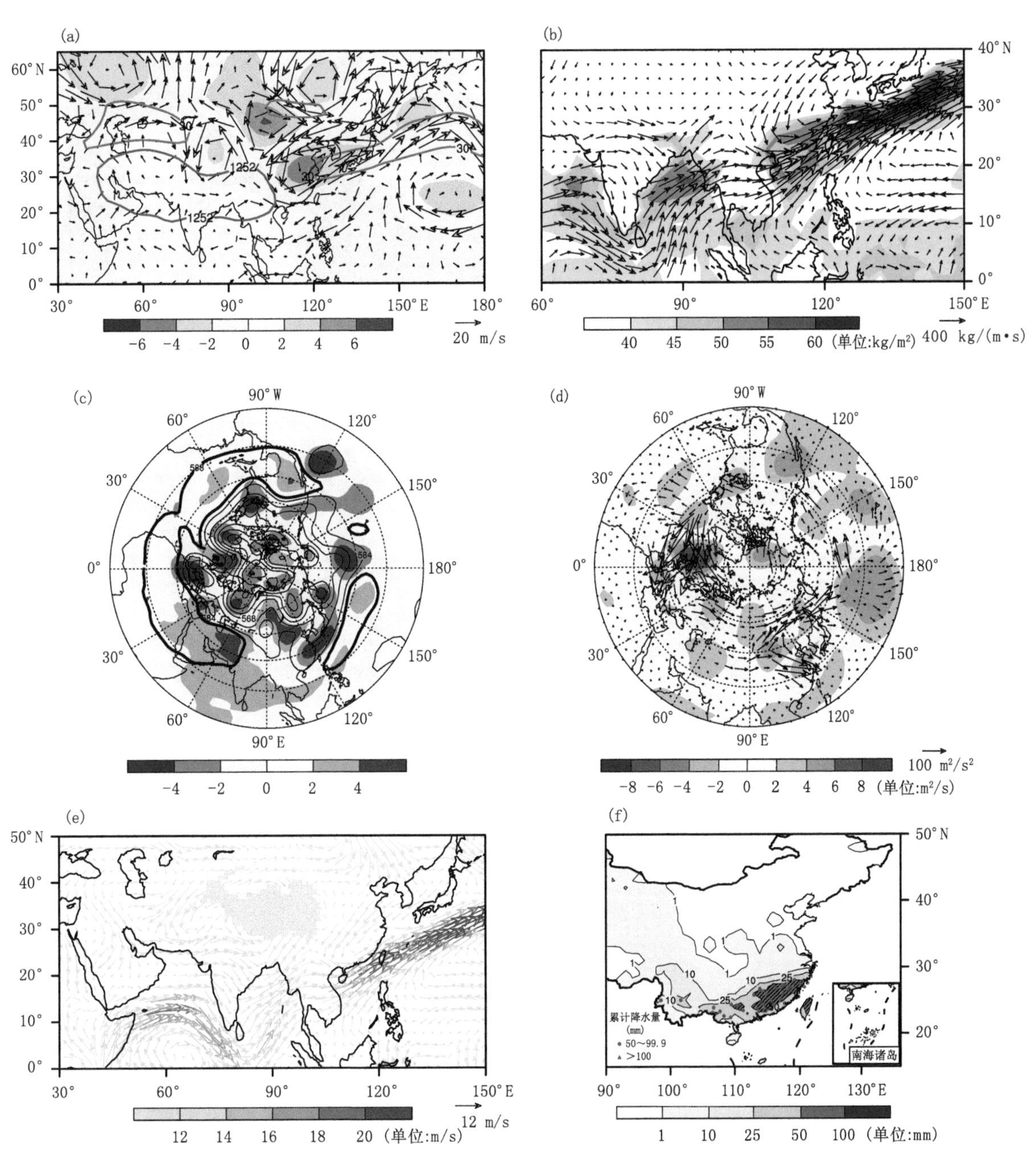

图 2.28 1992年7月6日环流、水汽输送及降水特征图

(a)200 hPa南亚高压、西风急流、位势高度标准化距平和矢量风距平的分布;(b)整层积分水汽和水汽输送的分布;(c)500 hPa位势高度及其标准化距平的分布;(d)200 hPa波通量和流函数距平的分布;(e)850 hPa矢量风分布;(f)累计降水量的分布

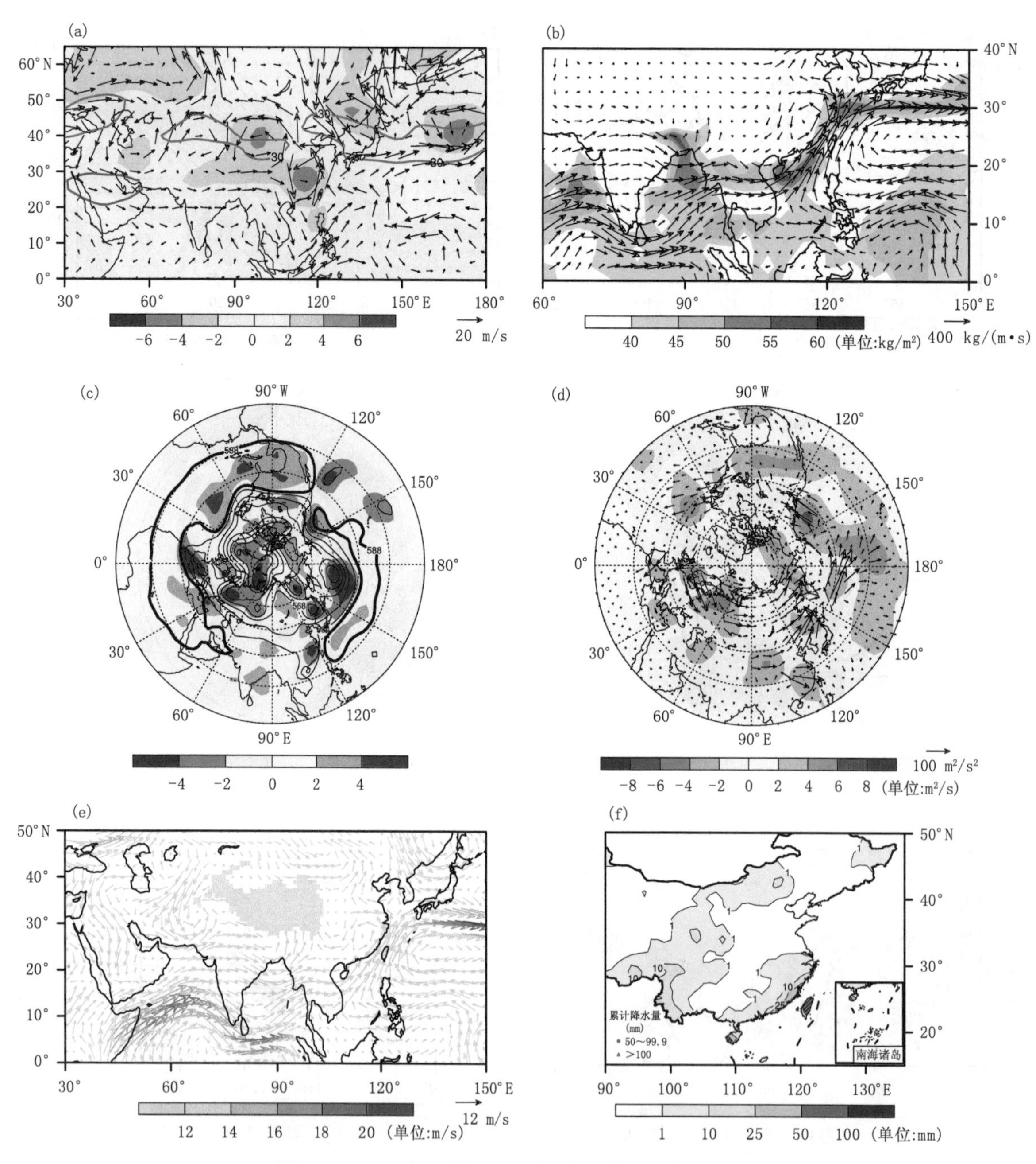

图 2.29　1992 年 7 月 8 日环流、水汽输送及降水特征图

(a)200 hPa 南亚高压、西风急流、位势高度标准化距平和矢量风距平的分布；(b)整层积分水汽和水汽输送的分布；(c)500 hPa 位势高度及其标准化距平的分布；(d)200 hPa 波通量和流函数距平的分布；(e)850 hPa 矢量风分布；(f)累计降水量的分布

2.5.5 1995年6月21—26日事件

2.5.5.1 降水概况

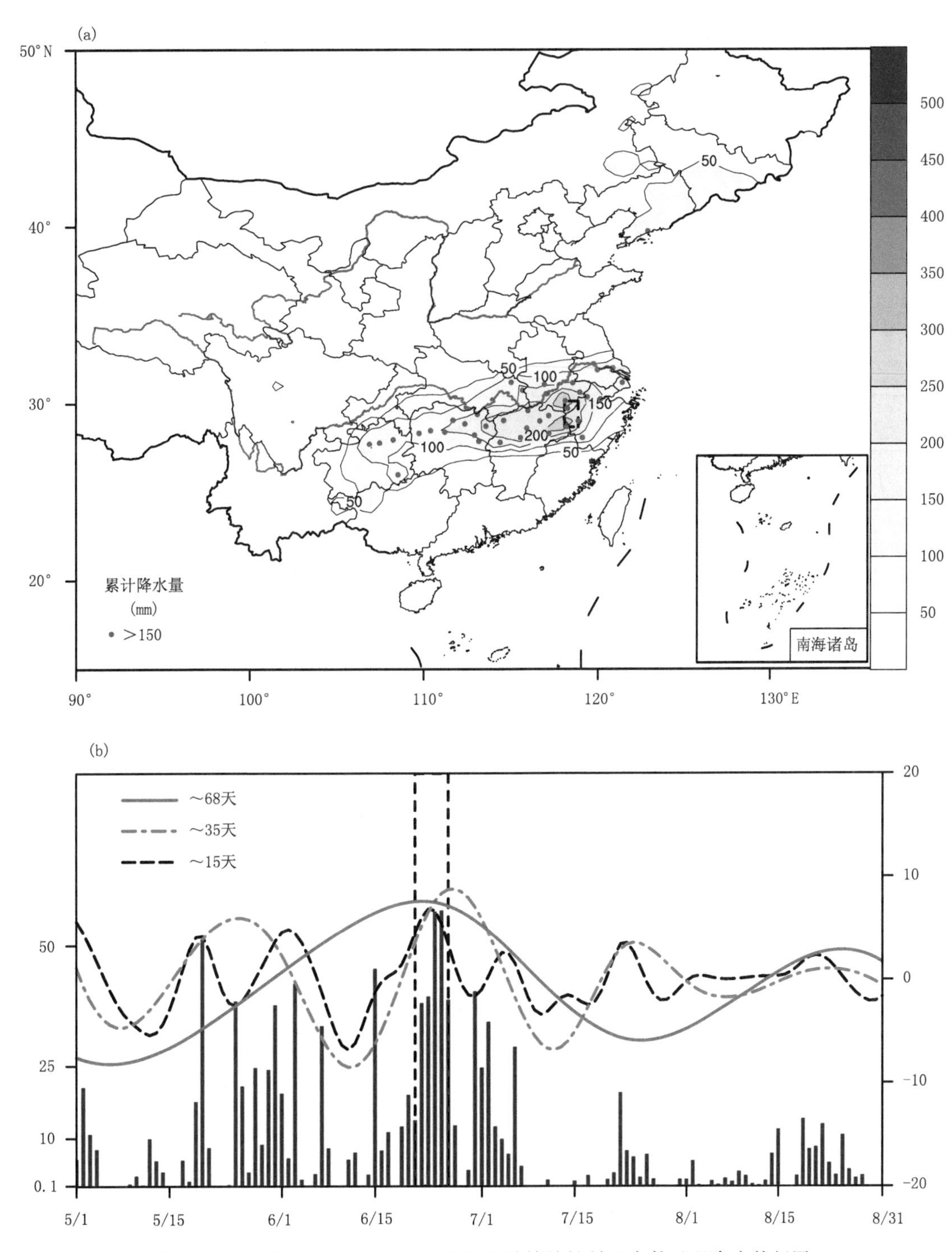

图2.30 1995年6月21—26日长江流域持续性暴雨事件过程降水特征图

(a)事件期间累计降水量,以及累计降水超过150 mm的站点,事件核心区域用黑色虚线框标出;(b)事件期间核心区域平均降水量(单位:mm),以及原降水序列的三个本征模态(红色实线,蓝色虚线以及黑色虚线),代表3个不同频段的低频周期,中心周期在图中标出,事件发生时段用黑色竖虚线标出

2.5.5.2 时间—经(纬)度剖面综合图

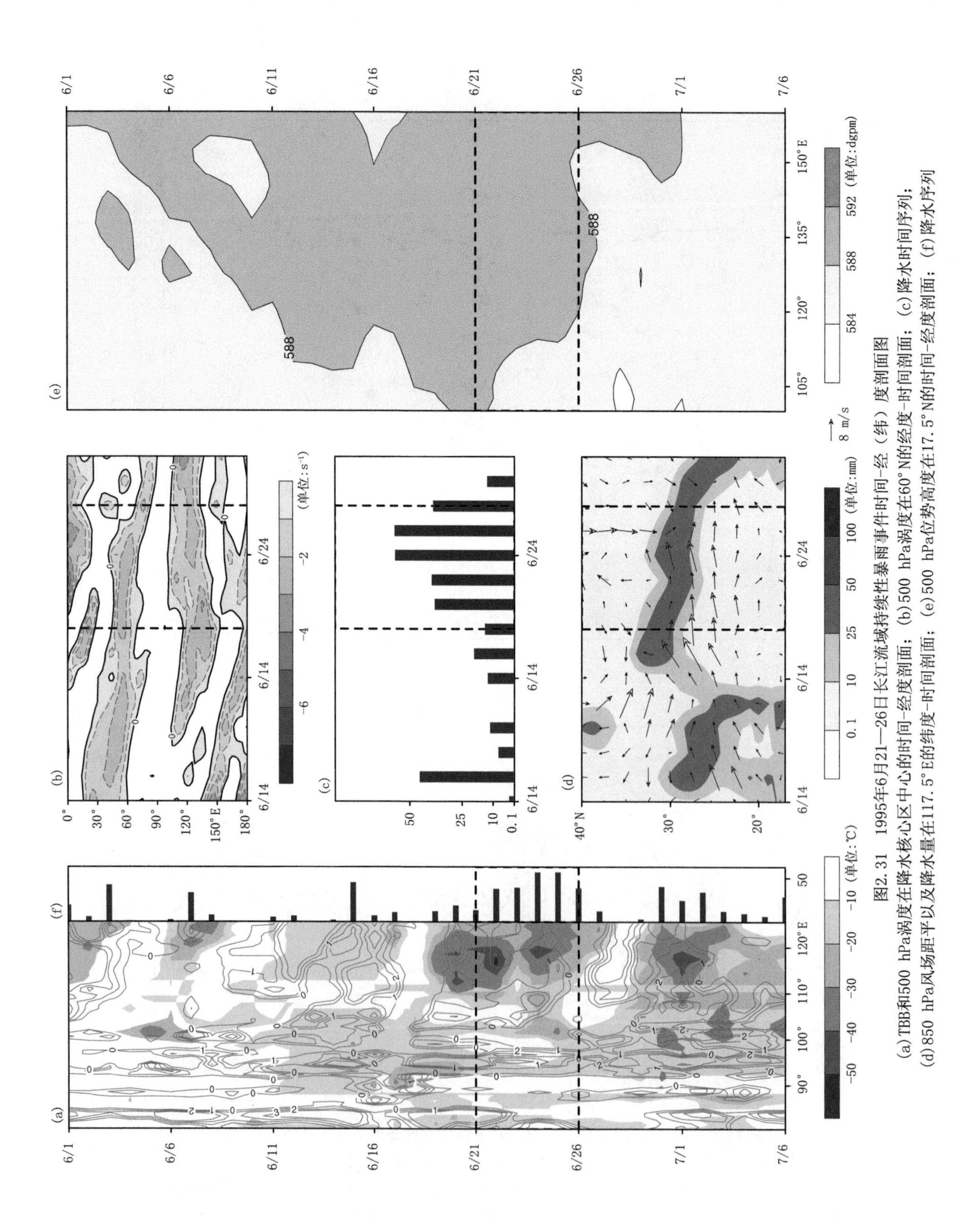

图2.31 1995年6月21—26日长江流域持续性暴雨事件时间-经（纬）度剖面图

(a)TBB和500 hPa涡度在降水核心区中心的时间-经度剖面；(b)500 hPa涡度在60°N的经度-时间剖面；(c)降水时间序列；(d)850 hPa风场距平以及降水量在117.5°E的纬度-时间剖面；(e)500 hPa位势高度在17.5°N的时间-经度剖面；(f)降水序列

2.5.5.3 逐日环流、水汽输送和降水特征图

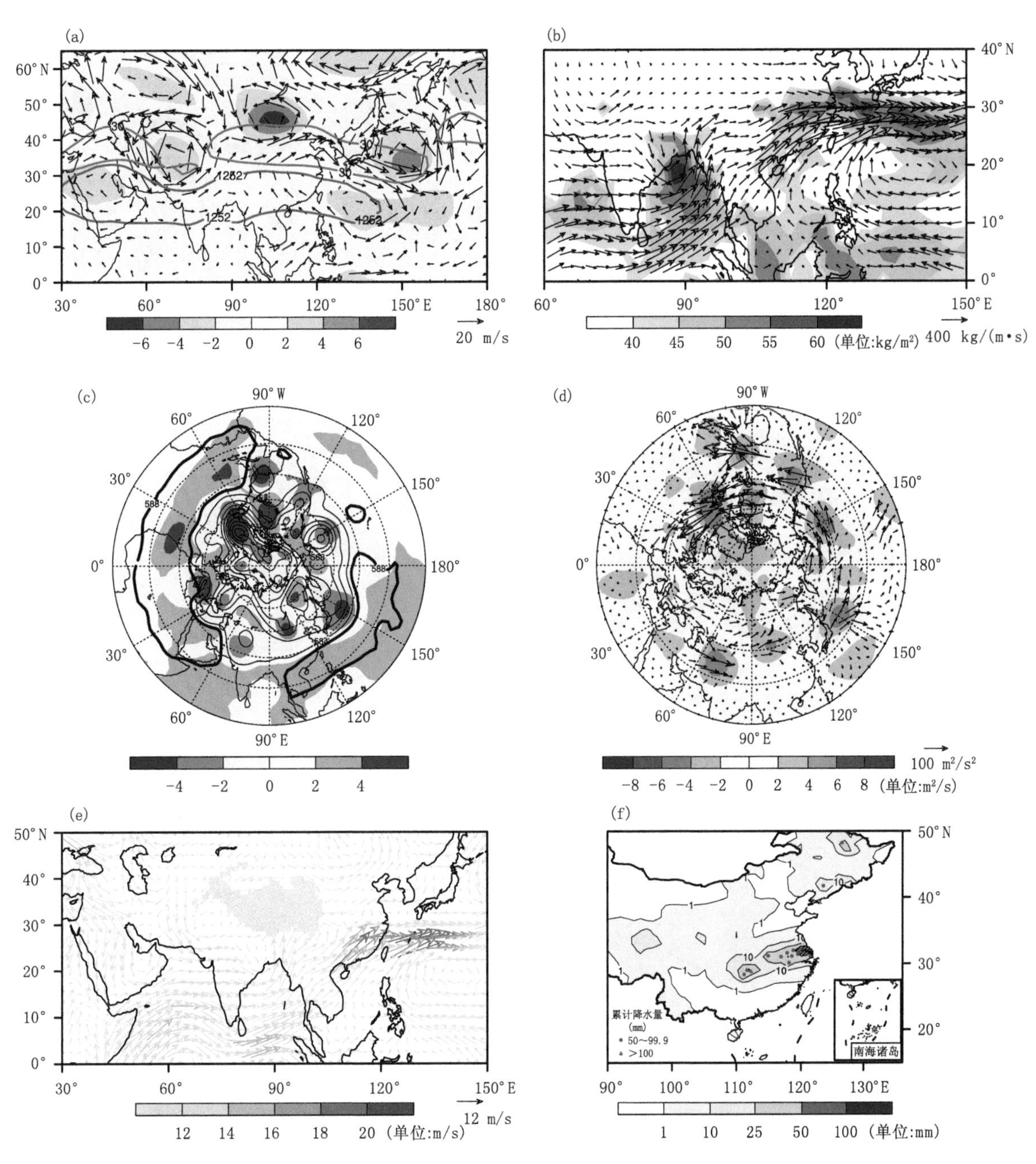

图 2.32 1995 年 6 月 21 日环流、水汽输送及降水特征图

(a)200 hPa 南亚高压、西风急流、位势高度标准化距平和矢量风距平的分布;(b)整层积分水汽和水汽输送的分布;(c)500 hPa 位势高度及其标准化距平的分布;(d)200 hPa 波通量和流函数距平的分布;(e)850 hPa 矢量风分布;(f)累计降水量的分布

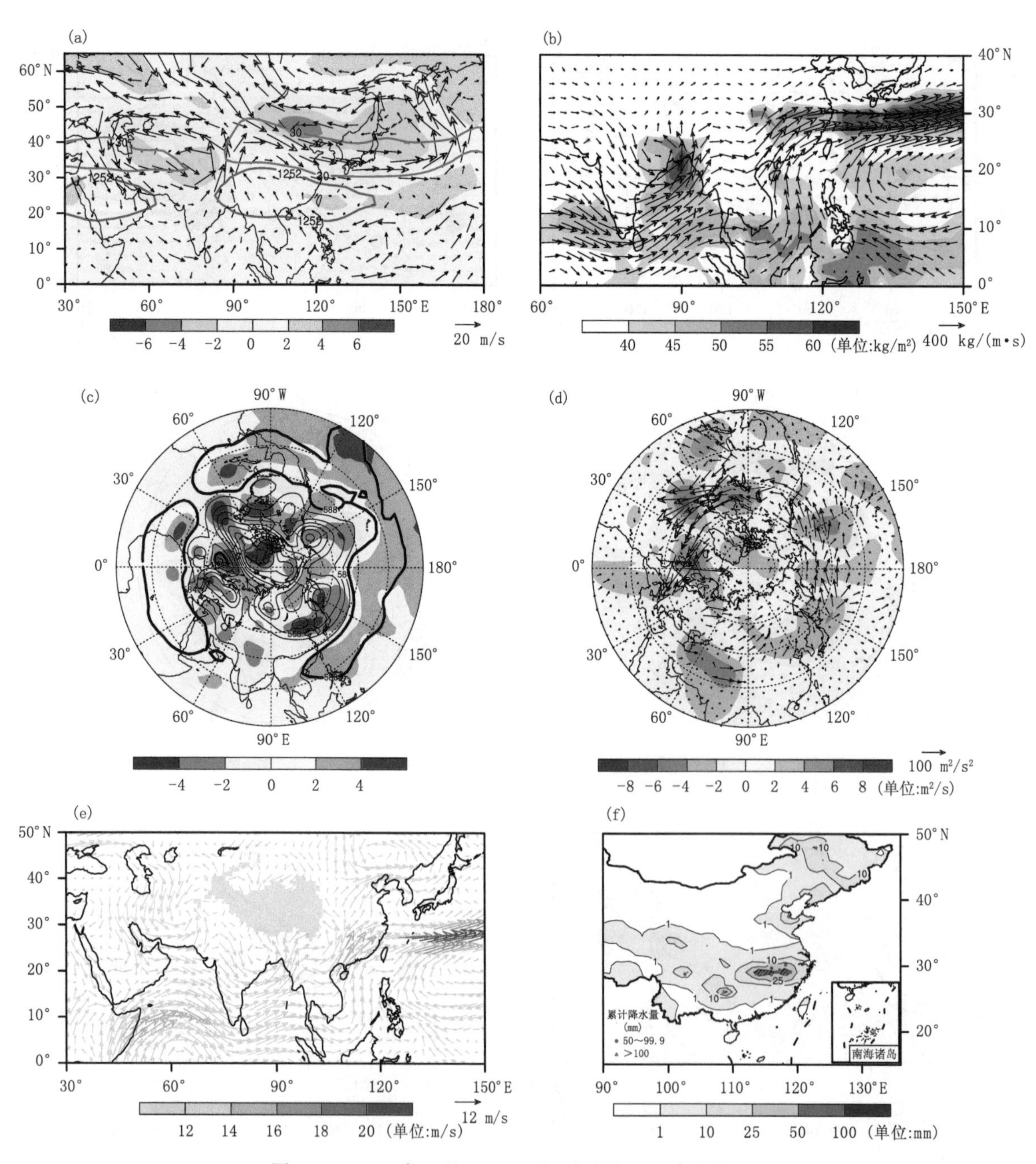

图 2.33　1995 年 6 月 23 日环流、水汽输送及降水特征图

(a)200 hPa 南亚高压、西风急流、位势高度标准化距平和矢量风距平的分布;(b)整层积分水汽和水汽输送的分布;(c)500 hPa 位势高度及其标准化距平的分布;(d)200 hPa 波通量和流函数距平的分布;(e)850 hPa 矢量风分布;(f)累计降水量的分布

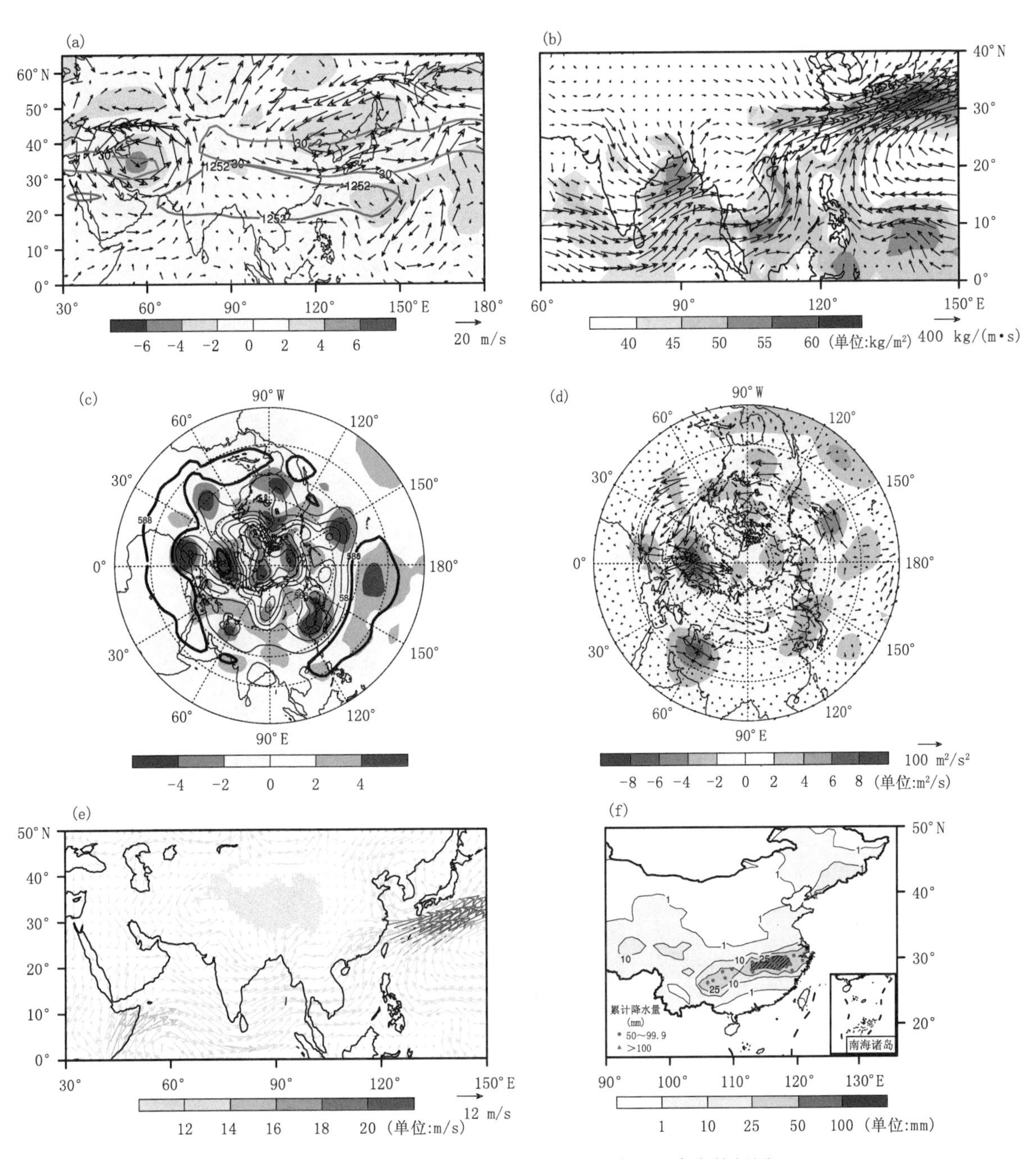

图 2.34 1995 年 6 月 25 日环流、水汽输送及降水特征图

(a)200 hPa 南亚高压、西风急流、位势高度标准化距平和矢量风距平的分布；(b)整层积分水汽和水汽输送的分布；(c)500 hPa 位势高度及其标准化距平的分布；(d)200 hPa 波通量和流函数距平的分布；(e)850 hPa 矢量风分布；(f)累计降水量的分布

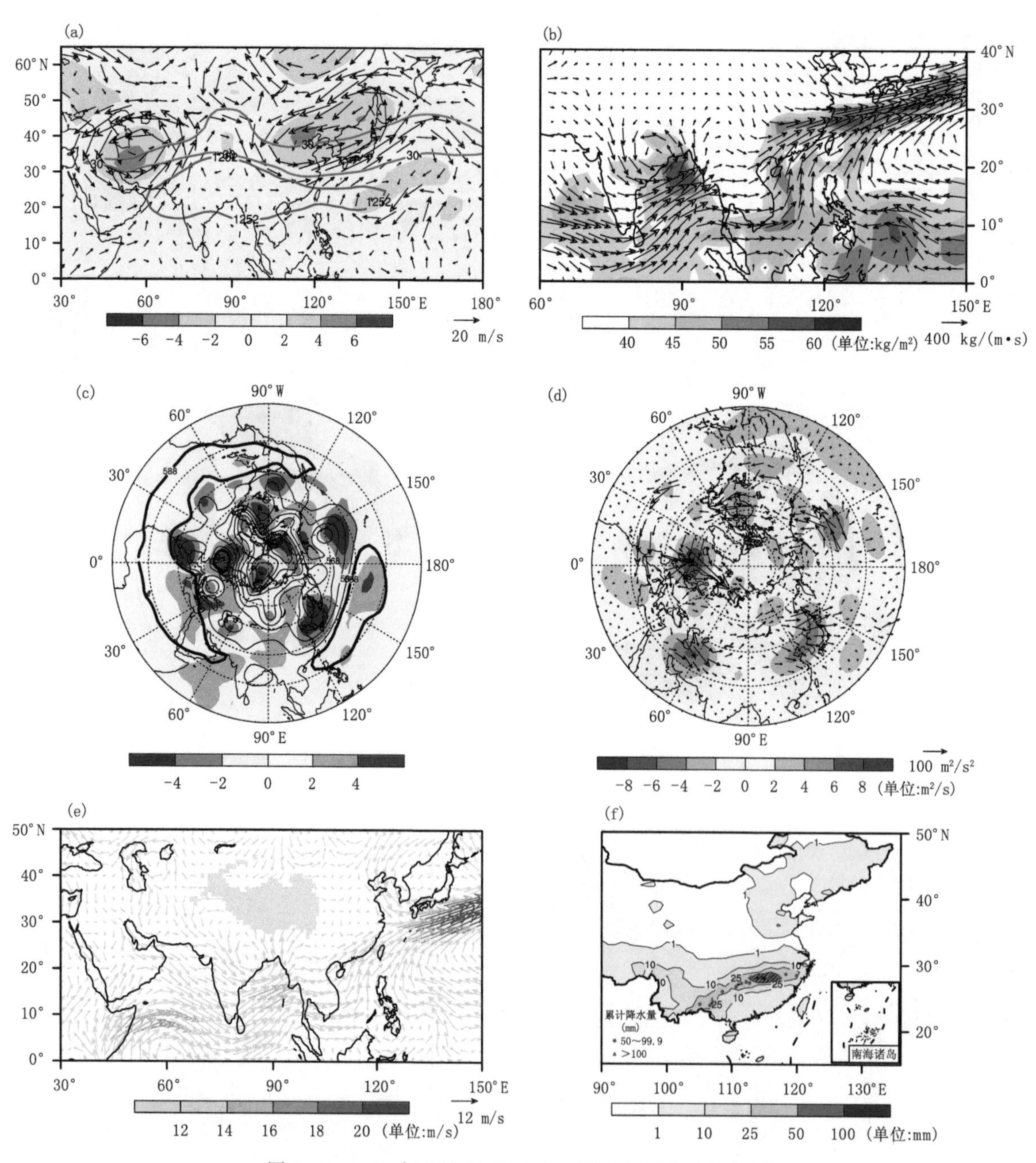

图 2.35　1995 年 6 月 26 日环流、水汽输送及降水特征图

(a)200 hPa 南亚高压、西风急流、位势高度标准化距平和矢量风距平的分布；(b)整层积分水汽和水汽输送的分布；(c)500 hPa 位势高度及其标准化距平的分布；(d)200 hPa 波通量和流函数距平的分布；(e)850 hPa 矢量风分布；(f)累计降水量的分布

2.5.6 1996年6月29日—7月2日事件

2.5.6.1 降水概况

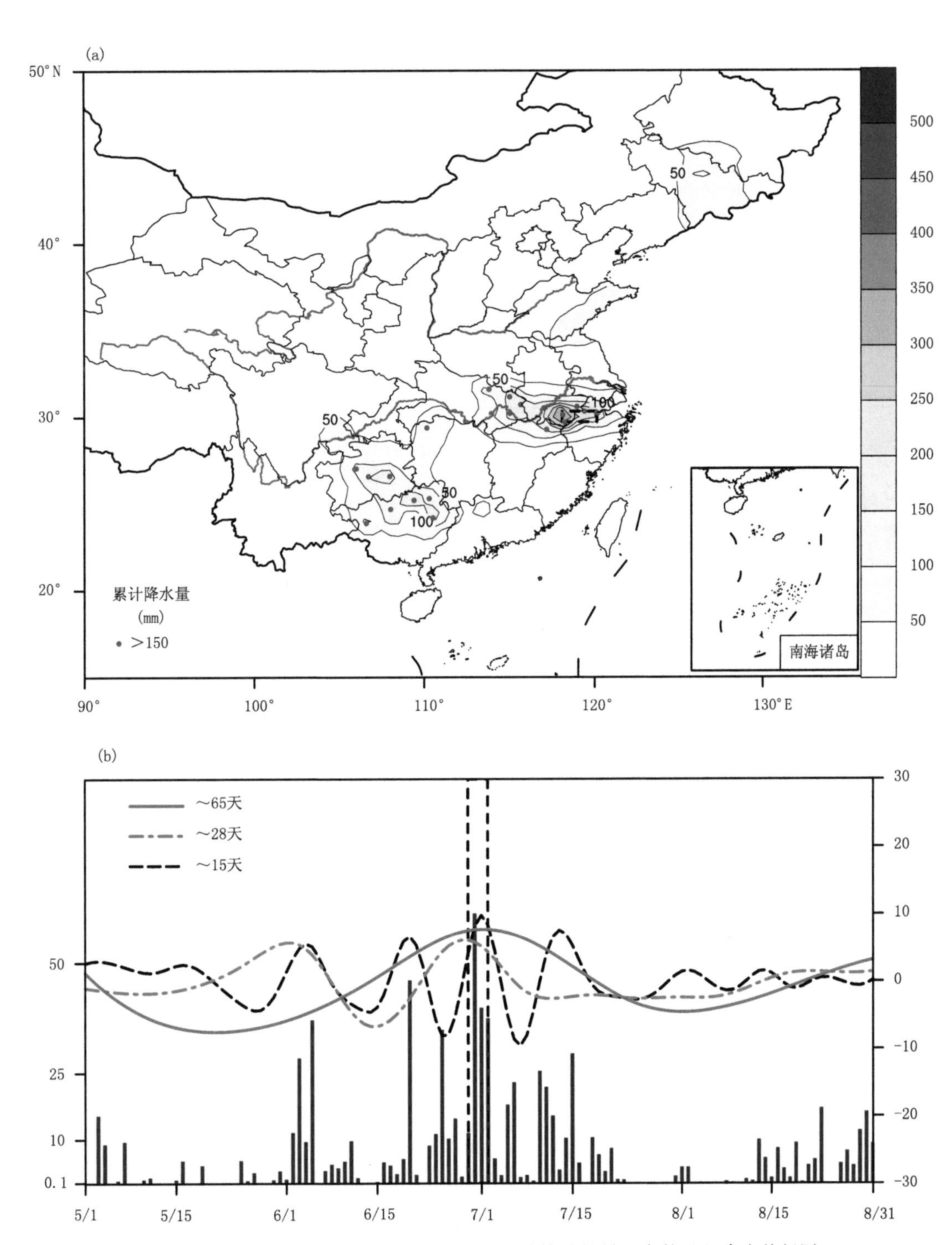

图2.36 1996年6月29—7月2日长江流域持续性暴雨事件过程降水特征图

(a)事件期间累计降水量，以及累计降水超过150 mm的站点，事件核心区域用黑色虚线框标出；(b)事件期间核心区域平均降水量(单位：mm)，以及原降水序列的三个本征模态(红色实线，蓝色虚线以及黑色虚线)，代表3个不同频段的低频周期，中心周期在图中标出，事件发生时段用黑色竖虚线标出

2.5.6.2 时间—经（纬）度剖面综合图

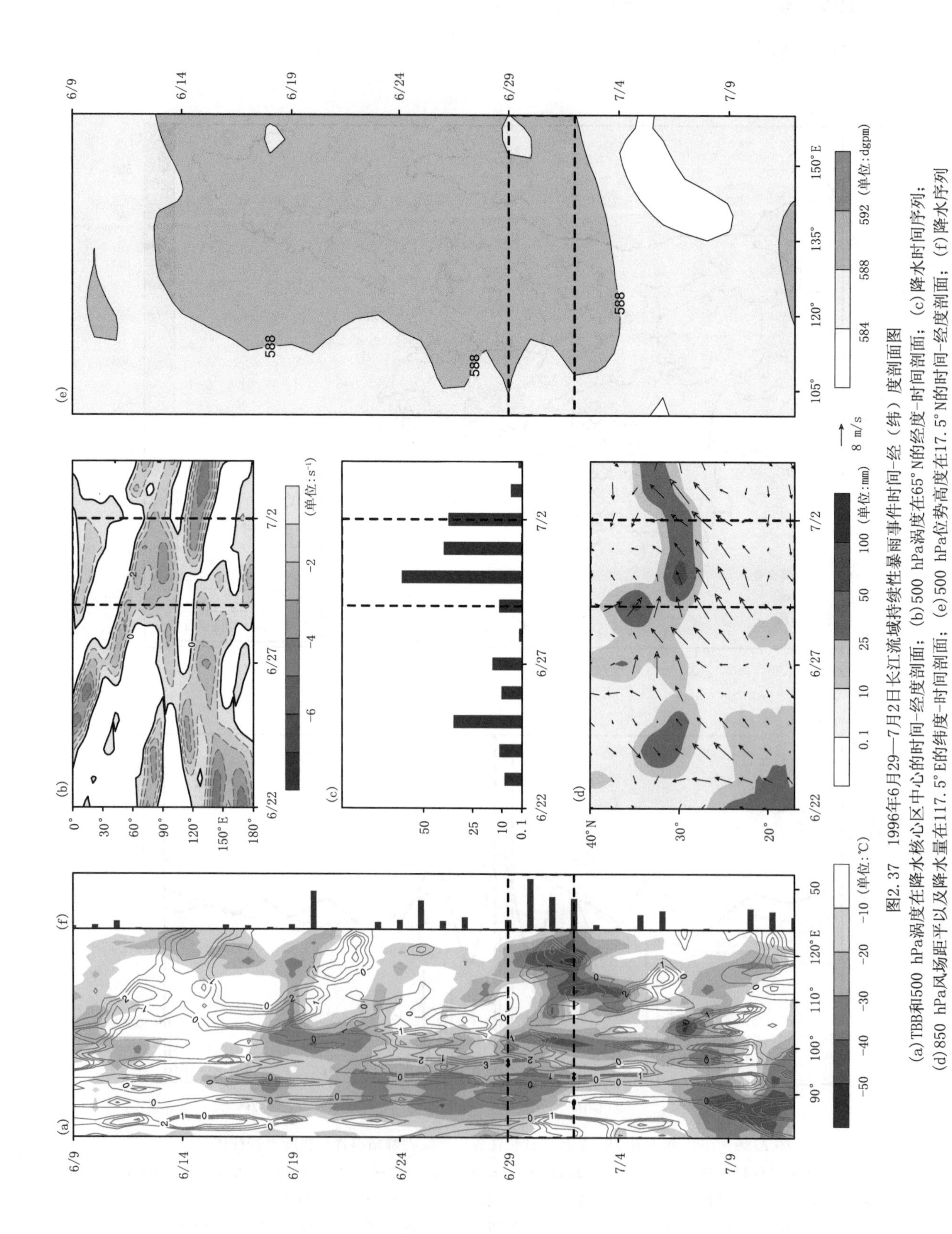

图2.37 1996年6月29—7月2日长江流域持续性暴雨事件时间-经（纬）度剖面图

(a) TBB和500 hPa涡度在降水核心区中心的时间-经度剖面；(b) 500 hPa涡度在65°N的经度-时间剖面；(c)降水时间序列；(d) 850 hPa风场距平以及降水量在117.5°E的纬度-时间剖面；(e) 500 hPa位势高度在17.5°N的时间-经度剖面；(f)降水序列

2.5.6.3 逐日环流、水汽输送和降水特征图

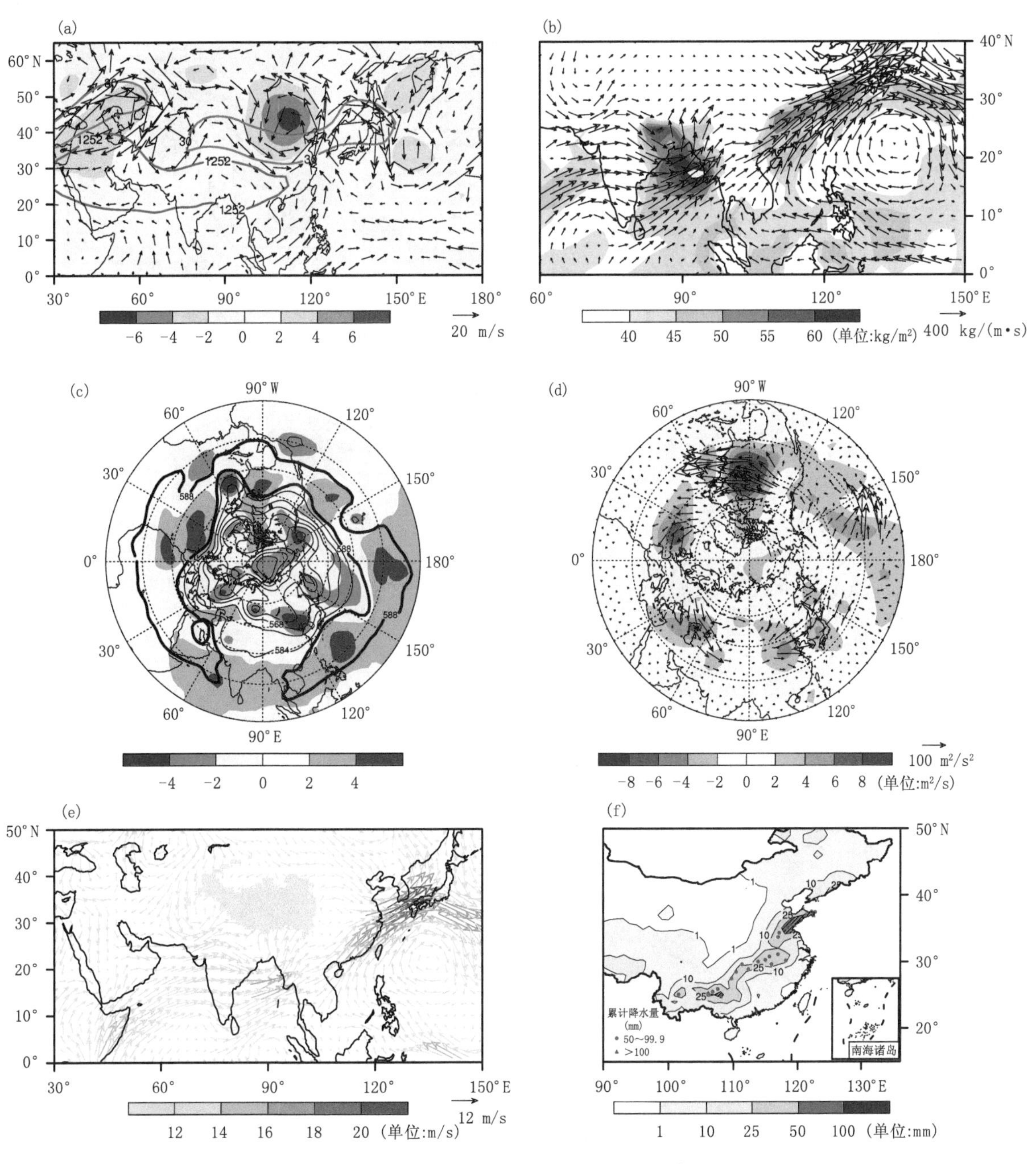

图 2.38 1996年6月29日环流、水汽输送及降水特征图

(a)200 hPa 南亚高压、西风急流、位势高度标准化距平和矢量风距平的分布;(b)整层积分水汽和水汽输送的分布;(c)500 hPa 位势高度及其标准化距平的分布;(d)200 hPa 波通量和流函数距平的分布;(e)850 hPa 矢量风分布;(f)累计降水量的分布

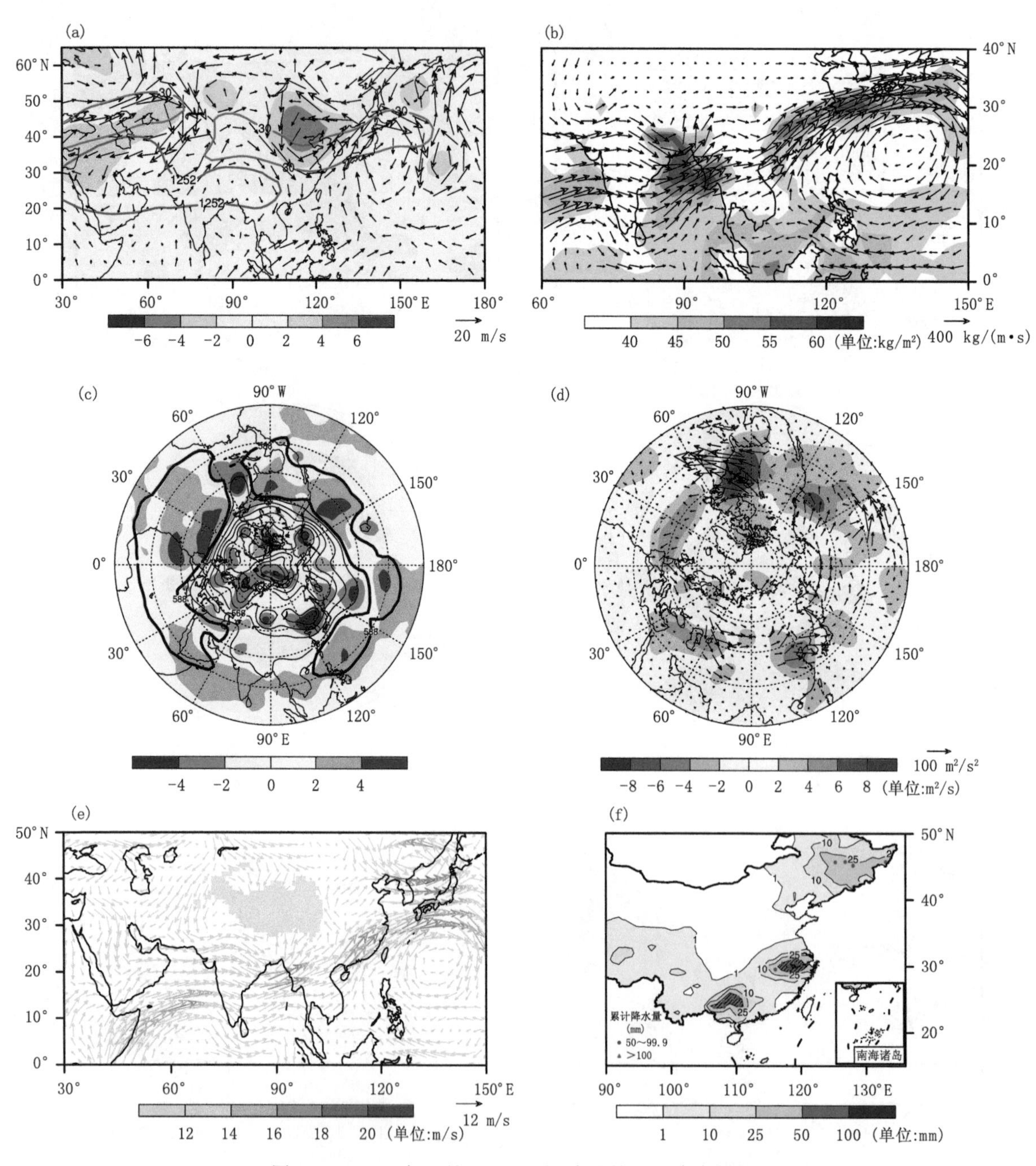

图 2.39　1996 年 6 月 30 日环流、水汽输送及降水特征图

(a)200 hPa 南亚高压、西风急流、位势高度标准化距平和矢量风距平的分布；(b)整层积分水汽和水汽输送的分布；(c)500 hPa 位势高度及其标准化距平的分布；(d)200 hPa 波通量和流函数距平的分布；(e)850 hPa 矢量风分布；(f)累计降水量的分布

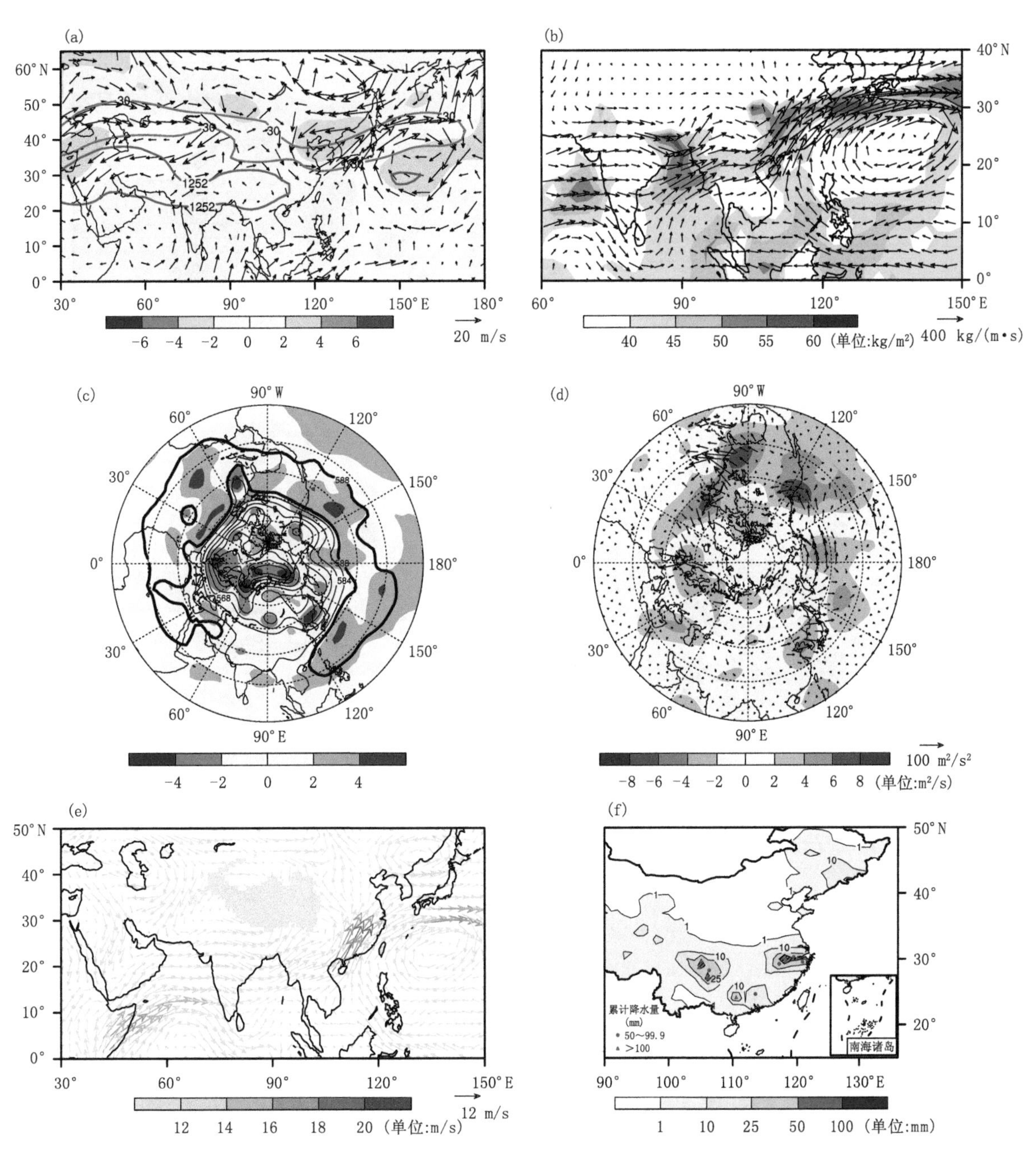

图 2.40　1996 年 7 月 1 日环流、水汽输送及降水特征图

(a)200 hPa 南亚高压、西风急流、位势高度标准化距平和矢量风距平的分布;(b)整层积分水汽和水汽输送的分布;(c)500 hPa 位势高度及其标准化距平的分布;(d)200 hPa 波通量和流函数距平的分布;(e)850 hPa 矢量风分布;(f)累计降水量的分布

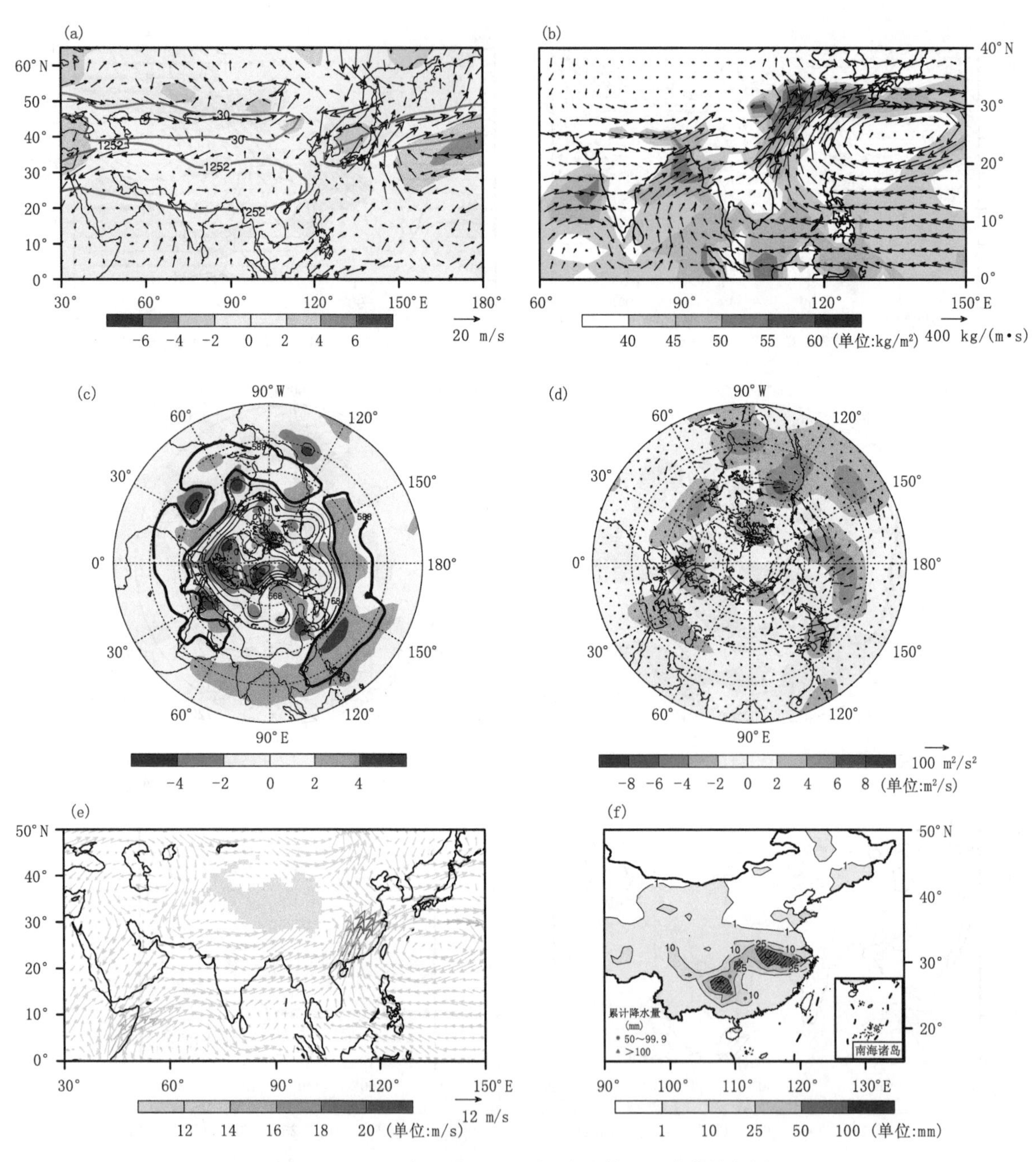

图 2.41　1996 年 7 月 2 日环流、水汽输送及降水特征图

(a)200 hPa 南亚高压、西风急流、位势高度标准化距平和矢量风距平的分布;(b)整层积分水汽和水汽输送的分布;(c)500 hPa 位势高度及其标准化距平的分布;(d)200 hPa 波通量和流函数距平的分布;(e)850 hPa 矢量风分布;(f)累计降水量的分布

2.5.7 1997 年 7 月 7—12 日事件

2.5.7.1 降水概况

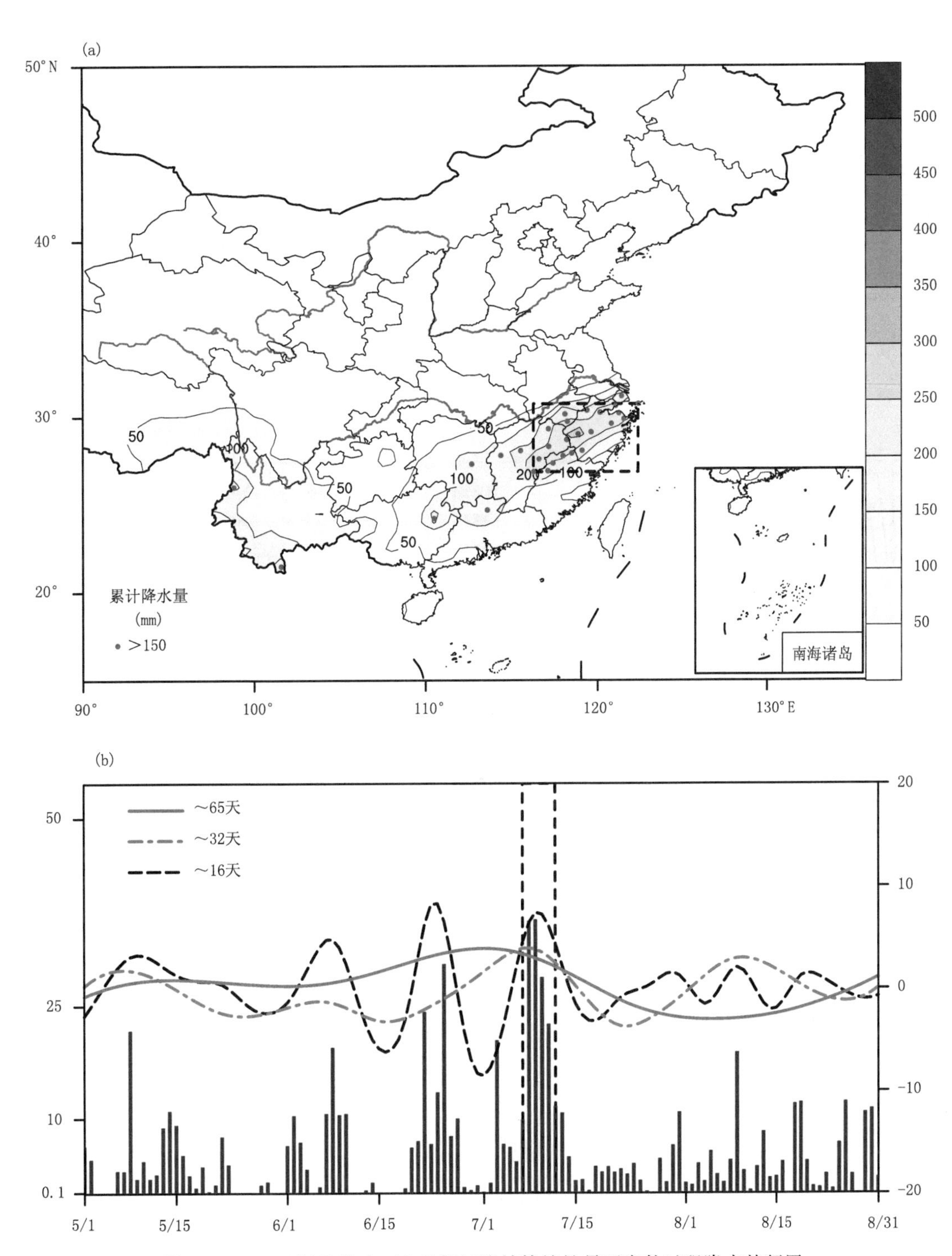

图 2.42 1997 年 7 月 7—12 日长江流域持续性暴雨事件过程降水特征图

(a)事件期间累计降水量，以及累计降水超过 150 mm 的站点，事件核心区域用黑色虚线框标出；(b)事件期间核心区域平均降水量(单位：mm)，以及原降水序列的三个本征模态(红色实线，蓝色虚线以及黑色虚线)，代表 3 个不同频段的低频周期，中心周期在图中标出，事件发生时段用黑色竖虚线标出

2.5.7.2　时间—经(纬)度剖面综合图

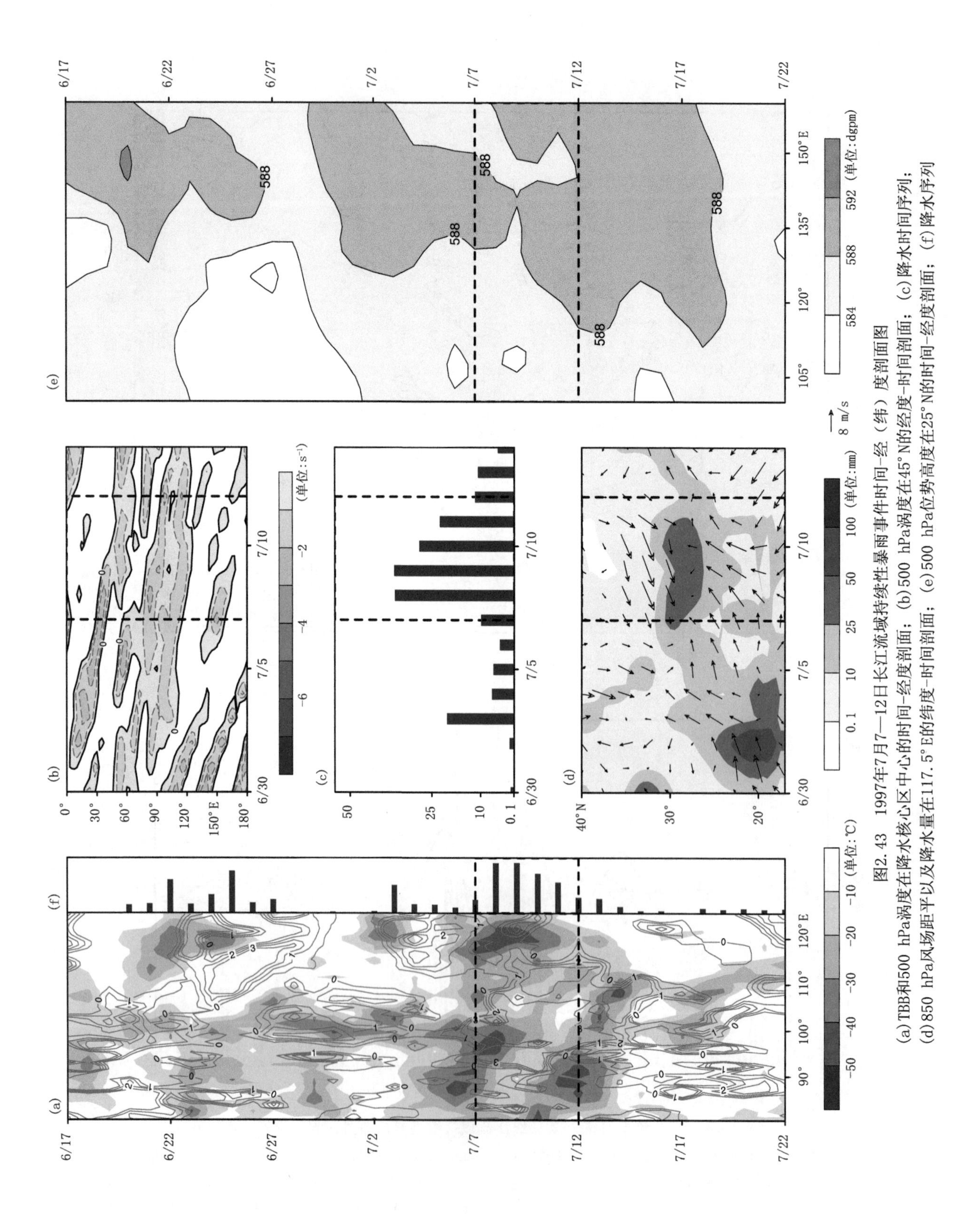

图2.43　1997年7月7—12日长江流域持续性暴雨事件时间-经（纬）度剖面图

(a)TBB和500 hPa涡度在降水核心区中心的时间-经度剖面；(b)500 hPa涡度在45°N的经度-时间剖面；(c)降水时间序列；(d)850 hPa风场距平以及降水量在117.5°E的纬度-时间剖面；(e)500 hPa位势高度在25°N的时间-经度剖面；(f)降水序列

2.5.7.3 逐日环流、水汽输送和降水特征图

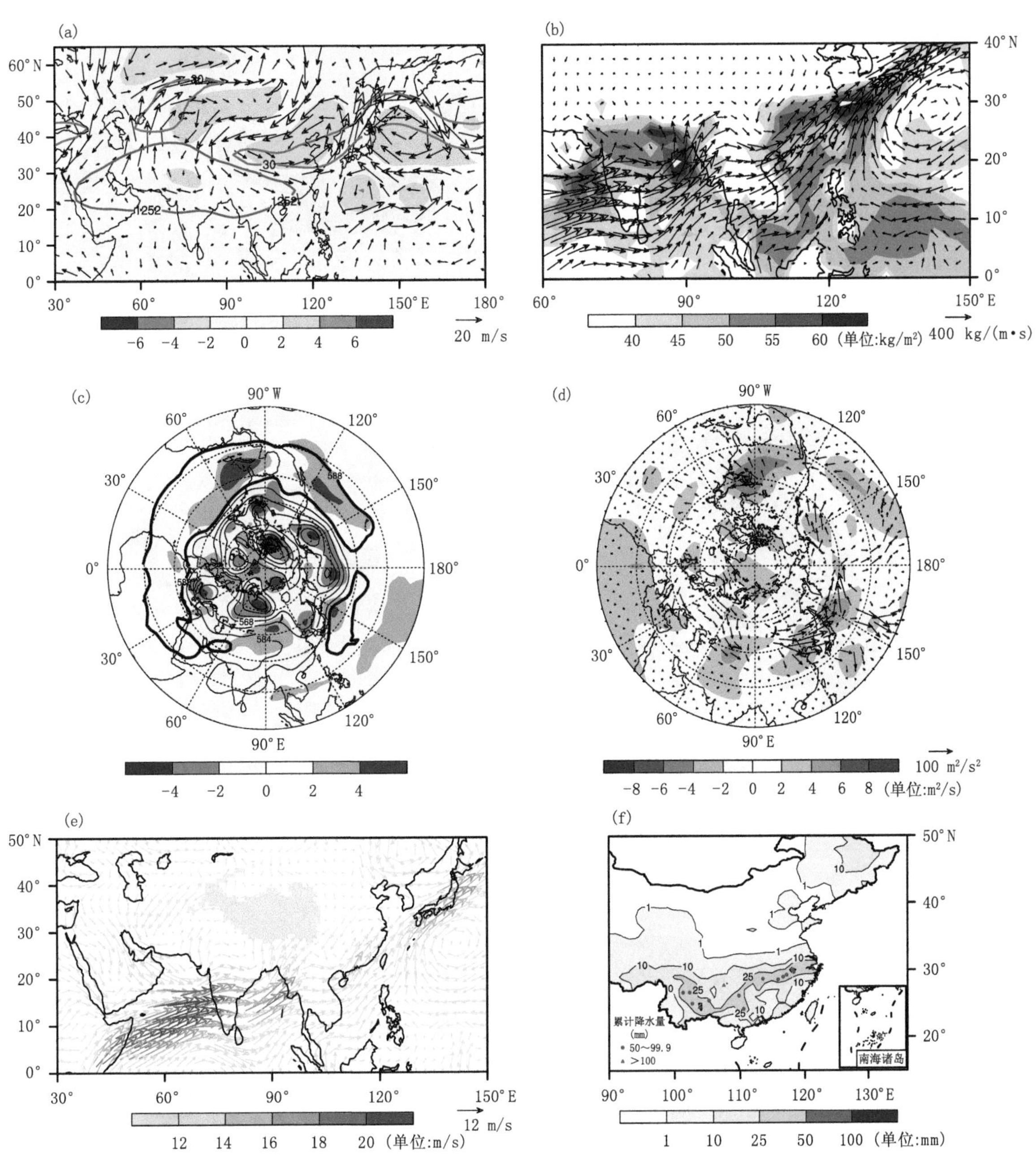

图 2.44 1997 年 7 月 7 日环流、水汽输送及降水特征图

(a)200 hPa 南亚高压、西风急流、位势高度标准化距平和矢量风距平的分布;(b)整层积分水汽和水汽输送的分布;(c)500 hPa 位势高度及其标准化距平的分布;(d)200 hPa 波通量和流函数距平的分布;(e)850 hPa 矢量风分布;(f)累计降水量的分布

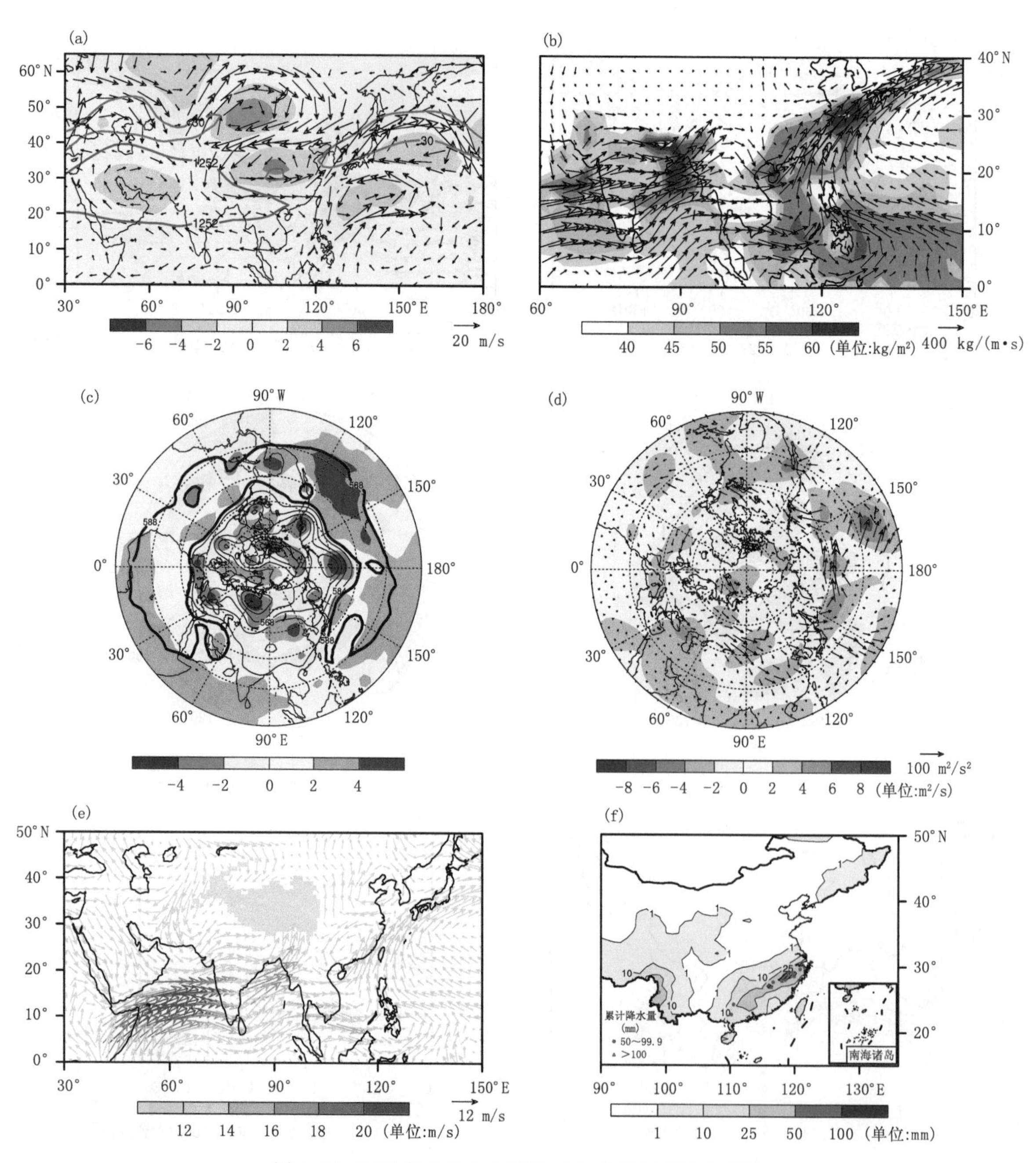

图 2.45　1997 年 7 月 9 日环流、水汽输送及降水特征图

(a)200 hPa 南亚高压、西风急流、位势高度标准化距平和矢量风距平的分布；(b)整层积分水汽和水汽输送的分布；(c)500 hPa 位势高度及其标准化距平的分布；(d)200 hPa 波通量和流函数距平的分布；(e)850 hPa 矢量风分布；(f)累计降水量的分布

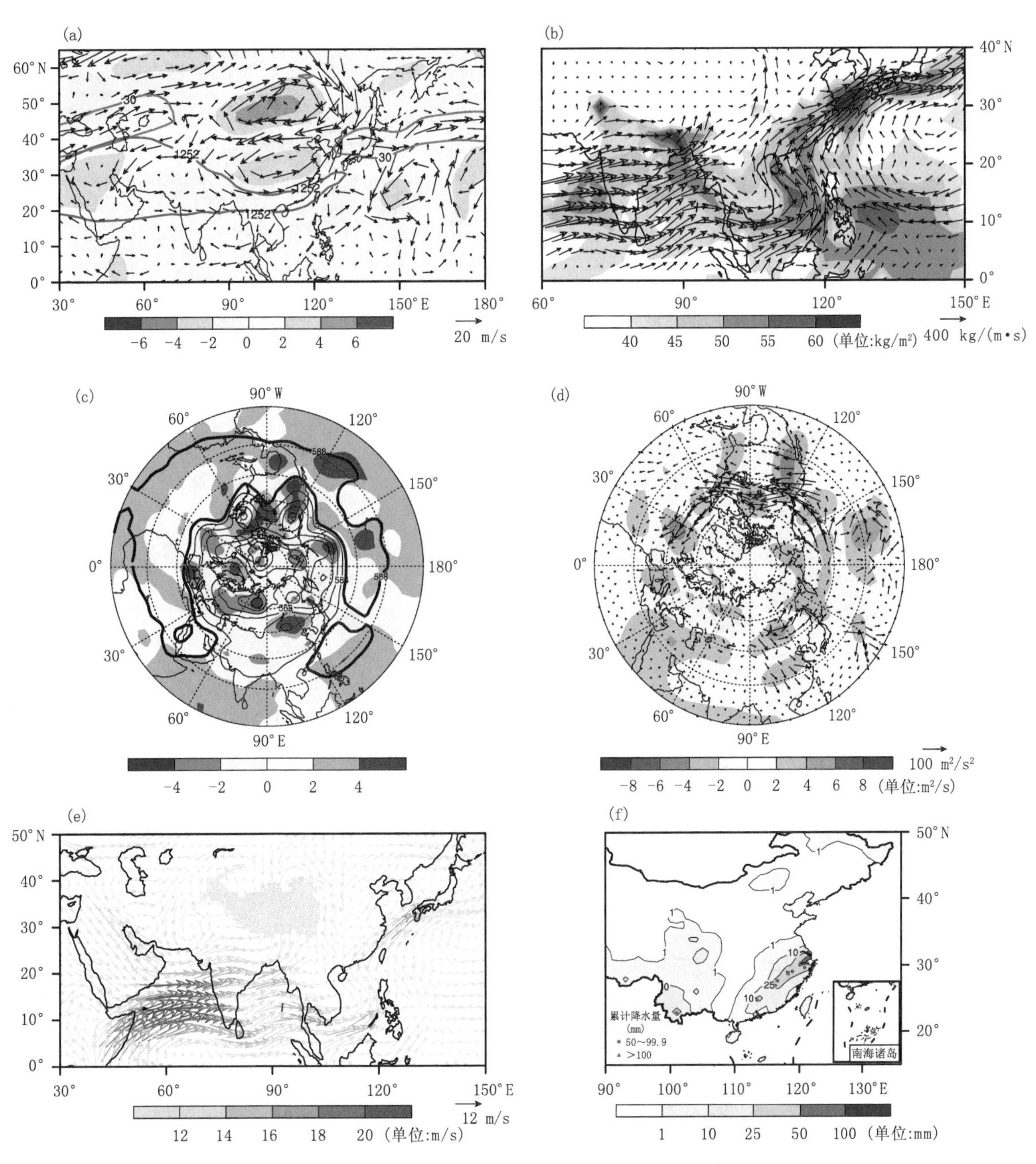

图 2.46　1997 年 7 月 11 日环流、水汽输送及降水特征图

(a)200 hPa 南亚高压、西风急流、位势高度标准化距平和矢量风距平的分布;(b)整层积分水汽和水汽输送的分布;(c)500 hPa 位势高度及其标准化距平的分布;(d)200 hPa 波通量和流函数距平的分布;(e)850 hPa 矢量风分布;(f)累计降水量的分布

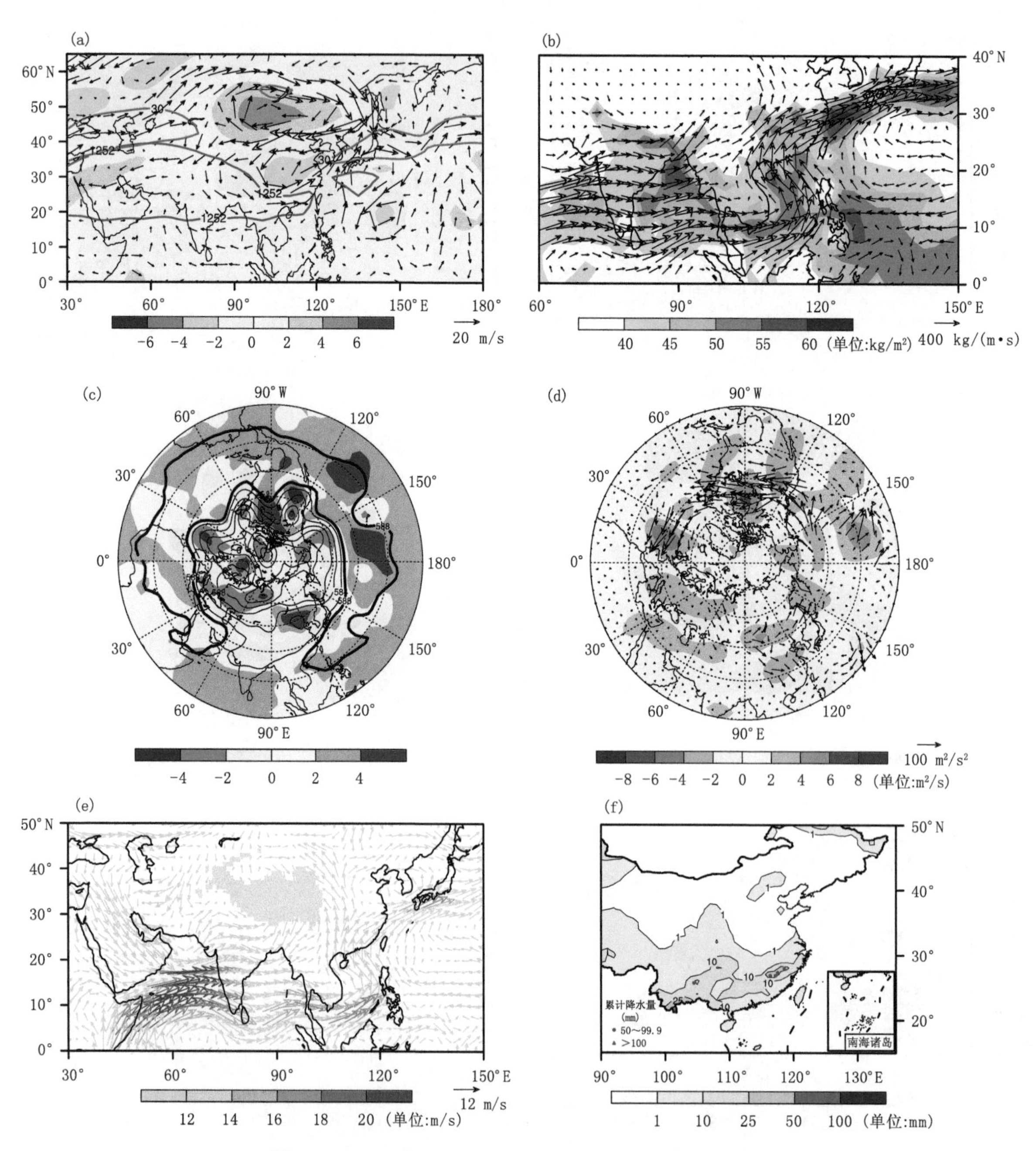

图 2.47　1997 年 7 月 12 日环流、水汽输送及降水特征图

(a)200 hPa 南亚高压、西风急流、位势高度标准化距平和矢量风距平的分布；(b)整层积分水汽和水汽输送的分布；(c)500 hPa 位势高度及其标准化距平的分布；(d)200 hPa 波通量和流函数距平的分布；(e)850 hPa 矢量风分布；(f)累计降水量的分布

2.5.8 1998年6月12—27日事件

2.5.8.1 降水概况

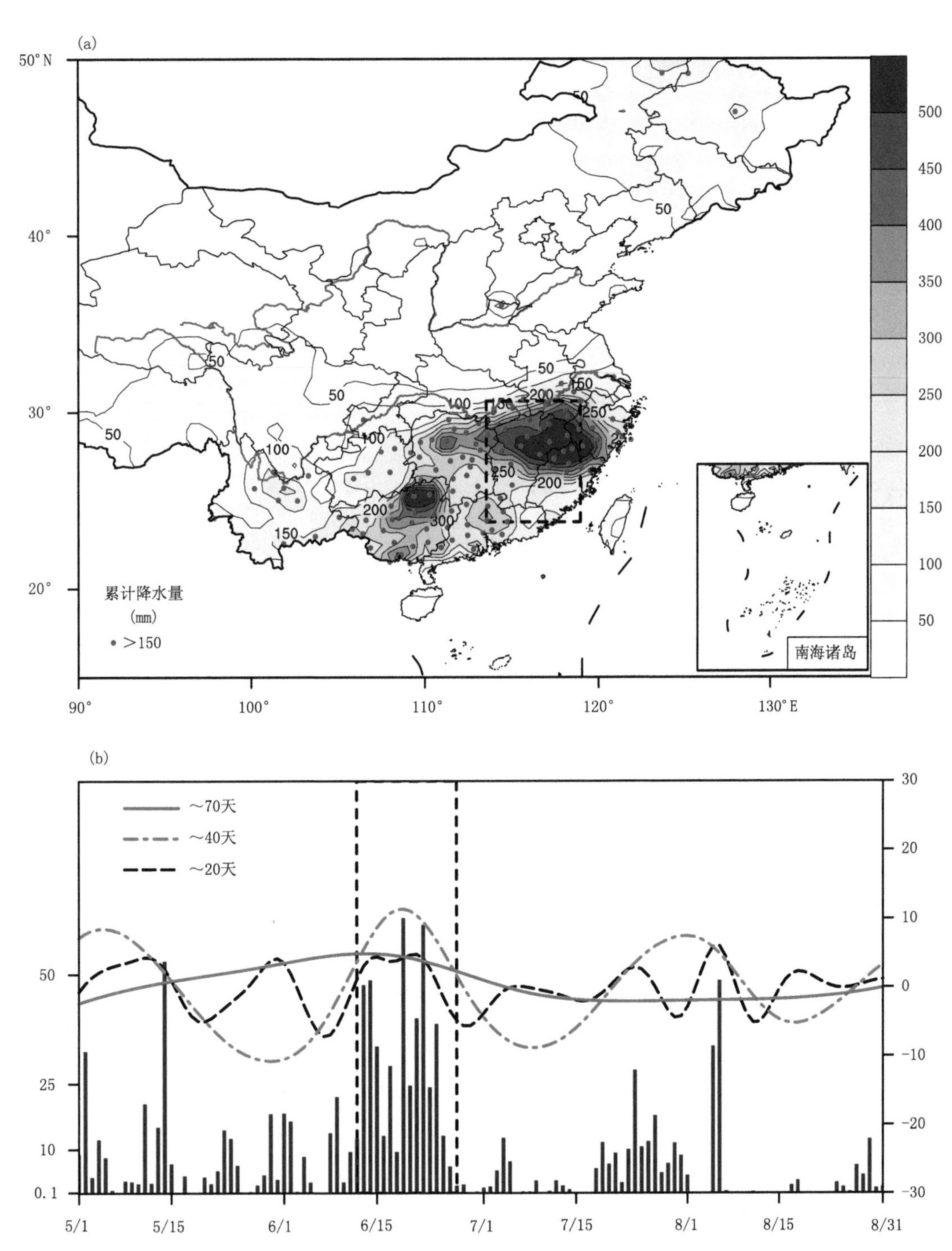

图2.48 1998年6月12—27日长江流域持续性暴雨事件过程降水特征图

(a)事件期间累计降水量，以及累计降水超过150 mm的站点，事件核心区域用黑色虚线框标出；(b)事件期间核心区域平均降水量(单位：mm)，以及原降水序列的三个本征模态(红色实线，蓝色虚线以及黑色虚线)，代表3个不同频段的低频周期，中心周期在图中标出，事件发生时段用黑色竖虚线标出

2.5.8.2 时间—经(纬)度剖面综合图

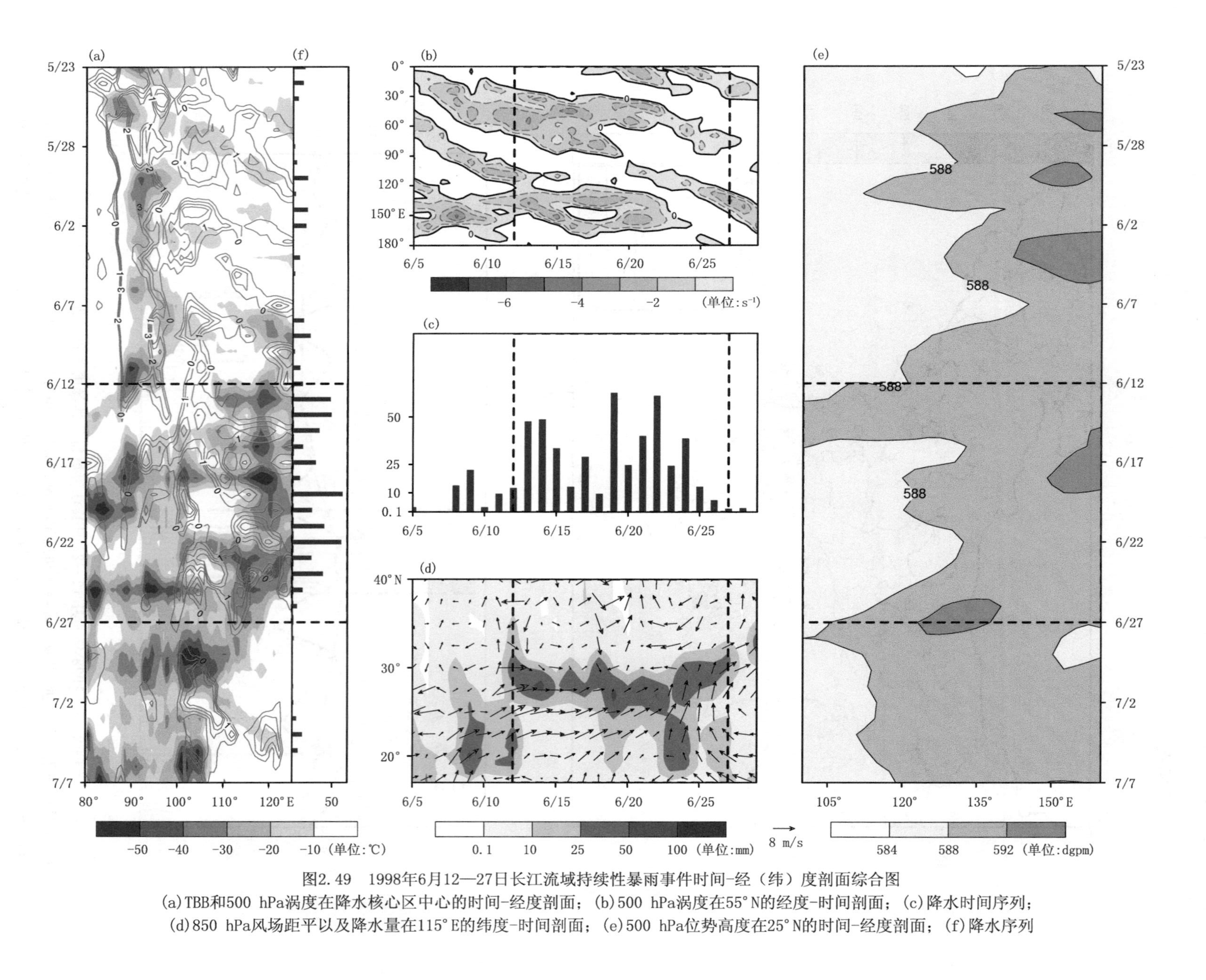

图2.49　1998年6月12—27日长江流域持续性暴雨事件时间-经（纬）度剖面综合图

(a)TBB和500 hPa涡度在降水核心区中心的时间-经度剖面；(b)500 hPa涡度在55°N的经度-时间剖面；(c)降水时间序列；

(d)850 hPa风场距平以及降水量在115°E的纬度-时间剖面；(e)500 hPa位势高度在25°N的时间-经度剖面；(f)降水序列

2.5.8.3 逐日环流、水汽输送和降水特征图

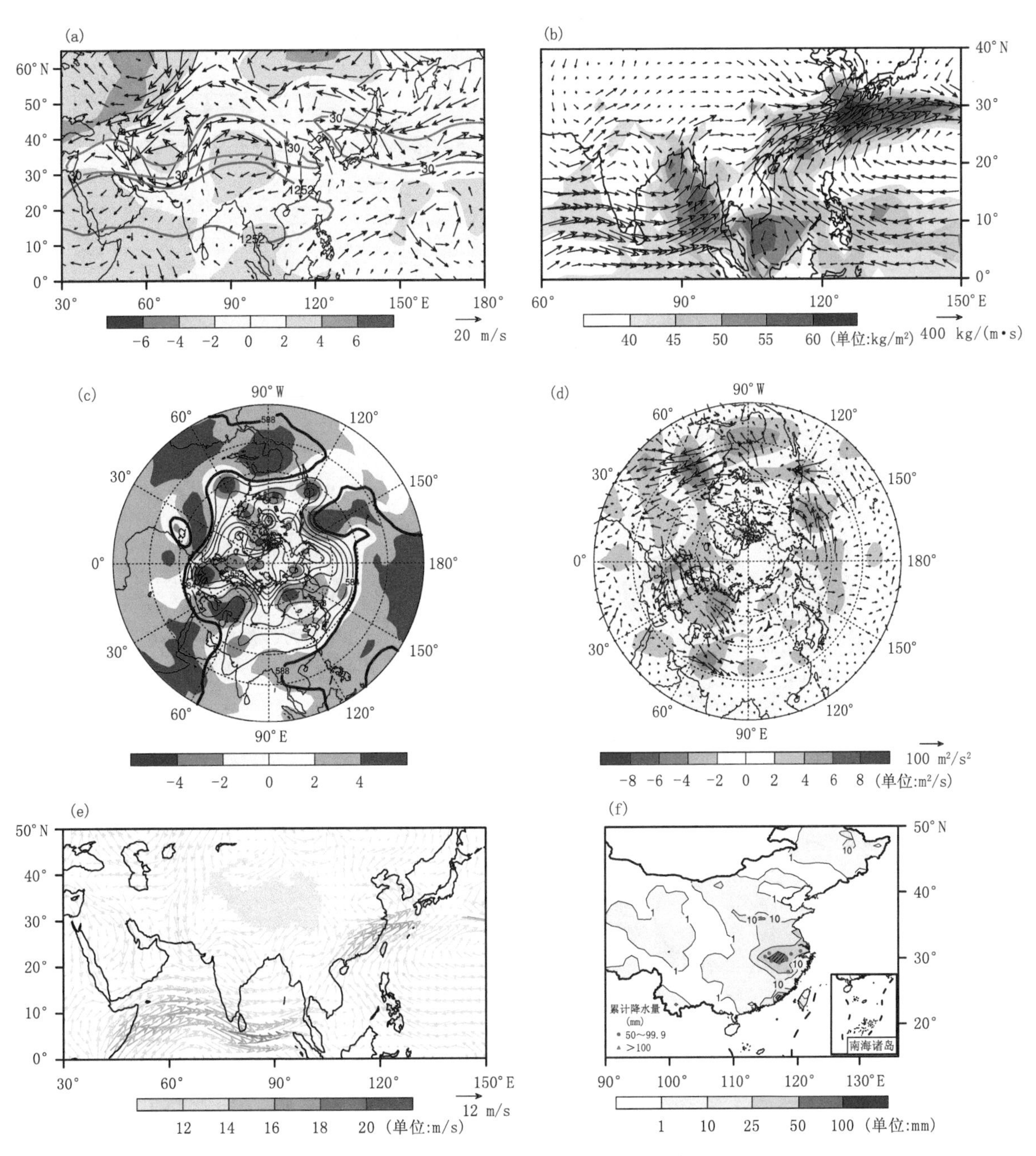

图 2.50 1998年6月12日环流、水汽输送及降水特征图

(a)200 hPa南亚高压、西风急流、位势高度标准化距平和矢量风距平的分布;(b)整层积分水汽和水汽输送的分布;(c)500 hPa位势高度及其标准化距平的分布;(d)200 hPa波通量和流函数距平的分布;(e)850 hPa矢量风分布;(f)累计降水量的分布

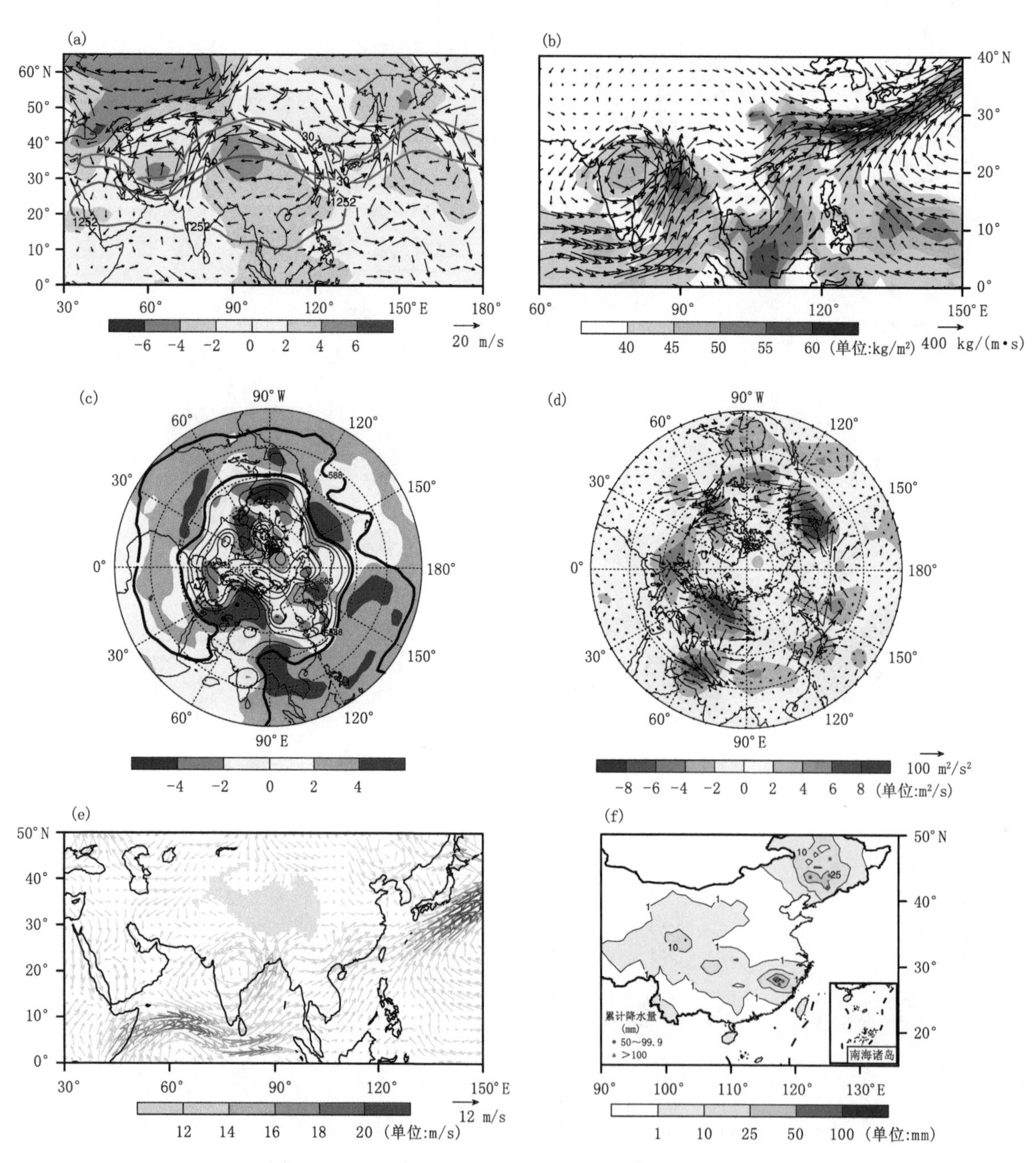

图 2.51　1998 年 6 月 15 日环流、水汽输送及降水特征图

(a)200 hPa 南亚高压、西风急流、位势高度标准化距平和矢量风距平的分布；(b)整层积分水汽和水汽输送的分布；(c)500 hPa 位势高度及其标准化距平的分布；(d)200 hPa 波通量和流函数距平的分布；(e)850 hPa 矢量风分布；(f)累计降水量的分布

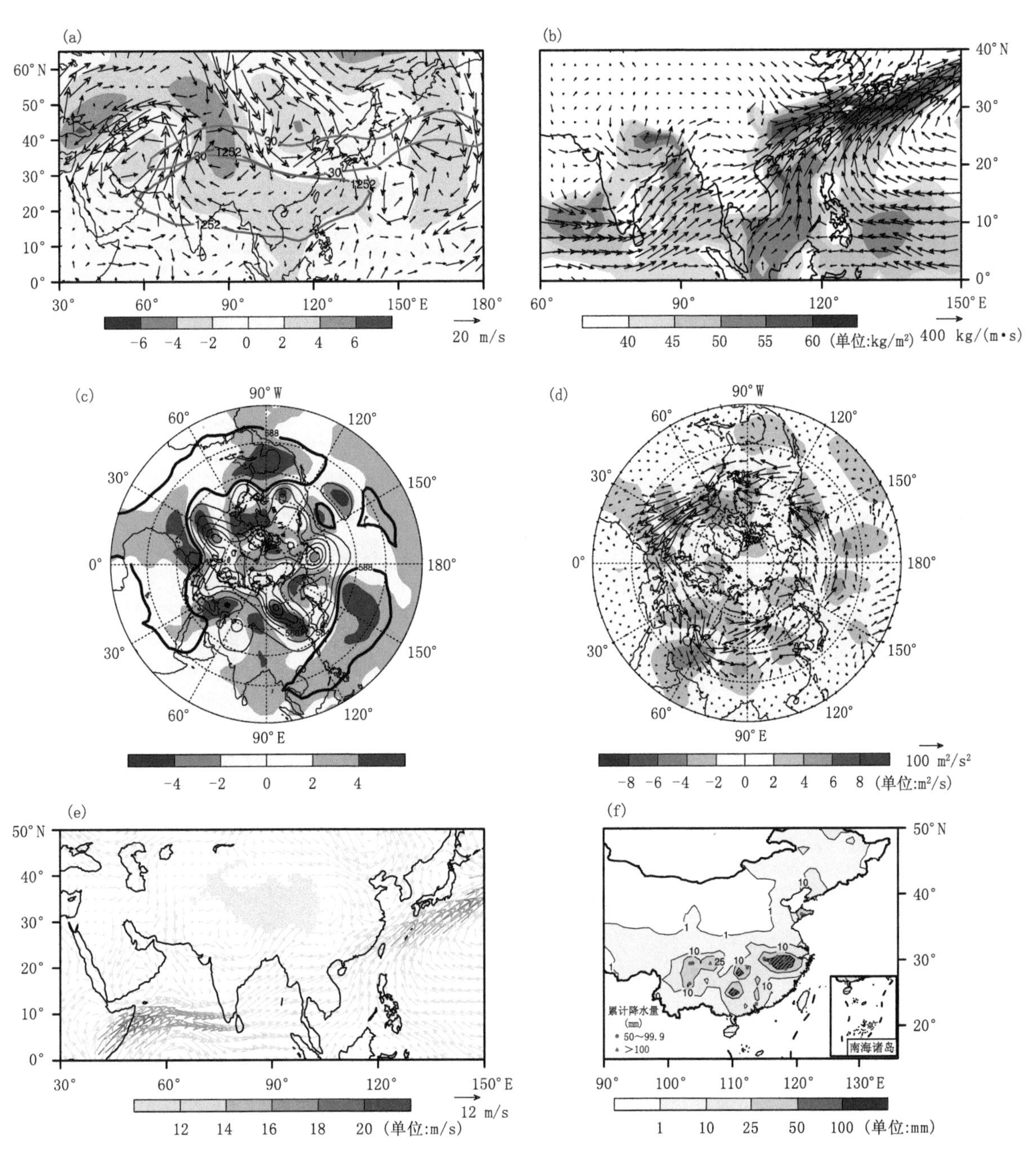

图 2.52 1998 年 6 月 18 日环流、水汽输送及降水特征图

(a)200 hPa 南亚高压、西风急流、位势高度标准化距平和矢量风距平的分布;(b)整层积分水汽和水汽输送的分布;(c)500 hPa 位势高度及其标准化距平的分布;(d)200 hPa 波通量和流函数距平的分布;(e)850 hPa 矢量风分布;(f)累计降水量的分布

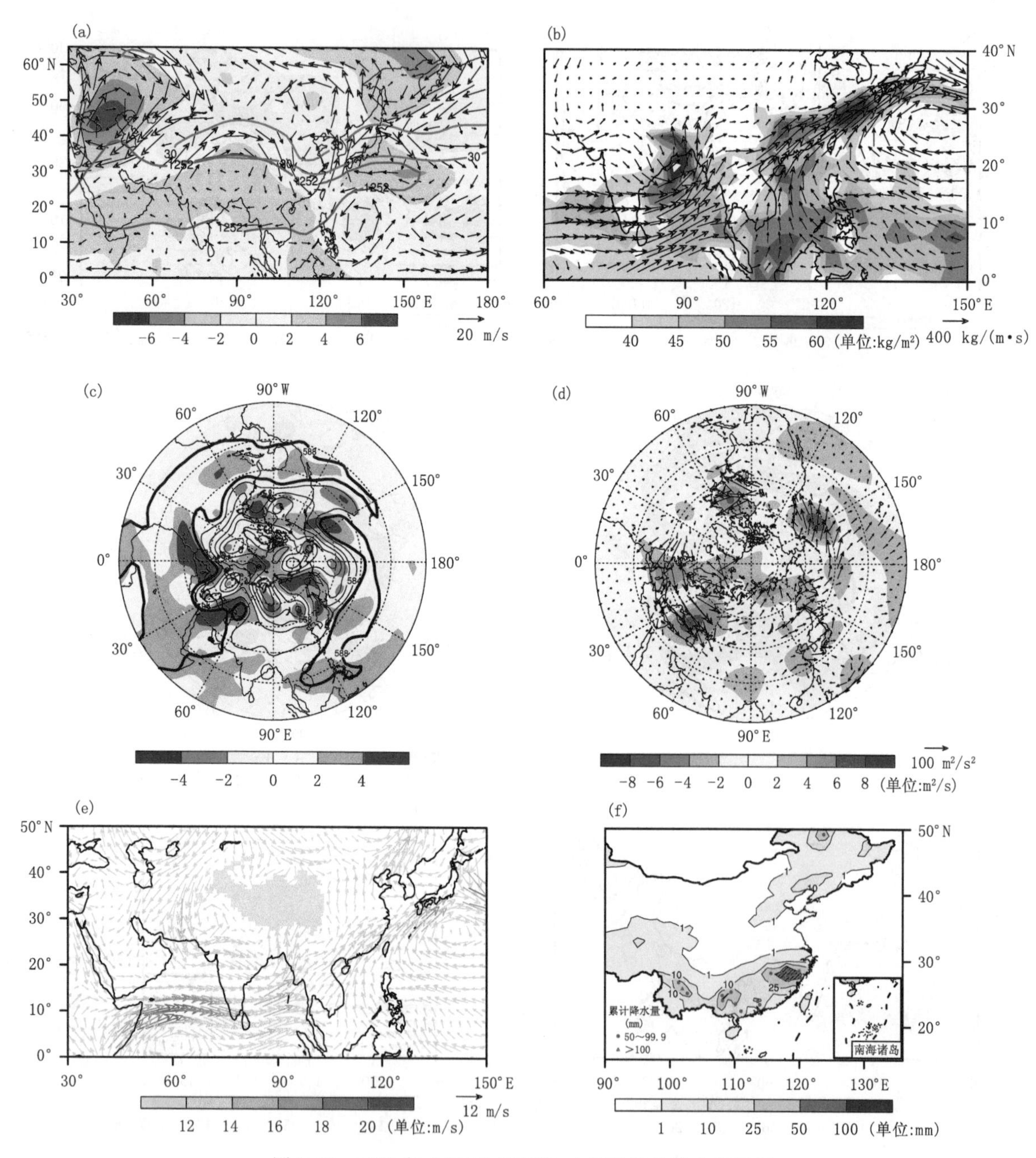

图 2.53　1998 年 6 月 21 日环流、水汽输送及降水特征图

(a)200 hPa 南亚高压、西风急流、位势高度标准化距平和矢量风距平的分布;(b)整层积分水汽和水汽输送的分布;(c)500 hPa 位势高度及其标准化距平的分布;(d)200 hPa 波通量和流函数距平的分布;(e)850 hPa 矢量风分布;(f)累计降水量的分布

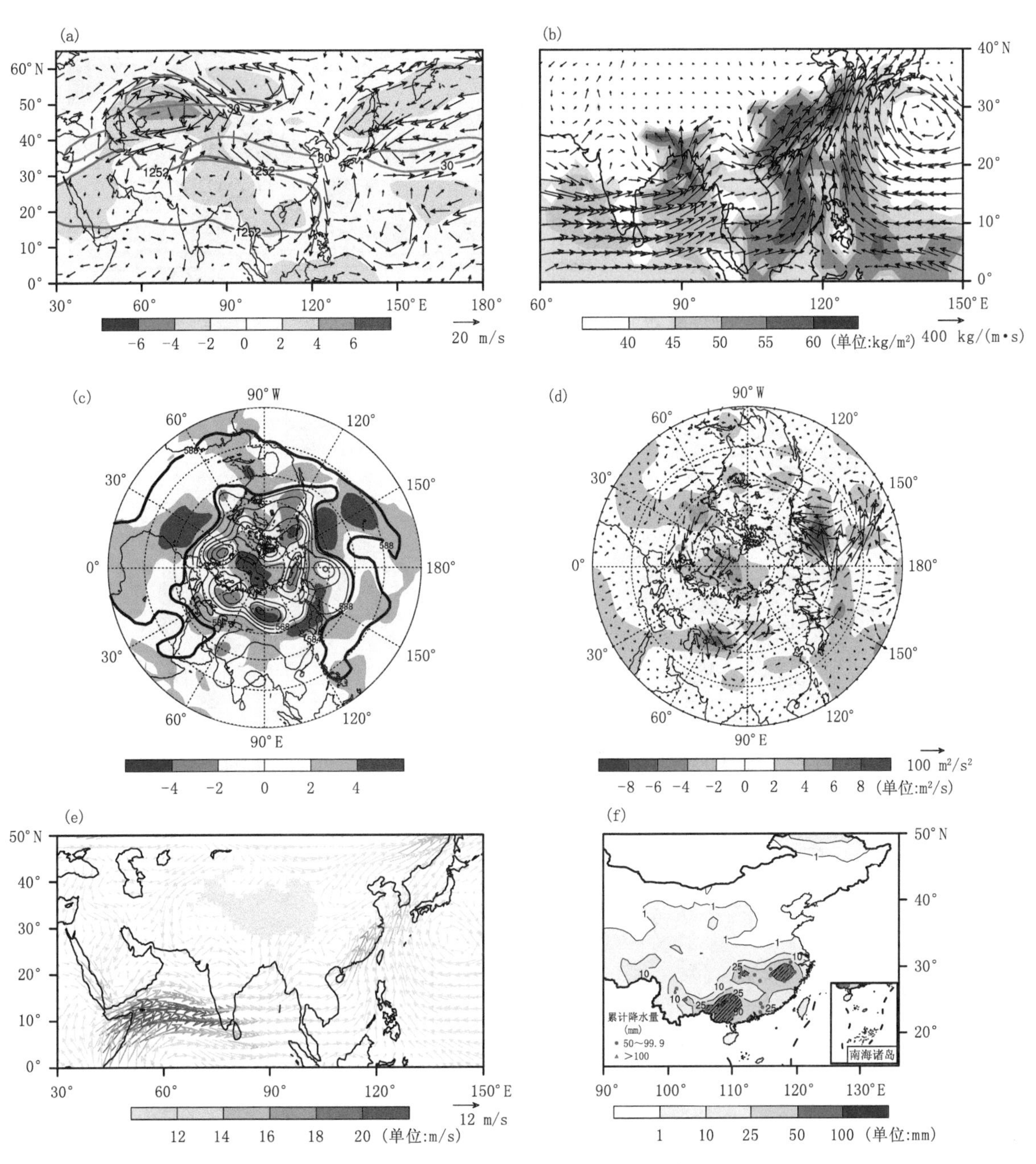

图 2.54　1998 年 6 月 24 日环流、水汽输送及降水特征图

(a)200 hPa 南亚高压、西风急流、位势高度标准化距平和矢量风距平的分布;(b)整层积分水汽和水汽输送的分布;(c)500 hPa 位势高度及其标准化距平的分布;(d)200 hPa 波通量和流函数距平的分布;(e)850 hPa 矢量风分布;(f)累计降水量的分布

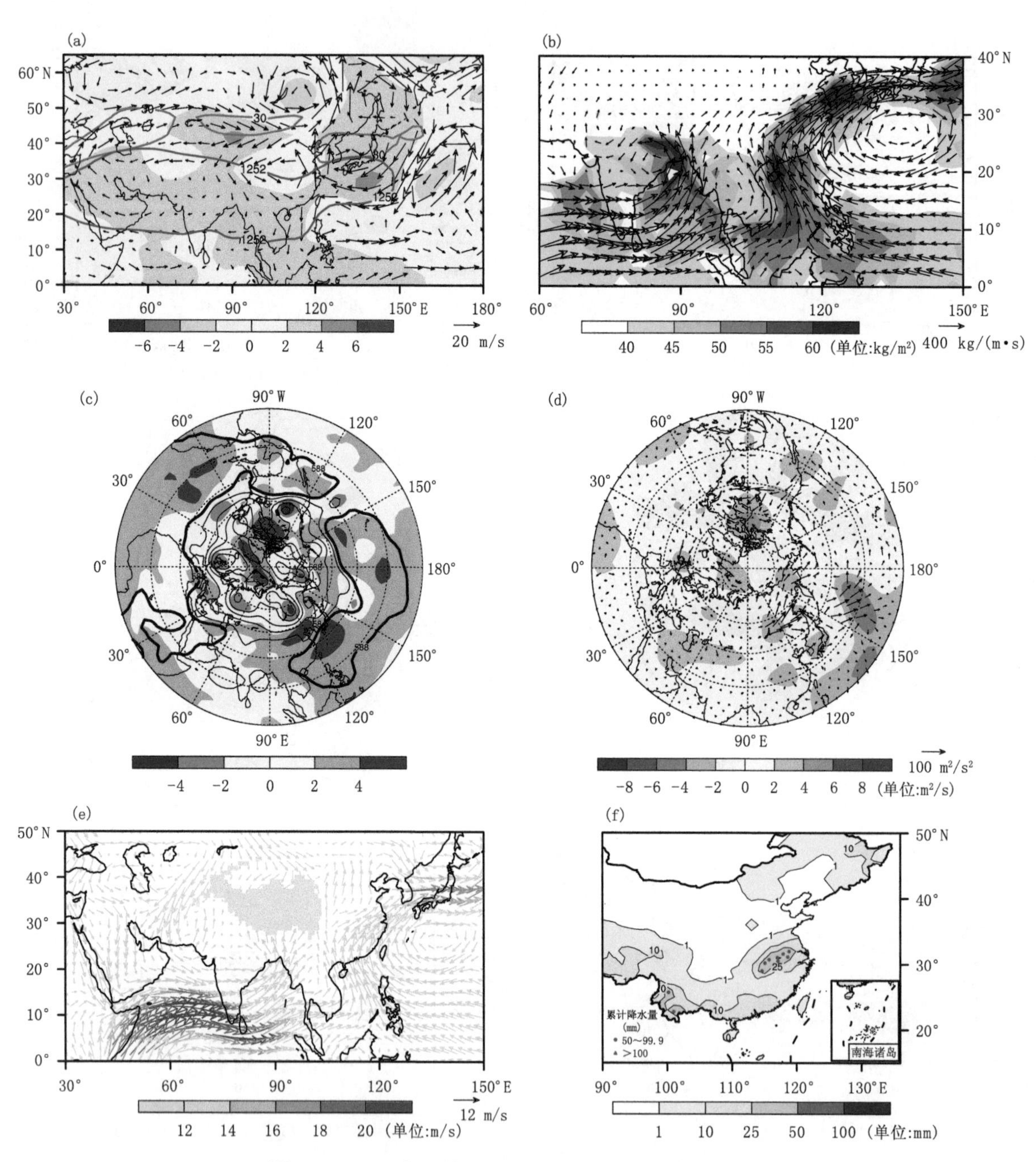

图 2.55　1998 年 6 月 27 日环流、水汽输送及降水特征图

(a)200 hPa 南亚高压、西风急流、位势高度标准化距平和矢量风距平的分布；(b)整层积分水汽和水汽输送的分布；(c)500 hPa 位势高度及其标准化距平的分布；(d)200 hPa 波通量和流函数距平的分布；(e)850 hPa 矢量风分布；(f)累计降水量的分布

2.5.9 1999年6月24日—7月1日事件

2.5.9.1 降水概况

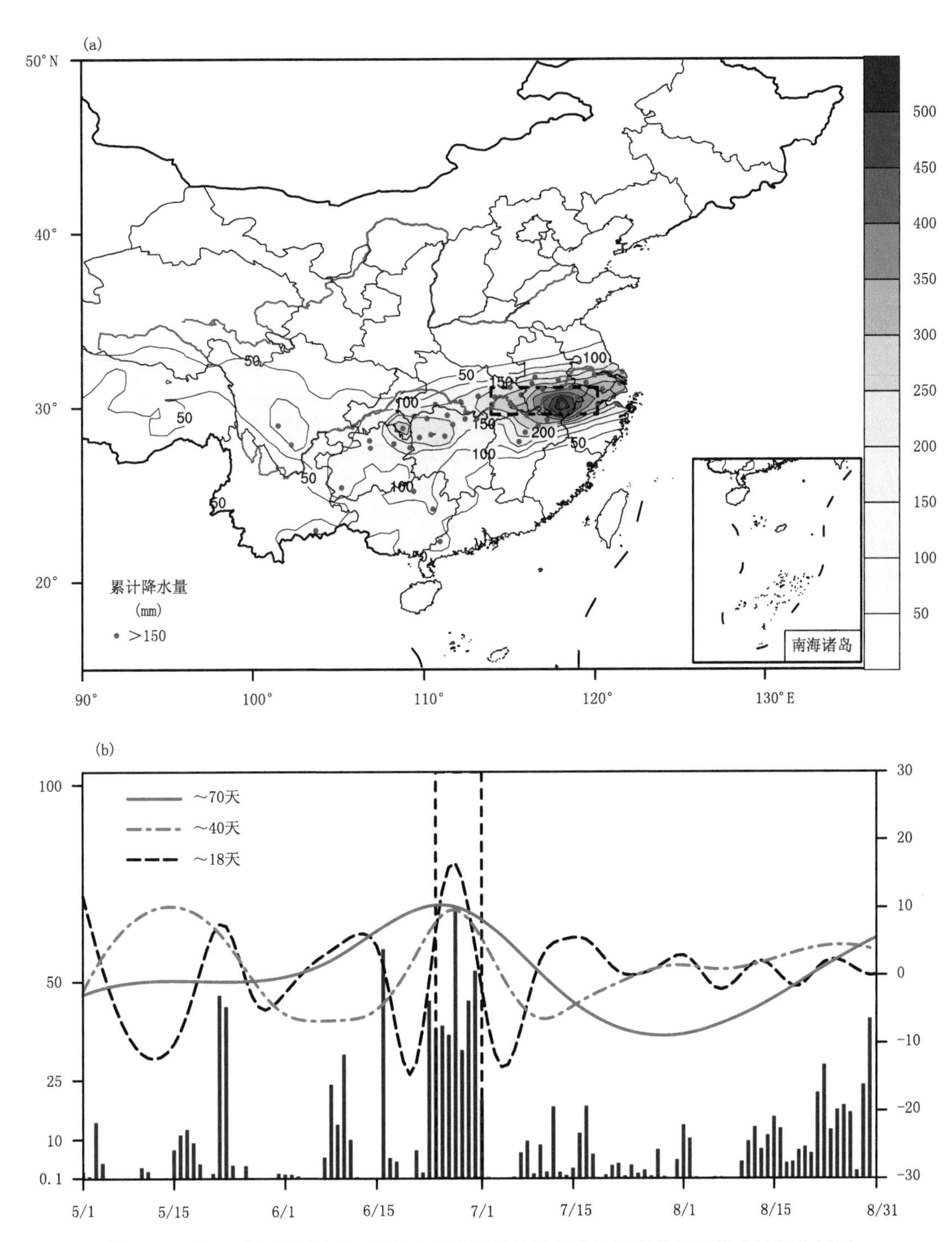

图2.56 1999年6月24日—7月1日长江流域持续性暴雨事件过程降水特征分析图

(a)事件期间累计降水量，以及累计降水超过150 mm的站点，事件核心区域用黑色虚线框标出；(b)事件期间核心区域平均降水量(单位：mm)，以及原降水序列的三个本征模态(红色实线，蓝色虚线以及黑色虚线)，代表3个不同频段的低频周期，中心周期在图中标出，事件发生时段用黑色竖虚线标出

2.5.9.2 时间—经(纬)度剖面综合图

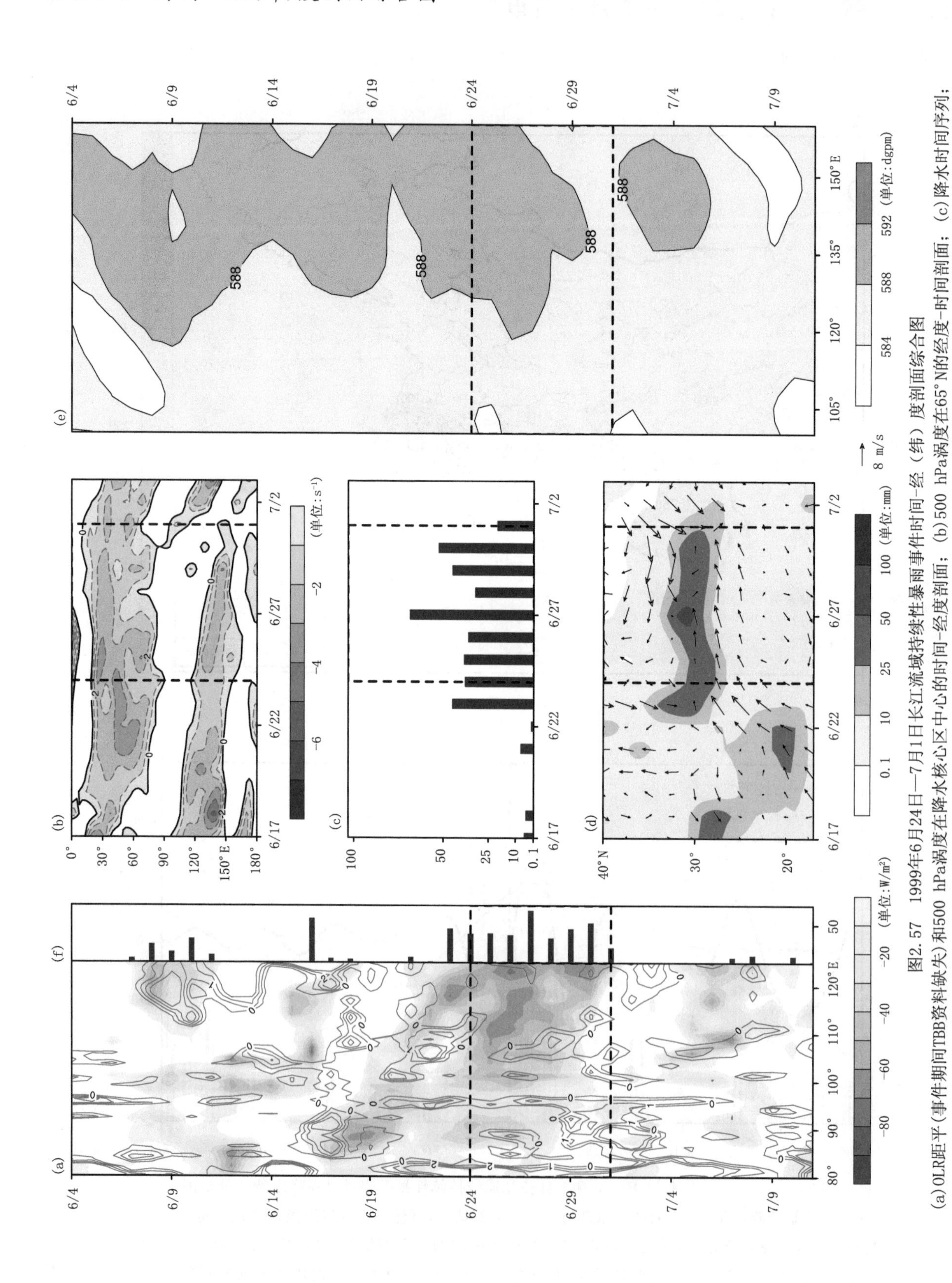

图2.57 1999年6月24日—7月1日长江流域持续性暴雨事件时间-经（纬）度剖面综合图

(a)OLR距平（事件期间TBB资料缺失）和500 hPa涡度在降水核心区中心的时间-经度剖面；(b)500 hPa涡度在65°N的经度-时间剖面；(c)降水时间序列；(d)850 hPa风场距平以及降水量在117.5°E的纬度-时间剖面；(e)500 hPa位势高度在20°N的时间-经度剖面；(f)降水序列

2.5.9.3 逐日环流、水汽输送和降水特征图

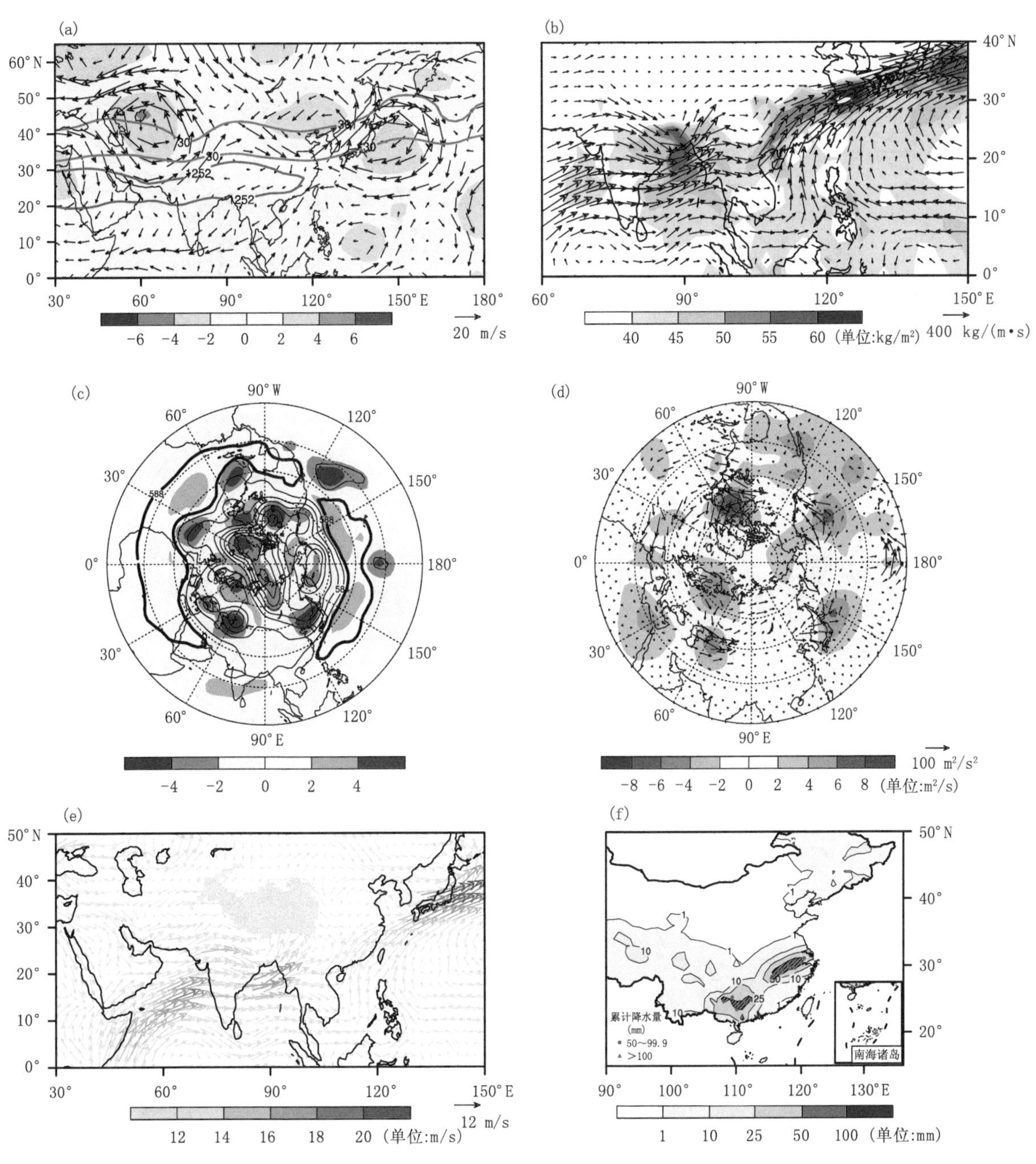

图 2.58 1999 年 6 月 24 日环流、水汽输送及降水特征图

(a)200 hPa 南亚高压、西风急流、位势高度标准化距平和矢量风距平的分布;(b)整层积分水汽和水汽输送的分布;(c)500 hPa 位势高度及其标准化距平的分布;(d)200 hPa 波通量和流函数距平的分布;(e)850 hPa 矢量风分布;(f)累计降水量的分布

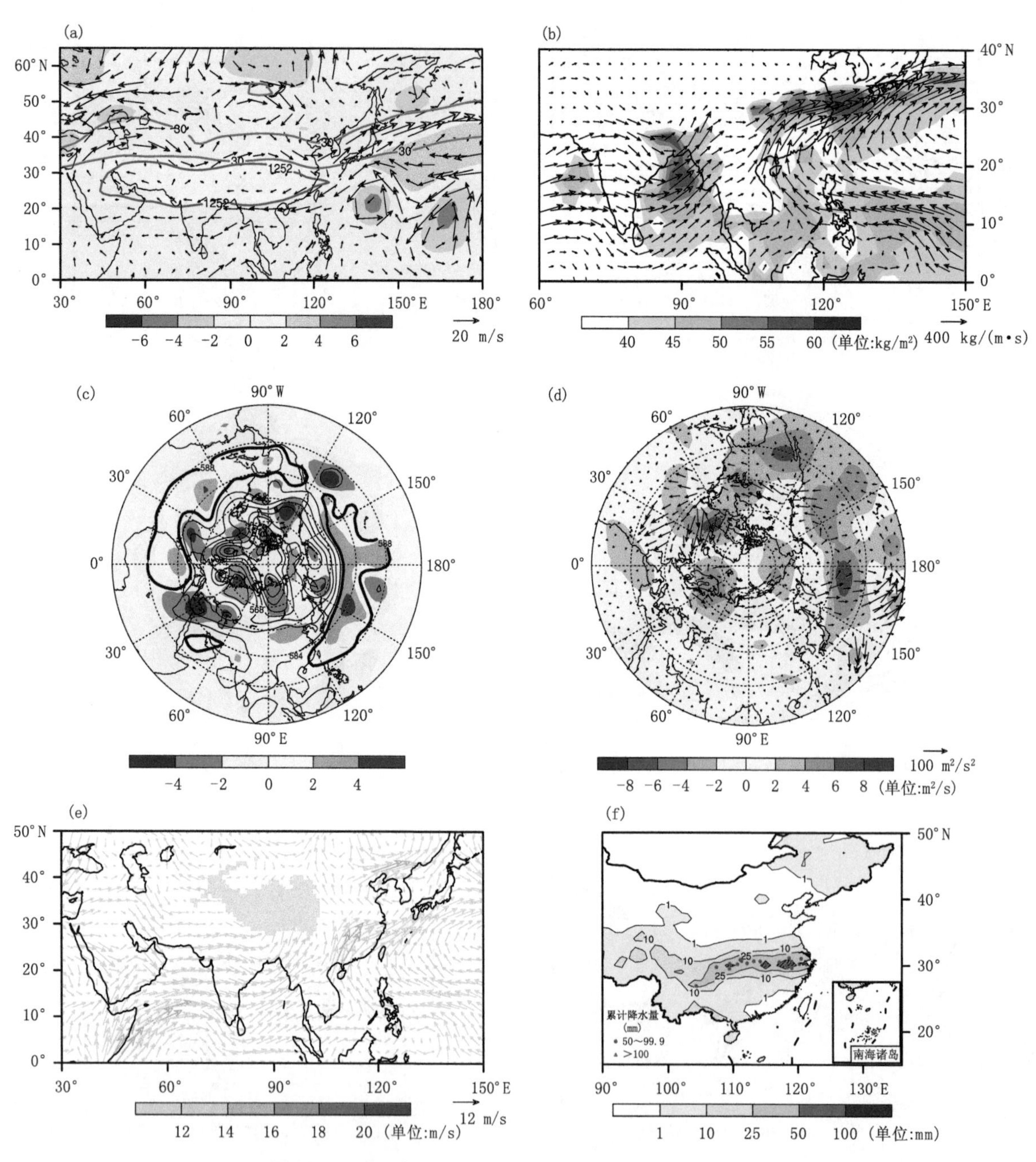

图 2.59　1999 年 6 月 26 日环流、水汽输送及降水特征图

(a)200 hPa 南亚高压、西风急流、位势高度标准化距平和矢量风距平的分布;(b)整层积分水汽和水汽输送的分布;(c)500 hPa 位势高度及其标准化距平的分布;(d)200 hPa 波通量和流函数距平的分布;(e)850 hPa 矢量风分布;(f)累计降水量的分布

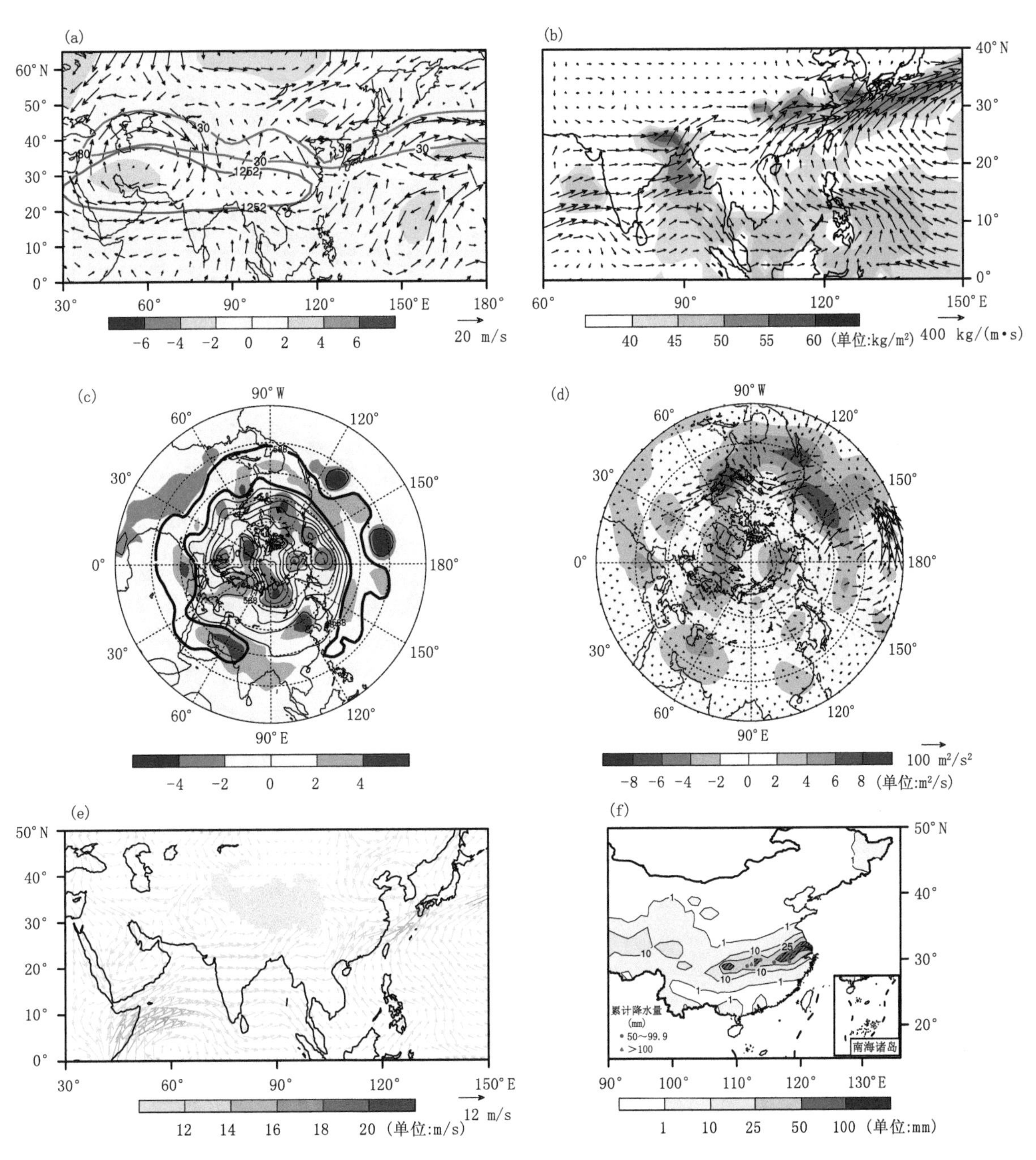

图 2.60 1999 年 6 月 28 日环流、水汽输送及降水特征图

(a)200 hPa 南亚高压、西风急流、位势高度标准化距平和矢量风距平的分布；(b)整层积分水汽和水汽输送的分布；(c)500 hPa 位势高度及其标准化距平的分布；(d)200 hPa 波通量和流函数距平的分布；(e)850 hPa 矢量风分布；(f)累计降水量的分布

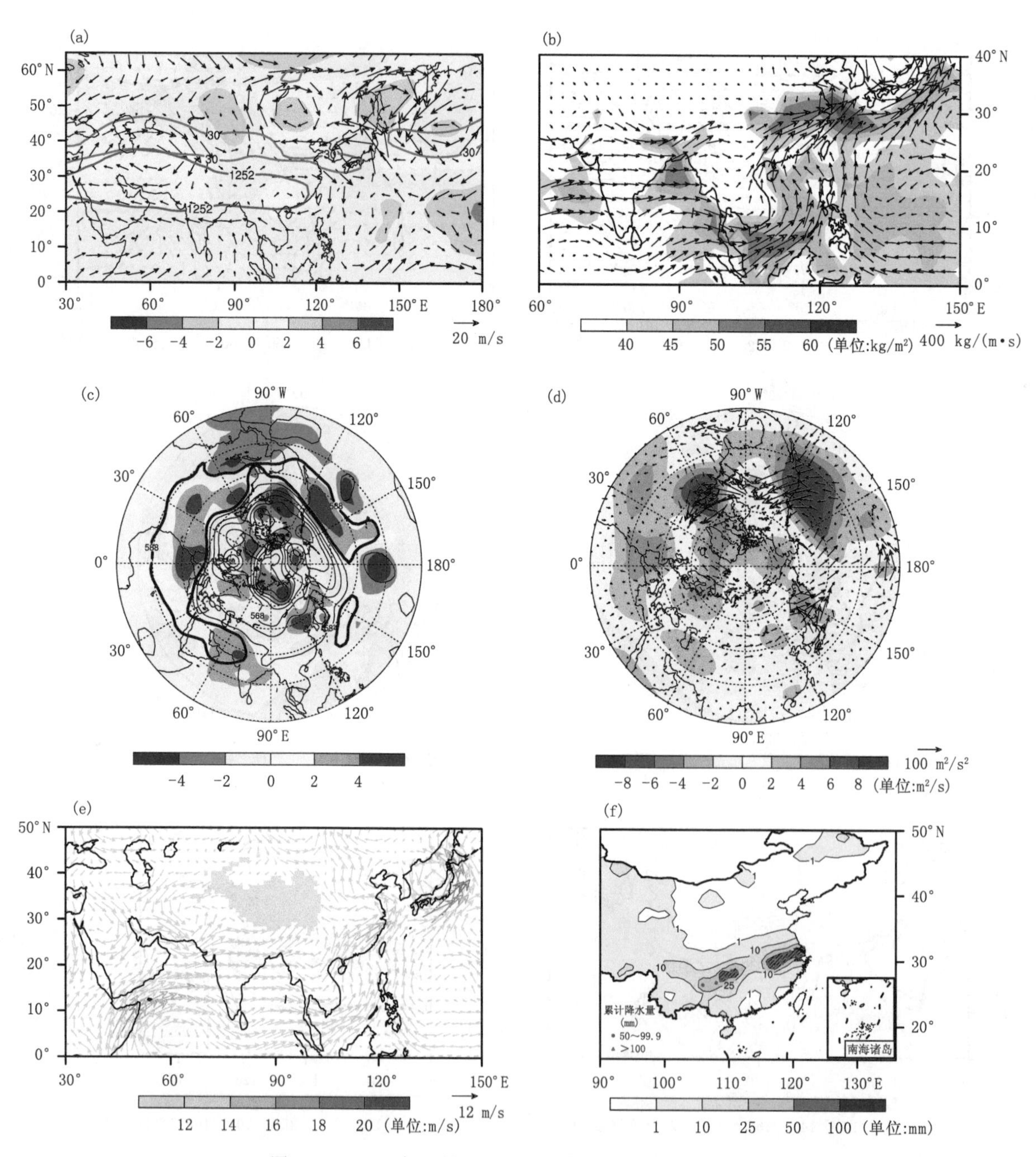

图 2.61 1999 年 6 月 30 日环流、水汽输送及降水特征图

(a)200 hPa 南亚高压、西风急流、位势高度标准化距平和矢量风距平的分布;(b)整层积分水汽和水汽输送的分布;(c)500 hPa 位势高度及其标准化距平的分布;(d)200 hPa 波通量和流函数距平的分布;(e)850 hPa 矢量风分布;(f)累计降水量的分布

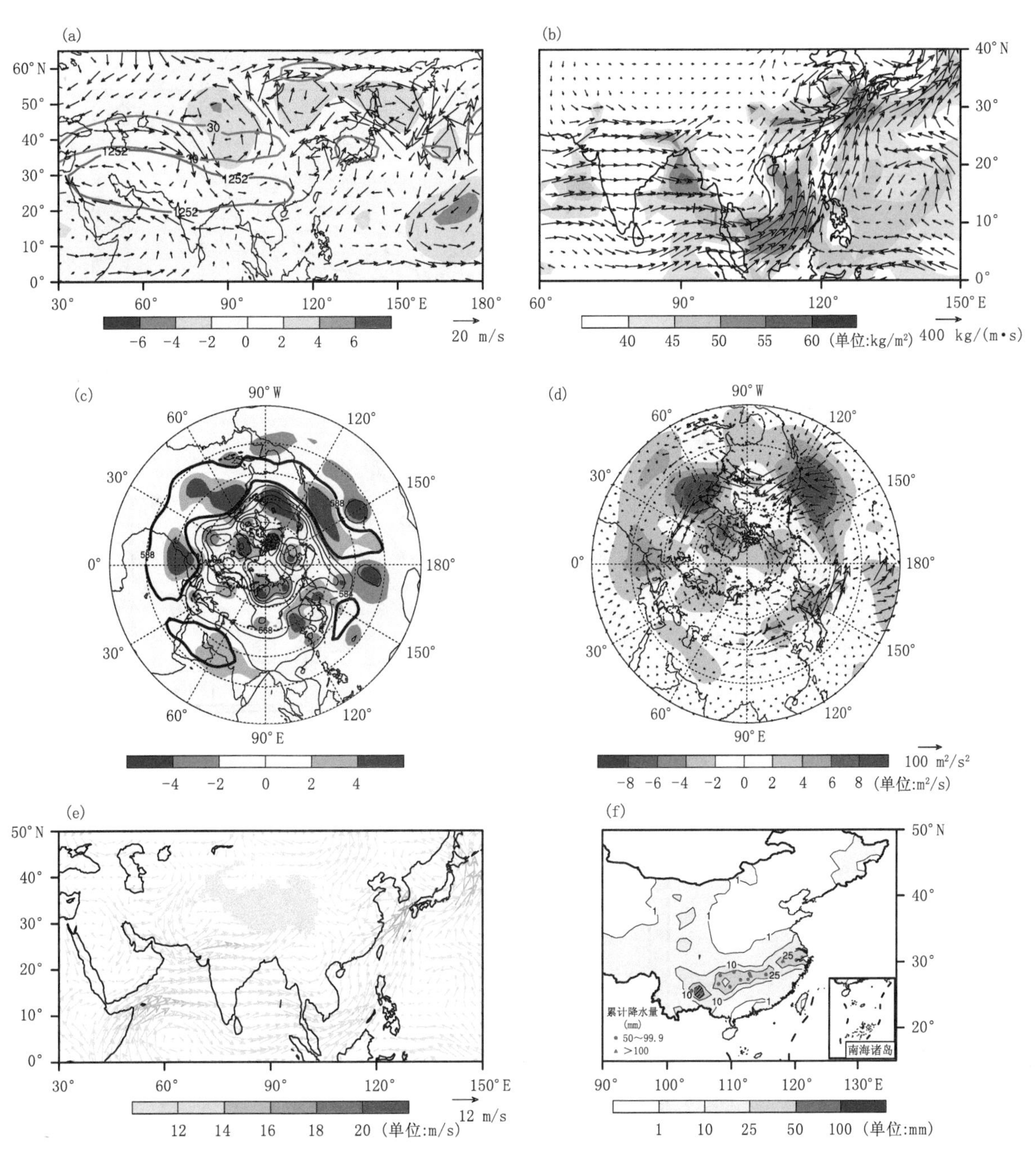

图 2.62　1999 年 7 月 1 日环流、水汽输送及累计降水特征图

(a)200 hPa 南亚高压、西风急流、位势高度标准化距平和矢量风距平的分布;(b)整层积分水汽和水汽输送的分布;(c)500 hPa 位势高度及其标准化距平的分布;(d)200 hPa 波通量和流函数距平的分布;(e)850 hPa 矢量风分布;(f)累计降水量的分布

2.5.10 2000 年 6 月 9—12 日事件

2.5.10.1 降水概况

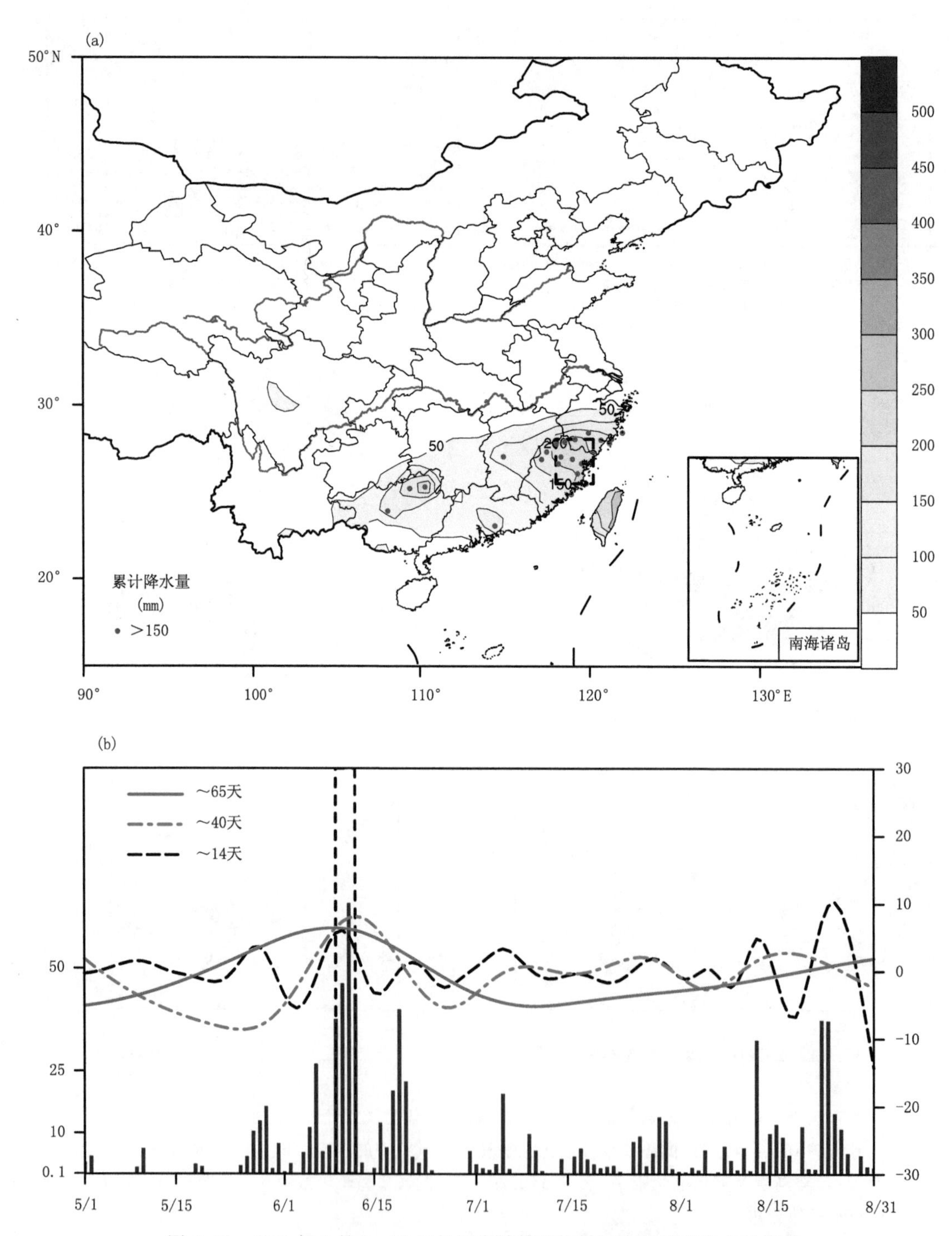

图 2.63 2000 年 6 月 9—12 日长江流域持续性暴雨事件过程降水特征图

(a)事件期间累计降水量，以及累计降水超过 150 mm 的站点，事件核心区域用黑色虚线框标出；(b)事件期间核心区域平均降水量(单位：mm)，以及原降水序列的三个本征模态(红色实线，蓝色虚线以及黑色虚线)，代表 3 个不同频段的低频周期，中心周期在图中标出，事件发生时段用黑色竖虚线标出

2.5.10.2　时间—经(纬)度剖面综合图

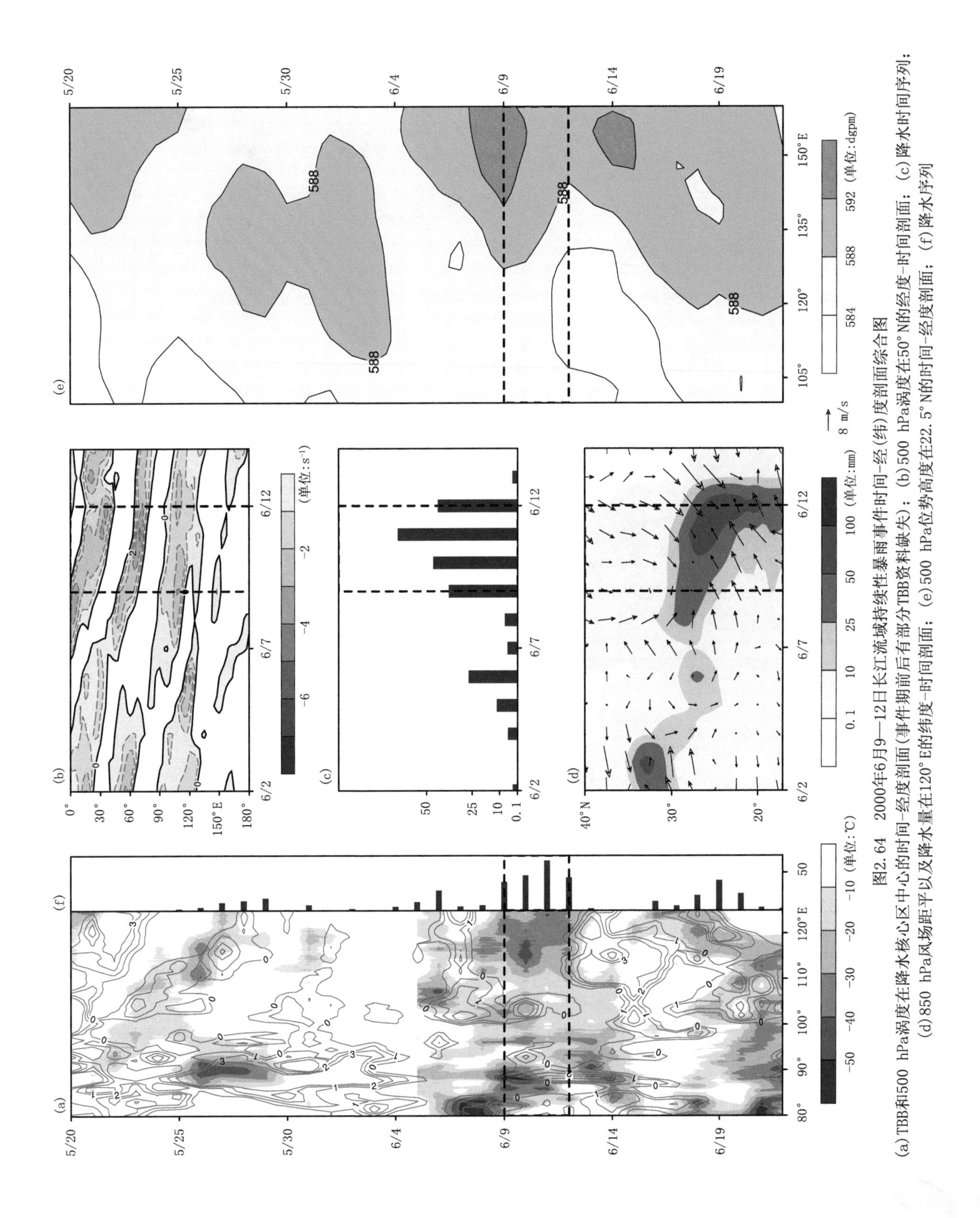

图2.64　2000年6月9—12日长江流域持续性暴雨事件时间-经(纬)度剖面综合图

(a) TBB和500 hPa涡度在降水核心区中心的时间-经度剖面(事件期前后有部分TBB资料缺失)；(b) 500 hPa涡度在50°N的经度-时间剖面；(c) 降水时间序列；(d) 850 hPa风场距平以及降水量在120°E的纬度-时间剖面；(e) 500 hPa位势高度在22.5°N的时间-经度剖面；(f) 降水序列

2.5.10.3 逐日环流、水汽输送和降水特征图

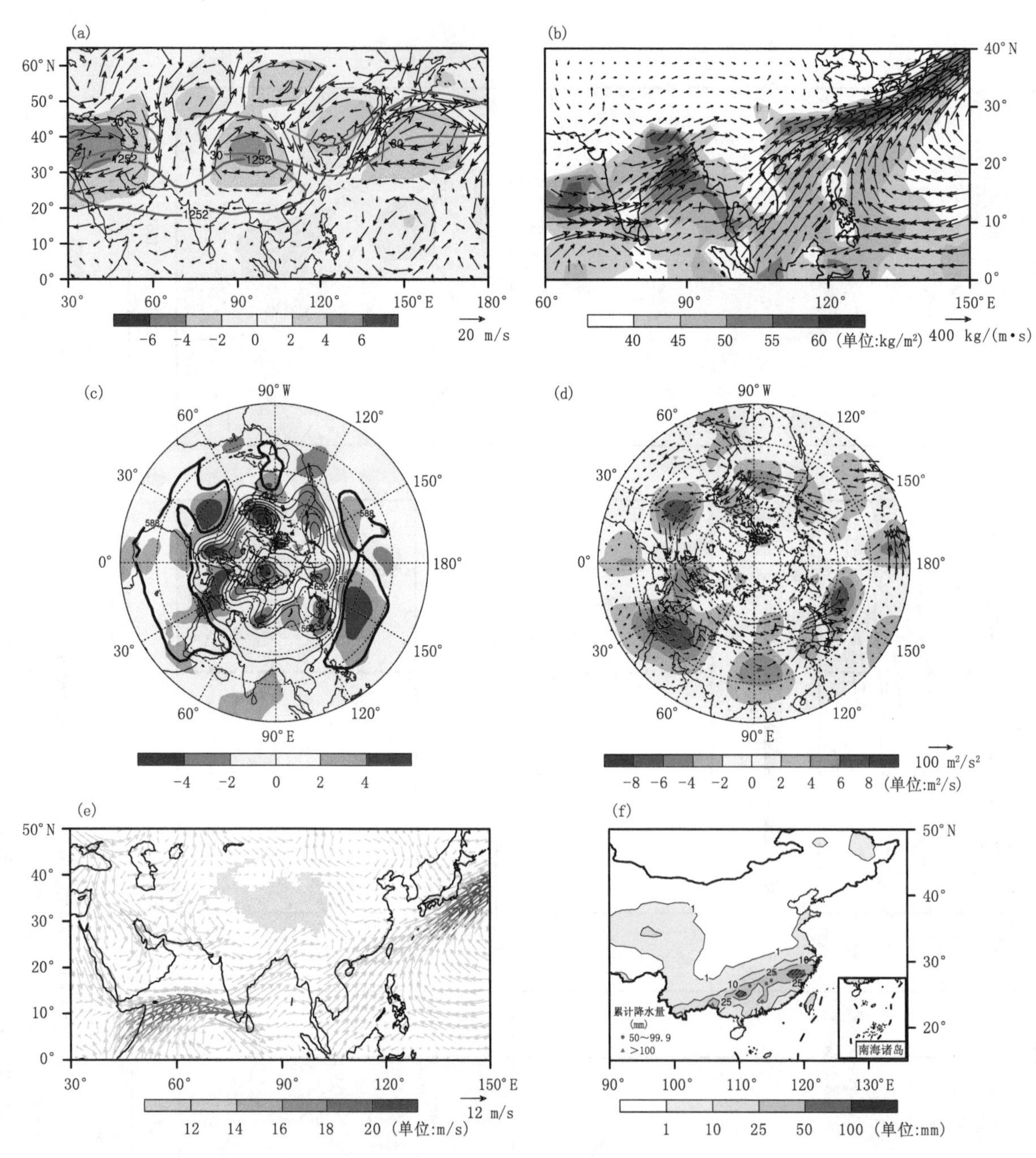

图 2.65 2000 年 6 月 9 日环流、水汽输送及降水特征图

(a)200 hPa 南亚高压、西风急流、位势高度标准化距平和矢量风距平的分布;(b)整层积分水汽和水汽输送的分布;(c)500 hPa 位势高度及其标准化距平的分布;(d)200 hPa 波通量和流函数距平的分布;(e)850 hPa 矢量风分布;(f)累计降水量的分布

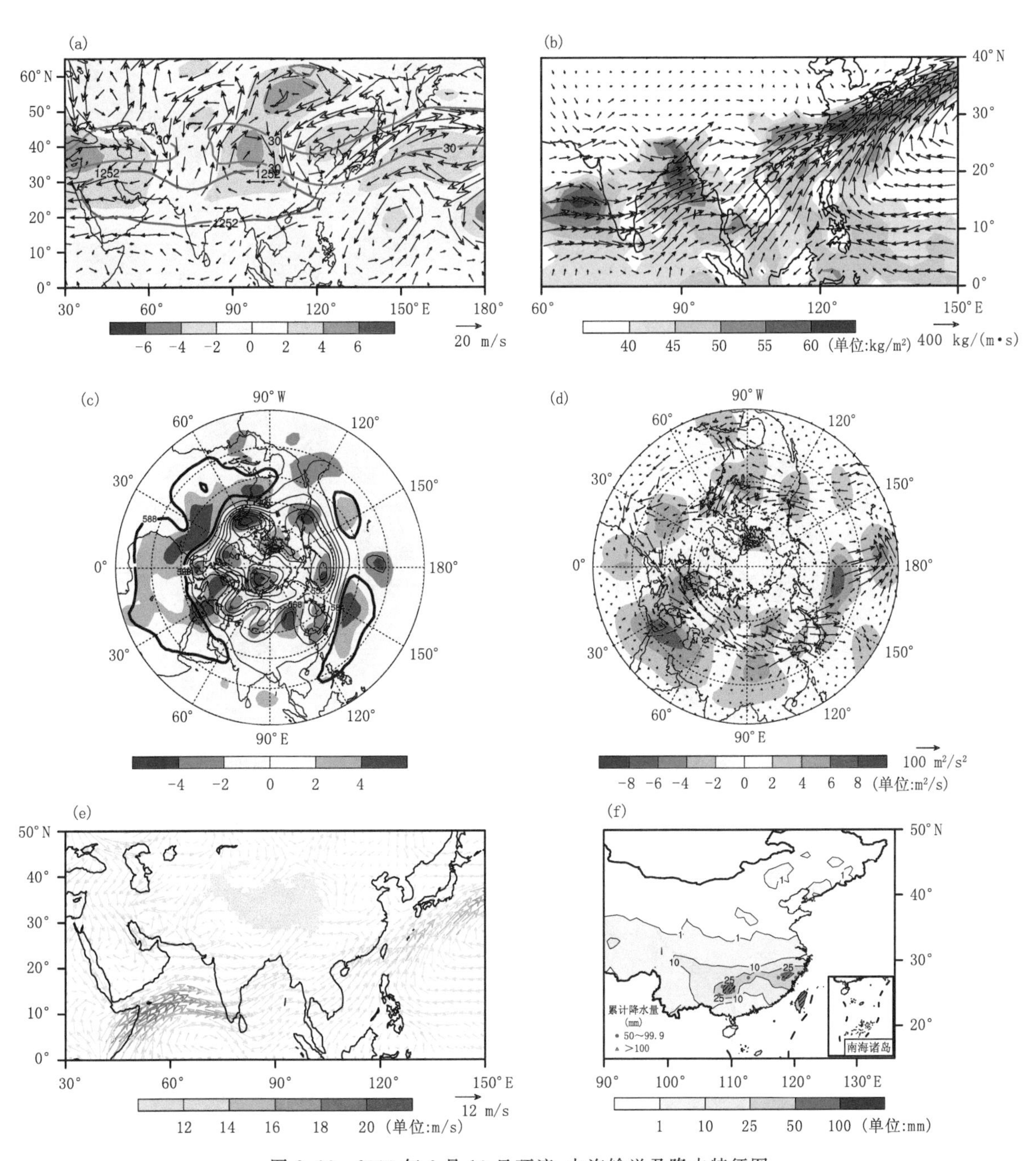

图 2.66 2000 年 6 月 10 日环流、水汽输送及降水特征图

(a)200 hPa 南亚高压、西风急流、位势高度标准化距平和矢量风距平的分布;(b)整层积分水汽和水汽输送的分布;(c)500 hPa 位势高度及其标准化距平的分布;(d)200 hPa 波通量和流函数距平的分布;(e)850 hPa 矢量风分布;(f)累计降水量的分布

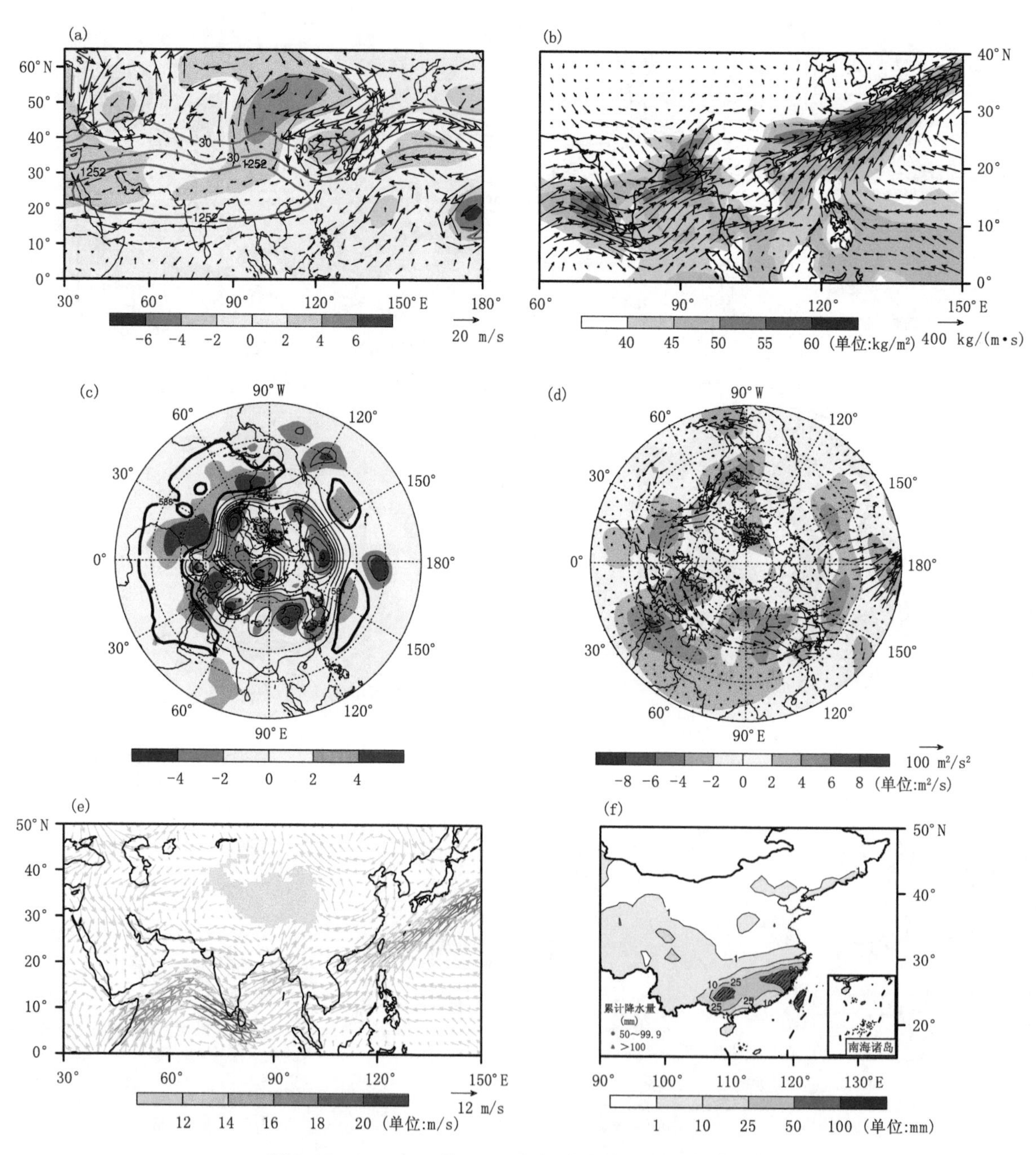

图 2.67　2000 年 6 月 11 日环流、水汽输送及降水特征图

(a)200 hPa 南亚高压、西风急流、位势高度标准化距平和矢量风距平的分布;(b)整层积分水汽和水汽输送的分布;(c)500 hPa 位势高度及其标准化距平的分布;(d)200 hPa 波通量和流函数距平的分布;(e)850 hPa 矢量风分布;(f)累计降水量的分布

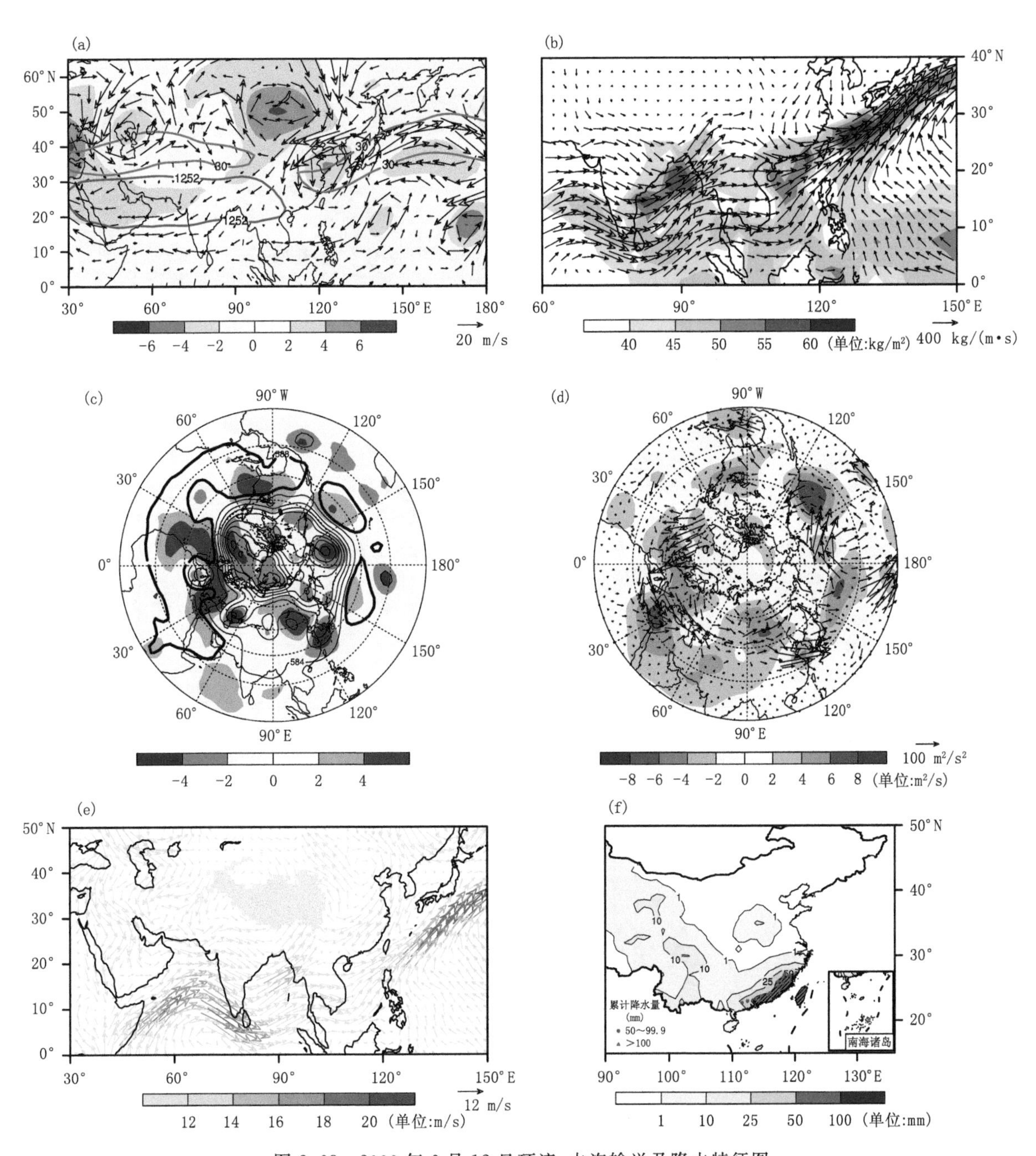

图 2.68　2000 年 6 月 12 日环流、水汽输送及降水特征图

(a)200 hPa 南亚高压、西风急流、位势高度标准化距平和矢量风距平的分布；(b)整层积分水汽和水汽输送的分布；(c)500 hPa 位势高度及其标准化距平的分布；(d)200 hPa 波通量和流函数距平的分布；(e)850 hPa 矢量风分布；(f)累计降水量的分布

2.5.11 2002 年 6 月 14—17 日事件

2.5.11.1 降水概况

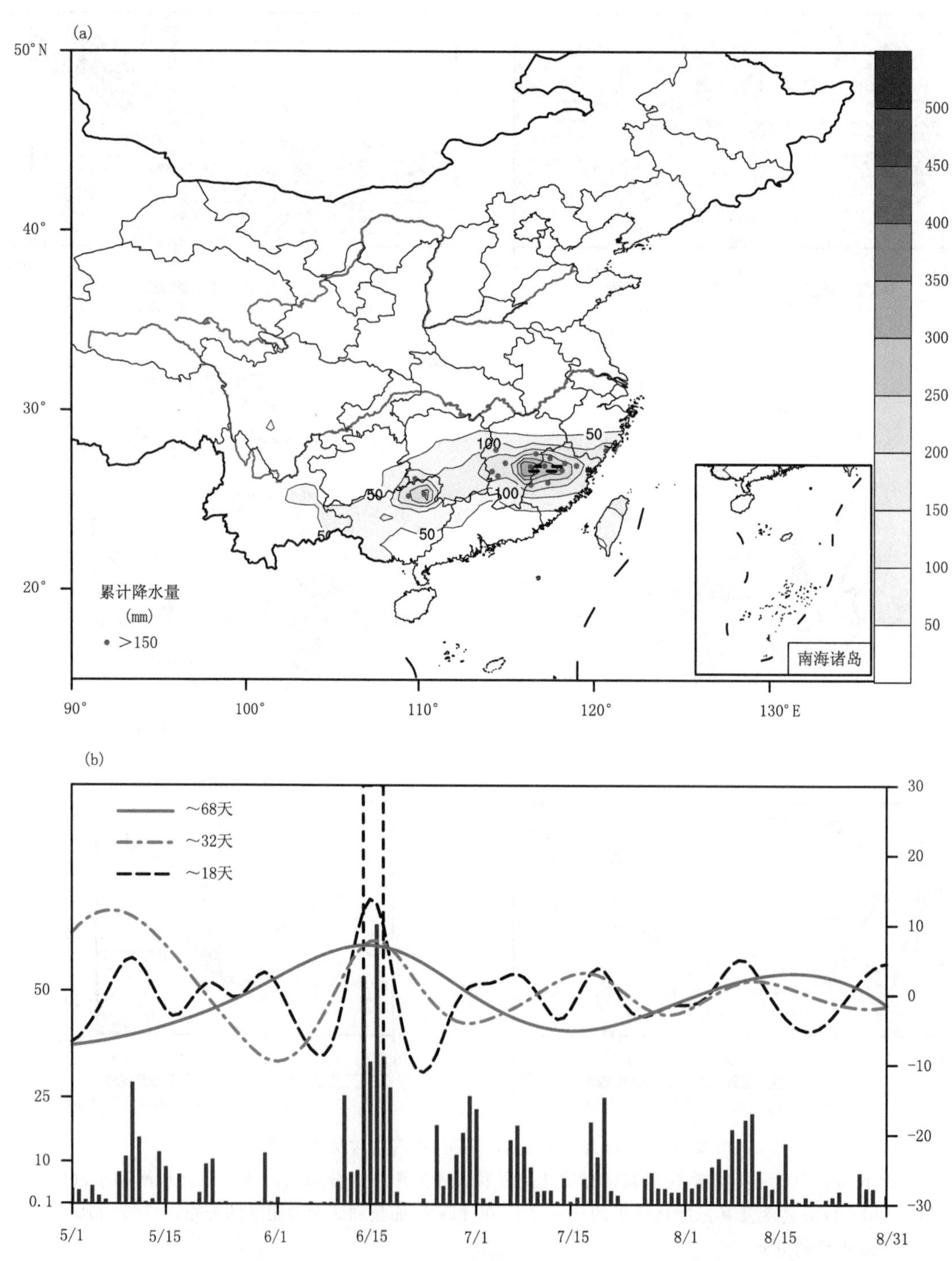

图 2.69 2002 年 6 月 14—17 日长江流域持续性暴雨事件过程降水特征图

(a)事件期间累计降水量，以及累计降水超过 150 mm 的站点，事件核心区域用黑色虚线框标出；(b)事件期间核心区域平均降水量(单位：mm)，以及原降水序列的三个本征模态(红色实线，蓝色虚线以及黑色虚线)，代表 3 个不同频段的低频周期，中心周期在图中标出，事件发生时段用黑色竖虚线标出

2.5.11.2 时间—经(纬)度剖面综合图

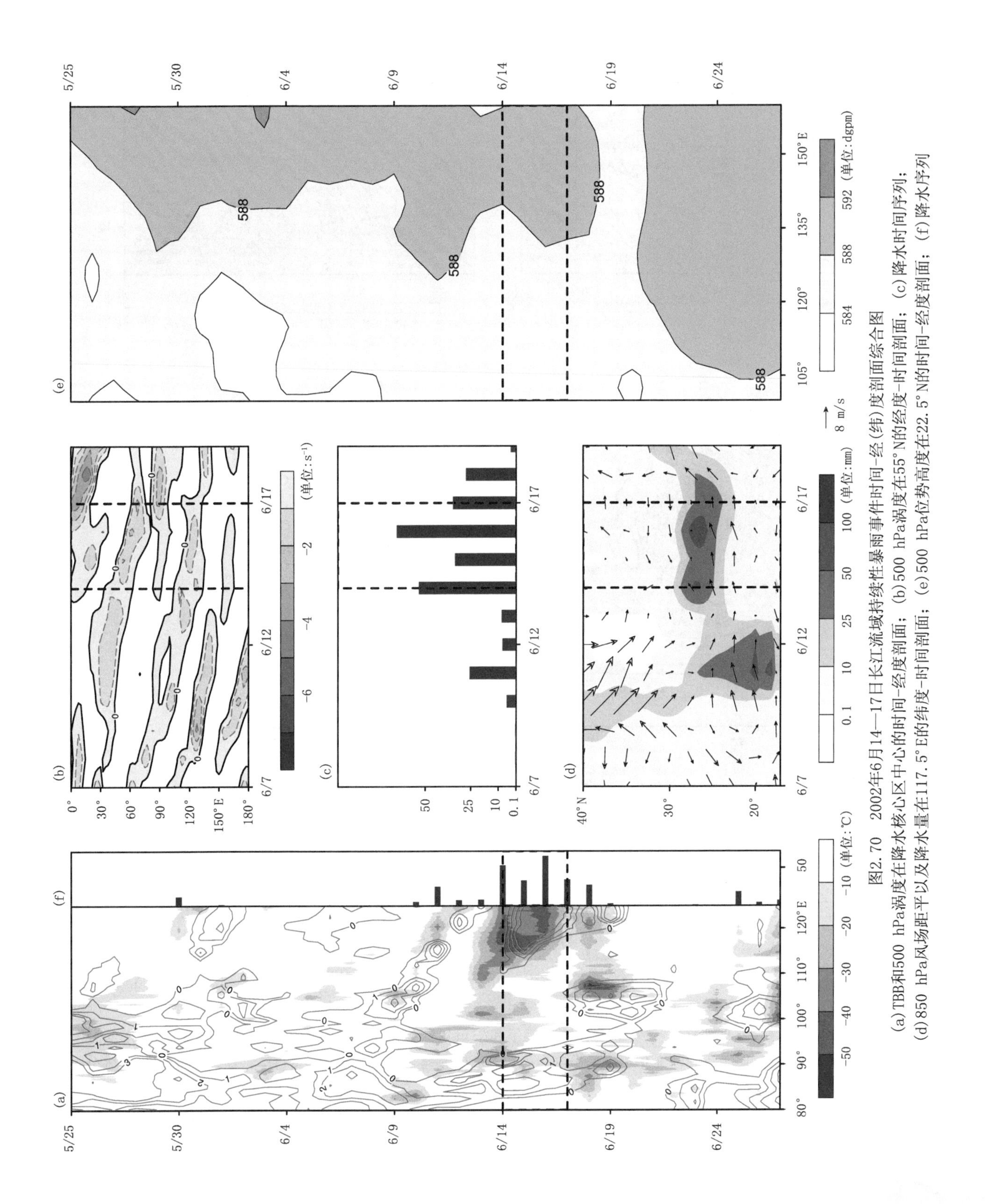

图2.70 2002年6月14—17日长江流域持续性暴雨事件时间-经(纬)度剖面综合图

(a)TBB和500 hPa涡度在降水核心区中心的时间-经度剖面；(b)500 hPa涡度在55°N的经度-时间剖面；(c)降水时间序列；(d)850 hPa风场距平以及降水量在117.5°E的纬度-时间剖面；(e)500 hPa位势高度在22.5°N的时间-经度剖面；(f)降水序列

2.5.11.3 逐日环流、水汽输送和降水特征图

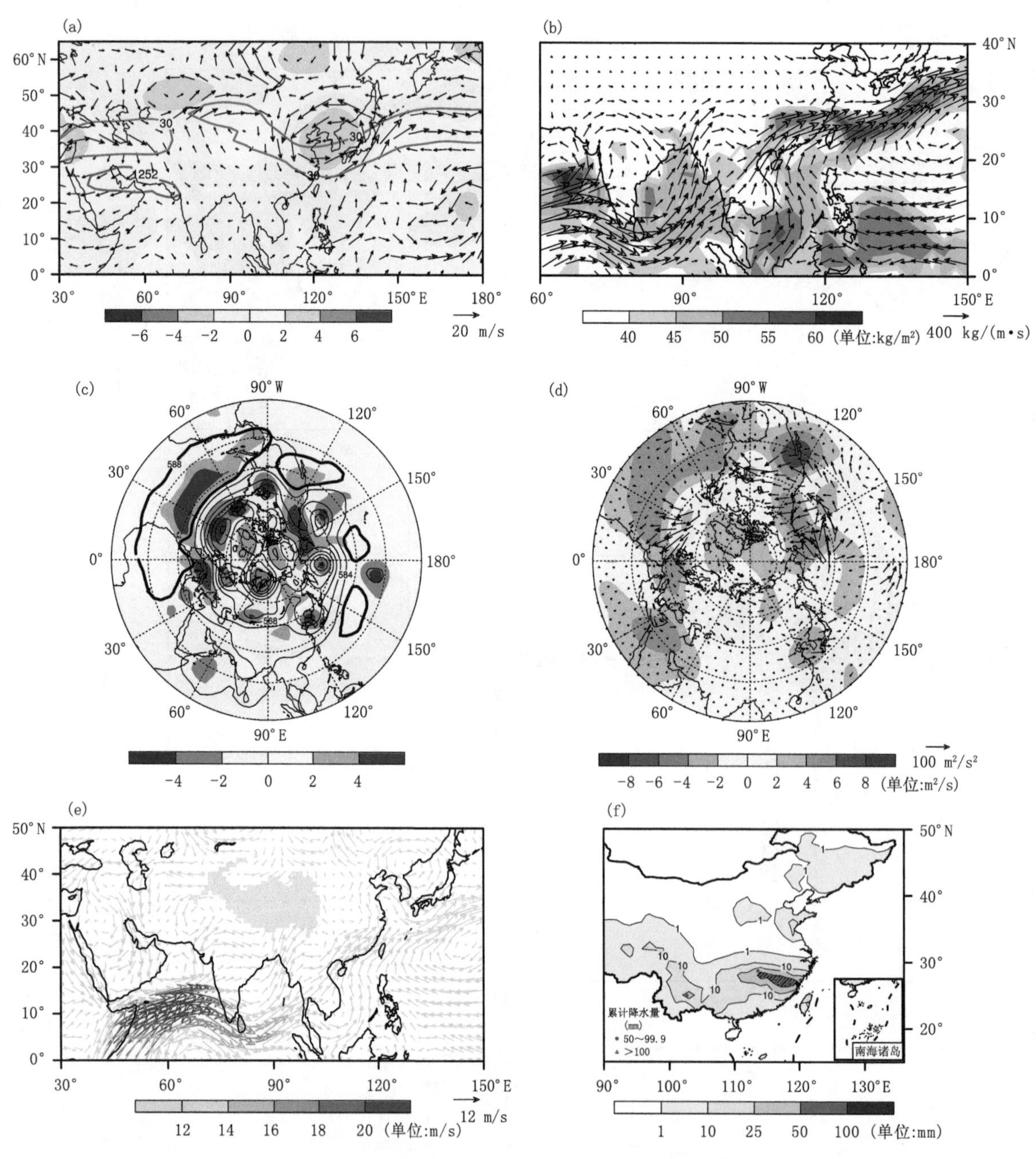

图 2.71　2002 年 6 月 14 日环流、水汽输送及降水特征图

(a)200 hPa 南亚高压、西风急流、位势高度标准化距平和矢量风距平的分布；(b)整层积分水汽和水汽输送的分布；(c)500 hPa 位势高度及其标准化距平的分布；(d)200 hPa 波通量和流函数距平的分布；(e)850 hPa 矢量风分布；(f)累计降水量的分布

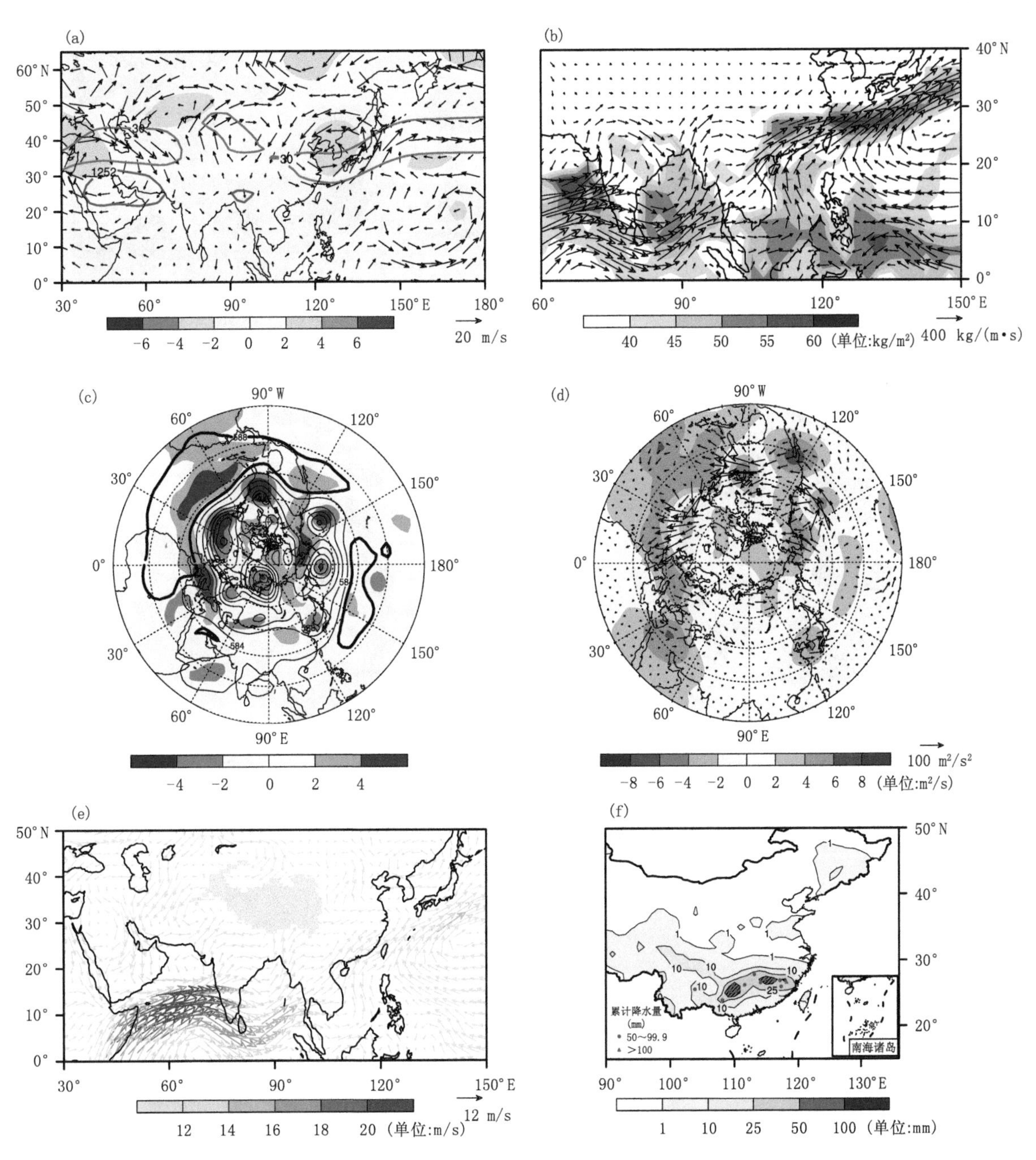

图 2.72 2002年6月15日环流、水汽输送及降水特征图

(a)200 hPa 南亚高压、西风急流、位势高度标准化距平和矢量风距平的分布;(b)整层积分水汽和水汽输送的分布;(c)500 hPa 位势高度及其标准化距平的分布;(d)200 hPa 波通量和流函数距平的分布;(e)850 hPa 矢量风分布;(f)累计降水量的分布

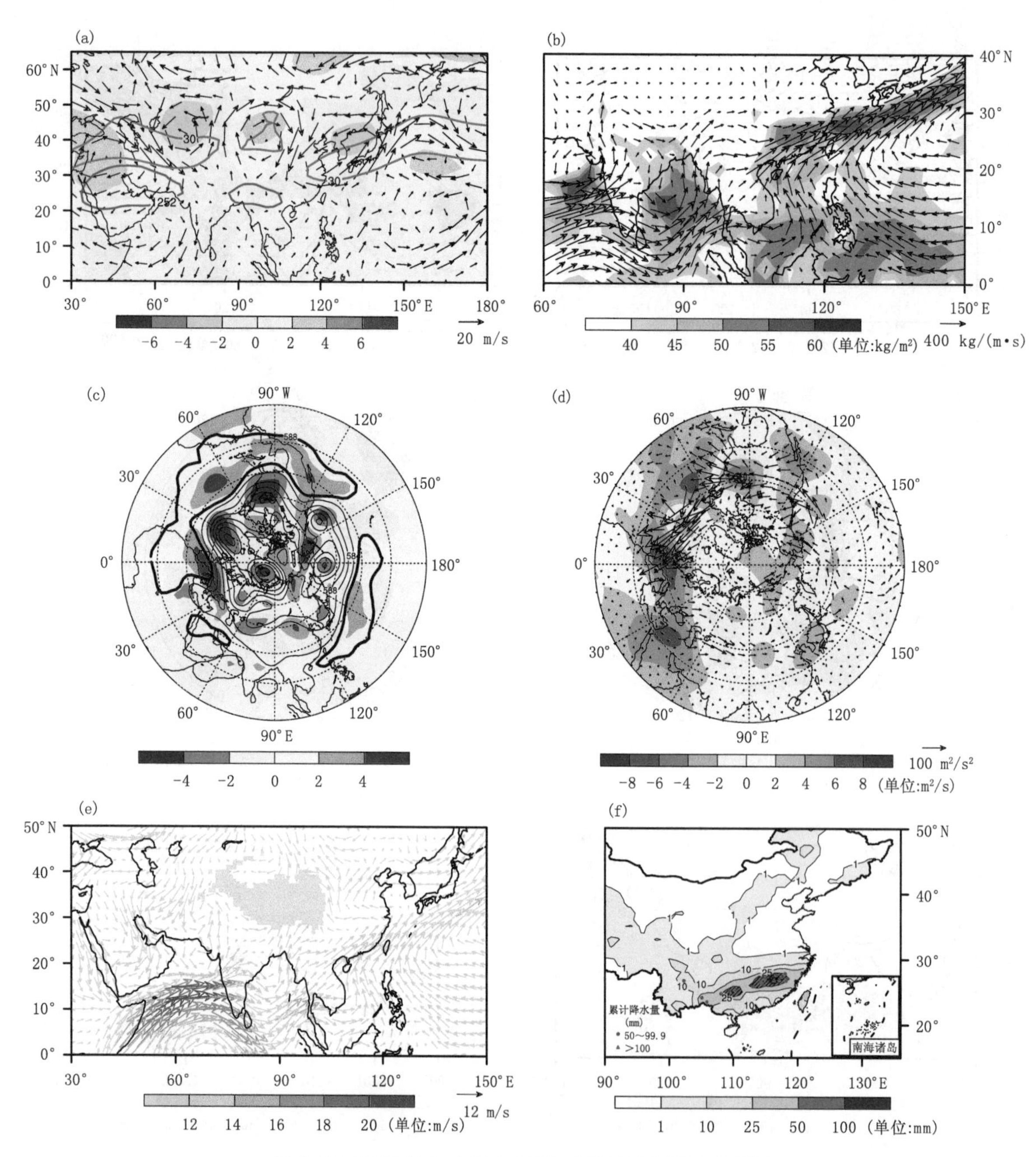

图 2.73　2002 年 6 月 16 日环流、水汽输送及降水特征图

(a)200 hPa 南亚高压、西风急流、位势高度标准化距平和矢量风距平的分布；(b)整层积分水汽和水汽输送的分布；(c)500 hPa 位势高度及其标准化距平的分布；(d)200 hPa 波通量和流函数距平的分布；(e)850 hPa 矢量风分布；(f)累计降水量的分布

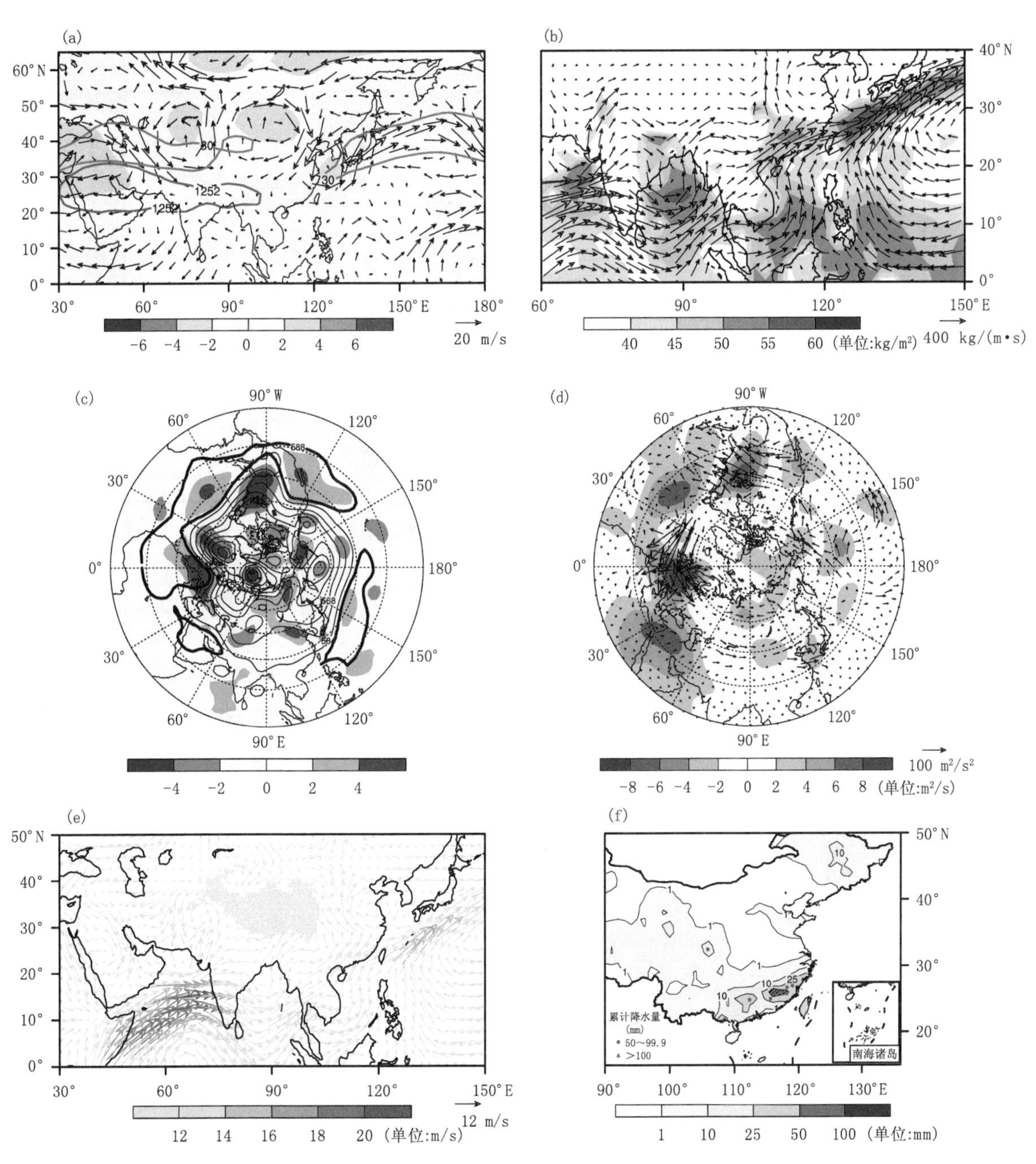

图 2.74 2002 年 6 月 17 日环流、水汽输送及降水特征图

(a)200 hPa 南亚高压、西风急流、位势高度标准化距平和矢量风距平的分布;(b)整层积分水汽和水汽输送的分布;(c)500 hPa 位势高度及其标准化距平的分布;(d)200 hPa 波通量和流函数距平的分布;(e)850 hPa 矢量风分布;(f)累计降水量的分布

2.5.12　2003 年 7 月 8—10 日事件

2.5.12.1　降水概况

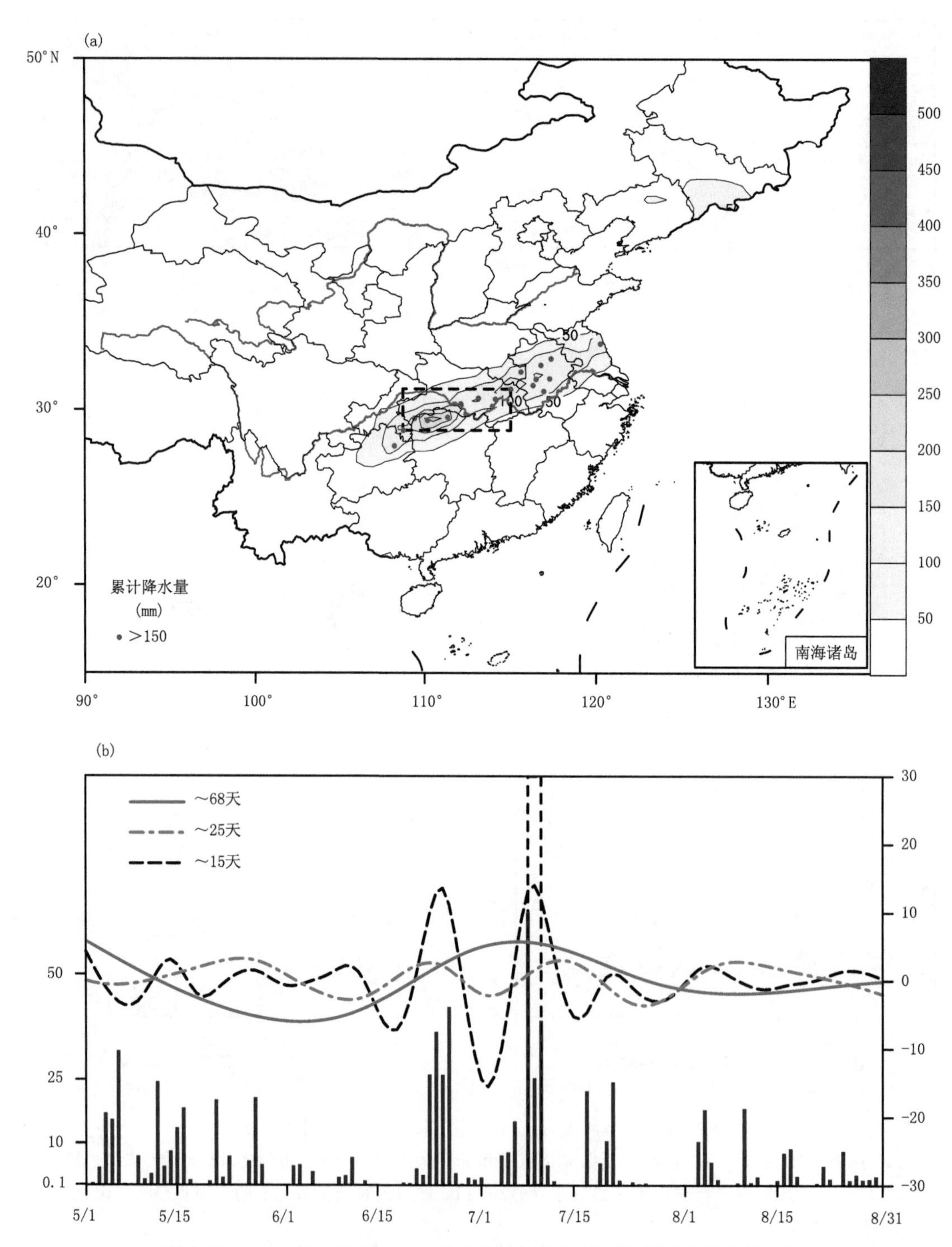

图 2.75　2003 年 7 月 8—10 日长江流域持续性暴雨事件过程降水特征图

(a)事件期间累计降水量，以及累计降水超过 150 mm 的站点，事件核心区域用黑色虚线框标出；(b)事件期间核心区域平均降水量(单位：mm)，以及原降水序列的三个本征模态(红色实线，蓝色虚线以及黑色虚线)，代表 3 个不同频段的低频周期，中心周期在图中标出，事件发生时段用黑色竖虚线标出

2.5.12.2 时间—经(纬)度剖面综合图

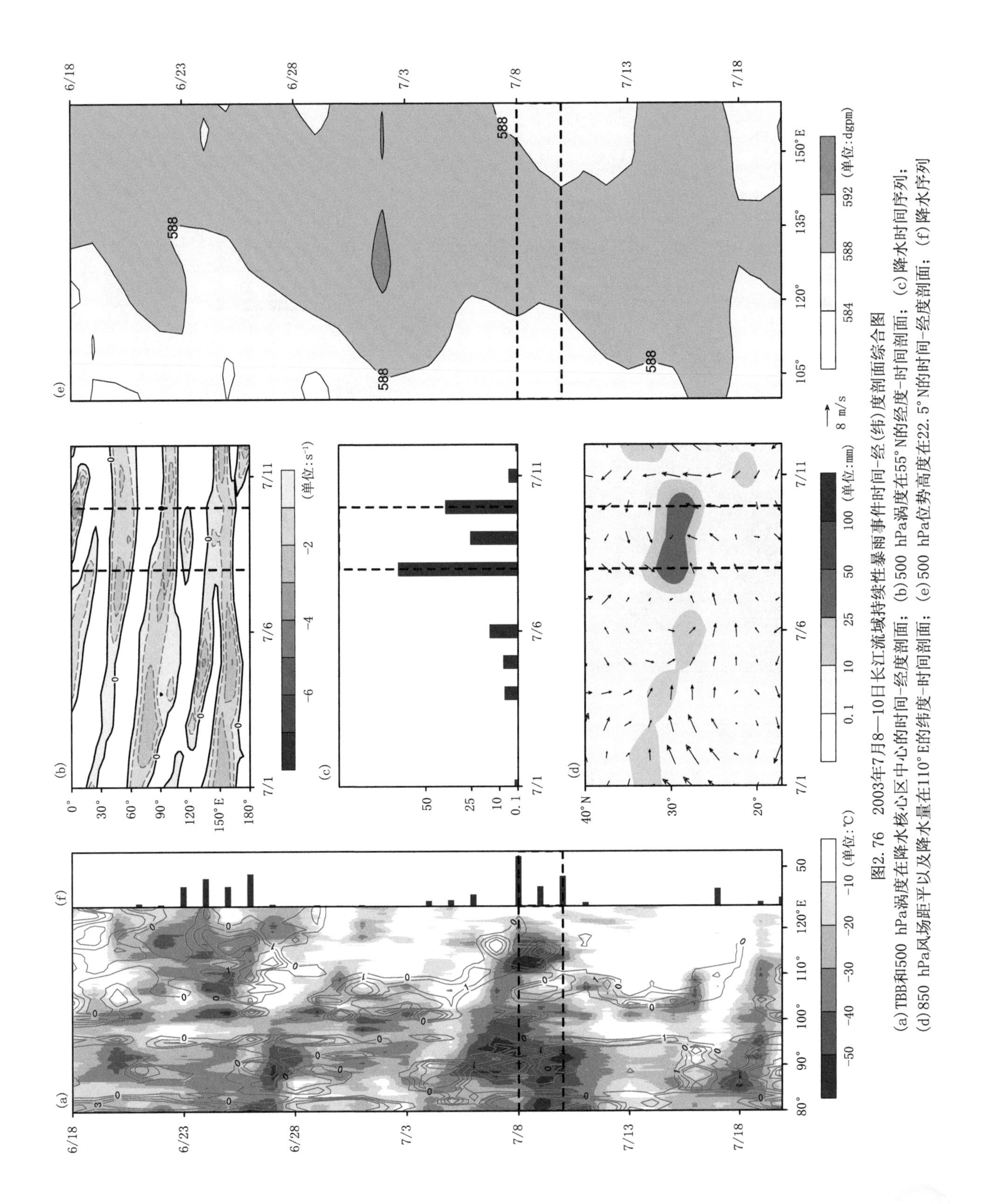

图2.76 2003年7月8—10日长江流域持续性暴雨事件时间-经(纬)度剖面综合图
(a)TBB和500 hPa涡度在降水核心区中心的时间-经度剖面；(b)500 hPa涡度在55°N的经度-时间剖面；(c)降水时间序列；
(d)850 hPa风场距平以及降水量在110°E的纬度-时间剖面；(e)500 hPa位势高度在22.5°N的时间-经度剖面；(f)降水序列

2.5.12.3 逐日环流、水汽输送和降水特征图

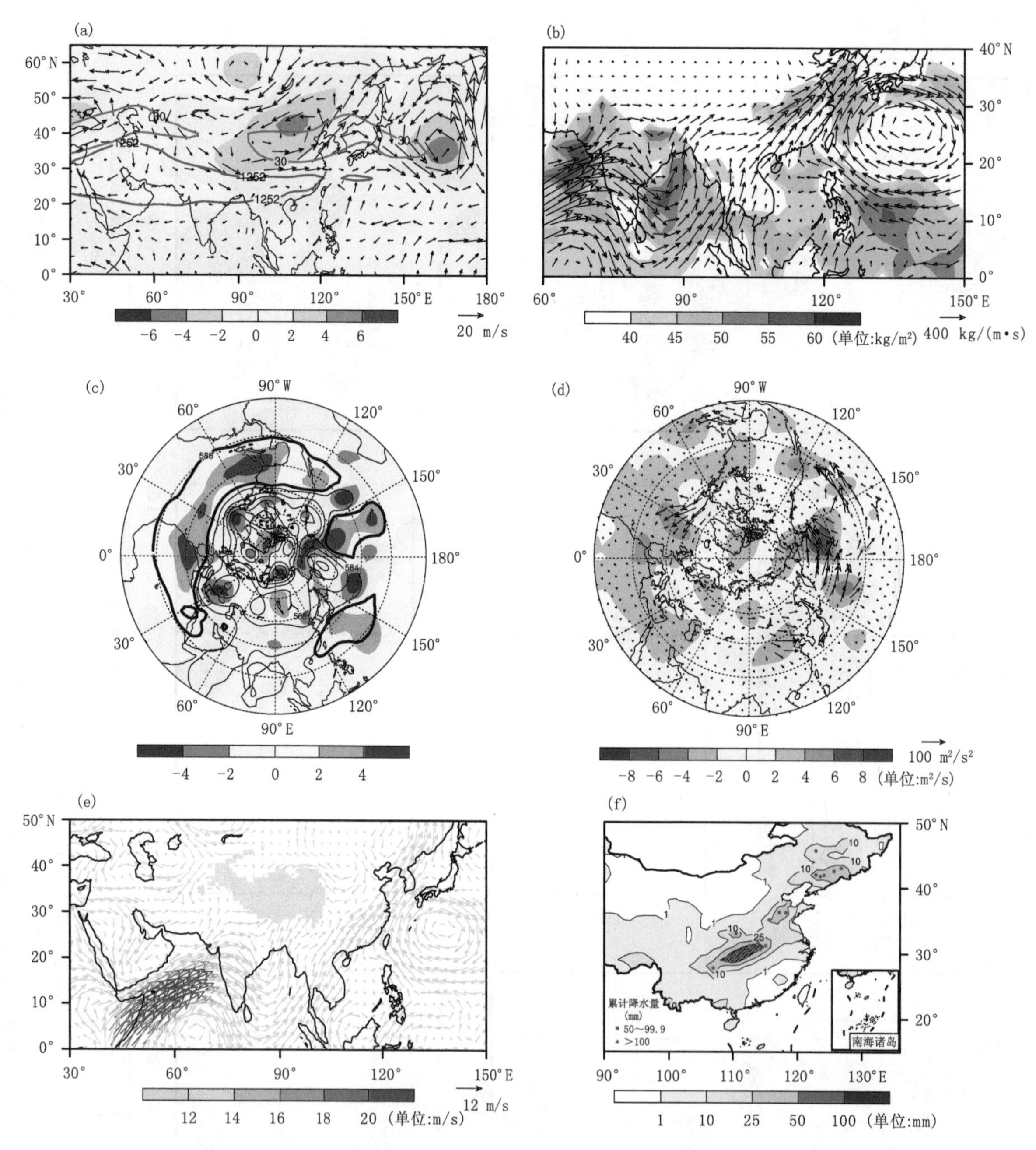

图 2.77 2003 年 7 月 8 日环流、水汽输送及降水特征图

(a)200 hPa 南亚高压、西风急流、位势高度标准化距平和矢量风距平的分布;(b)整层积分水汽和水汽输送的分布;(c)500 hPa 位势高度及其标准化距平的分布;(d)200 hPa 波通量和流函数距平的分布;(e)850 hPa 矢量风分布;(f)累计降水量的分布

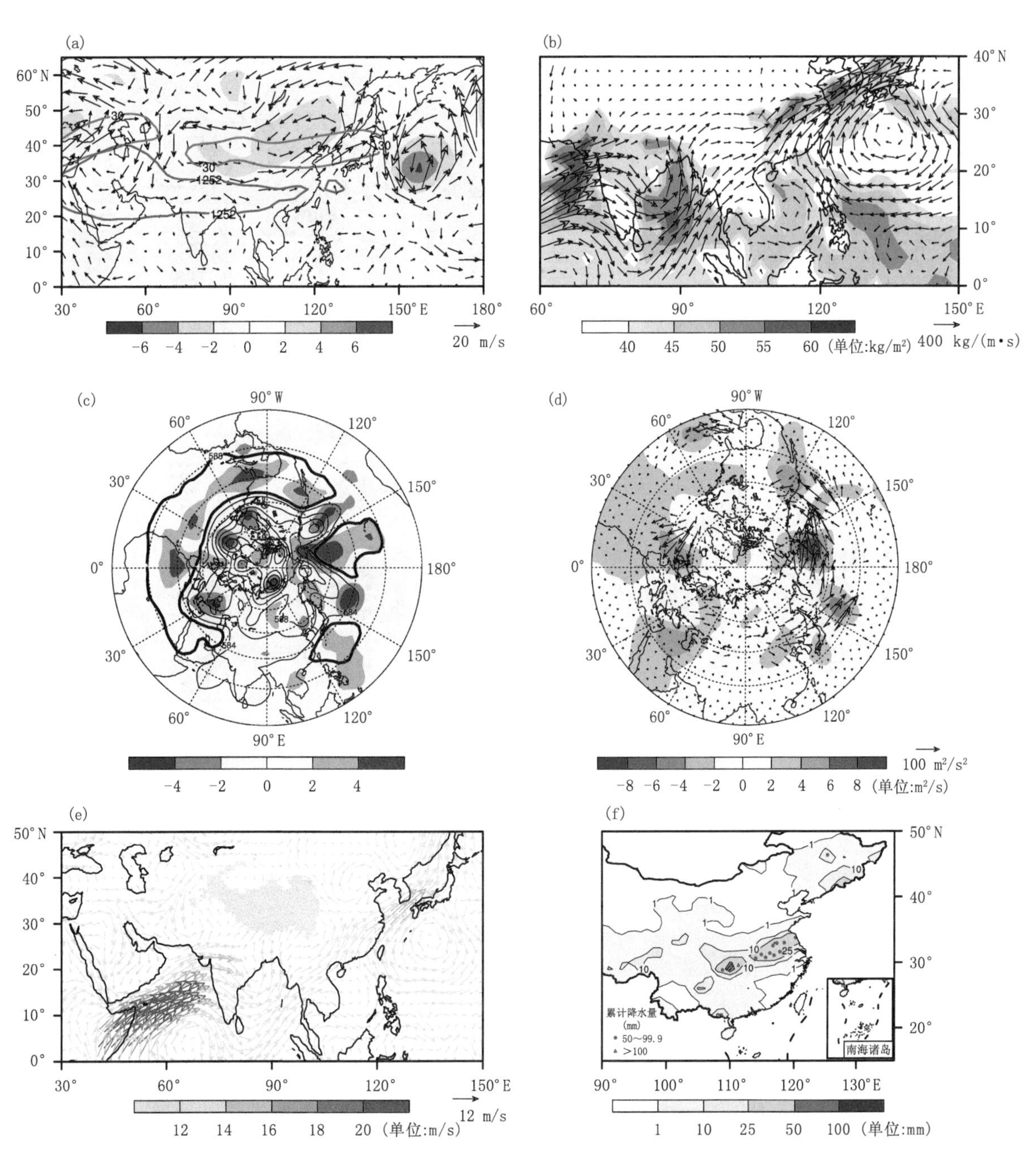

图 2.78 2003 年 7 月 9 日环流、水汽输送及降水特征图

(a)200 hPa 南亚高压、西风急流、位势高度标准化距平和矢量风距平的分布;(b)整层积分水汽和水汽输送的分布;(c)500 hPa 位势高度及其标准化距平的分布;(d)200 hPa 波通量和流函数距平的分布;(e)850 hPa 矢量风分布;(f)累计降水量的分布

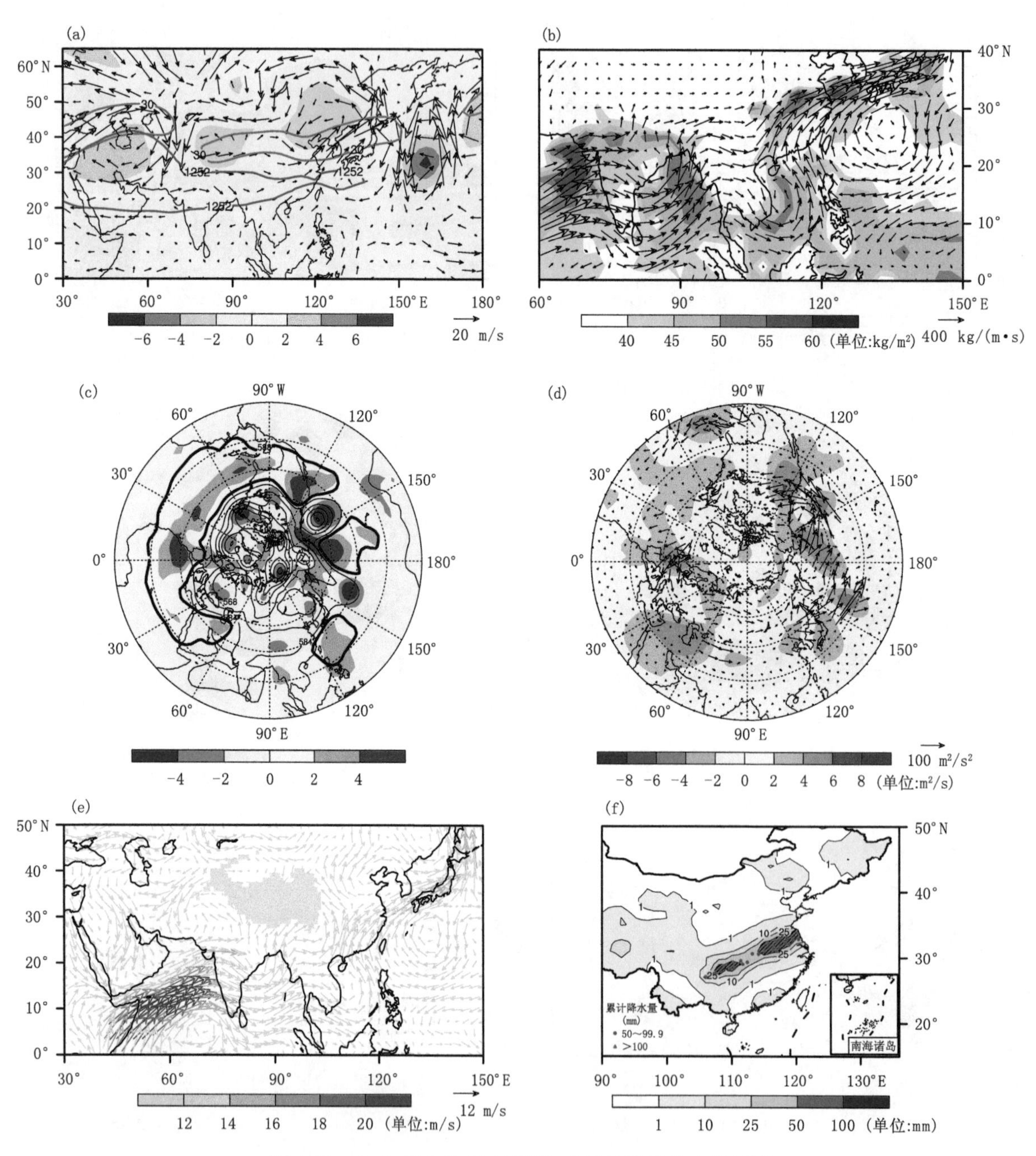

图 2.79　2003 年 7 月 10 日环流、水汽输送及降水特征图

(a)200 hPa 南亚高压、西风急流、位势高度标准化距平和矢量风距平的分布；(b)整层积分水汽和水汽输送的分布；(c)500 hPa 位势高度及其标准化距平的分布；(d)200 hPa 波通量和流函数距平的分布；(e)850 hPa 矢量风分布；(f)累计降水量的分布

2.5.13 2005年6月18—23日事件

2.5.13.1 降水概况

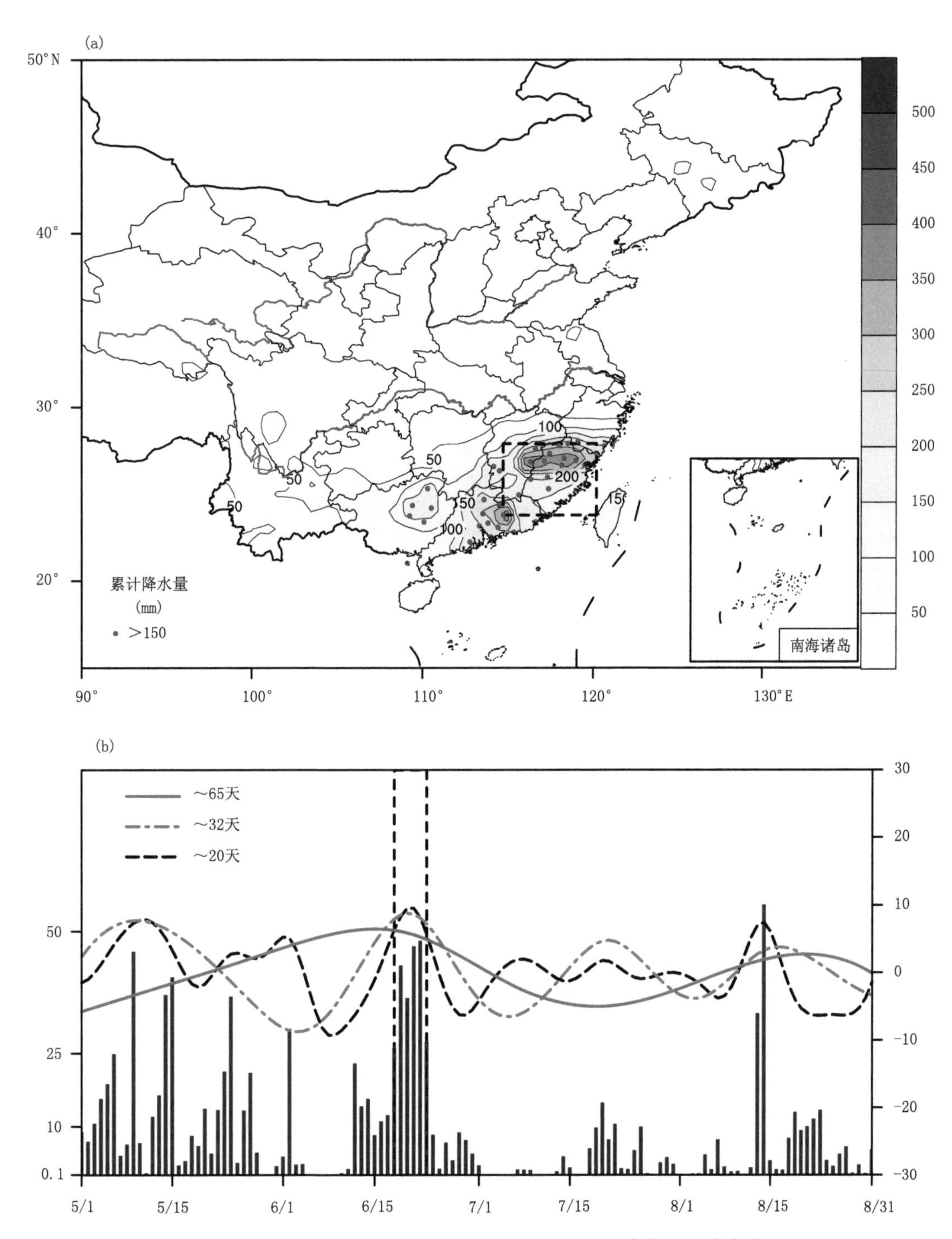

图2.80 2005年6月18—23日长江流域持续性暴雨事件过程降水特征图

(a)事件期间累计降水量，以及累计降水超过150 mm的站点，事件核心区域用黑色虚线框标出；(b)事件期间核心区域平均降水量(单位：mm)，以及原降水序列的三个本征模态(红色实线，蓝色虚线以及黑色虚线)，代表3个不同频段的低频周期，中心周期在图中标出，事件发生时段用黑色竖虚线标出

2.5.13.2　时间—经(纬)度剖面综合图

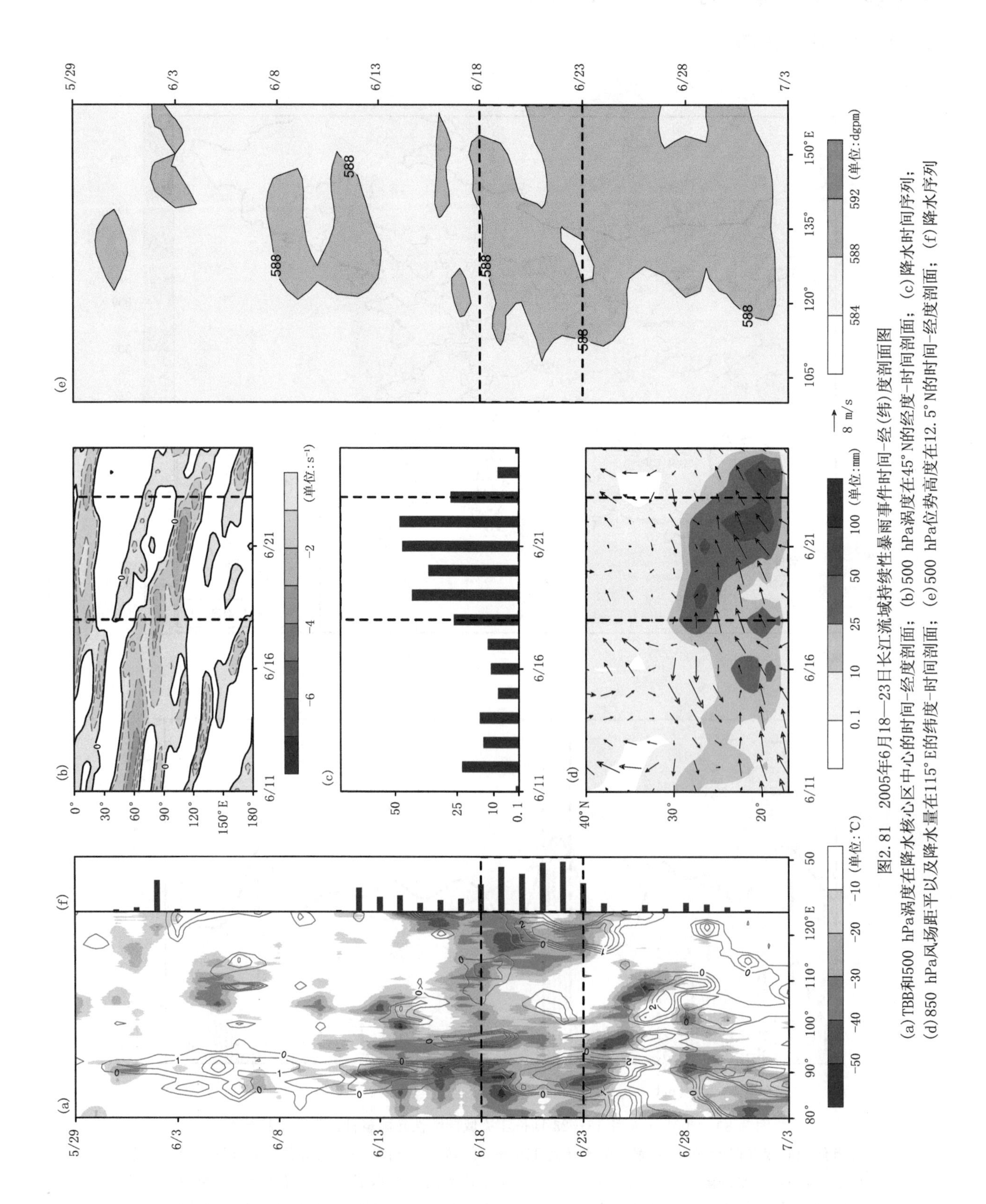

图2.81　2005年6月18—23日长江流域持续性暴雨事件时间—经(纬)度剖面图

(a)TBB和500 hPa涡度在降水核心区中心的时间-经度剖面；(b)500 hPa涡度在45°N的经度-时间剖面；(c)降水时间序列；(d)850 hPa风场距平以及降水量在115°E的纬度-时间剖面；(e)500 hPa位势高度在12.5°N的时间-经度剖面；(f)降水序列

2.5.13.3 逐日环流、水汽输送和降水特征图

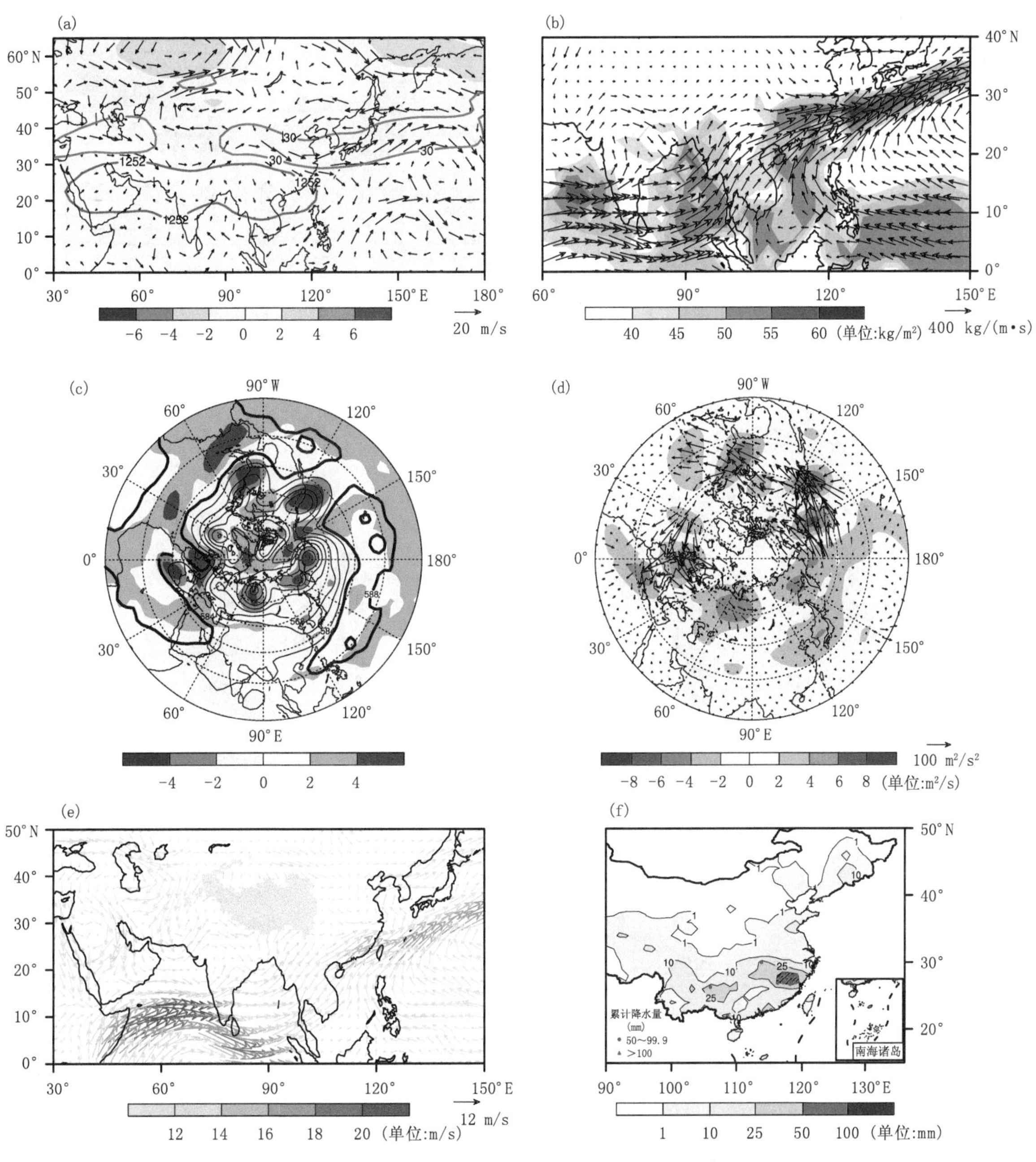

图 2.82 2005年6月18日环流、水汽输送及降水特征图

(a)200 hPa 南亚高压、西风急流、位势高度标准化距平和矢量风距平的分布;(b)整层积分水汽和水汽输送的分布;(c)500 hPa 位势高度及其标准化距平的分布;(d)200 hPa 波通量和流函数距平的分布;(e)850 hPa 矢量风分布;(f)累计降水量的分布

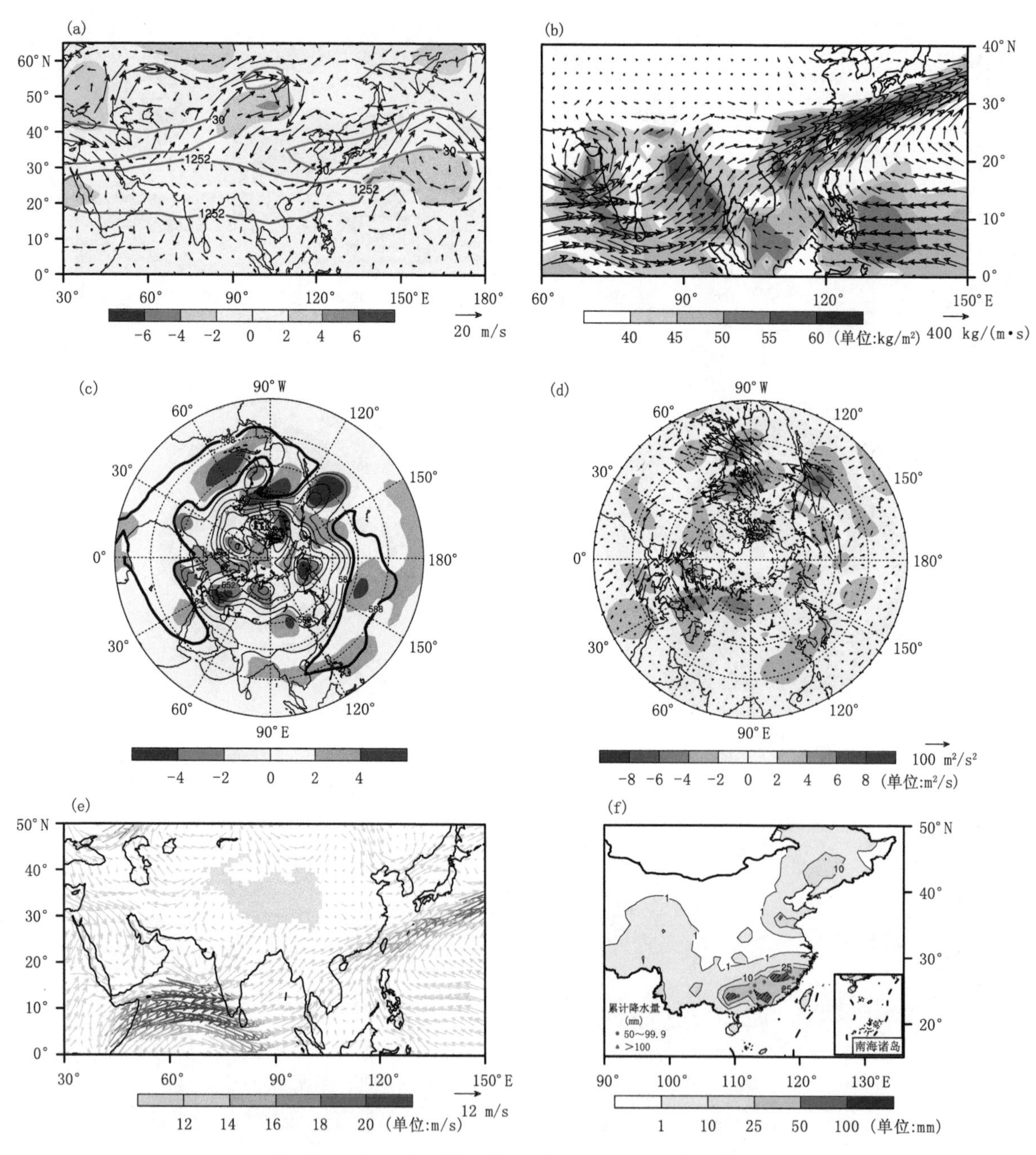

图 2.83　2005 年 6 月 20 日环流、水汽输送及降水特征图

(a)200 hPa 南亚高压、西风急流、位势高度标准化距平和矢量风距平的分布;(b)整层积分水汽和水汽输送的分布;(c)500 hPa 位势高度及其标准化距平的分布;(d)200 hPa 波通量和流函数距平的分布;(e)850 hPa 矢量风分布;(f)累计降水量的分布

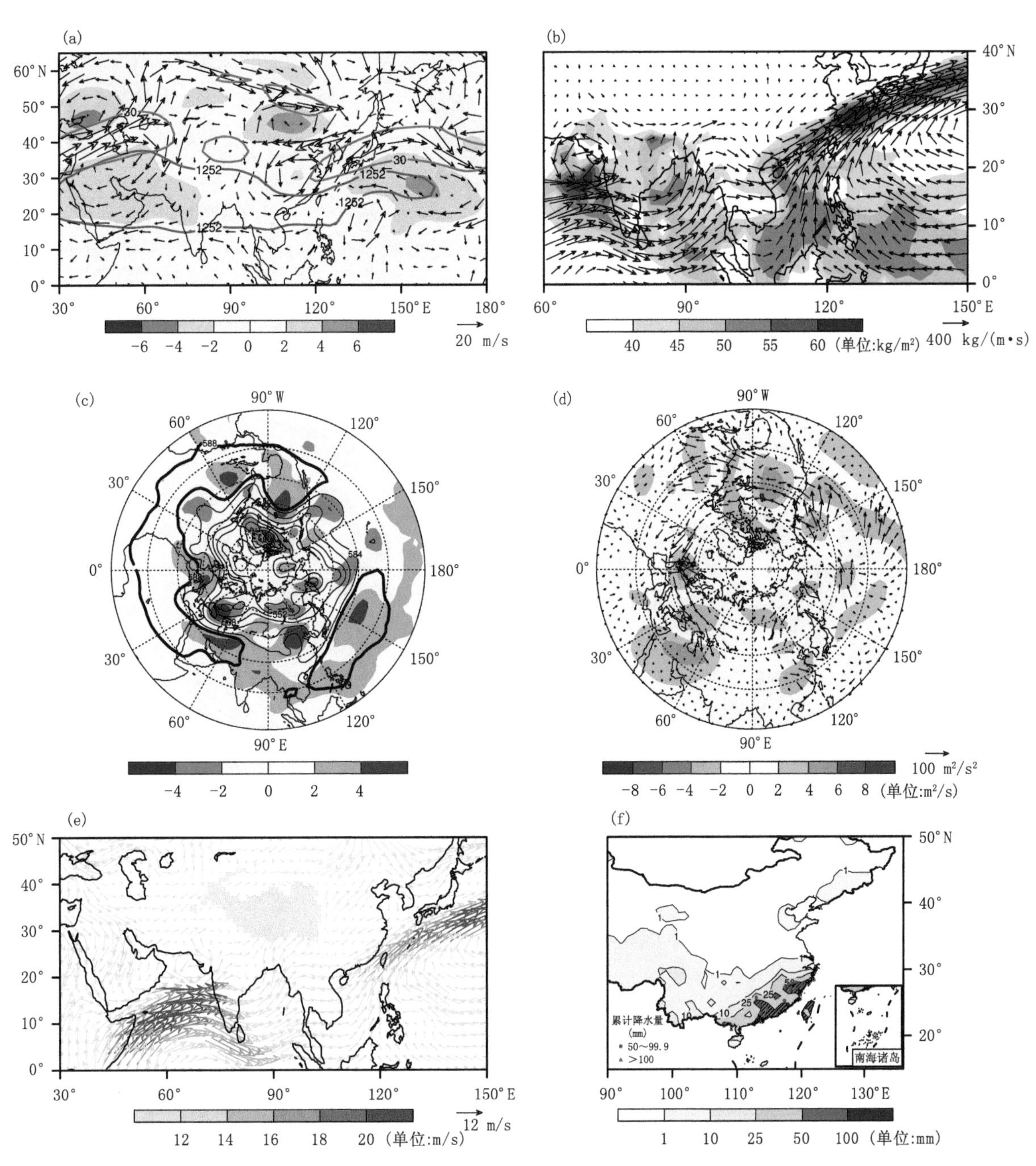

图 2.84　2005 年 6 月 22 日环流、水汽输送及降水特征图

(a)200 hPa 南亚高压、西风急流、位势高度标准化距平和矢量风距平的分布;(b)整层积分水汽和水汽输送的分布;(c)500 hPa 位势高度及其标准化距平的分布;(d)200 hPa 波通量和流函数距平的分布;(e)850 hPa 矢量风分布;(f)累计降水量的分布

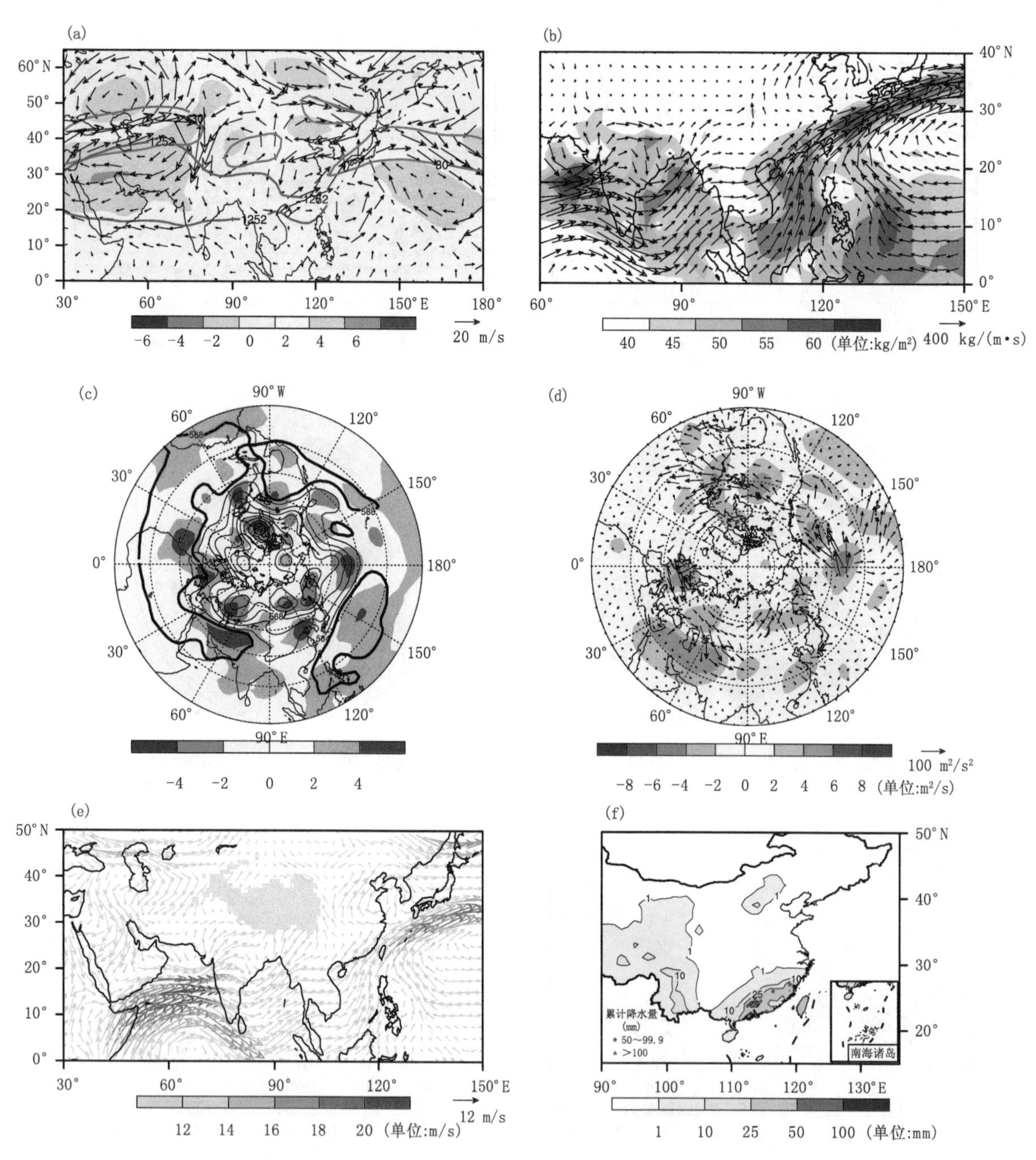

图 2.85　2005 年 6 月 23 日环流、水汽输送及降水特征图

(a)200 hPa 南亚高压、西风急流、位势高度标准化距平和矢量风距平的分布;(b)整层积分水汽和水汽输送的分布;(c)500 hPa 位势高度及其标准化距平的分布;(d)200 hPa 波通量和流函数距平的分布;(e)850 hPa 矢量风分布;(f)累计降水量的分布

2.5.14 2006年6月4—7日事件

2.5.14.1 降水概况

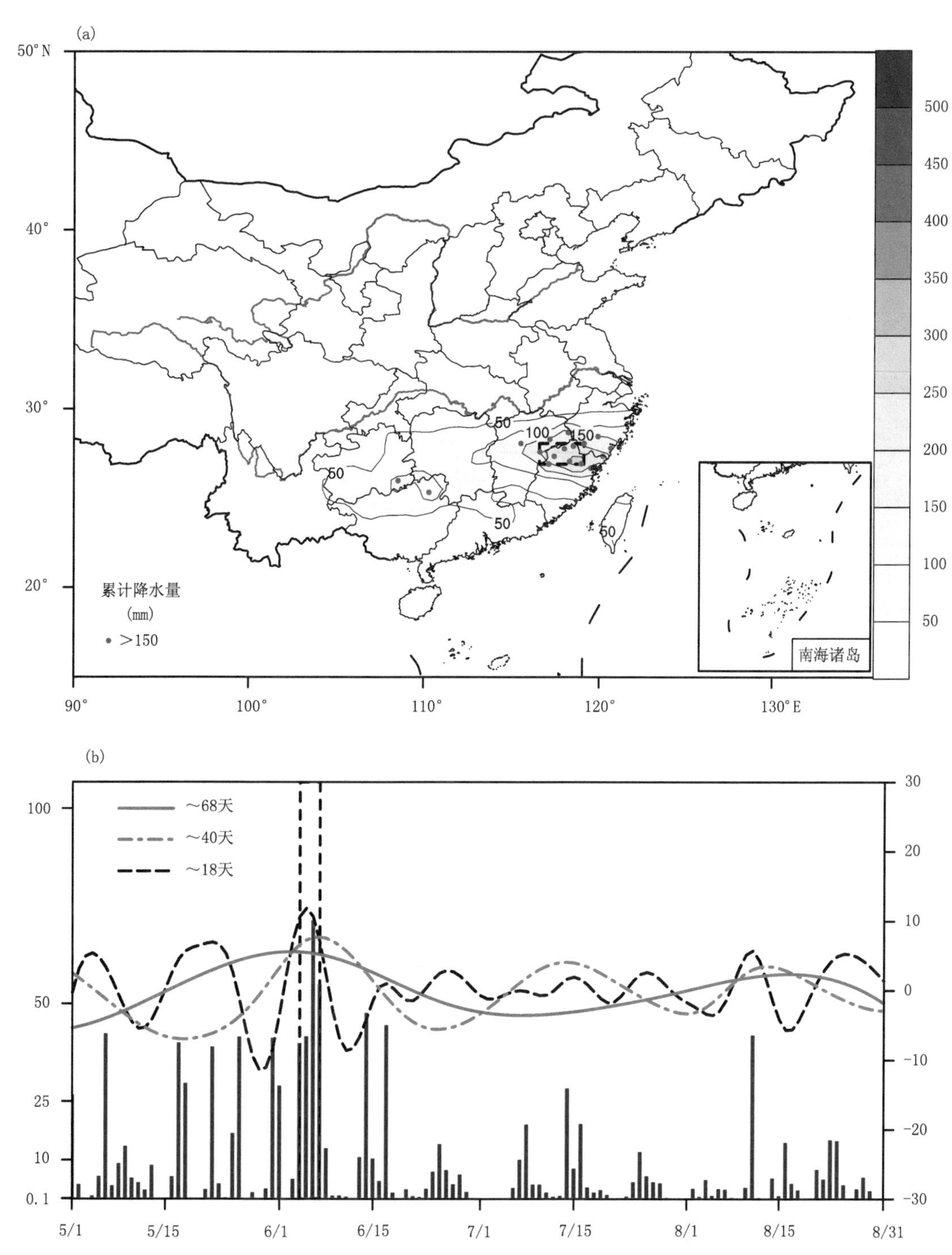

图 2.86 2006年6月4—7日长江流域持续性暴雨过程降水特征图

(a)事件期间累计降水量,以及累计降水超过150 mm的站点,事件核心区域用黑色虚线框标出;(b)事件期间核心区域平均降水量(单位:mm),以及原降水序列的三个本征模态(红色实线,蓝色虚线以及黑色虚线),代表3个不同频段的低频周期,中心周期在图中标出,事件发生时段用黑色竖虚线标出

2.5.14.2 时间—经(纬)度剖面综合图

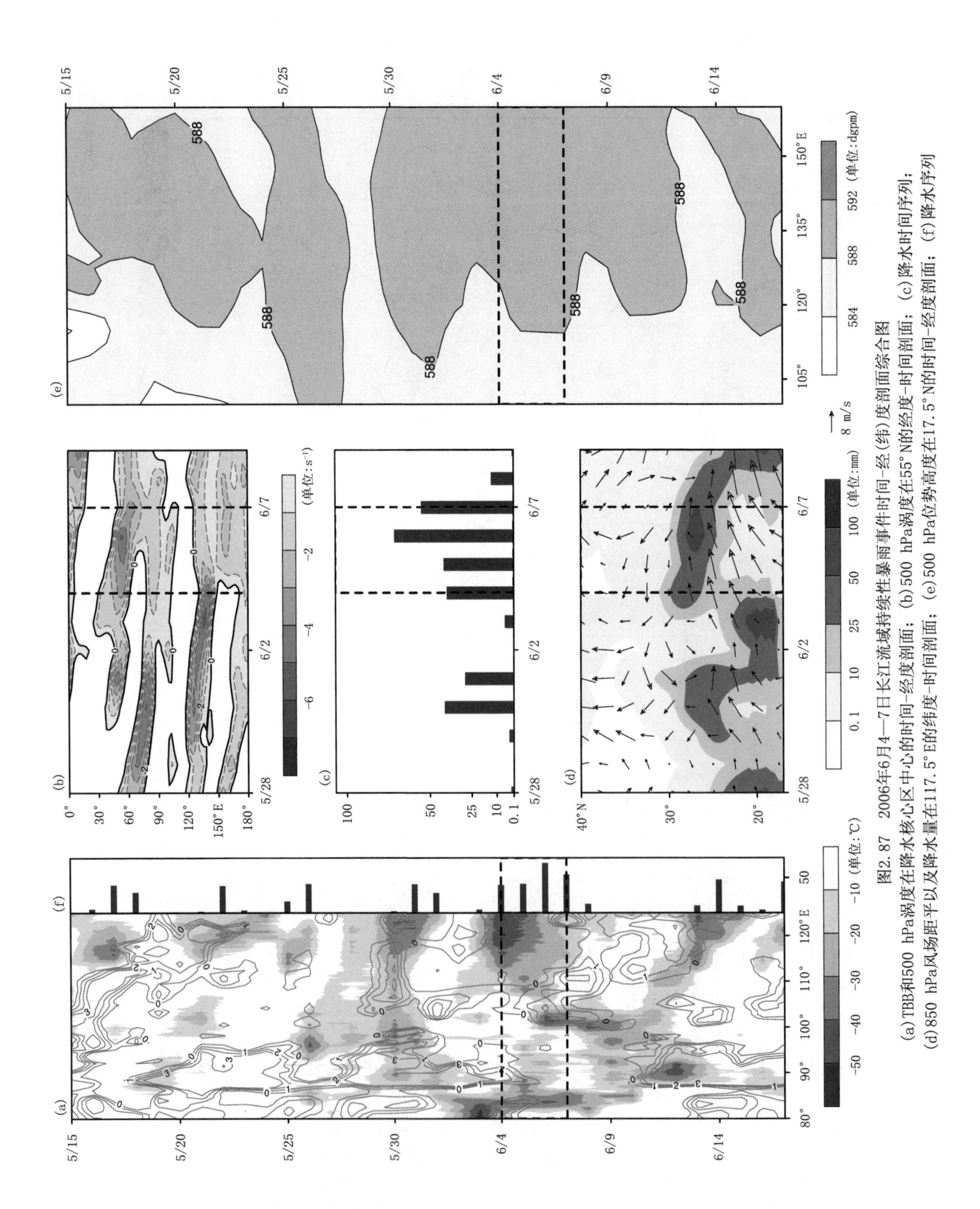

图2.87 2006年6月4—7日长江流域持续性暴雨事件时间-经(纬)度剖面综合图

(a)TBB和500 hPa涡度在降水核心区中心的时间-经度剖面；(b)500 hPa涡度在55°N的经度-时间剖面；(c)降水时间序列；(d)850 hPa风场距平以及降水量在117.5°E的纬度-时间剖面；(e)500 hPa位势高度在17.5°N的时间-经度剖面；(f)降水序列

2.5.14.3 逐日环流、水汽输送和降水特征图

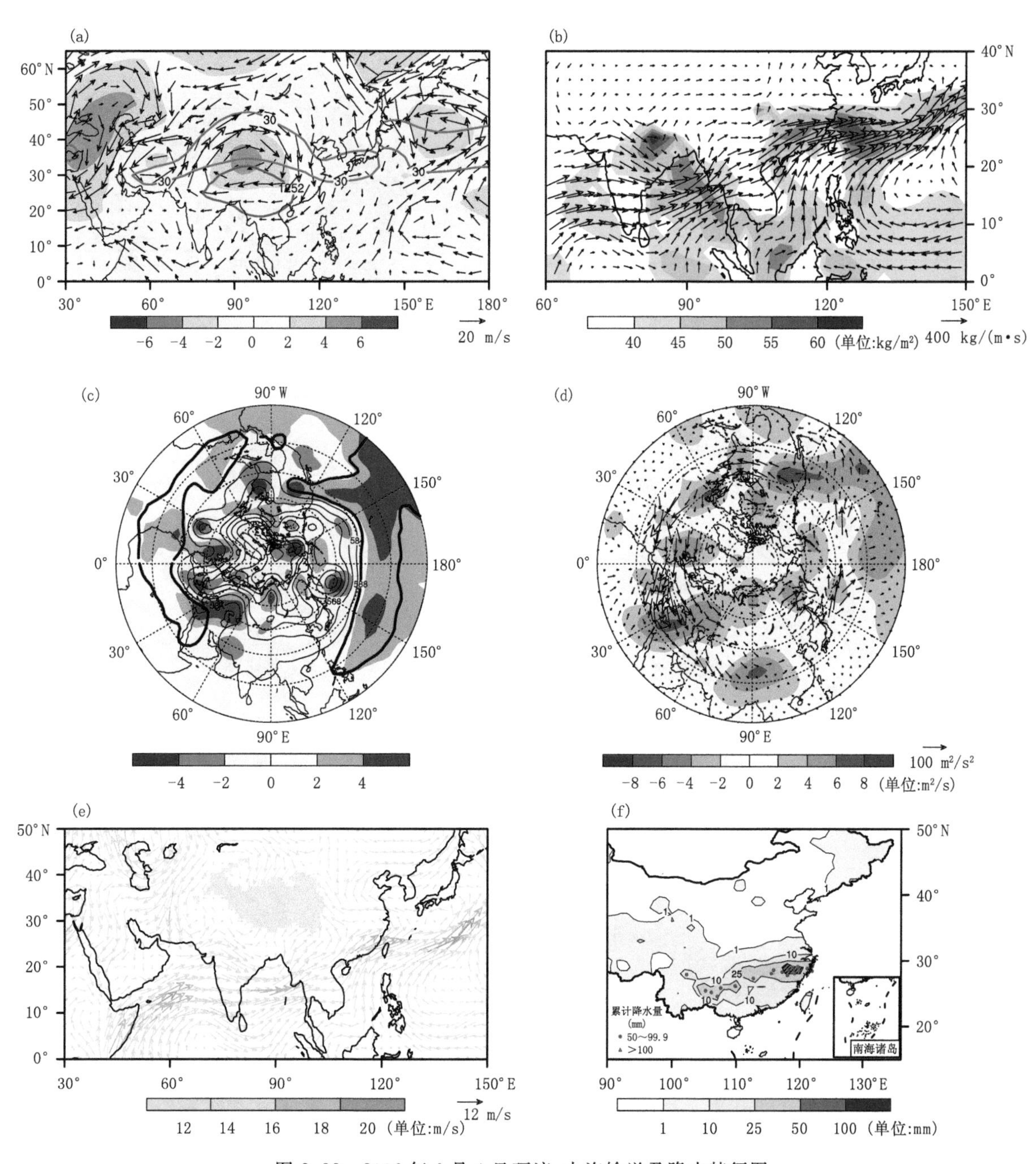

图 2.88 2006 年 6 月 4 日环流、水汽输送及降水特征图

(a)200 hPa 南亚高压、西风急流、位势高度标准化距平和矢量风距平的分布；(b)整层积分水汽和水汽输送的分布；(c)500 hPa 位势高度及其标准化距平的分布；(d)200 hPa 波通量和流函数距平的分布；(e)850 hPa 矢量风分布；(f)累计降水量的分布

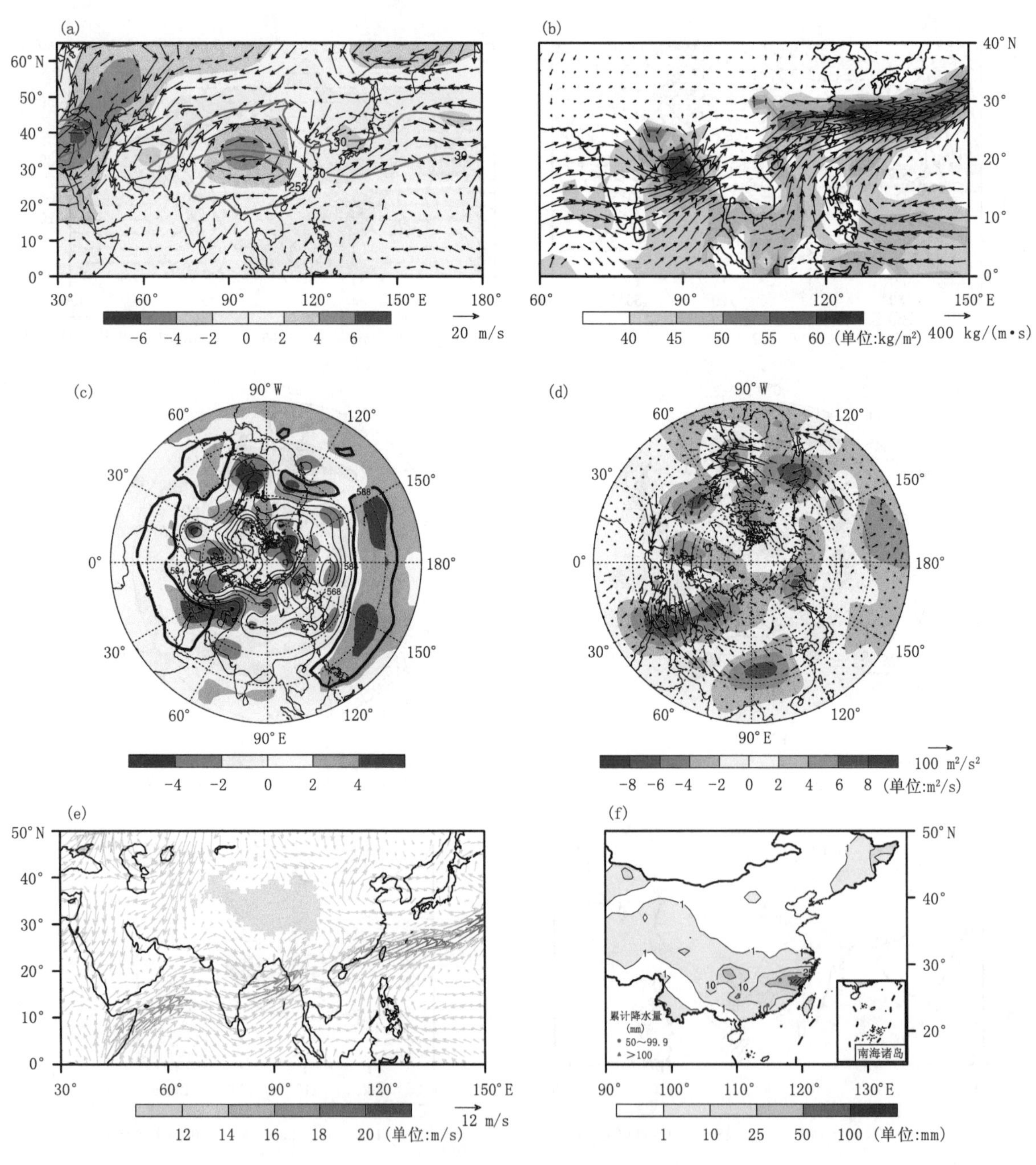

图 2.89　2006 年 6 月 5 日环流、水汽输送及降水特征图

(a)200 hPa 南亚高压、西风急流、位势高度标准化距平和矢量风距平的分布；(b)整层积分水汽和水汽输送的分布；(c)500 hPa 位势高度及其标准化距平的分布；(d)200 hPa 波通量和流函数距平的分布；(e)850 hPa 矢量风分布；(f)累计降水量的分布

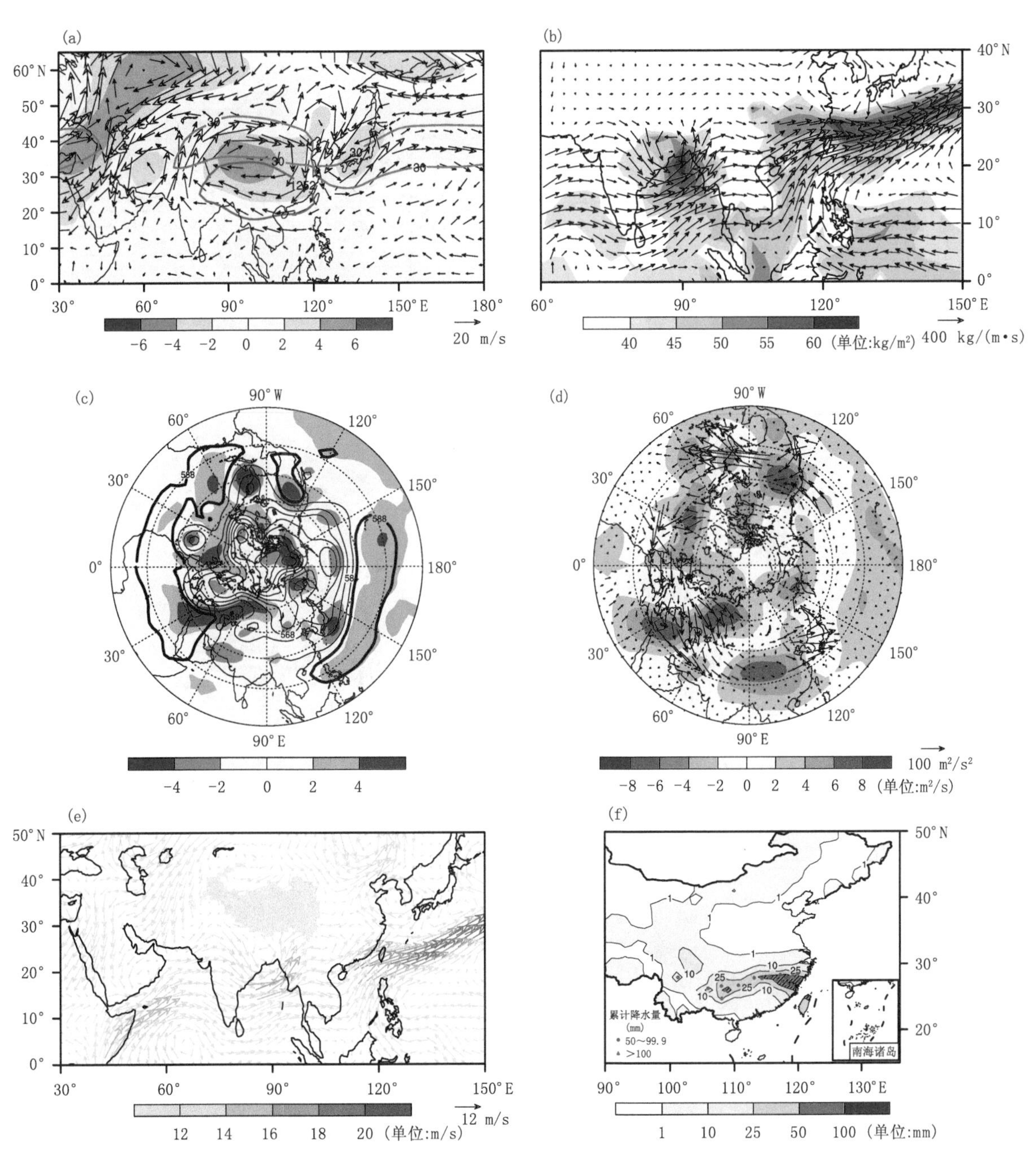

图 2.90　2006 年 6 月 6 日环流、水汽输送及降水特征图

(a)200 hPa 南亚高压、西风急流、位势高度标准化距平和矢量风距平的分布;(b)整层积分水汽和水汽输送的分布;(c)500 hPa 位势高度及其标准化距平的分布;(d)200 hPa 波通量和流函数距平的分布;(e)850 hPa 矢量风分布;(f)累计降水量的分布

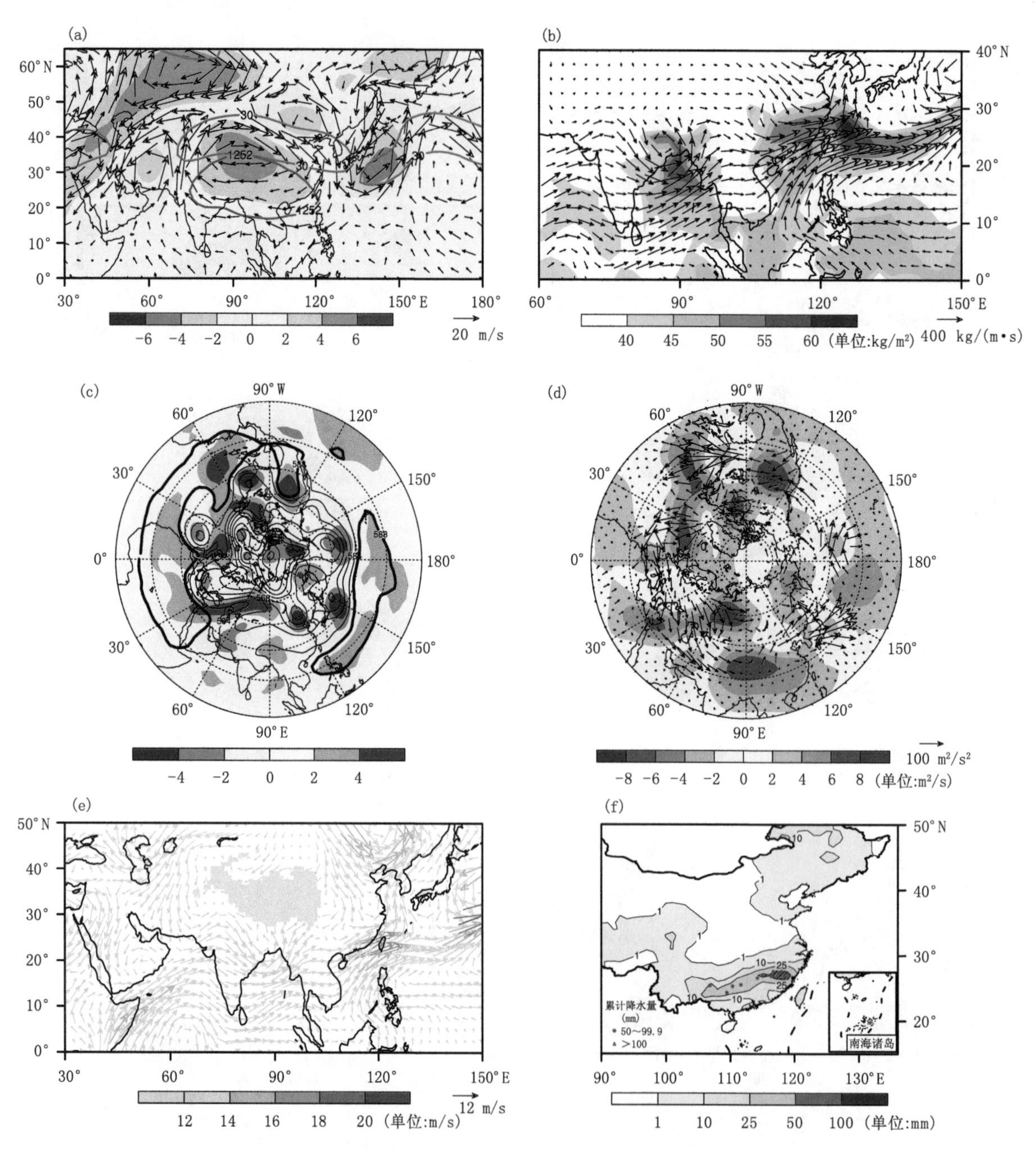

图 2.91 2006 年 6 月 7 日环流、水汽输送及降水特征图

(a)200 hPa 南亚高压、西风急流、位势高度标准化距平和矢量风距平的分布；(b)整层积分水汽和水汽输送的分布；(c)500 hPa 位势高度及其标准化距平的分布；(d)200 hPa 波通量和流函数距平的分布；(e)850 hPa 矢量风分布；(f)累计降水量的分布

2.5.15 2010年6月17—25日事件

2.5.15.1 降水概况

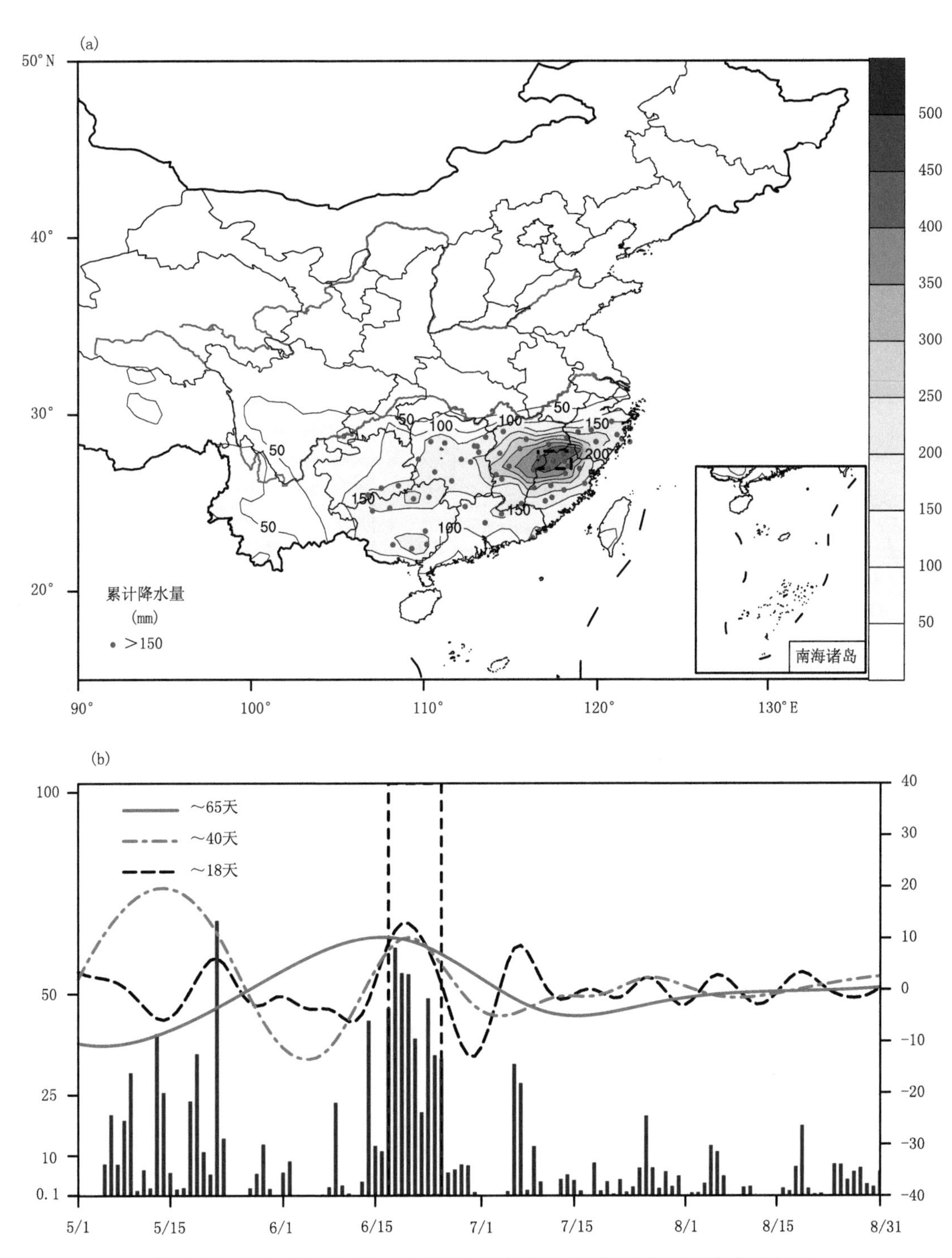

图2.92 2010年6月17—25日长江流域持续性暴雨事件过程降水特征图

(a)事件期间累计降水量，以及累计降水超过150 mm的站点，事件核心区域用黑色虚线框标出；(b)事件期间核心区域平均降水量(单位：mm)，以及原降水序列的三个本征模态(红色实线，蓝色虚线以及黑色虚线)，代表3个不同频段的低频周期，中心周期在图中标出，事件发生时段用黑色竖虚线标出

2.5.15.2　时间—经(纬)度剖面综合图

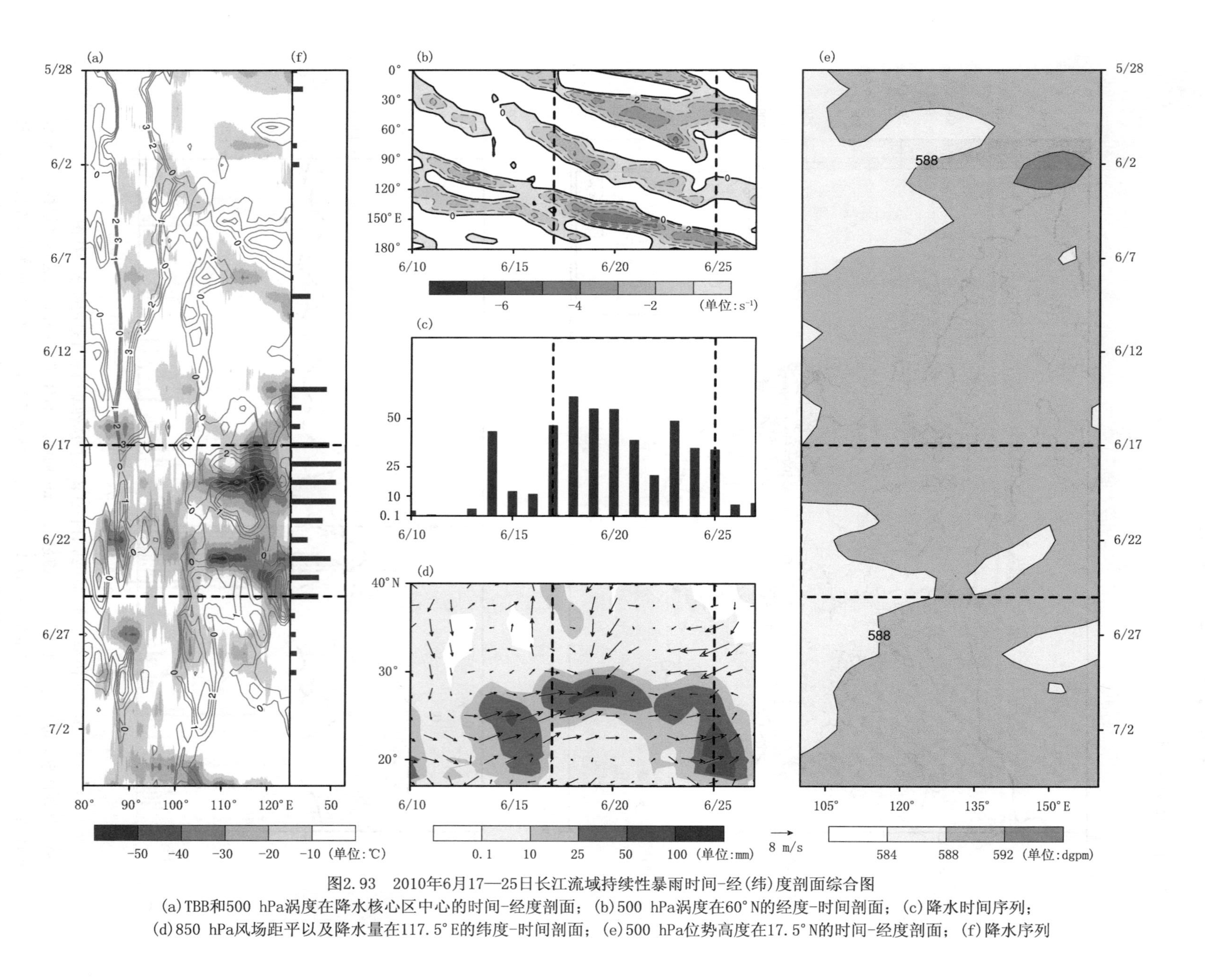

图2.93　2010年6月17—25日长江流域持续性暴雨时间-经(纬)度剖面综合图

(a)TBB和500 hPa涡度在降水核心区中心的时间-经度剖面；(b)500 hPa涡度在60°N的经度-时间剖面；(c)降水时间序列；(d)850 hPa风场距平以及降水量在117.5°E的纬度-时间剖面；(e)500 hPa位势高度在17.5°N的时间-经度剖面；(f)降水序列

2.5.15.3 逐日环流、水汽输送和降水特征图

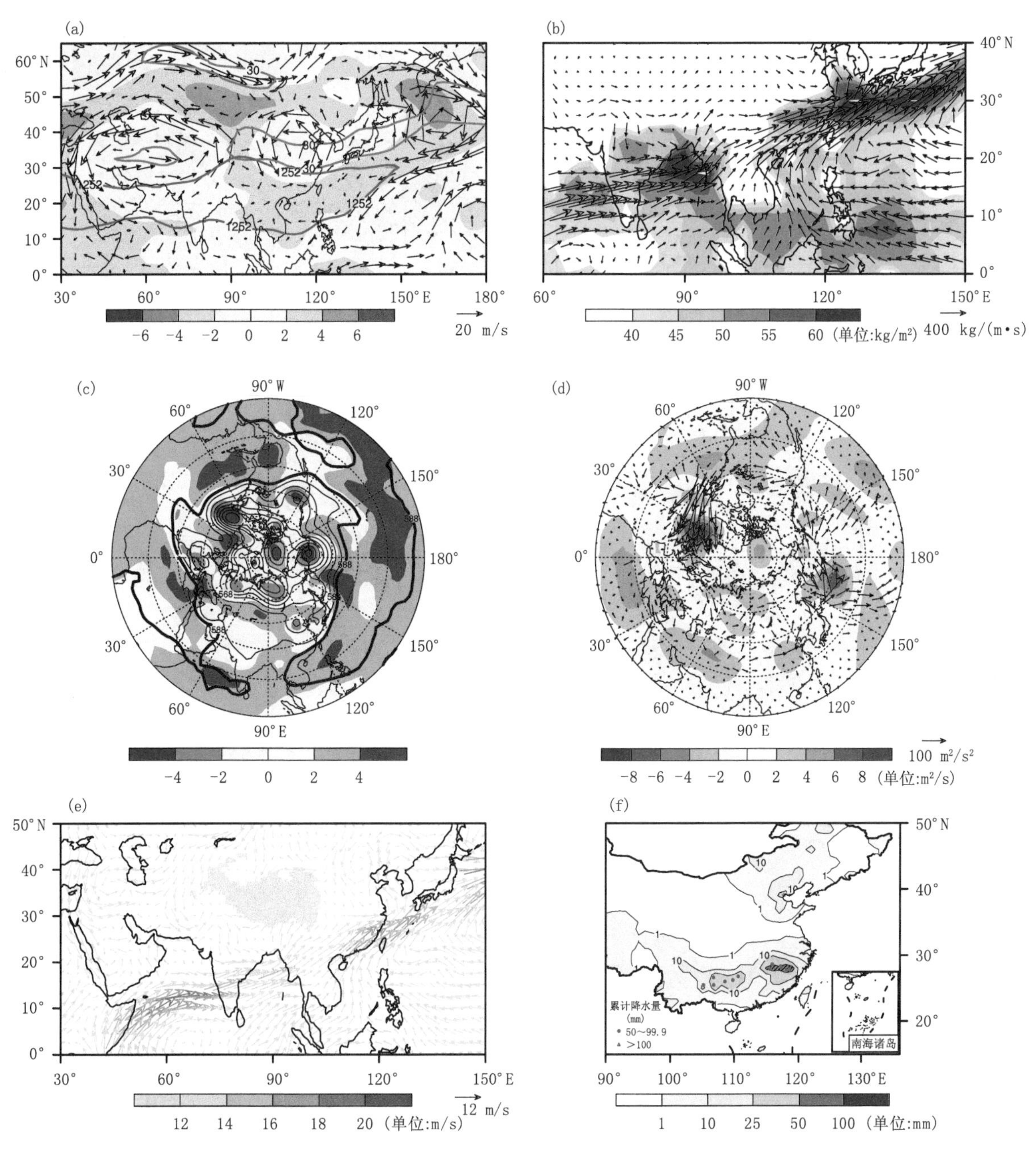

图 2.94 2010 年 6 月 17 日环流、水汽输送及降水特征图

(a)200 hPa 南亚高压、西风急流、位势高度标准化距平和矢量风距平的分布;(b)整层积分水汽和水汽输送的分布;(c)500 hPa 位势高度及其标准化距平的分布;(d)200 hPa 波通量和流函数距平的分布;(e)850 hPa 矢量风分布;(f)累计降水量的分布

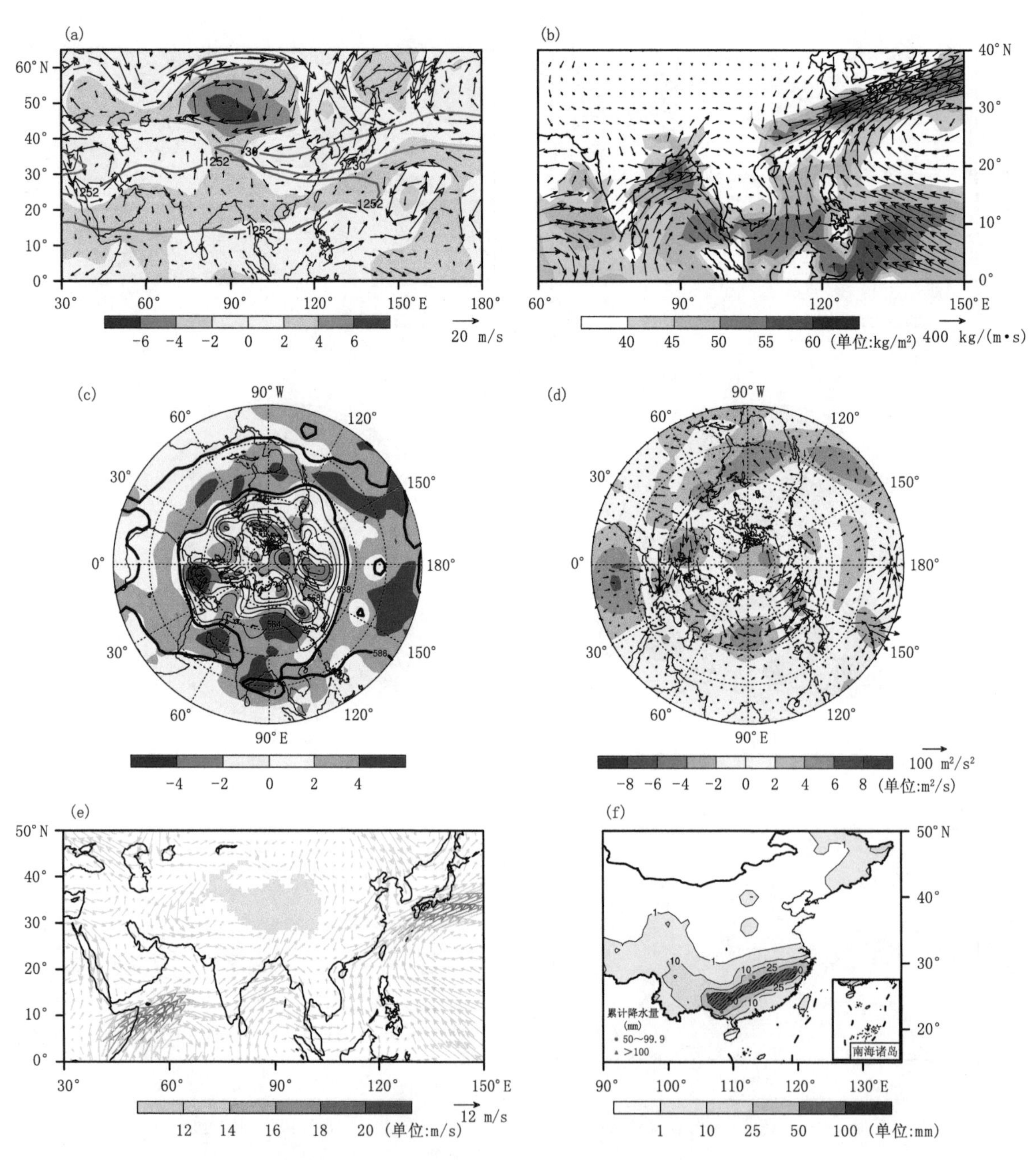

图 2.95 2010 年 6 月 20 日环流、水汽输送及降水特征图

(a)200 hPa 南亚高压、西风急流、位势高度标准化距平和矢量风距平的分布;(b)整层积分水汽和水汽输送的分布;(c)500 hPa 位势高度及其标准化距平的分布;(d)200 hPa 波通量和流函数距平的分布;(e)850 hPa 矢量风分布;(f)累计降水量的分布

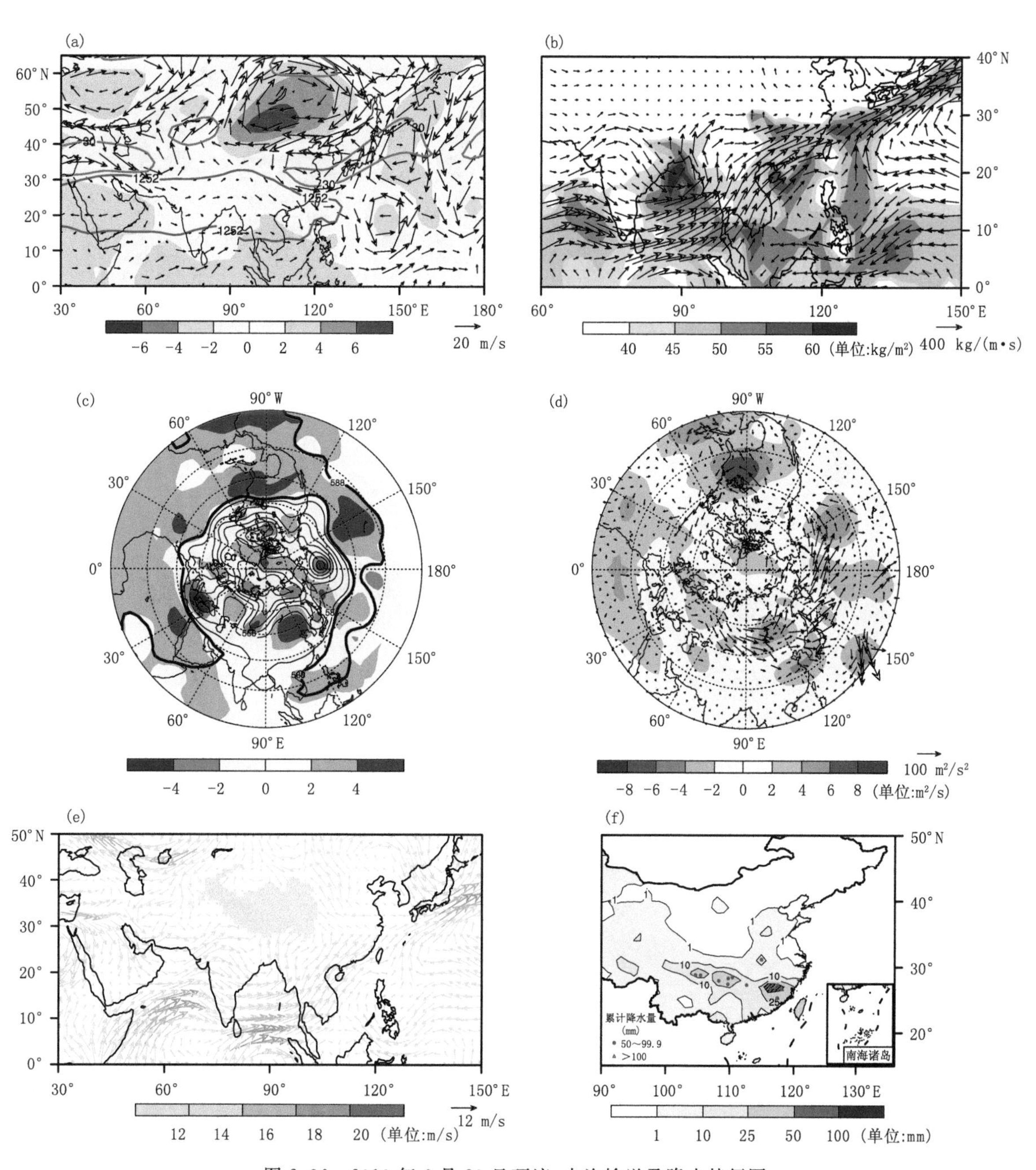

图 2.96 2010 年 6 月 23 日环流、水汽输送及降水特征图

(a)200 hPa 南亚高压、西风急流、位势高度标准化距平和矢量风距平的分布;(b)整层积分水汽和水汽输送的分布;(c)500 hPa 位势高度及其标准化距平的分布;(d)200 hPa 波通量和流函数距平的分布;(e)850 hPa 矢量风分布;(f)累计降水量的分布

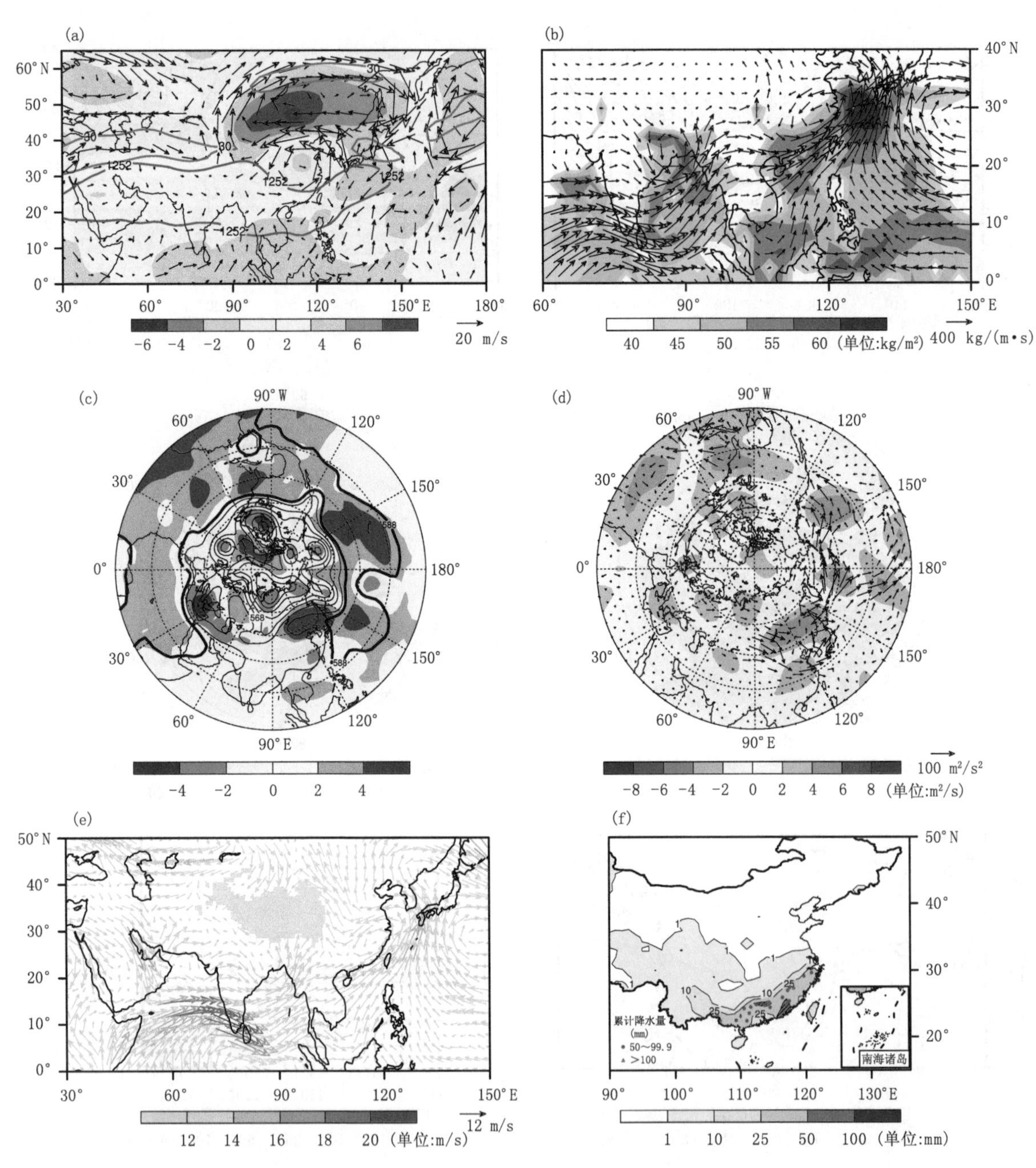

图 2.97　2010 年 6 月 25 日环流、水汽输送及降水特征图

(a)200 hPa 南亚高压、西风急流、位势高度标准化距平和矢量风距平的分布；(b)整层积分水汽和水汽输送的分布；(c)500 hPa 位势高度及其标准化距平的分布；(d)200 hPa 波通量和流函数距平的分布；(e)850 hPa 矢量风分布；(f)累计降水量的分布

第3章 华南地区持续性暴雨事件及其环流特征

3.1 设计思路

1950—2010年期间华南型持续性暴雨(非台风型)事件共18个(附录表2),每个事件持续时间与影响区域都有所不同。前期研究表明,非台风引起的华南型持续性暴雨事件也在很大程度上与对流层高中低层环流异常的配置紧密相关(Wu et al.,2016;Wang et al.,2016)。因此,本章在展示1980—2010年10个事件高中低层逐日环流演变特征时,重点关注高层南亚高压、西风急流以及200 hPa波动能量频散的特征,中层500 hPa阻塞高压和副热带高压的位置与强度,还有低层来自热带海洋上水汽输送的情况。

华南降水主要有两种类型,一类是锋面降水(华南Ⅰ类),另一类是不需锋面配合的暖区降水(华南II类)(Wu et al.,2016;Wang et al.,2016)。锋面降水主要分析850 hPa矢量风场,并可以追踪低层的水汽输送和源地;暖区降水事件主要分析850 hPa风切变(风向杆),在此基础上再结合TBB(描述对流系统的强度和位置)分析其对流活动。

为清晰描述持续性暴雨事件环流形势演变异常特征,本章参考暴雨天气学模型(陶诗言和卫捷,2007),用500 hPa相对涡度、850 hPa风场距平、TBB和500 hPa相对涡度、500 hPa位势高度场的时间—经(纬)度剖面图分别展示了影响华南地区持续性暴雨事件的北部(阻塞高压)、南部(季风涌)、西部(低值扰动(高原涡/西南涡/切变线))、东部(西太平洋副热带高压)等四个关键影响系统的演变情况。东南西北四个系统的组合型异常用来表述持续性暴雨事件(锋面型)的异常环流形势。而对于暖区切变型华南持续性暴雨事件,我们应用TBB来描述西部对流系统的传播特征。

3.2 图形信息说明

3.2.1 逐日环流、水汽输送和降水特征图

华南地区持续性暴雨事件期间,如果事件持续时间过长,就间隔数日选取某一日绘制了诊断图形,事件起始日和结束日涵盖于其中。

逐日环流、水汽输送和降水特征图的图序为(a)、(b)、(c)、(d)、(e)、(f),具体信息说明如下所述:

图(a)为200 hPa南亚高压、西风急流、位势高度标准化距平(填色)和水平风场距平(矢量箭头,单位:m/s),1252 dgpm位势高度等值线所画范围(蓝色)表征南亚高压主体,30 m/s纬向风等值线所画范围(红色)表征高空西风急流位置;

图(b)为对流层整层(1000~300 hPa)可降水量(填色,单位:kg/m^2)以及水汽通量(矢量箭头,单位:kg/(m·s));

图(c)为500 hPa位势高度(等值线,单位:dgpm)及标准化距平(填色),588dgpm位势高度等值线所画范围(加粗)表征西太平洋副热带高压位置;

图(d)为 200 hPa 流函数距平(填色,单位:m^2/s)和波活动通量(矢量箭头,单位:m^2/s^2);

图(e)为华南Ⅰ类:850 hPa 风场(矢量箭头,红色箭头代表急流(全风速≥12 m/s),单位:m/s);或华南Ⅱ类:850 hPa 风场(风向杆,红色风向杆代表急流(全风速≥12 m/s),单位:m/s),TBB(填色,单位:℃);

图(f)为 24 小时累计降水量(等值线,单位:mm),红色实心圆点为出现暴雨站点,空心三角形为出现大暴雨站点。

3.2.2 时间—经(纬)度剖面综合图

时间—经(纬)度剖面综合图的图序为(a)、(b)、(c)、(d)、(e),具体信息说明如下所述:

图(a)为华南Ⅰ类或华南Ⅱ类:黑体亮度温度(TBB)(填色,单位:℃)和 500 hPa 相对涡度(等值线,单位:s^{-1})经度—时间剖面;

图(b)为 500 hPa 相对涡度(单位:s^{-1})经度—时间剖面,纬度范围取阻塞高压中心所在纬度带;

图(c)、(f)为极端降水中心区域平均的日降水量时间序列(单位:mm);

图(d)为 850 hPa 水平风场距平(单位:m/s)和降水量(单位:mm)的纬度—时间剖面,经度范围取主雨带所在经度带;

图(e)为 500 hPa 位势高度(单位:dgpm)时间—经度剖面,纬度范围取西太平洋副热带高压所在位置;

此外,图(a)—(e)中两条黑色虚线指示持续性暴雨事件发生时段。

3.3 华南Ⅰ类事件环流特征

华南锋面型持续性暴雨事件的降水主要发生在西太平洋副热带高压北侧的西风带中。通过对大量历史个例的诊断可以发现,华南锋面型持续性暴雨期间,在对流层高层(200 hPa)南亚高压加强并东伸。西风急流位于南亚高压北侧,且一直延伸到中国东部。华南地区正好位于急流轴入口区南侧,以及南亚高压的东北象限中,南亚高压边缘的偏北风与西风急流相互配合亦构成了强辐散场,共同为持续性暴雨的发生和维持提供非常有利的高层辐散条件。对流层中层(500 hPa)中高纬度地区存在阻塞高压,它有利于干冷空气的不断南下。事件日期间阻塞高压会随时间缓慢东移,其东侧的深槽也会缓慢东移。同时,西太平洋副热带高压通常表现为西伸加强,并稳定维持,西伸的副热带高压带来的充沛暖湿气流与北方干冷空气汇合,温湿梯度增强,水汽辐合加强。华南锋面型降水的水汽来源有三支:第一支为与索马里急流相联系的西南季风,经阿拉伯海、孟加拉湾向中国南方地区输送水汽;第二支为与西太平洋副热带高压相联系的东南风水汽输送;第三支为由南海向北输送的水汽。从异常水汽来源来看,华南持续性暴雨所需的异常充足的水汽主要来源于经由阿拉伯海、孟加拉湾的西南季风和副热带高压南侧的东南季风。两支水汽来源在华南地区汇合,为该地区持续性降水发生提供充沛的水汽条件。因此,下文中主要分析在高层辐散的条件下北侧的阻塞高压,南侧的水汽输送,西侧的低值扰动,东侧的西太平洋副热带高压,及它们之间的相互配置。

3.4 华南Ⅰ类事件范例分析——1991 年 6 月 7—12 日事件

3.4.1 降水概况

1991 年 6 月 7 日至 1991 年 6 月 12 日发生了一次华南型持续性暴雨事件,该次事件持续了 6 天,极端降水中心区域范围为21.52°～21.93°N,107.97°～112.75°E,其中影响了10.89万km^2,区域中有3个气象观测站。事件期间,降水中心区域累计最大过程降水量达到了679.30 mm,最小过程降水量为358.40 mm(图3.1a)。在三个低频特征中双周分量与降水序列在事件期间的峰值吻合度最好,表明在事件发生期间准双周的低频成分对于降水的贡献较大,更长周期的低频分量的贡献相对较小(图3.1b)。

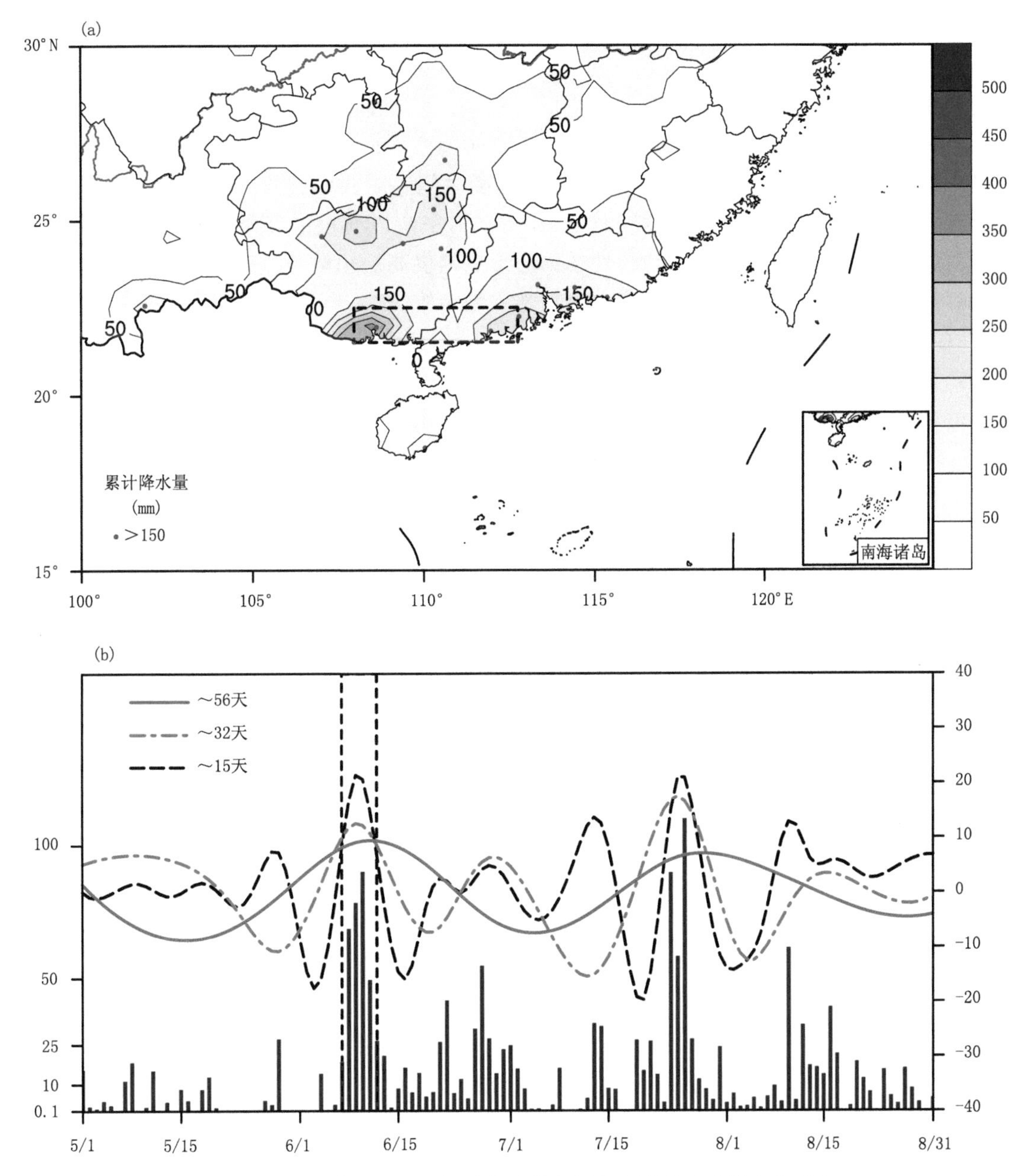

图3.1　1991年6月7—12日华南持续性暴雨事件过程降水特征图

(a)事件期间累计降水量,以及累计降水超过150 mm的站点,事件核心区域用黑色虚线框标出;(b)事件期间核心区域平均降水量(单位:mm),以及原降水序列的三个本征模态(红色实线,蓝色虚线以及黑色虚线),代表3个不同频段的低频周期,中心周期在图中标出,事件发生时段用黑色竖虚线标出

3.4.2 诊断分析

事件发生期间(图 3.3—3.6),200 hPa 高度场上南亚高压加强并东伸。急流位于南亚高压北侧,在 30°～40°N 附近,华南地区正好位于急流轴入口区南侧,华南地区上空出现强辐散气流。南亚高压东北象限中,高压边缘的偏北风与西风急流的分流也构成了强辐散场,共同为持续性暴雨的发生和维持提供了非常有利的高层辐散条件。

500 hPa 乌拉尔山附近地区出现阻塞高压,在事件期间随时间缓慢东移,其以东的贝加尔湖附近地区为一深槽,也在缓慢东移。青藏高原南部高空槽活跃,有利于槽后的干冷空气源源不断地向南侵入到华南地区。江南地区东南侧存在异常的反气旋性环流向偏西方向移动,西伸脊点从 120°E 附近西伸到 113°E 附近,表明在事件发生期间西太平洋副热带高压随时间不断西伸。西伸的副热带高压带来的充沛暖湿气流与北方干冷空气汇合,温湿梯度同时增强。此时,华南以西地区高层流函数为负距平对应该地区为反气旋性异常环流,有利于为华南持续性暴雨的形成提供高层辐散环流条件。事件期间中高纬度地区不断有能量向阻塞高压地区频散,使阻塞形势加强并稳定维持。

持续性极端降水与异常充足的水汽输送密切相关。事件期间水汽来源主要由两支组成,分别来自经由阿拉伯海、孟加拉湾的西南季风和西北太平洋副热带高压南侧的东南季风。两支水汽来源在华南地区汇合,充沛的水汽输送提供了该地区持续性降水发生所需的水汽条件。

从图 3.2a 可以看出,TBB 表征了对流活动的传播移动特征,在事件开始前 4 天,即 6 月 3 号开始,TBB 出现缓慢东传迹象,6 月 7 日 TBB 低值中心区有两个,一个位于 90°～100°E 地区(广西一带),另一个位于 100°～120°E 地区(广东和福建一带),6 月 12 日暴雨结束后,TBB 低值中心区强度明显减弱;从 500 hPa 相对涡度场来看,事件开始前 4 天,在 100°E 左右有一个正相对涡度中心,并逐渐东移,到事件开始时,该正涡度中心已移至 100°～115°E 地区(广东和广西一带),同时在事件前 2 天,位于 90°E 附近的正涡度中心逐渐东移,并在事件期间移至 100°～110°E 地区(广西一带),正涡度中心能对应低涡的活动,其与 TBB 共同表征强降水期间华南地区有低压扰动系统或低槽系统持续影响,可以引发并加强华南地区的垂直运动,为持续性暴雨提供动力条件。持续性暴雨期间阻塞高压基本稳定维持在 60°N 附近,季风涌主体向北推进到 25°N 附近,以及西太平洋副热带高压西伸到 113°E 附近,在综合图中均有明显体现(图 3.2b,d,e)。

3.4.3 时间—经(纬)度剖面综合图

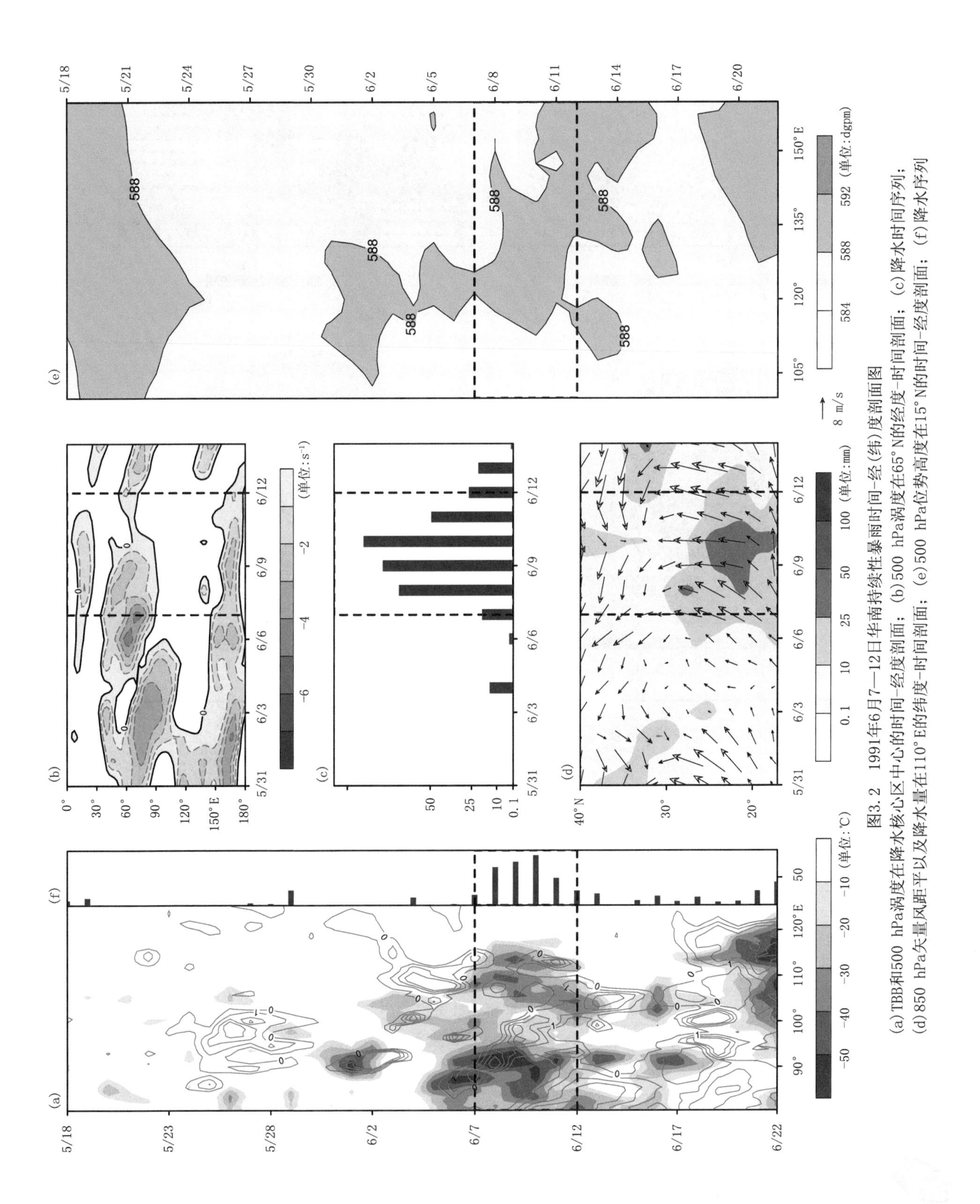

图3.2 1991年6月7—12日华南持续性暴雨时间-经(纬)度剖面图

(a)TBB和500 hPa涡度在降水核心区中心的时间-经度剖面；(b)500 hPa涡度在65°N的经度-时间剖面；(c)降水时间序列；(d)850 hPa矢量风距平以及降水量在110°E的纬度-时间剖面；(e)500 hPa位势高度在15°N的时间-经度剖面；(f)降水序列

3.4.4 逐日环流、水汽输送和降水特征图

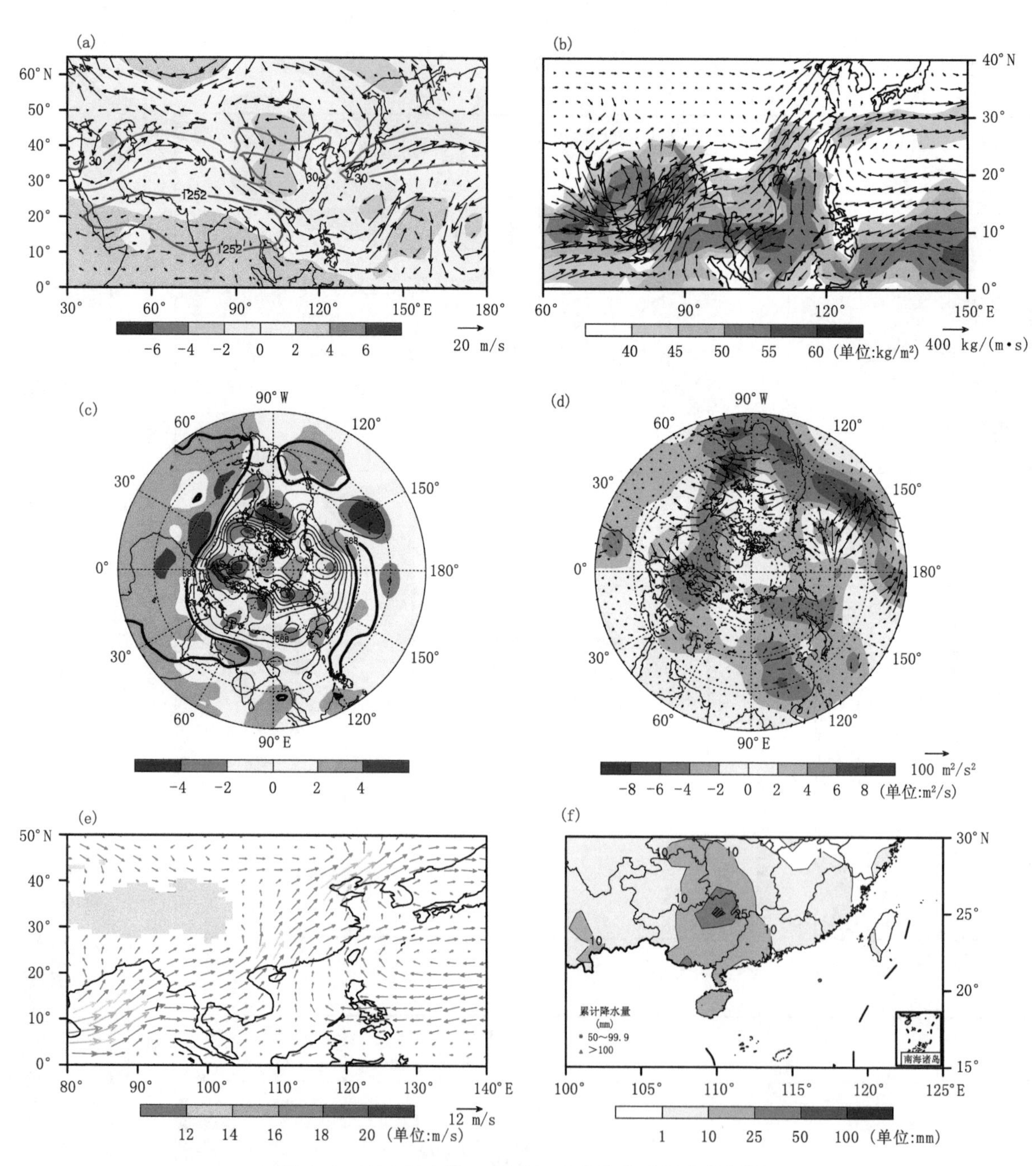

图 3.3 1991 年 6 月 7 日环流、水汽输送及降水特征图

(a)200 hPa 南亚高压、西风急流、位势高度标准化距平和矢量风距平的分布;(b)整层积分水汽和水汽输送的分布;(c)500 hPa 位势高度及其标准化距平的分布;(d)200 hPa 波通量和流函数距平的分布;(e)850 hPa 矢量风分布;(f)累计降水量的分布

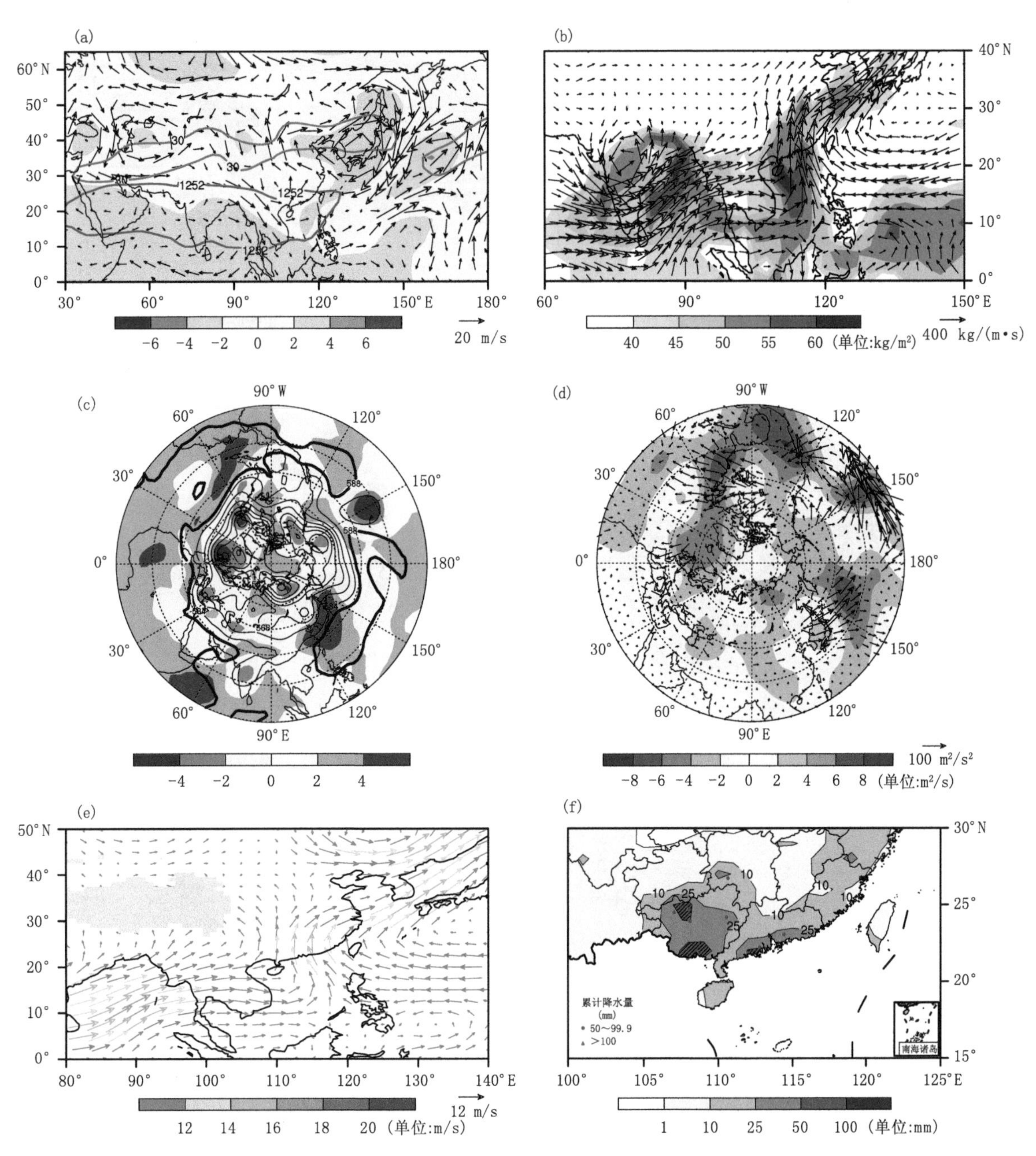

图 3.4 1991 年 6 月 9 日环流、水汽输送及降水特征图

(a)200 hPa 南亚高压、西风急流、位势高度标准化距平和矢量风距平的分布;(b)整层积分水汽和水汽输送的分布;(c)500 hPa 位势高度及其标准化距平的分布;(d)200 hPa 波通量和流函数距平的分布;(e)850 hPa 矢量风分布;(f)累计降水量的分布

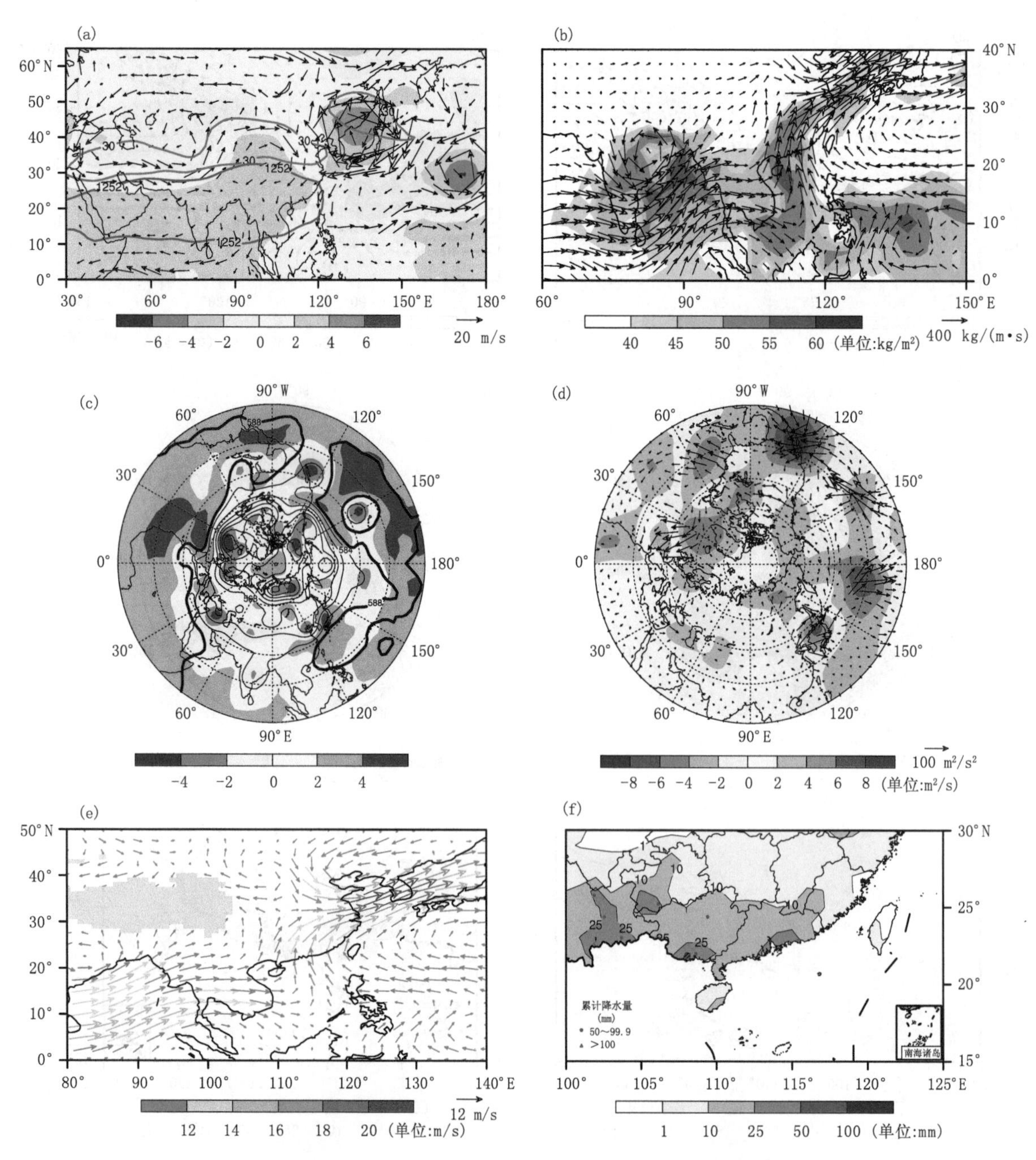

图 3.5　1991 年 6 月 11 日环流、水汽输送及降水特征图

(a)200 hPa 南亚高压、西风急流、位势高度标准化距平和矢量风距平的分布;(b)整层积分水汽和水汽输送的分布;(c)500 hPa 位势高度及其标准化距平的分布;(d)200 hPa 波通量和流函数距平的分布;(e)850 hPa 矢量风分布;(f)累计降水量的分布

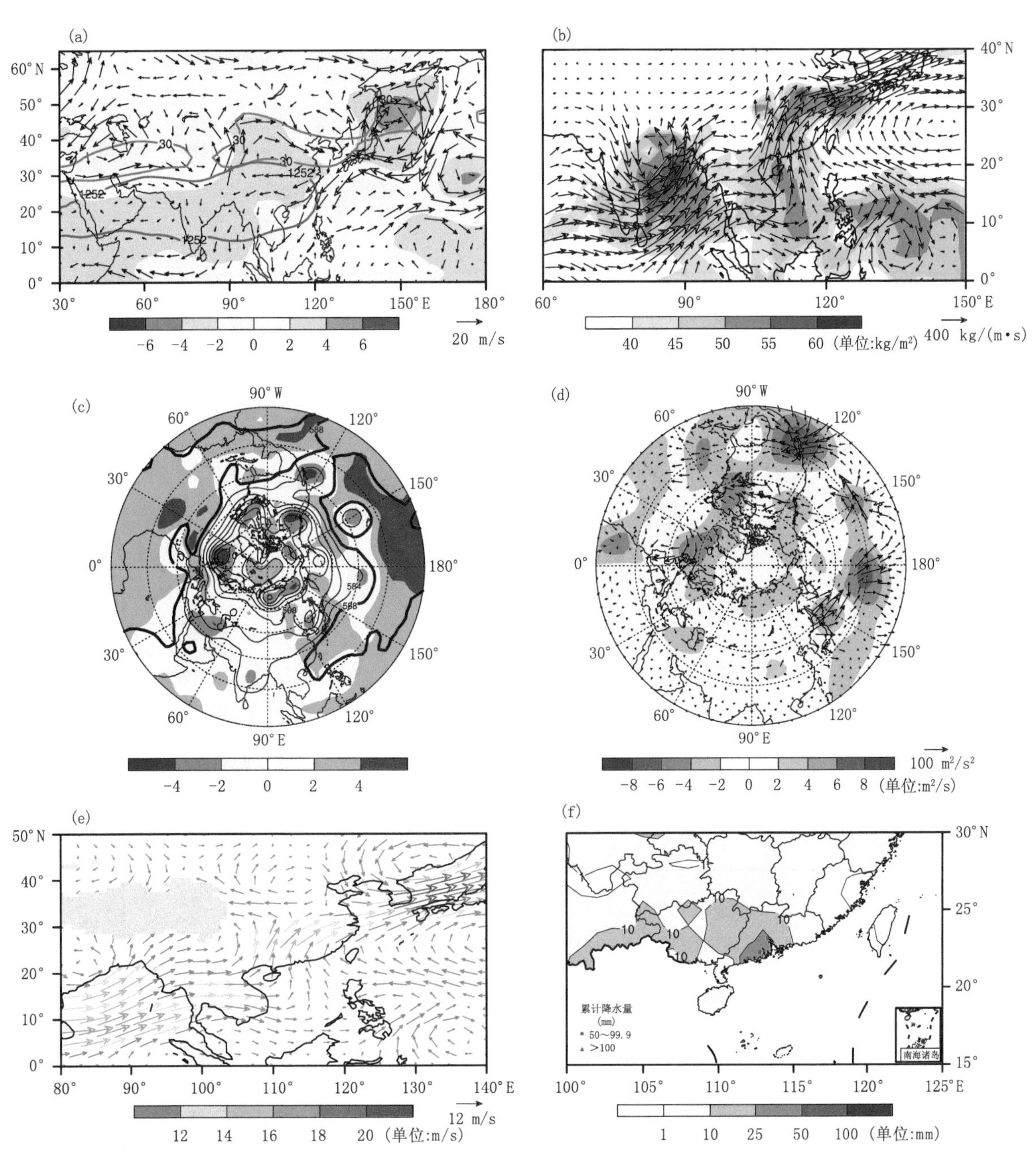

图 3.6 1991年6月12日环流、水汽输送及降水特征图

(a)200 hPa 南亚高压、西风急流、位势高度标准化距平和矢量风距平的分布;(b)整层积分水汽和水汽输送的分布;(c)500 hPa 位势高度及其标准化距平的分布;(d)200 hPa 波通量和流函数距平的分布;(e)850 hPa 矢量风分布;(f)累计降水量的分布

3.5 华南Ⅰ类事件个例图集

3.5.1 1994 年 7 月 14—21 日事件

3.5.1.1 降水概况

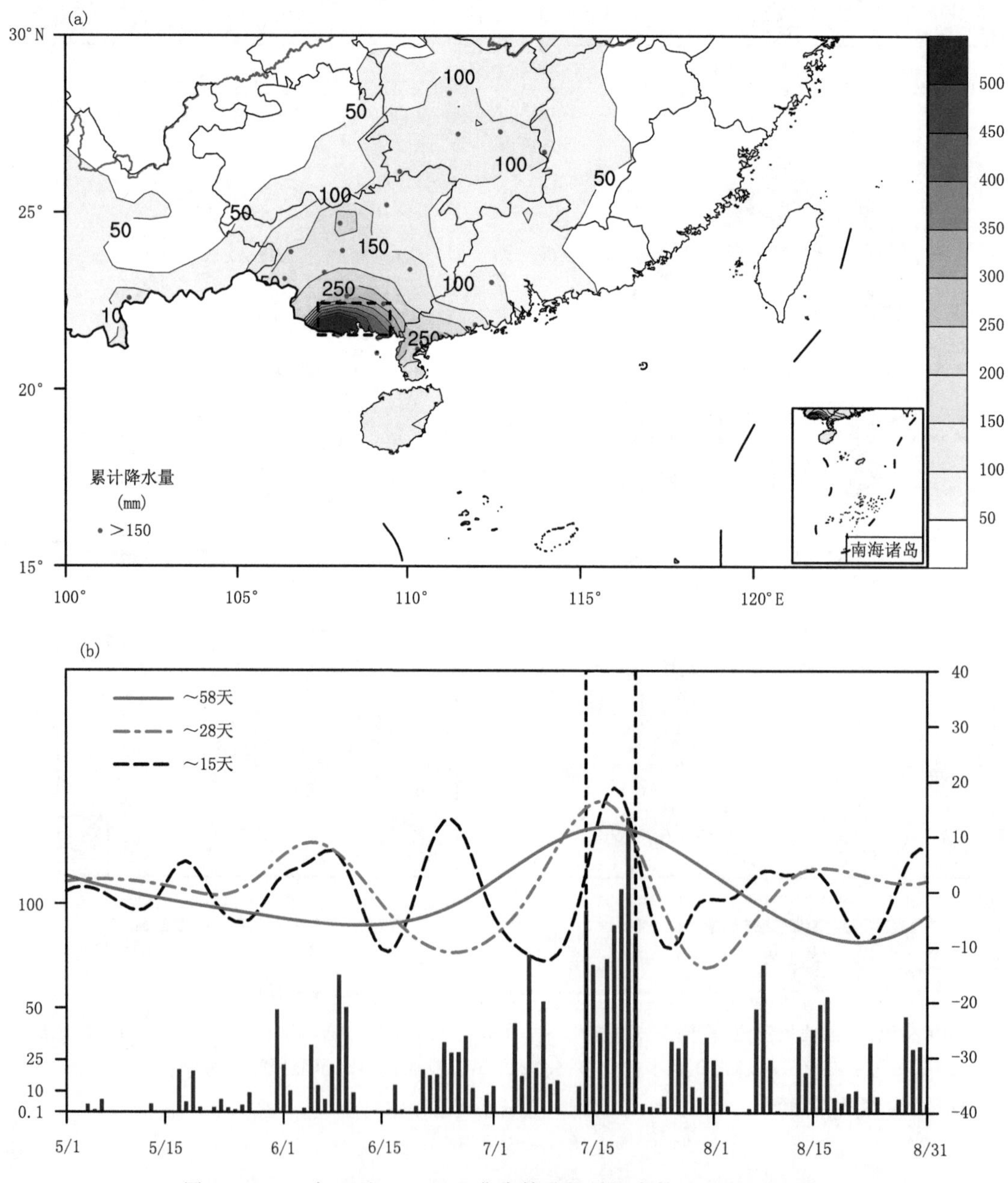

图 3.7 1994 年 7 月 14—21 日华南持续性暴雨事件过程降水特征图

(a)事件期间累计降水量，以及累计降水超过 150 mm 的站点，事件核心区域用黑色虚线框标出；(b)事件期间核心区域平均降水量(单位：mm)，以及原降水序列的三个本征模态(红色实线，蓝色虚线以及黑色虚线)，代表 3 个不同频段的低频周期，中心周期在图中标出，事件发生时段用黑色竖虚线标出

3.5.1.2　时间—经(纬)度剖面综合图

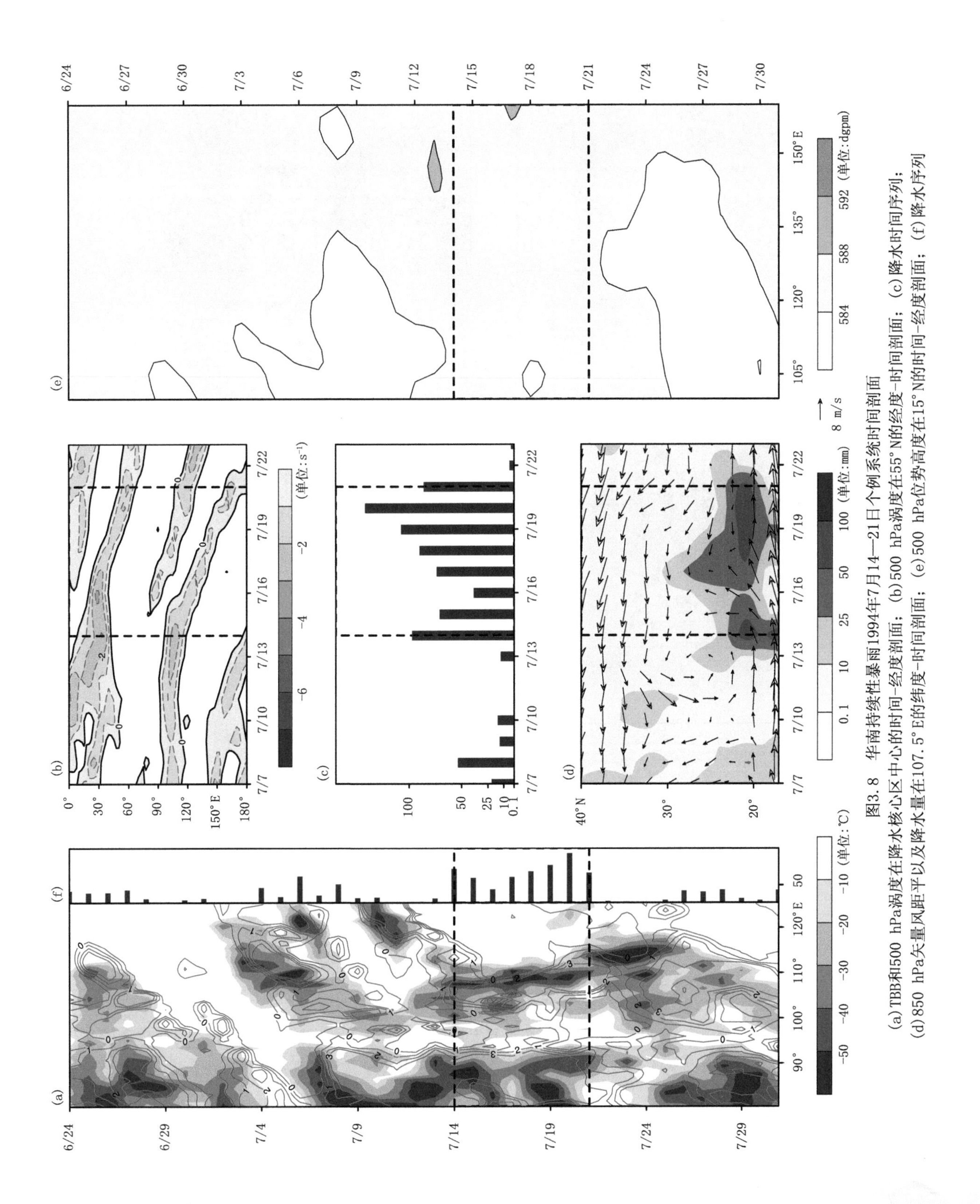

图3.8　华南持续性暴雨1994年7月14—21日个例系统时间剖面

(a)TBB和500 hPa涡度在降水核心区中心的时间-经度剖面；(b)500 hPa涡度在55°N的经度-时间剖面；(c)降水时间序列；(d)850 hPa矢量风距平以及降水量在107.5°E的纬度-时间剖面；(e)500 hPa位势高度在15°N的时间-经度剖面；(f)降水序列

3.5.1.3 逐日环流、水汽输送和降水特征图

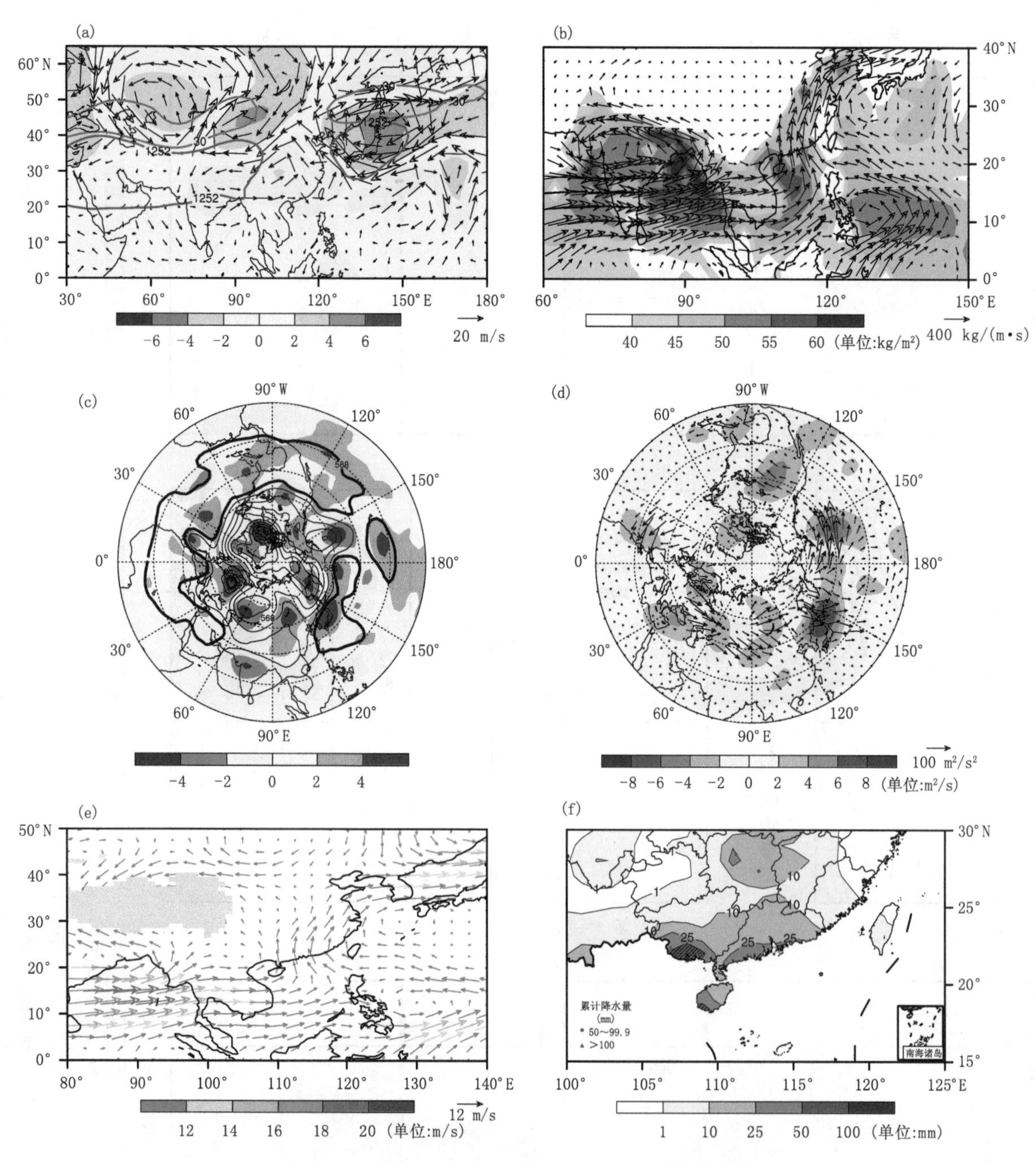

图 3.9 1994 年 7 月 14 日环流、水汽输送及降水特征图

(a)200 hPa 南亚高压、西风急流、位势高度标准化距平和矢量风距平的分布;(b)整层积分水汽和水汽输送的分布;(c)500 hPa 位势高度及其标准化距平的分布;(d)200 hPa 波通量和流函数距平的分布;(e)850 hPa 矢量风分布;(f)累计降水量的分布

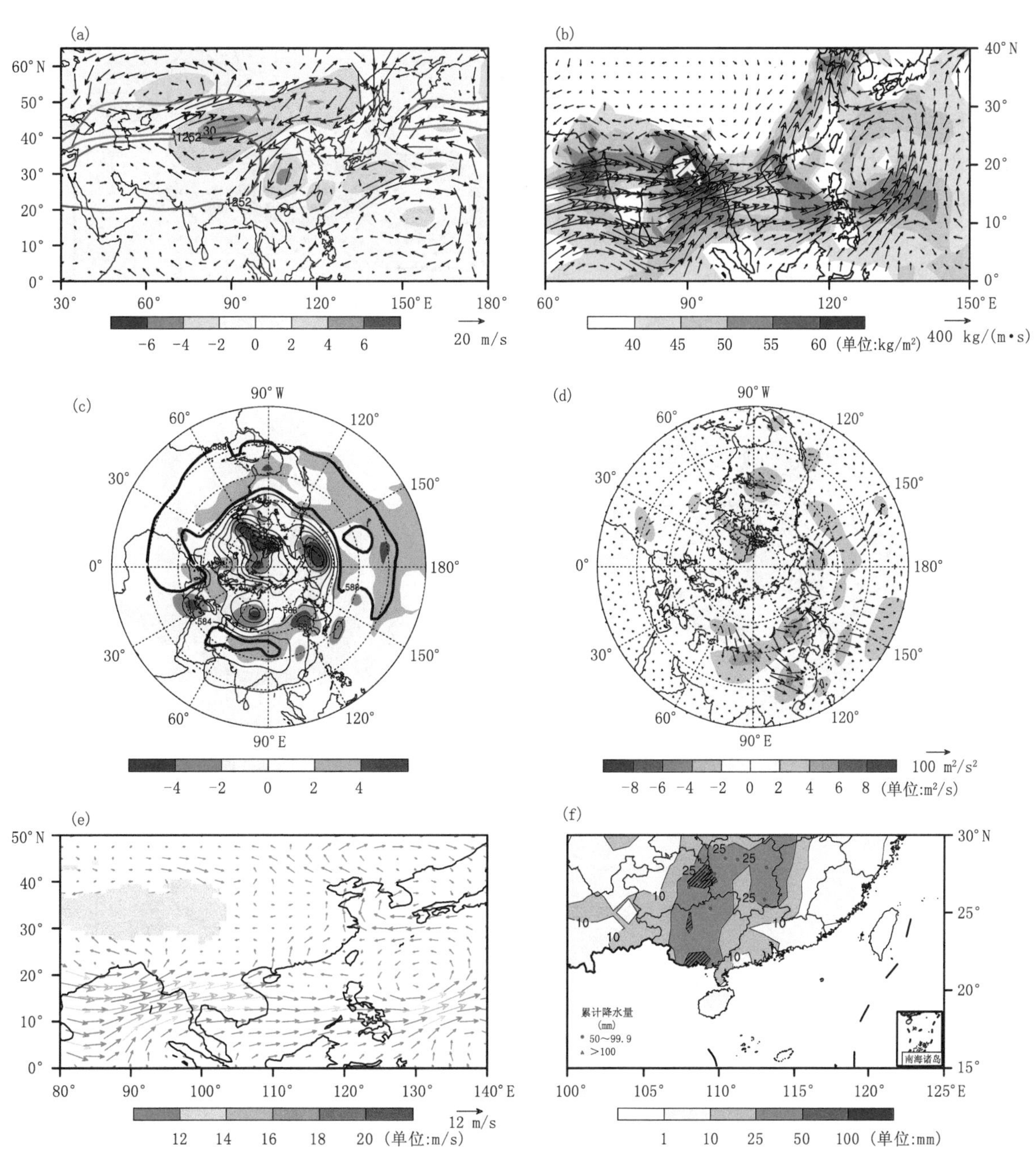

图 3.10 1994 年 7 月 17 日环流、水汽输送及降水特征图

(a)200 hPa 南亚高压、西风急流、位势高度标准化距平和矢量风距平的分布;(b)整层积分水汽和水汽输送的分布;(c)500 hPa 位势高度及其标准化距平的分布;(d)200 hPa 波通量和流函数距平的分布;(e)850 hPa 矢量风分布;(f)累计降水量的分布

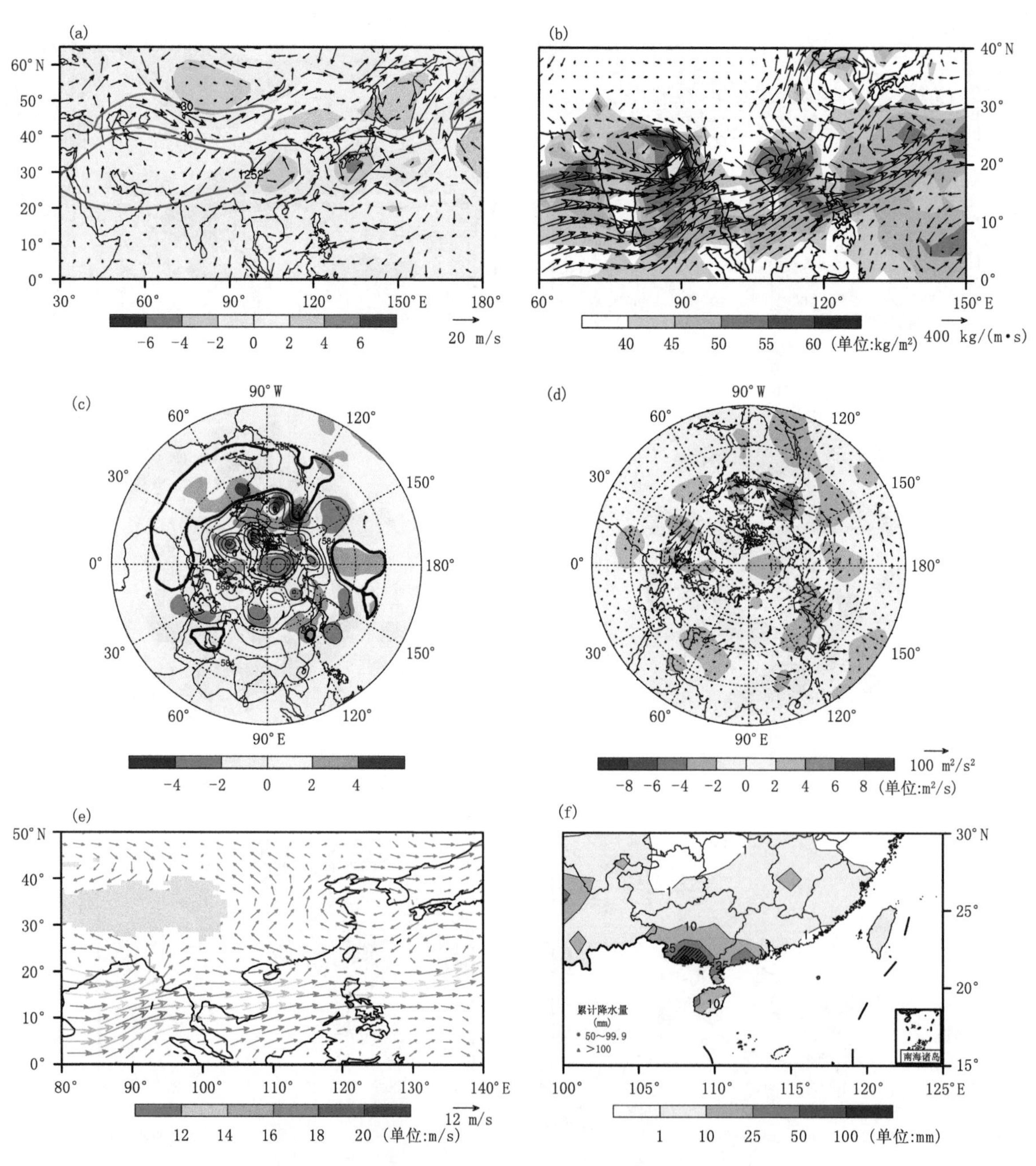

图 3.11　1994 年 7 月 20 日环流、水汽输送及降水特征图

(a)200 hPa 南亚高压、西风急流、位势高度标准化距平和矢量风距平的分布；(b)整层积分水汽和水汽输送的分布；(c)500 hPa 位势高度及其标准化距平的分布；(d)200 hPa 波通量和流函数距平的分布；(e)850 hPa 矢量风分布；(f)累计降水量的分布

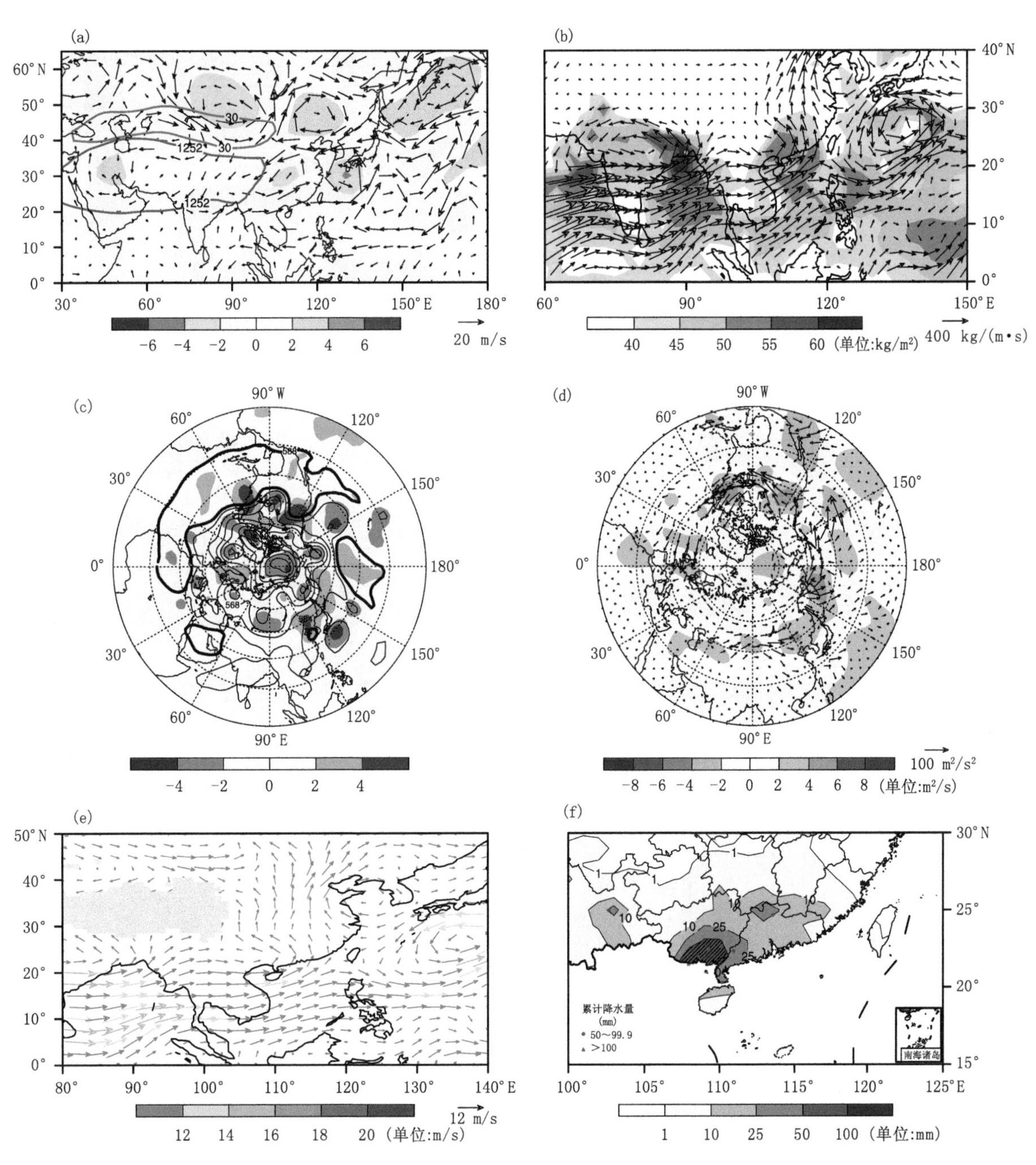

图 3.12　1994 年 7 月 21 日环流、水汽输送及降水特征图

(a)200 hPa 南亚高压、西风急流、位势高度标准化距平和矢量风距平的分布；(b)整层积分水汽和水汽输送的分布；(c)500 hPa 位势高度及其标准化距平的分布；(d)200 hPa 波通量和流函数距平的分布；(e)850 hPa 矢量风分布；(f)累计降水量的分布

3.5.2 1995 年 6 月 5—8 日事件

3.5.2.1 降水概况

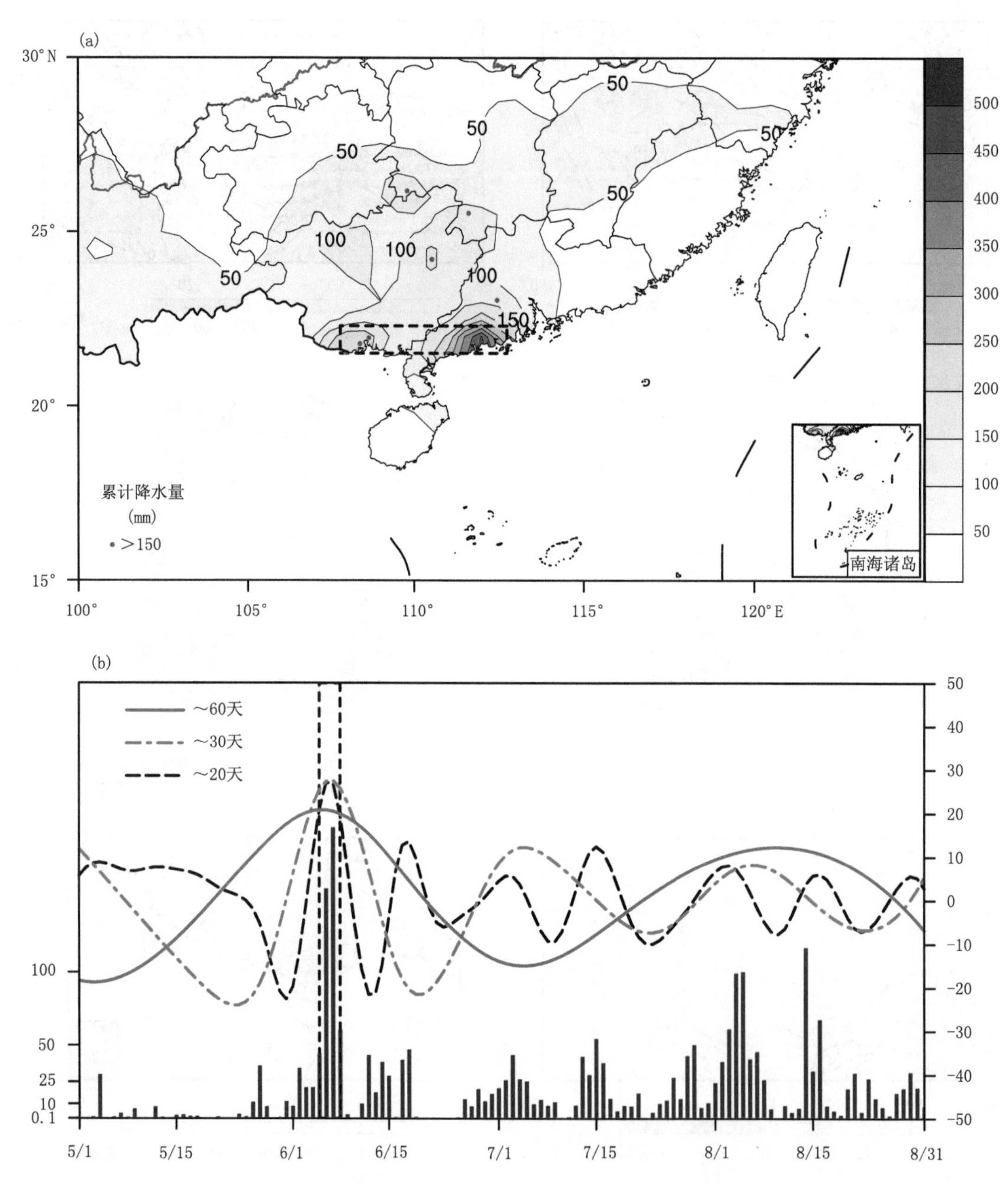

图 3.13 1995 年 6 月 5—8 日华南持续性暴雨事件过程降水特征图

(a)事件期间累计降水量，以及累计降水超过 150 mm 的站点，事件核心区域用黑色虚线框标出；(b)事件期间核心区域平均降水量(单位：mm)，以及原降水序列的三个本征模态(红色实线，蓝色虚线以及黑色虚线)，代表 3 个不同频段的低频周期，中心周期在图中标出，事件发生时段用黑色竖虚线标出

3.5.2.2 时间—经(纬)度剖面综合图

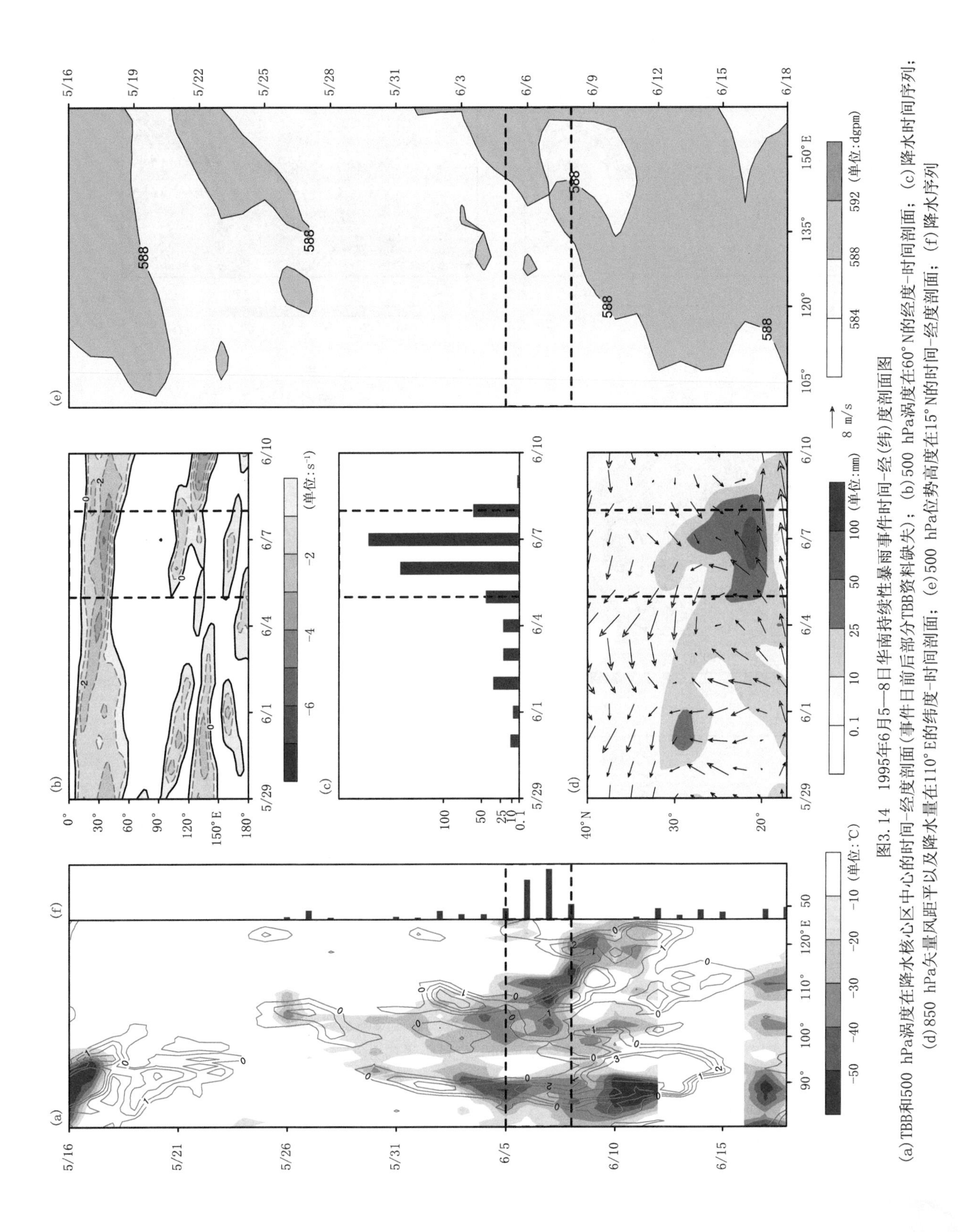

图3.14 1995年6月5—8日华南持续性暴雨事件时间-经(纬)度剖面图

(a)TBB和500 hPa涡度在降水核心区中心的时间-经度剖面(事件日前后部分TBB资料缺失)；(b)500 hPa涡度在60°N的经度-时间剖面；(c)降水时间序列；(d)850 hPa矢量风距平以及降水量在110°E的纬度-时间剖面；(e)500 hPa位势高度在15°N的时间-经度剖面；(f)降水序列

3.5.2.3 逐日环流、水汽输送和降水特征图

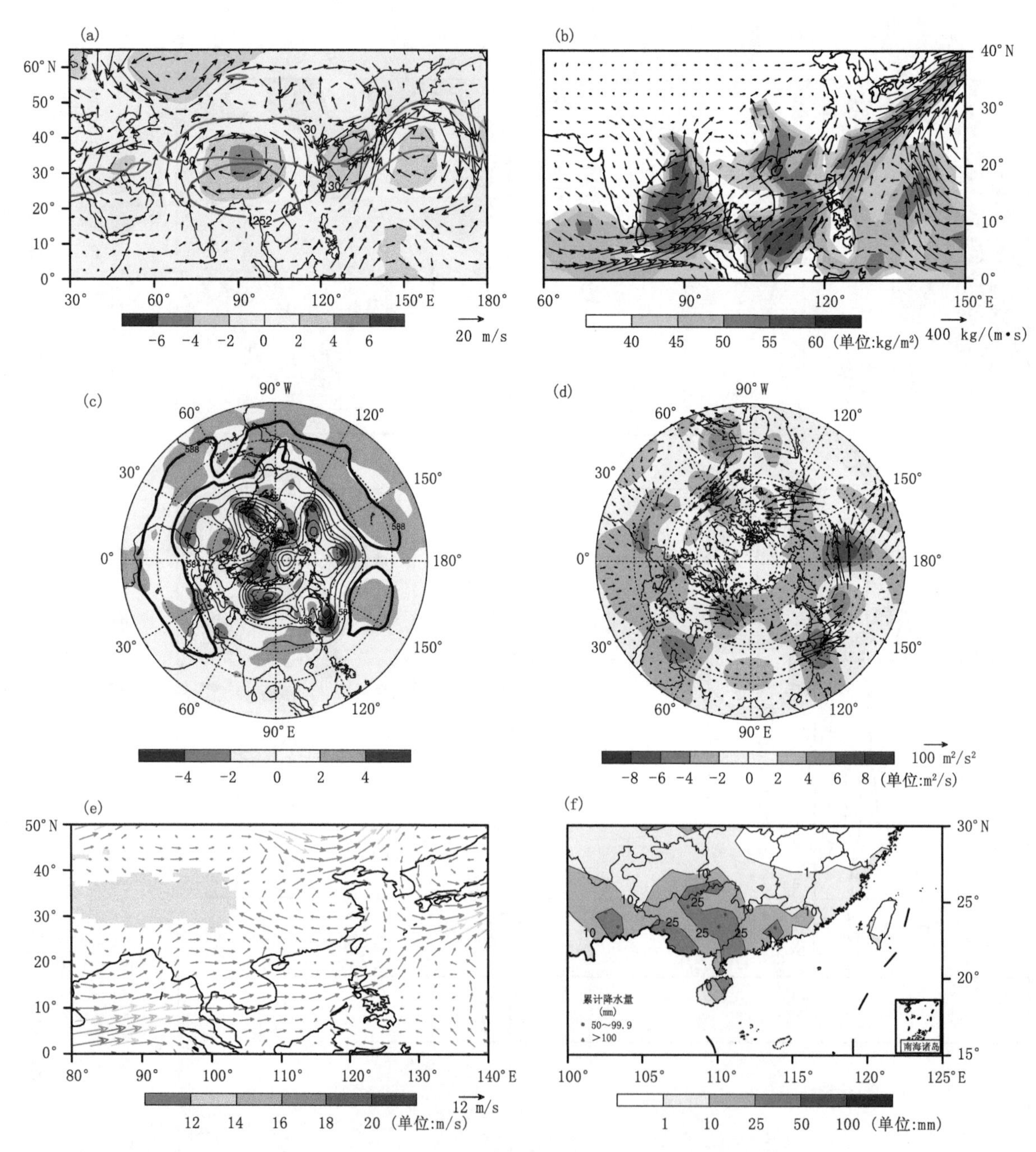

图 3.15 1995 年 6 月 5 日环流、水汽输送及降水特征图

(a)200 hPa 南亚高压、西风急流、位势高度标准化距平和矢量风距平的分布；(b)整层积分水汽和水汽输送的分布；(c)500 hPa 位势高度及其标准化距平的分布；(d)200 hPa 波通量和流函数距平的分布；(e)850 hPa 矢量风分布；(f)累计降水量的分布

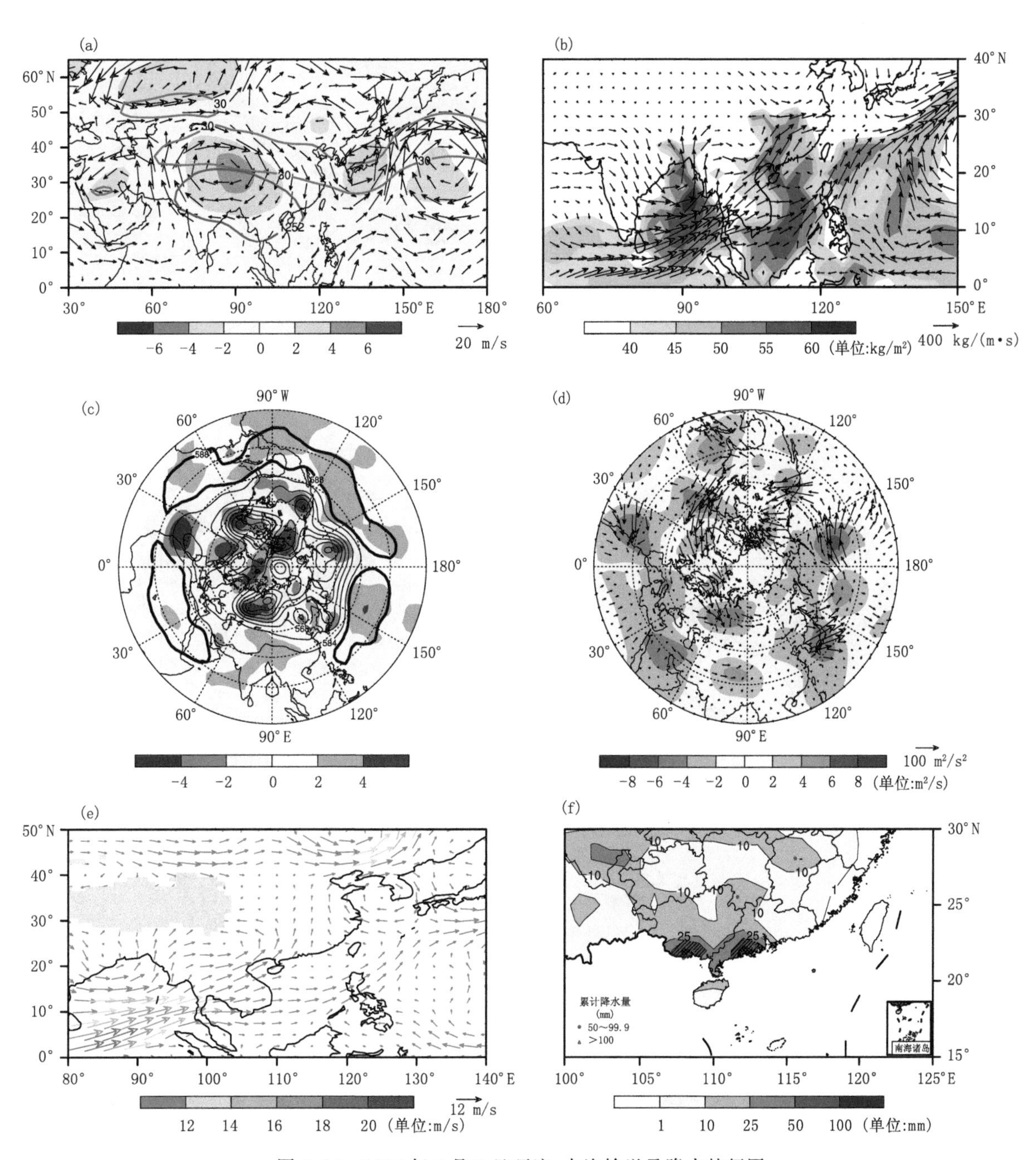

图 3.16　1995 年 6 月 6 日环流、水汽输送及降水特征图

(a)200 hPa 南亚高压、西风急流、位势高度标准化距平和矢量风距平的分布;(b)整层积分水汽和水汽输送的分布;(c)500 hPa 位势高度及其标准化距平的分布;(d)200 hPa 波通量和流函数距平的分布;(e)850 hPa 矢量风分布;(f)累计降水量的分布

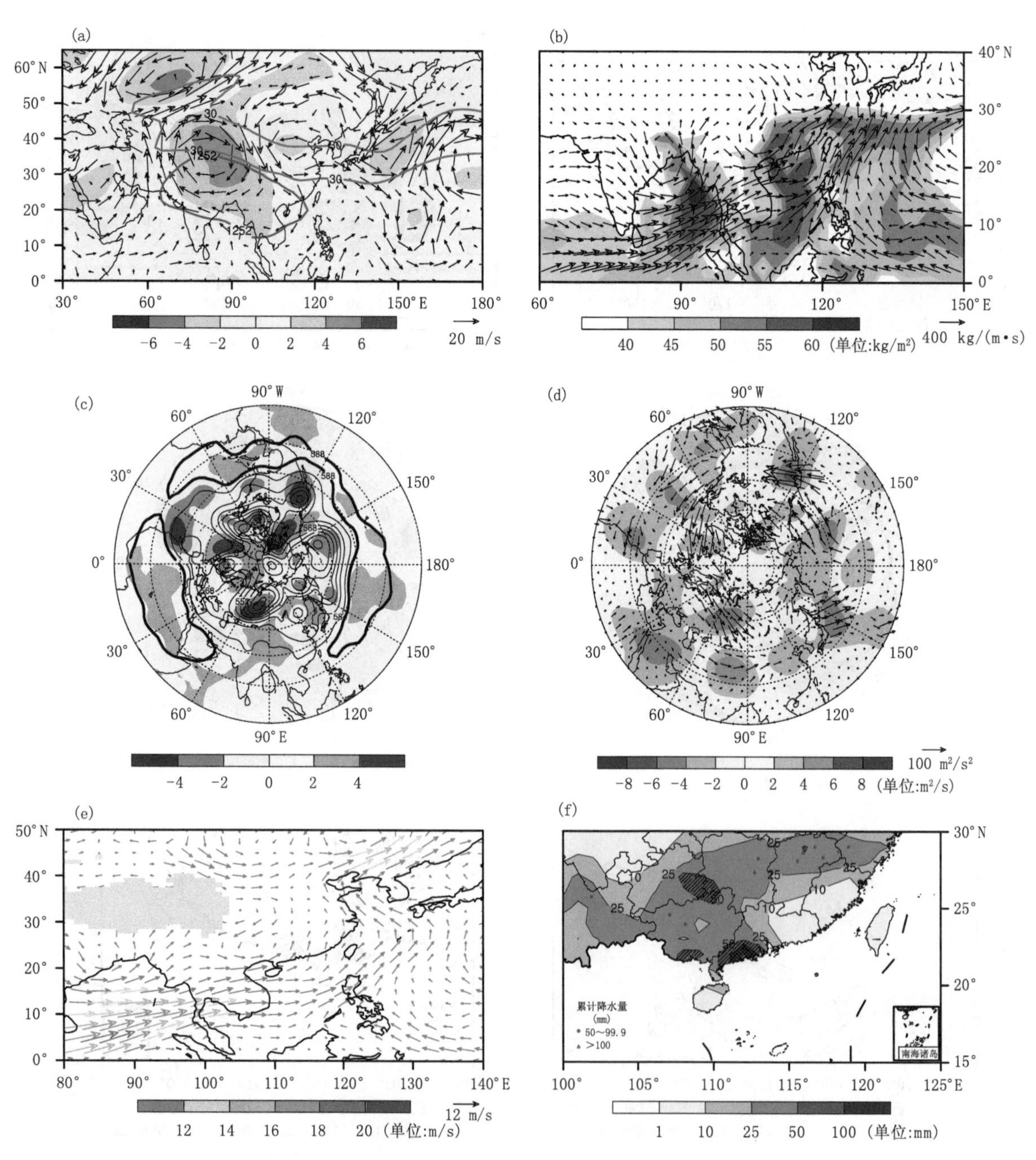

图 3.17　1995 年 6 月 7 日环流、水汽输送及降水特征图

(a)200 hPa 南亚高压、西风急流、位势高度标准化距平和矢量风距平的分布;(b)整层积分水汽和水汽输送的分布;(c)500 hPa 位势高度及其标准化距平的分布;(d)200 hPa 波通量和流函数距平的分布;(e)850 hPa 矢量风分布;(f)累计降水量的分布

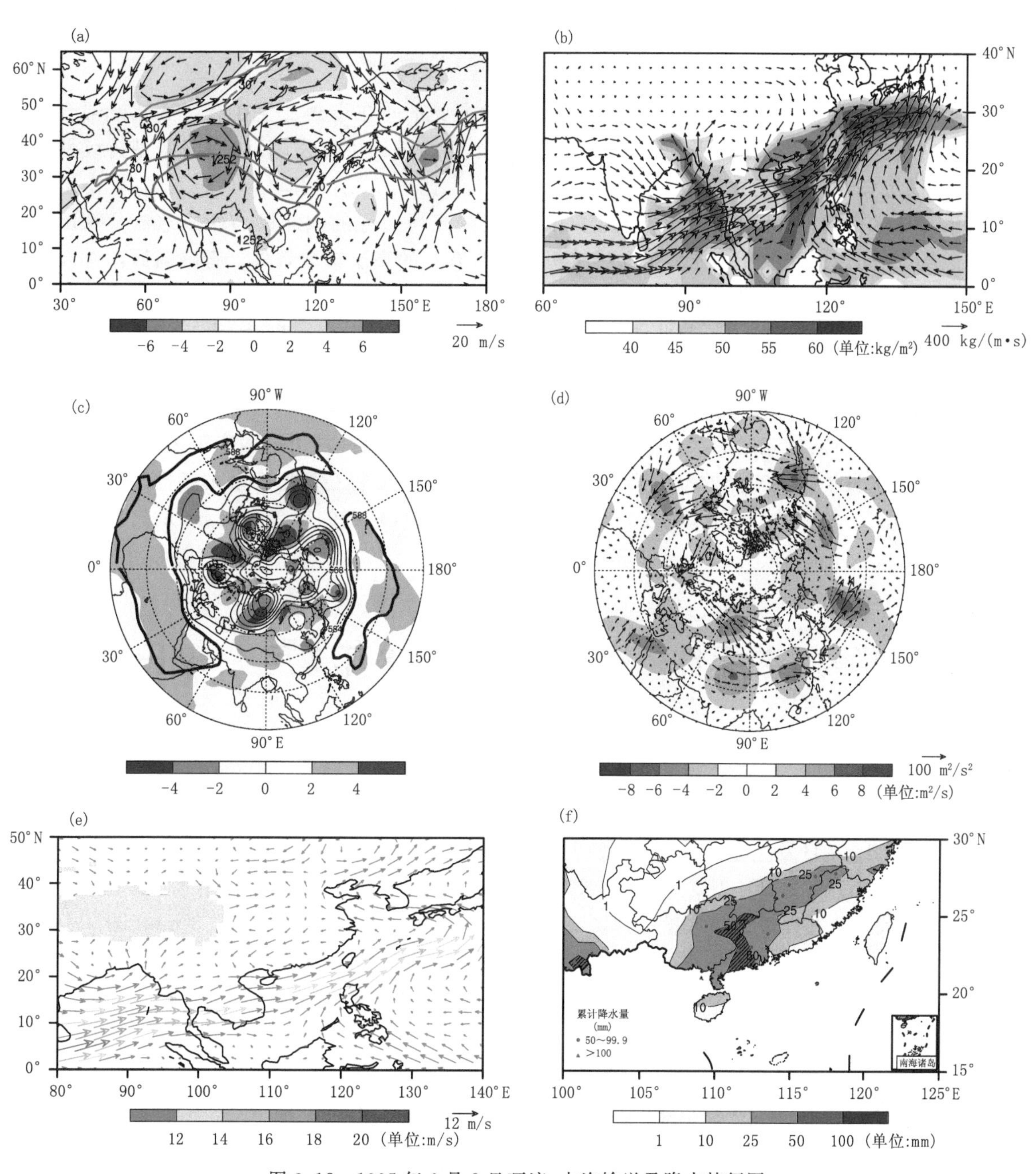

图 3.18 1995 年 6 月 8 日环流、水汽输送及降水特征图

(a)200 hPa 南亚高压、西风急流、位势高度标准化距平和矢量风距平的分布;(b)整层积分水汽和水汽输送的分布;(c)500 hPa 位势高度及其标准化距平的分布;(d)200 hPa 波通量和流函数距平的分布;(e)850 hPa 矢量风分布;(f)累计降水量的分布

3.6 华南Ⅱ类事件环流特征

华南暖区型持续性暴雨事件与锋面型的降水事件的主要不同在于其发生在有切变线或辐合的条件下，而不是在冷暖空气辐合的条件下。通过对大量历史个例的诊断可以发现，华南暖区型持续性暴雨期间，在对流层高层(200 hPa)南亚高压加强东伸，范围偏大。西风急流位于南亚高压北侧，华南地区正好位于急流轴入口区南侧，以及南亚高压的东北象限中，南亚高压边缘的偏北风与西风急流相互配合亦构成了强辐散场，共同为持续性暴雨的发生和维持提供非常有利的高层辐散条件。青藏高原南部高空槽活跃，有利于槽后的干冷空气源源不断地向南侵入到华南地区，华南地区充沛暖湿气流与北方干冷空气汇合，温湿梯度增强，水汽辐合加强。与此同时，在华南地区出现低层切变线辐合，为持续性降水提供有利的水汽辐合和垂直运动的条件。华南暖区型降水的水汽来源有两支，分别为与索马里急流相联系的西南季风，经阿拉伯海，孟加拉湾向中国南方地区输送；另一支为由南海向北输送的水汽。从异常水汽来源来看，华南持续性暴雨所需的充足的水汽主要来源于经由阿拉伯海、孟加拉湾的西南季风，该水汽来源为华南地区持续性降水发生提供充沛的水汽条件。因此，下文中主要分析在高层辐散的条件下北侧的阻塞高压，南侧的水汽输送，西侧的低值扰动(高原涡/西南涡/切变线)，东侧的副热带高压，及它们之间的相互配置。

3.7 华南Ⅱ类事件范例分析——1998年7月1—9日事件

3.7.1 降水概况

1998年7月1—9日发生了一次华南型持续性暴雨事件，该次事件持续了9天，主要影响范围在18.48°N～21.93°N，107.97°E～110.03°E，其中影响了10.89万km^2，区域中有5个气象观测站。事件期间，降水中心区域累计过程最大降水量达到了863.2 mm，最小过程降水量为263.3 mm(图3.19a)。在三个低频特征中准双周振荡与降水序列在事件期间的峰值吻合度最好，表明在事件发生期间准双周的低频活动对于降水的贡献较大，更长周期的低频成分的贡献相对较小(图3.19b)。

3.7.2 诊断分析

事件发生期间(图3.21—3.24)，200 hPa高度场高原南部上空及其以南地区，南亚高压加强并东伸，但中心位置较华南Ⅰ类偏西，覆盖范围偏大。急流位于南亚高压北侧，在35°N～45°N附近，其强度虽然较华南Ⅰ类偏弱，但其仍然为华南地区上空出现强辐散气流提供有利的高层条件。南亚高压东北象限中，高压边缘的偏北风与西风急流的分离亦构成了强辐散场，共同促进了持续性暴雨的发生和维持。

在500 hPa上，贝加尔湖附近地区出现阻塞高压，随时间东移，其西侧的贝加尔湖附近地区为一基本稳定的大槽。低纬地区阿拉伯海至孟加拉湾一带大部分时间基本为偏强的低槽区控制，西太平洋副热带高压先西伸后东退。事件期间，高层东北地区到长江流域一带有正的流函数距平东移影响，对应着反气旋异常环流的东移，为华南地区极端降水的形成提供了有利的高层辐散条件。事件期间中高纬度地区不断有能量向阻塞高压地区频散，使阻塞形势加强并维持。

持续性极端降水与异常充足的水汽输送密切相关。事件期间水汽来源主要是西南季风气流，极端降水过程初期，经阿拉伯海、孟加拉湾的西南季风气流和副热带高压南侧的东南季风气流共同输送水汽，极

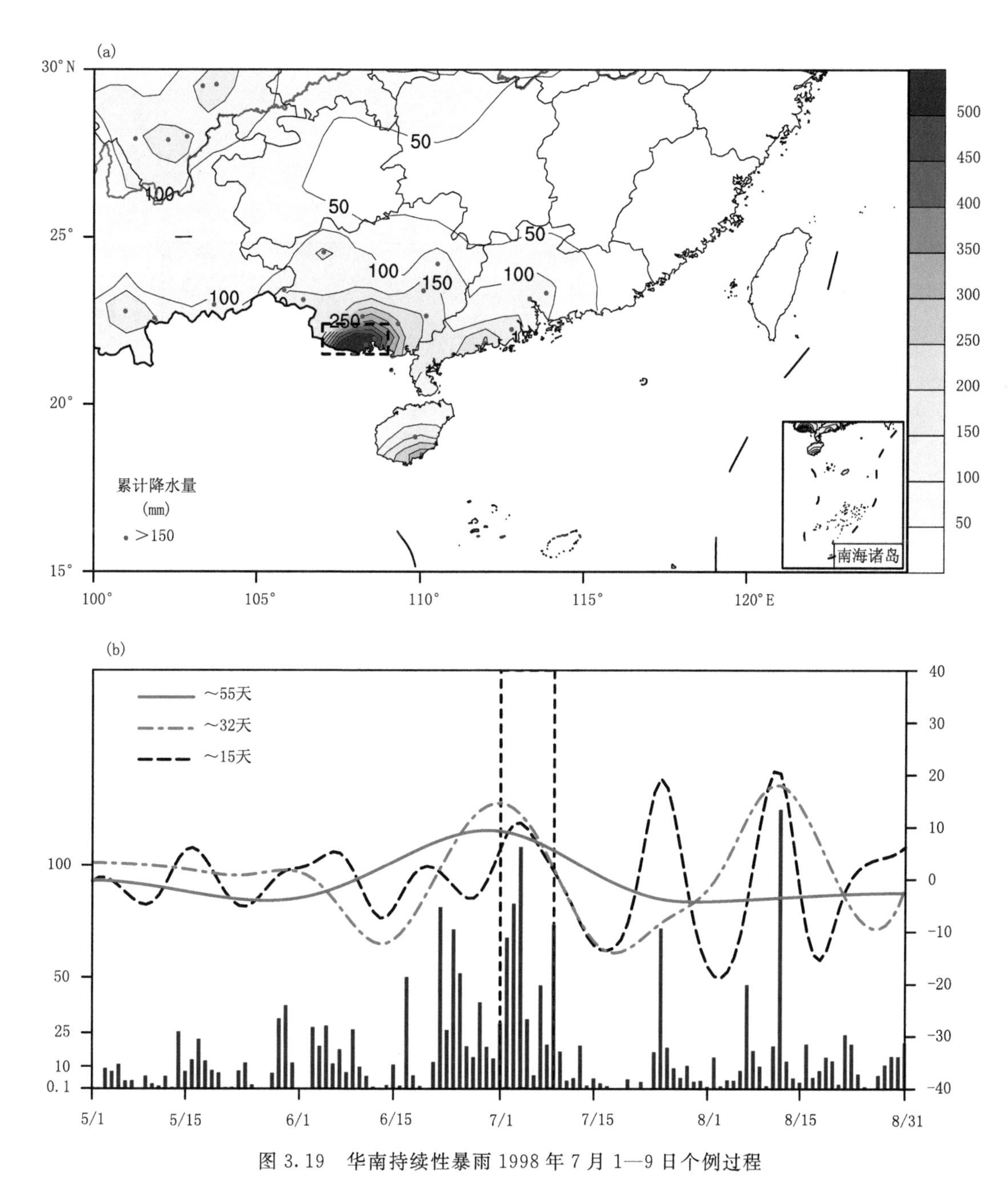

图 3.19 华南持续性暴雨 1998 年 7 月 1—9 日个例过程

(a)事件期间累计降水量，以及累计降水超过 150 mm 的站点，事件核心区域用黑色虚线框标出；(b)事件期间核心区域平均降水量(单位：mm)，以及原降水序列的三个本征模态(红色实线，蓝色虚线以及黑色虚线)，代表 3 个不同频段的低频周期，中心周期在图中标出，事件发生时段用黑色竖虚线标出

端降水过程的中后期，随着西太平洋副高的东退，只有强劲的西南季风气流提供暴雨所需水汽。同时，在华南南部和南海北部西南低空急流先加强再减弱，并且出现低层切变辐合，为持续性降水的产生提供有力的上升动力条件。期间 TBB 为负值，说明该地区对流活跃。

从 TBB 的时间一经向剖面图(图 3.20a)可以看到，在事件期间华南地区 TBB 为负值，说明该地区对流活跃。在事件开始前两周，6 月 17 日开始，TBB 出现东传迹象，7 月 1 日起 TBB 低值区已经到达华南一带，但在持续性暴雨期间，TBB 负值中心区基本稳定少动；事件期间，正相对涡度中心与 TBB 负值相对应，二者都能较好地反映切变线的发展和移动。从图 3.20b 可以看出，贝加尔湖南侧的阻高在持续性暴雨期间不断东移，暴雨初期大约在 100°E 附近，至结束期到达 135°E 附近。季风涌主体在持续性暴雨期间到达 25°N 附近地区，并且在暴雨前期强度较强，之后有所减弱(4.20d)，它为暖区持续性降水的维持提供了有利的中尺度环境。西太平洋副热带高压则是先西伸后东撤(图 3.20e)。

3.7.3 时间一经(纬)度剖面综合图

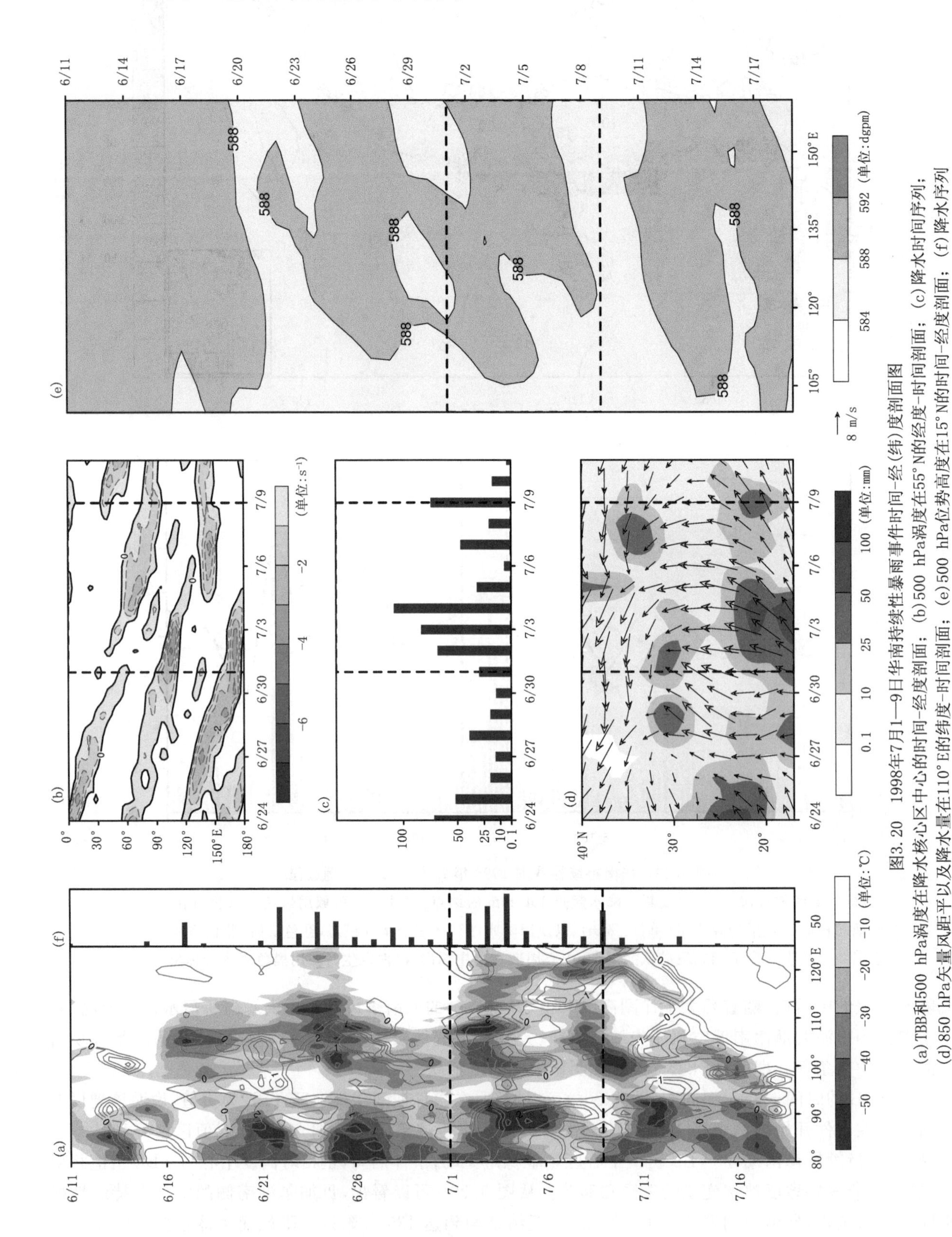

图3.20　1998年7月1—9日华南持续性暴雨事件时间-经(纬)度剖面图

(a)TBB和500 hPa涡度在降水核心区中心的时间-经度剖面；(b)500 hPa涡度在55°N的经度-时间剖面；(c)降水时间序列；(d)850 hPa矢量风距平以及降水量在110°E的纬度-时间剖面；(e)500 hPa位势高度在15°N的时间-经度剖面；(f)降水序列

3.7.4 逐日环流、水汽输送和降水特征图

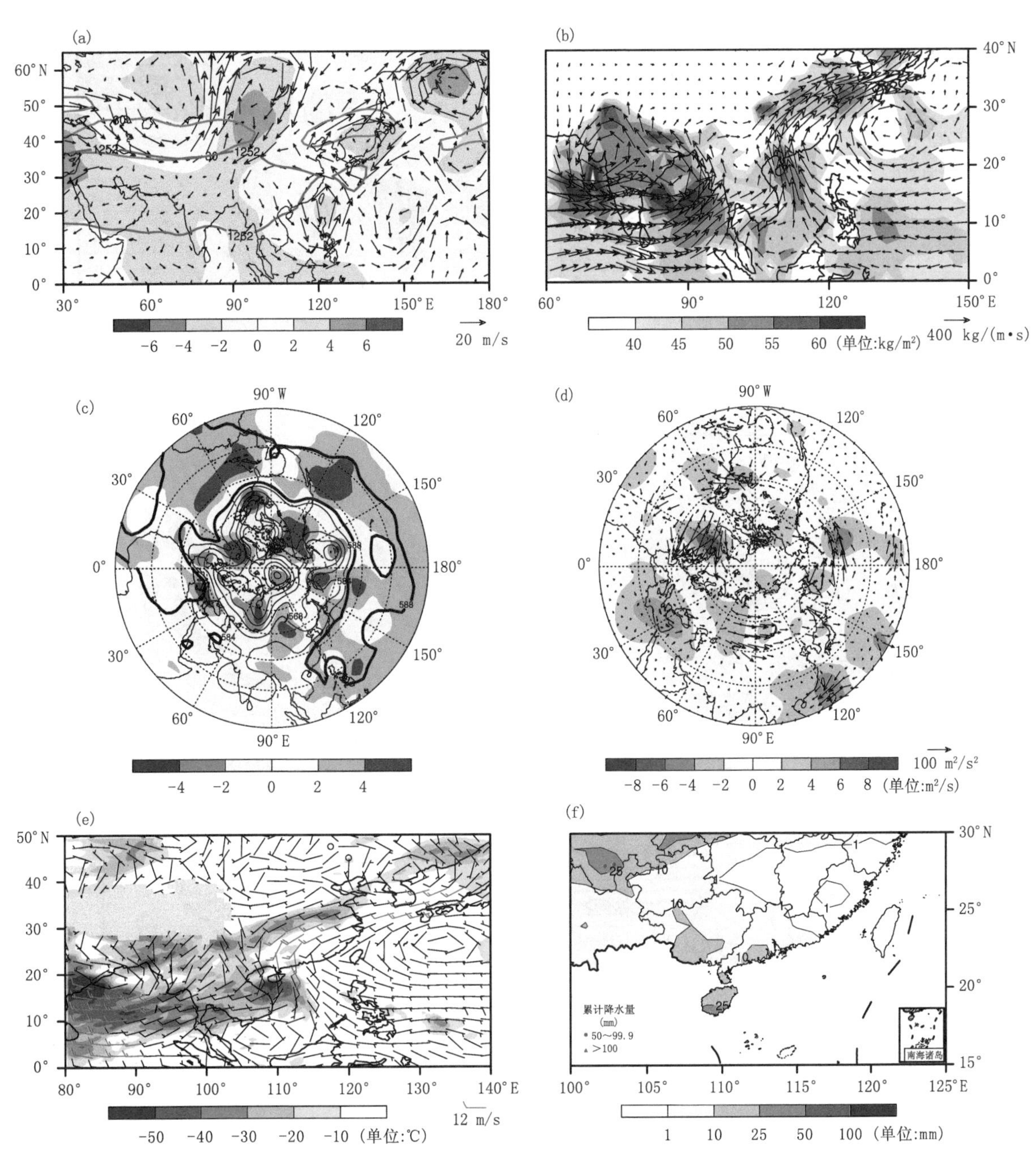

图 3.21　1998 年 7 月 1 日环流、水汽输送及降水特征图

(a)200 hPa 南亚高压、西风急流、位势高度标准化距平和矢量风距平的分布;(b)整层积分水汽和水汽输送的分布;(c)500 hPa 位势高度及其标准化距平的分布;(d)200 hPa 波通量和流函数距平的分布;(e)850 hPa 矢量风和 TBB 的分布;(f)累计降水量的分布

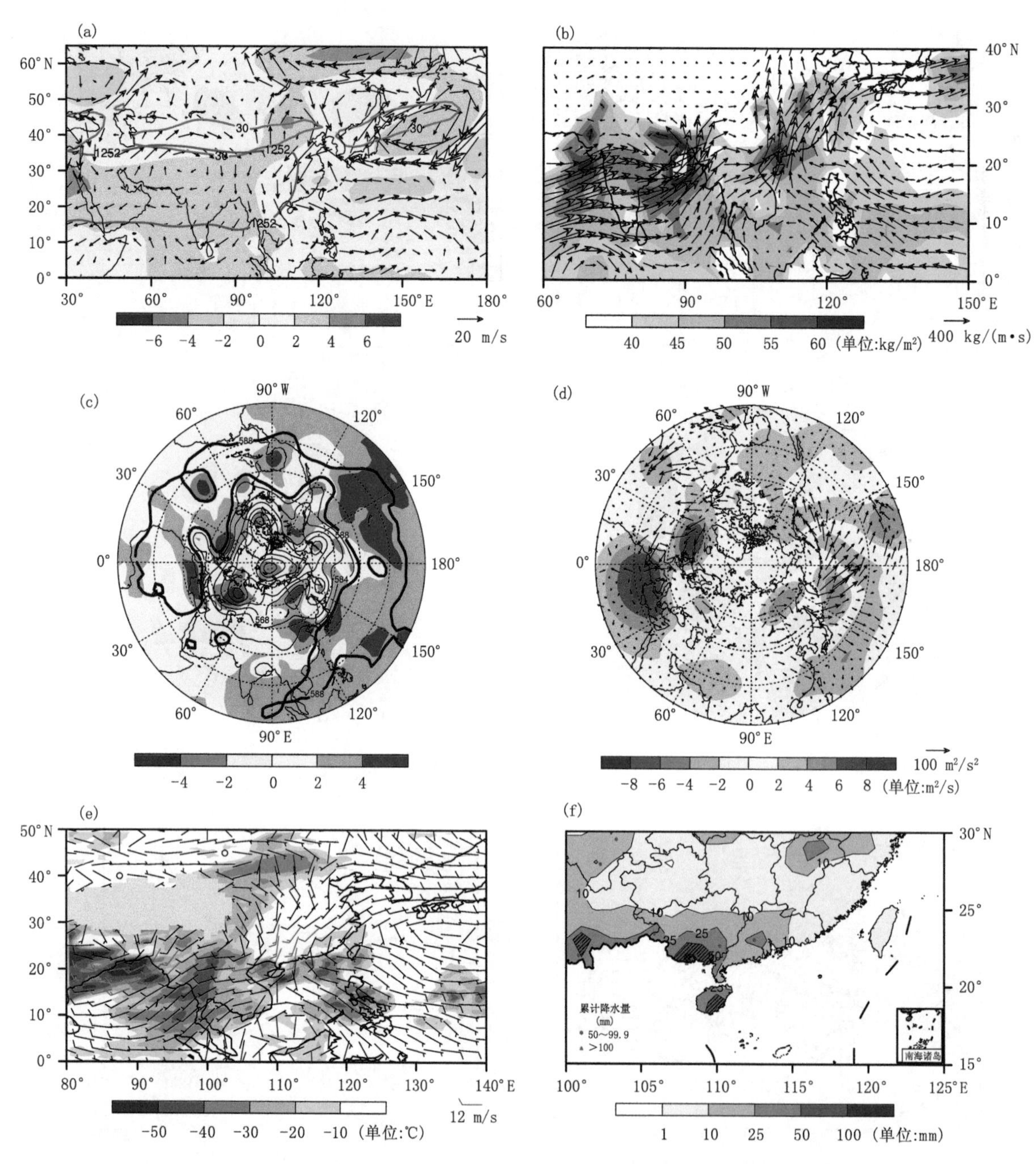

图 3.22　1998 年 7 月 4 日环流、水汽输送及降水特征图

(a)200 hPa 南亚高压、西风急流、位势高度标准化距平和矢量风距平的分布；(b)整层积分水汽和水汽输送的分布；(c)500 hPa 位势高度及其标准化距平的分布；(d)200 hPa 波通量和流函数距平的分布；(e)850 hPa 矢量风和 TBB 的分布；(f)累计降水量的分布

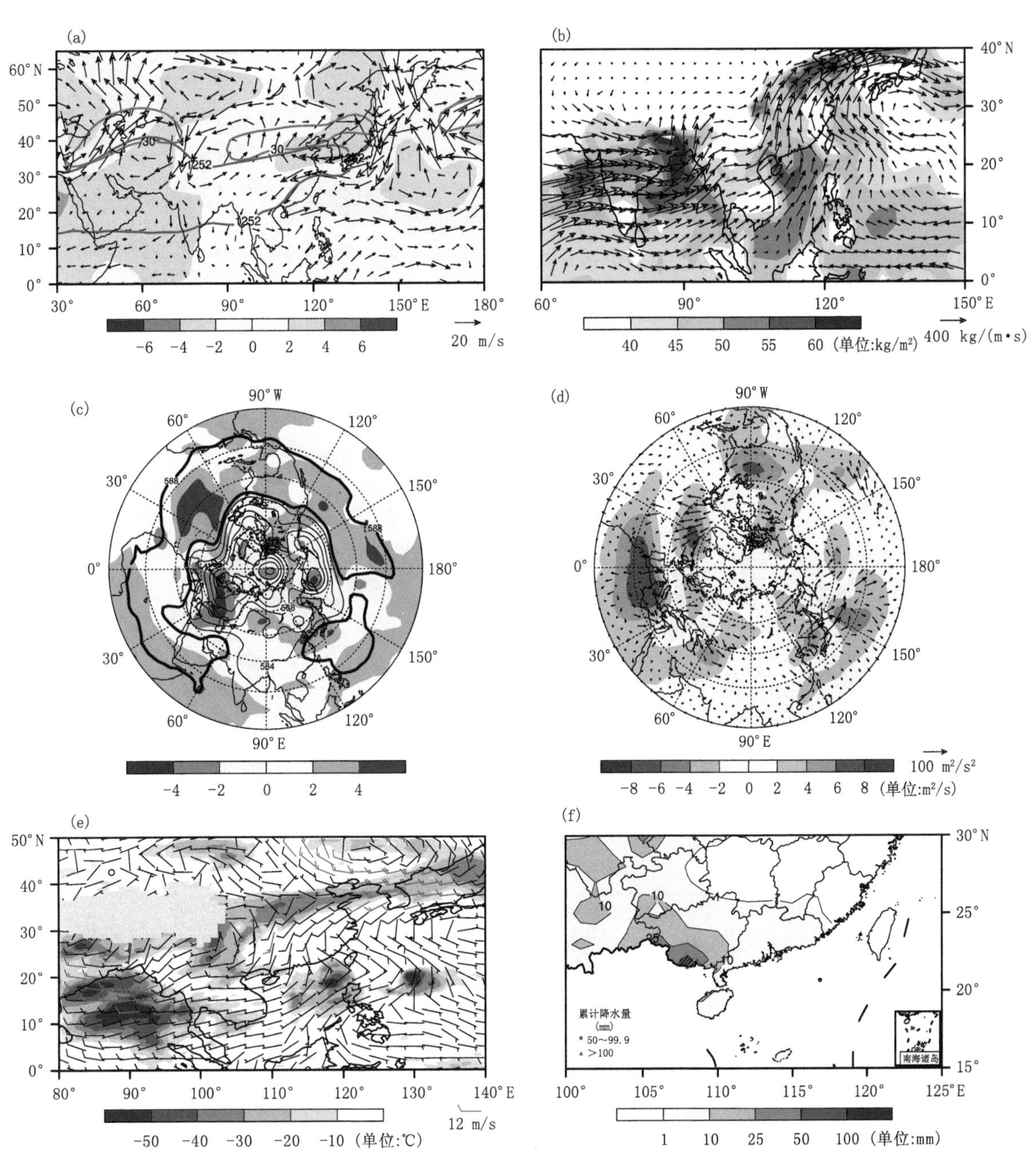

图 3.23　1998 年 7 月 7 日环流、水汽输送及降水特征图

(a)200 hPa 南亚高压、西风急流、位势高度标准化距平和矢量风距平的分布;(b)整层积分水汽和水汽输送的分布;(c)500 hPa 位势高度及其标准化距平的分布;(d)200 hPa 波通量和流函数距平的分布;(e)850 hPa 矢量风和 TBB 的分布;(f)累计降水量的分布

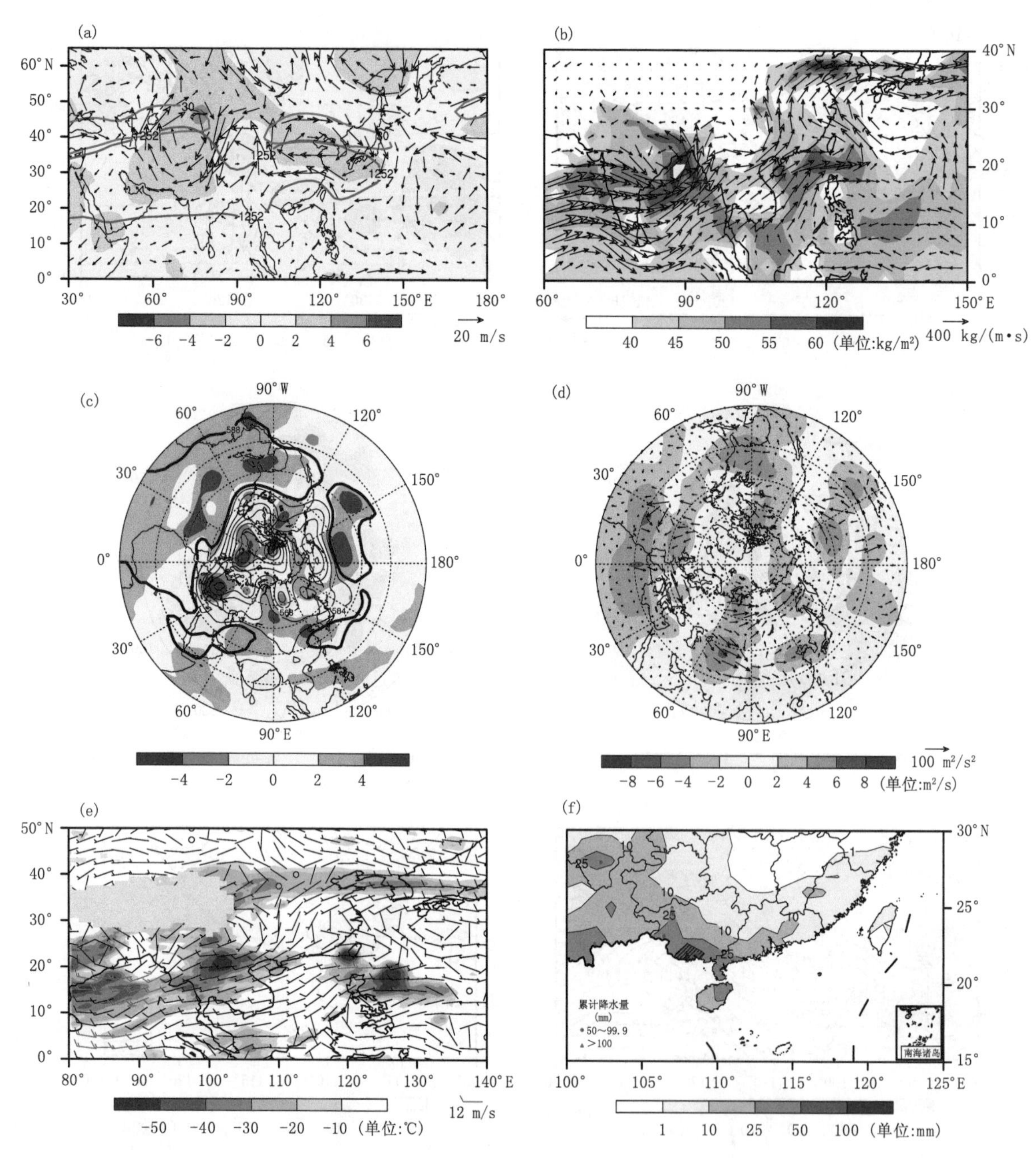

图 3.24 1998 年 7 月 9 日环流、水汽输送及降水特征图

(a)200 hPa 南亚高压、西风急流、位势高度标准化距平和矢量风距平的分布；(b)整层积分水汽和水汽输送的分布；(c)500 hPa 位势高度及其标准化距平的分布；(d)200 hPa 波通量和流函数距平的分布；(e)850 hPa 矢量风和 TBB 的分布；(f)累计降水量的分布

3.8 华南Ⅱ类事件个例图集

3.8.1 1994年6月13—17日事件

3.8.1.1 降水概况

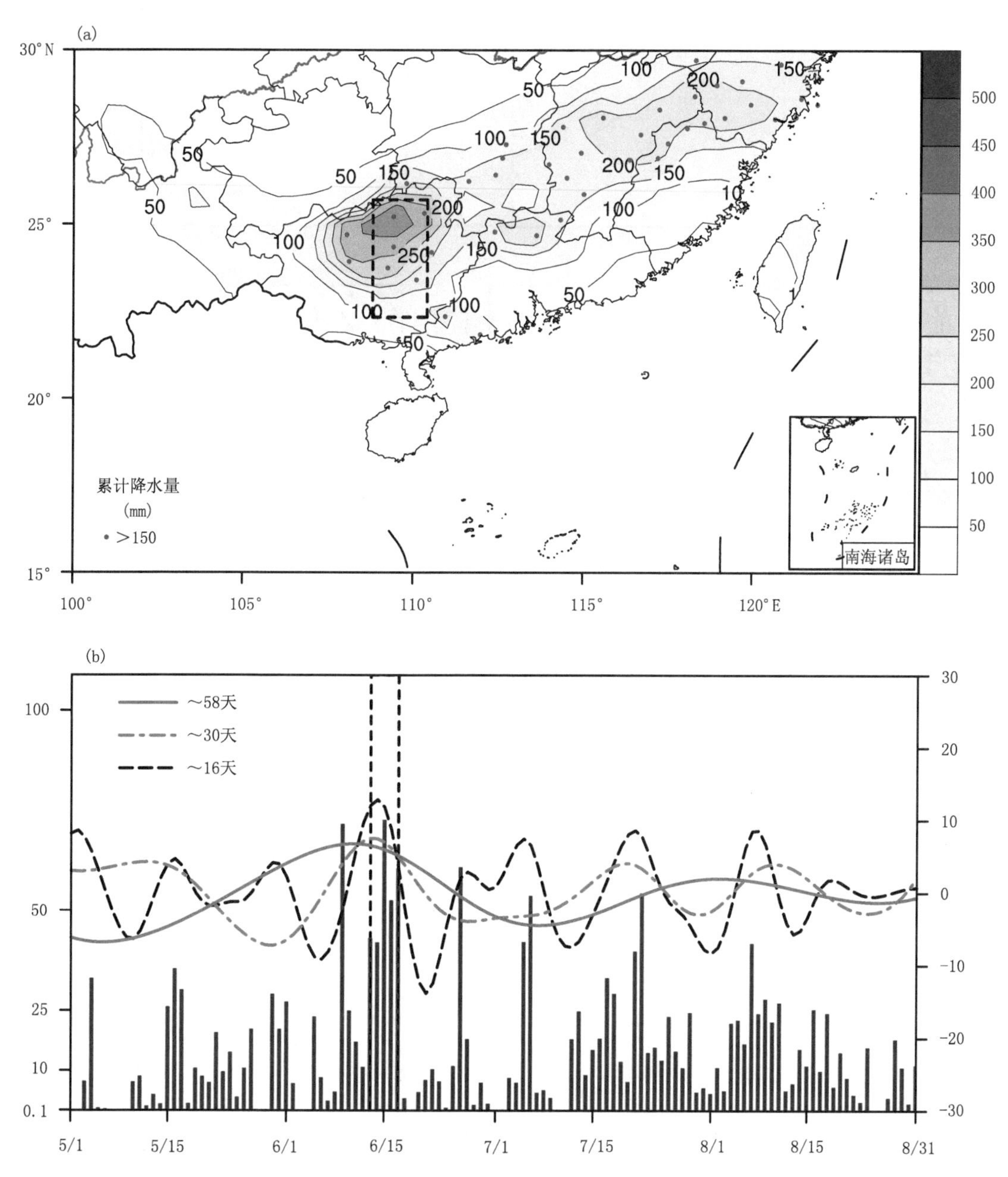

图3.25 1994年6月13—17日华南持续性暴雨事件过程降水特征图

(a)事件期间累计降水量，以及累计降水超过150 mm的站点，事件核心区域用黑色虚线框标出；(b)事件期间核心区域平均降水量(单位：mm)，以及原降水序列的三个本征模态(红色实线，蓝色虚线以及黑色虚线)，代表3个不同频段的低频周期，中心周期在图中标出，事件发生时段用黑色竖虚线标出

3.8.1.2 时间—经(纬)度剖面综合图

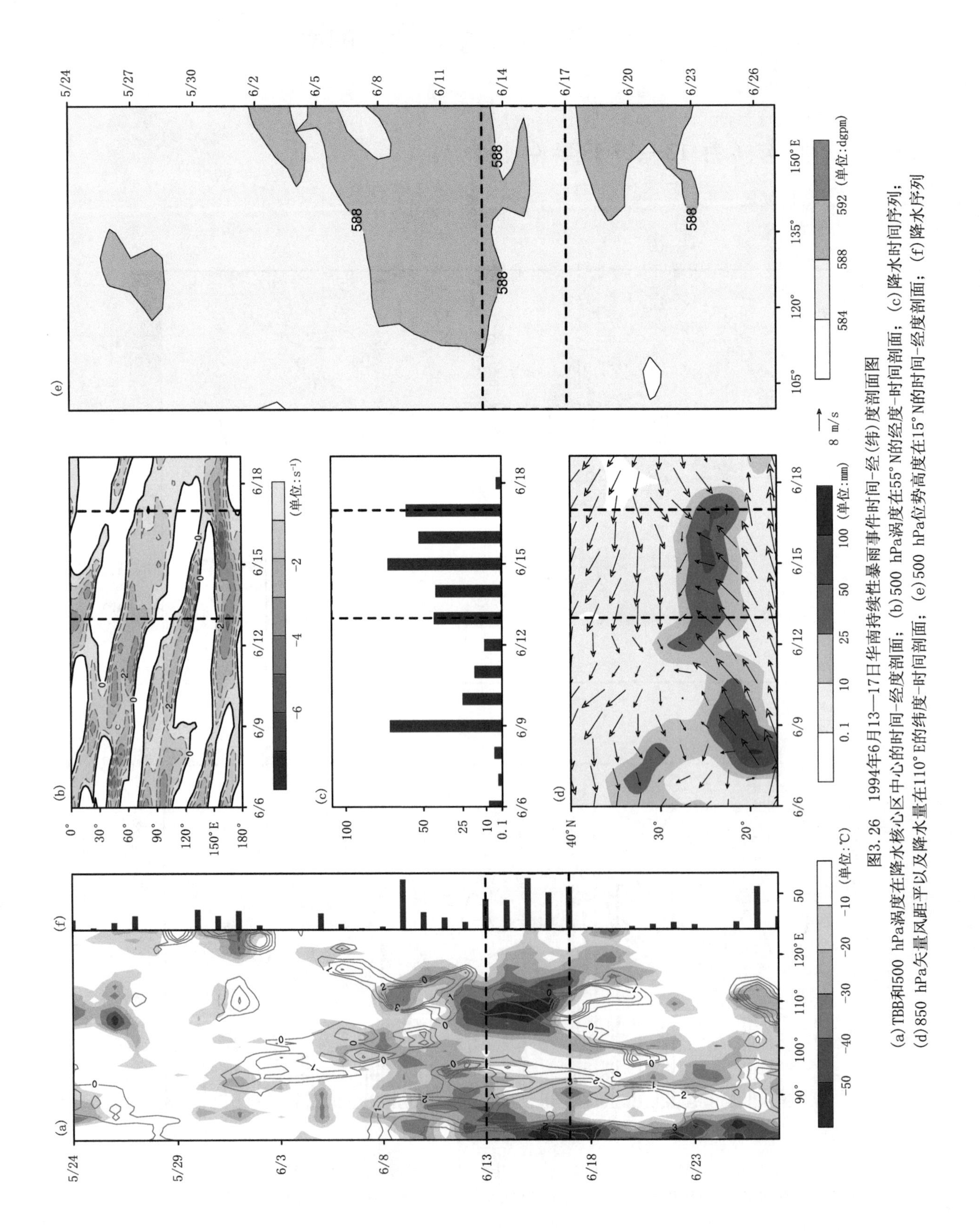

图3.26 1994年6月13—17日华南持续性暴雨事件时间-经(纬)度剖面图

(a)TBB和500 hPa涡度在降水核心区中心的时间-经度剖面；(b)500 hPa涡度在55°N的经度-时间剖面；(c)降水时间序列；(d)850 hPa矢量风距平以及降水量在110°E的纬度-时间剖面；(e)500 hPa位势高度在15°N的时间-经度剖面；(f)降水序列

3.8.1.3 逐日环流、水汽输送和降水特征图

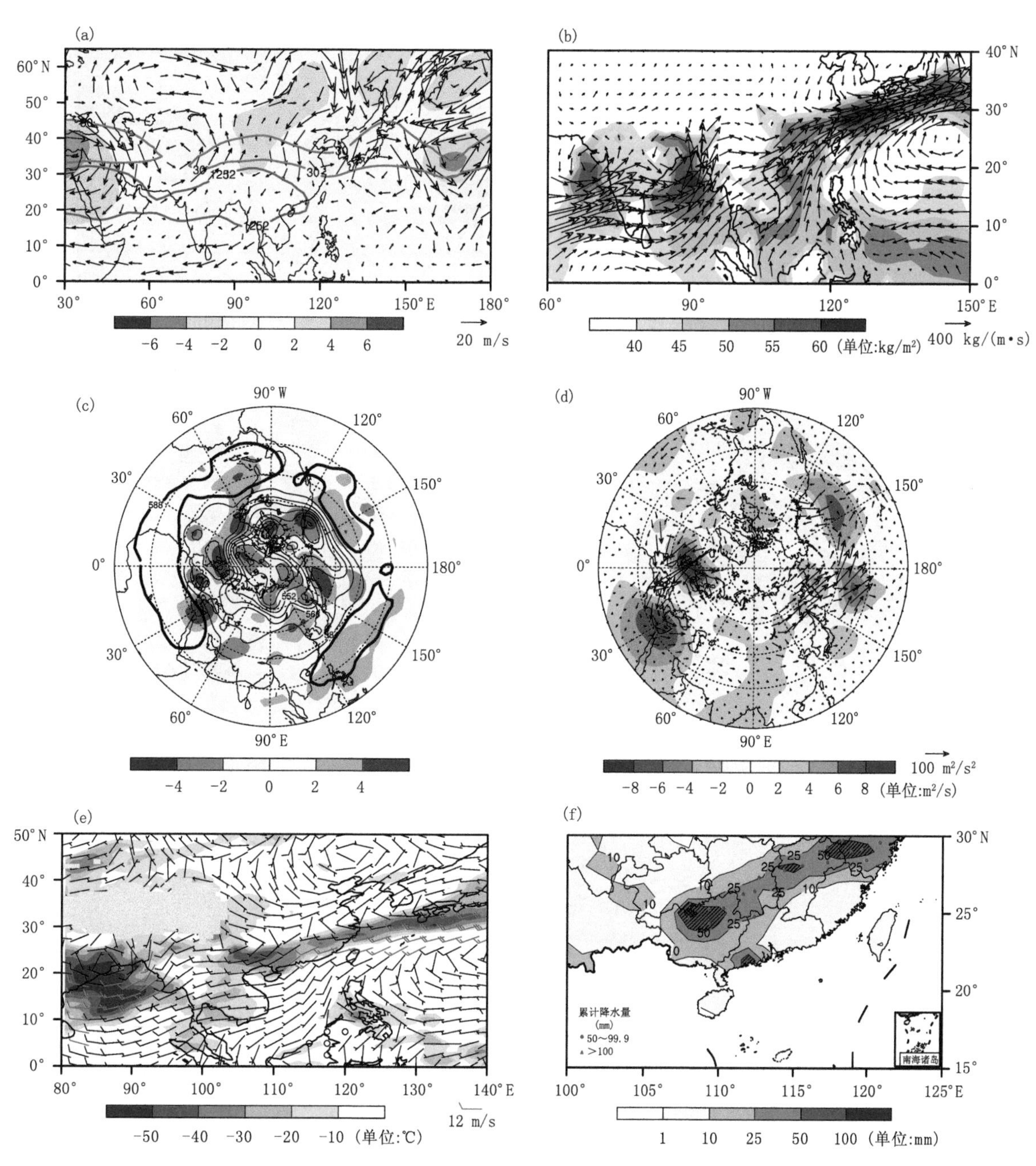

图 3.27 1994 年 6 月 13 日环流、水汽输送及降水特征图

(a)200 hPa 南亚高压、西风急流、位势高度标准化距平和矢量风距平的分布；(b)整层积分水汽和水汽输送的分布；(c)500 hPa 位势高度及其标准化距平的分布；(d)200 hPa 波通量和流函数距平的分布；(e)850 hPa 矢量风和 TBB 的分布；(f)累计降水量的分布

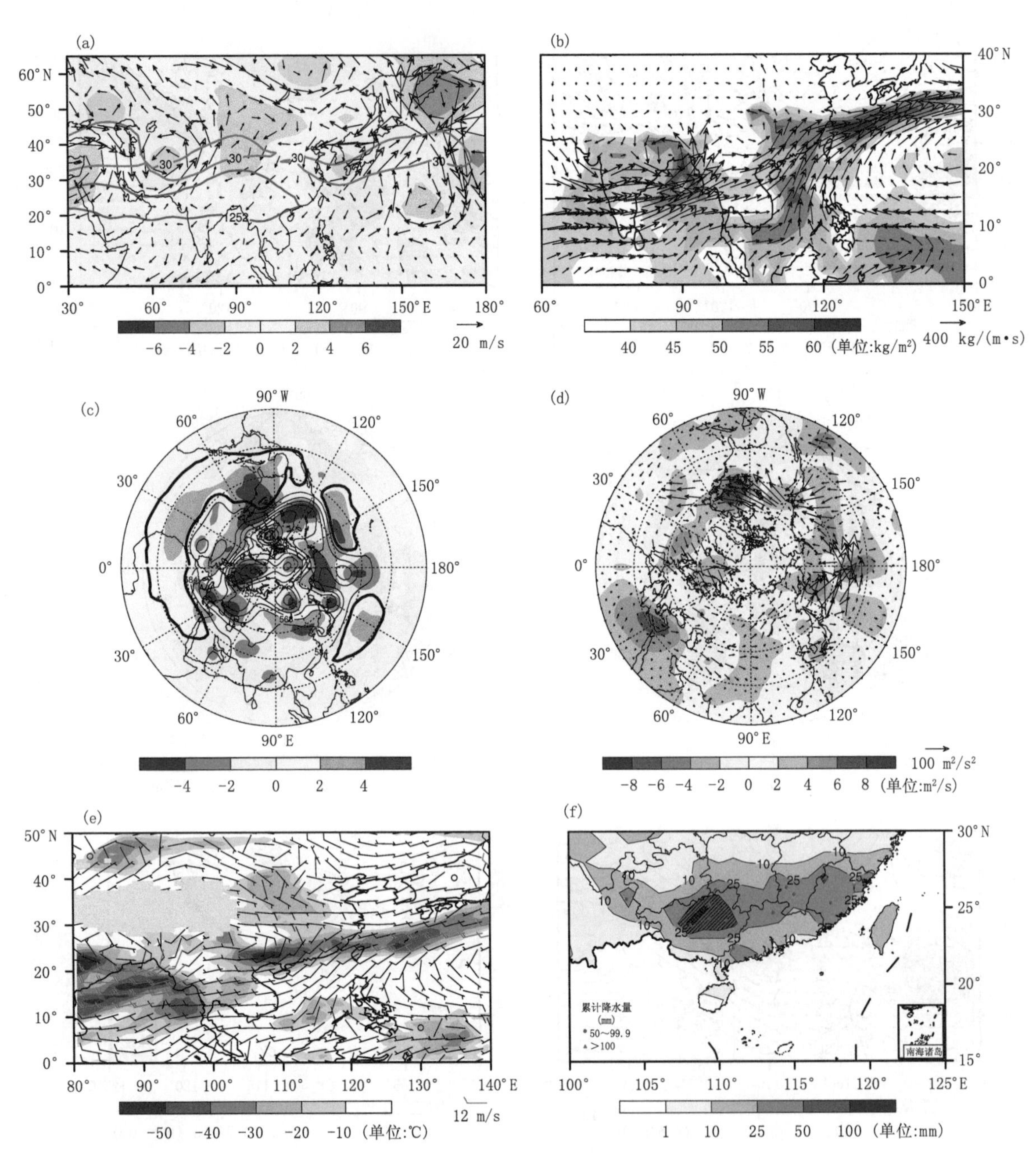

图 3.28　1994 年 6 月 15 日环流、水汽输送及降水特征图

(a)200 hPa 南亚高压、西风急流、位势高度标准化距平和矢量风距平的分布;(b)整层积分水汽和水汽输送的分布;(c)500 hPa 位势高度及其标准化距平的分布;(d)200 hPa 波通量和流函数距平的分布;(e)850 hPa 矢量风和 TBB 的分布;(f)累计降水量的分布

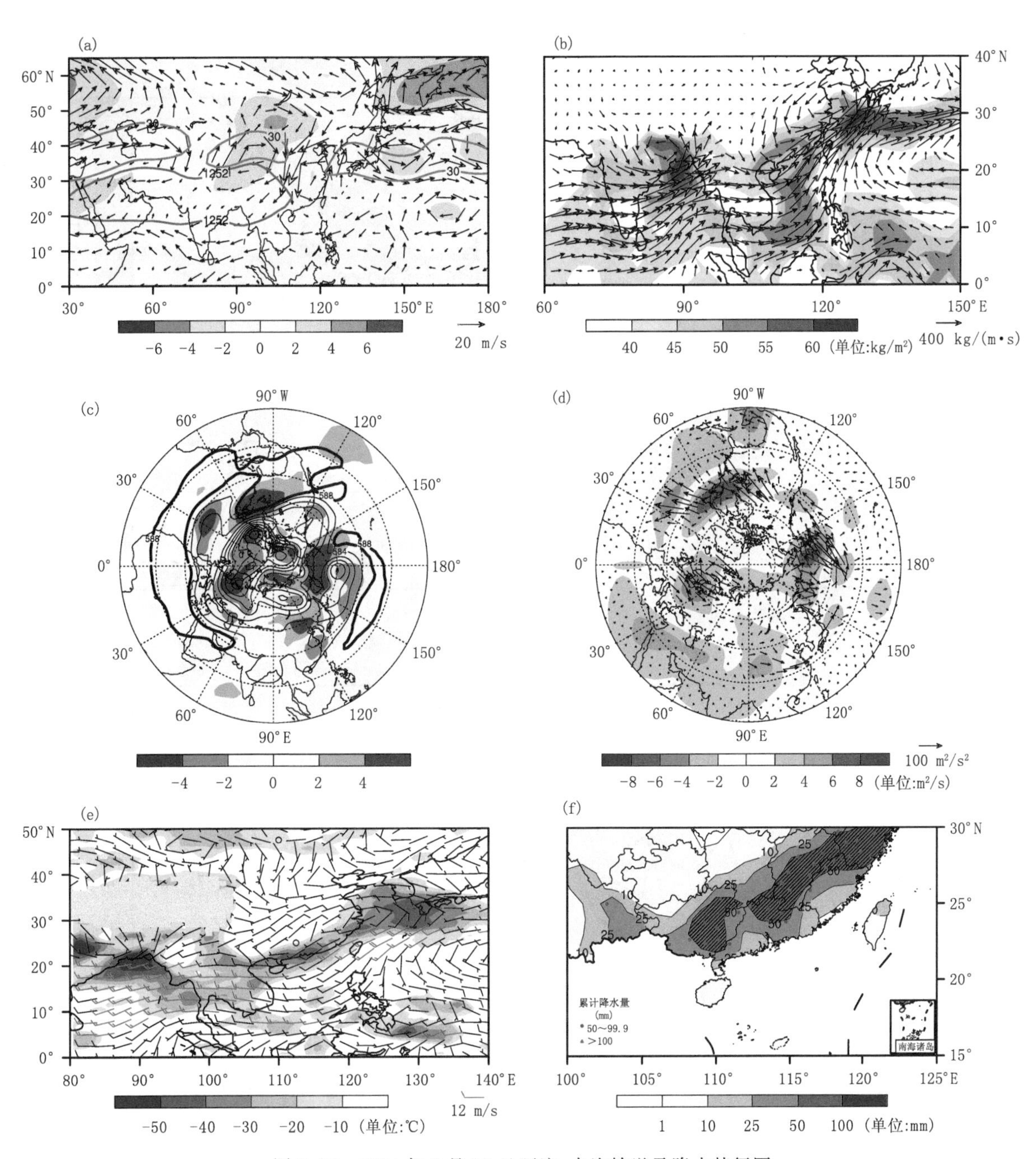

图 3.29 1994 年 6 月 17 日环流、水汽输送及降水特征图

(a)200 hPa 南亚高压、西风急流、位势高度标准化距平和矢量风距平的分布;(b)整层积分水汽和水汽输送的分布;(c)500 hPa 位势高度及其标准化距平的分布;(d)200 hPa 波通量和流函数距平的分布;(e)850 hPa 矢量风和 TBB 的分布;(f)累计降水量的分布

3.8.2 1997 年 7 月 2—9 日事件

3.8.2.1 降水概况

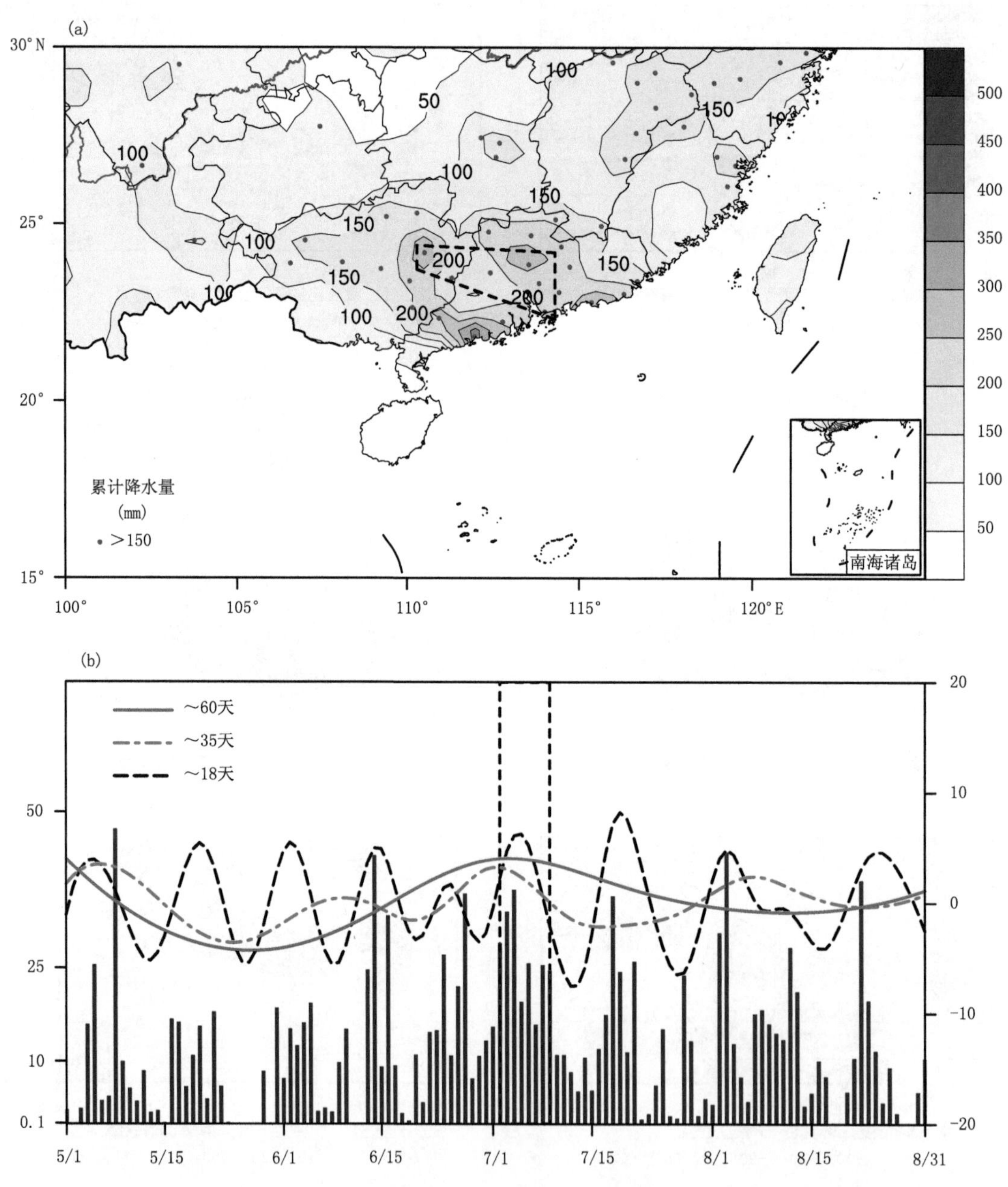

图 3.30 1997 年 7 月 2—9 日华南持续性暴雨过程降水特征图

(a)事件期间累计降水量，以及累计降水超过 150 mm 的站点，事件核心区域用黑色虚线框标出；(b)事件期间核心区域平均降水量(单位：mm)，以及原降水序列的三个本征模态(红色实线，蓝色虚线以及黑色虚线)，代表 3 个不同频段的低频周期，中心周期在图中标出，事件发生时段用黑色竖虚线标出

3.8.2.2 时间—经(纬)度剖面综合图

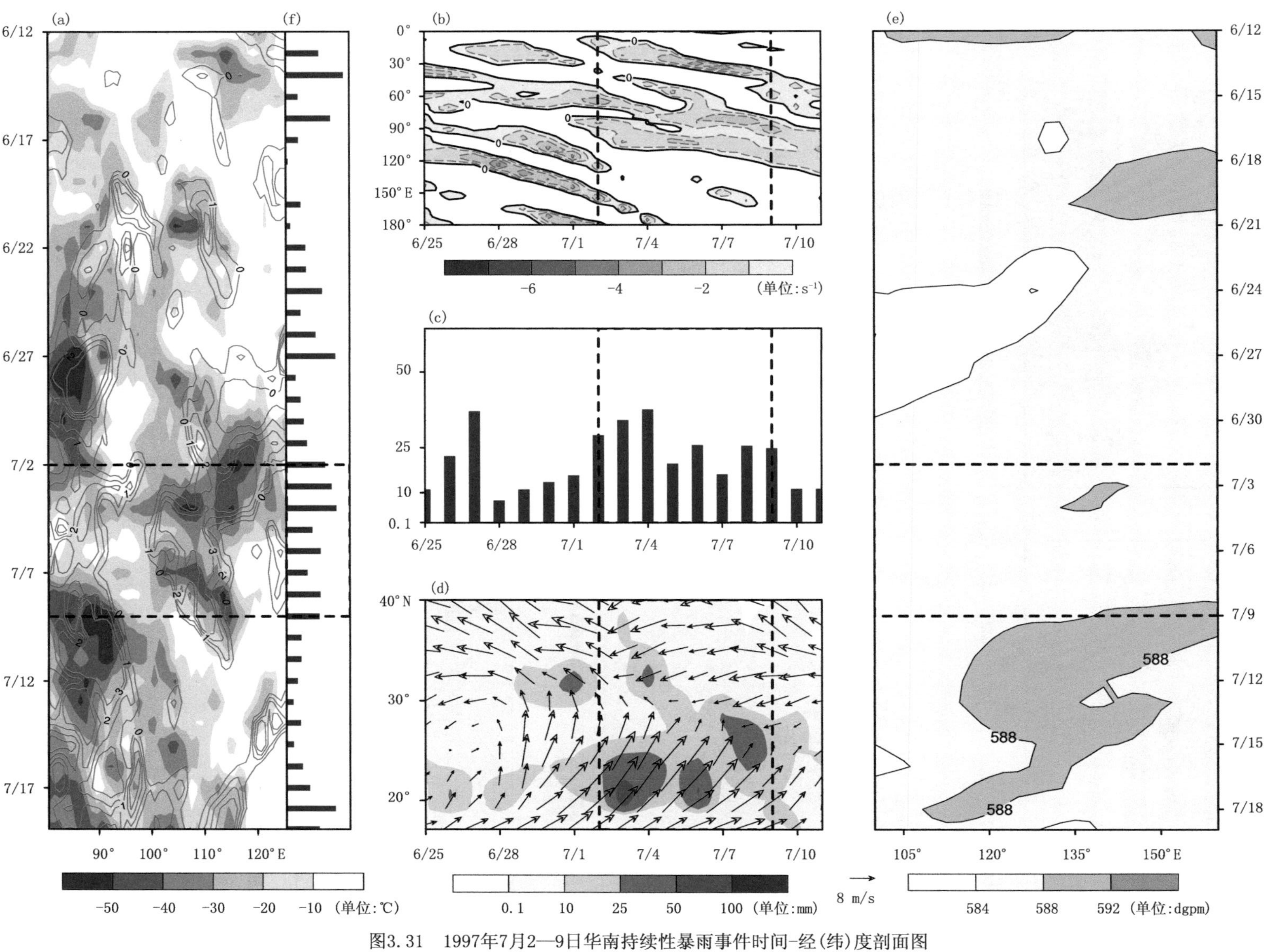

图3.31 1997年7月2—9日华南持续性暴雨事件时间-经(纬)度剖面图

(a) TBB和500 hPa涡度在降水核心区中心的时间-经度剖面；(b) 500 hPa涡度在45°N的经度-时间剖面；(c) 降水时间序列；(d) 850 hPa矢量风距平以及降水量在112.5°E的纬度-时间剖面；(e) 500 hPa位势高度在15°N的时间-经度剖面；(f) 降水序列

3.8.2.3 逐日环流、水汽输送和降水特征图

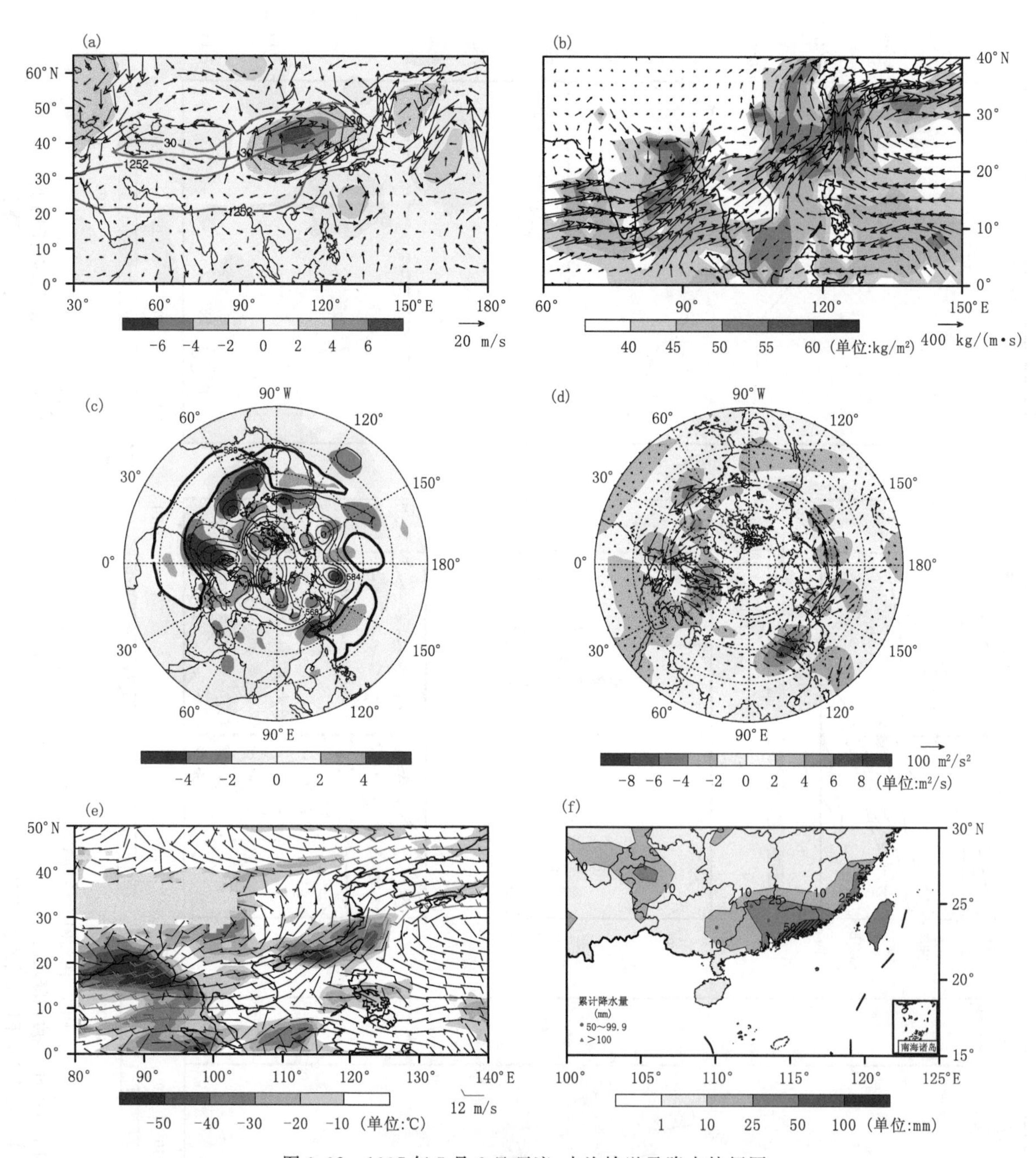

图 3.32 1997 年 7 月 2 日环流、水汽输送及降水特征图

(a)200 hPa 南亚高压、西风急流、位势高度标准化距平和矢量风距平的分布;(b)整层积分水汽和水汽输送的分布;(c)500 hPa 位势高度及其标准化距平的分布;(d)200 hPa 波通量和流函数距平的分布;(e)850 hPa 矢量风和 TBB 的分布;(f)累计降水量的分布

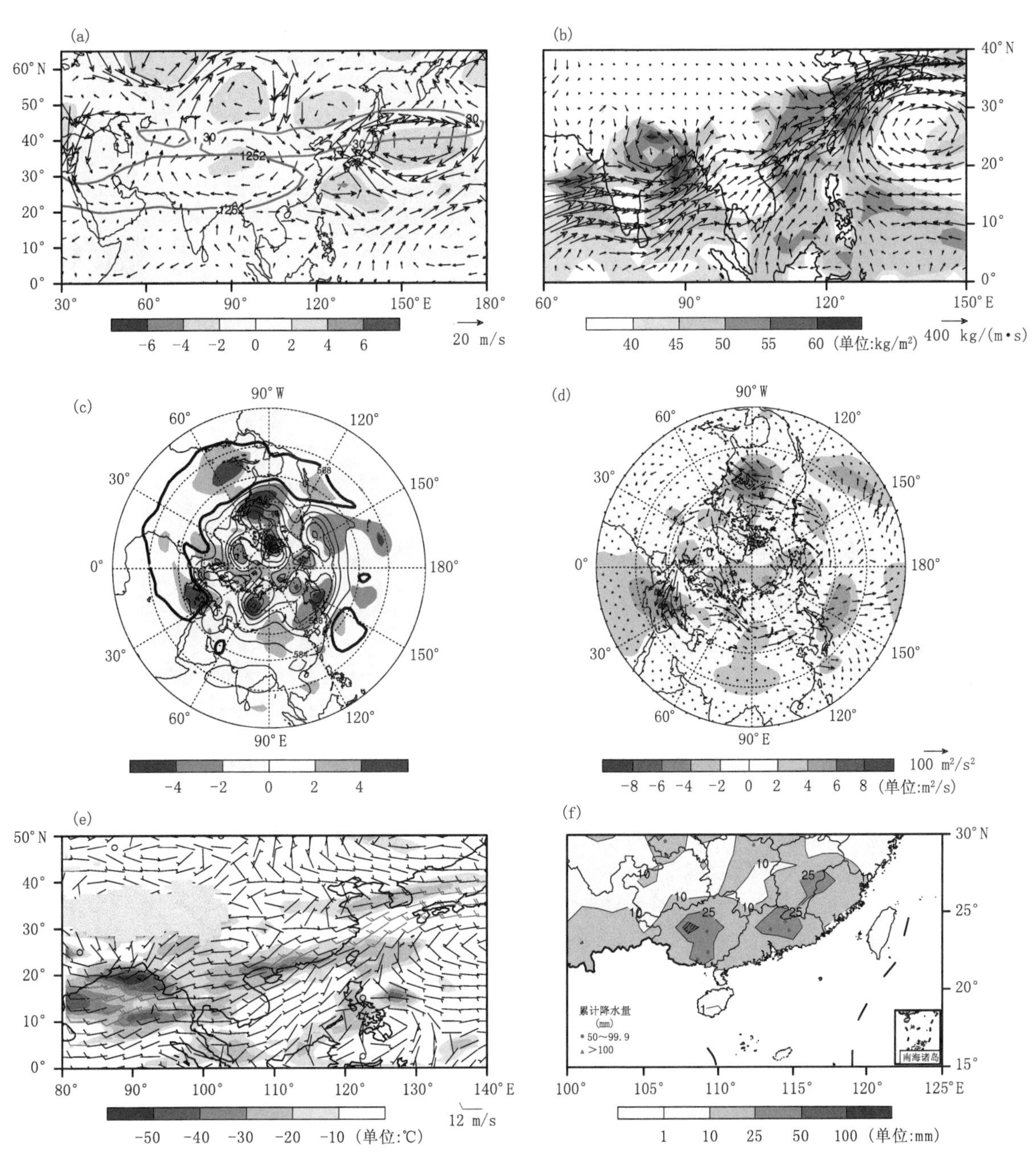

图3.33 1997年7月5日环流、水汽输送及降水特征图

(a)200 hPa南亚高压、西风急流、位势高度标准化距平和矢量风距平的分布;(b)整层积分水汽和水汽输送的分布;(c)500 hPa位势高度及其标准化距平的分布;(d)200 hPa波通量和流函数距平的分布;(e)850 hPa矢量风和TBB的分布;(f)累计降水量的分布

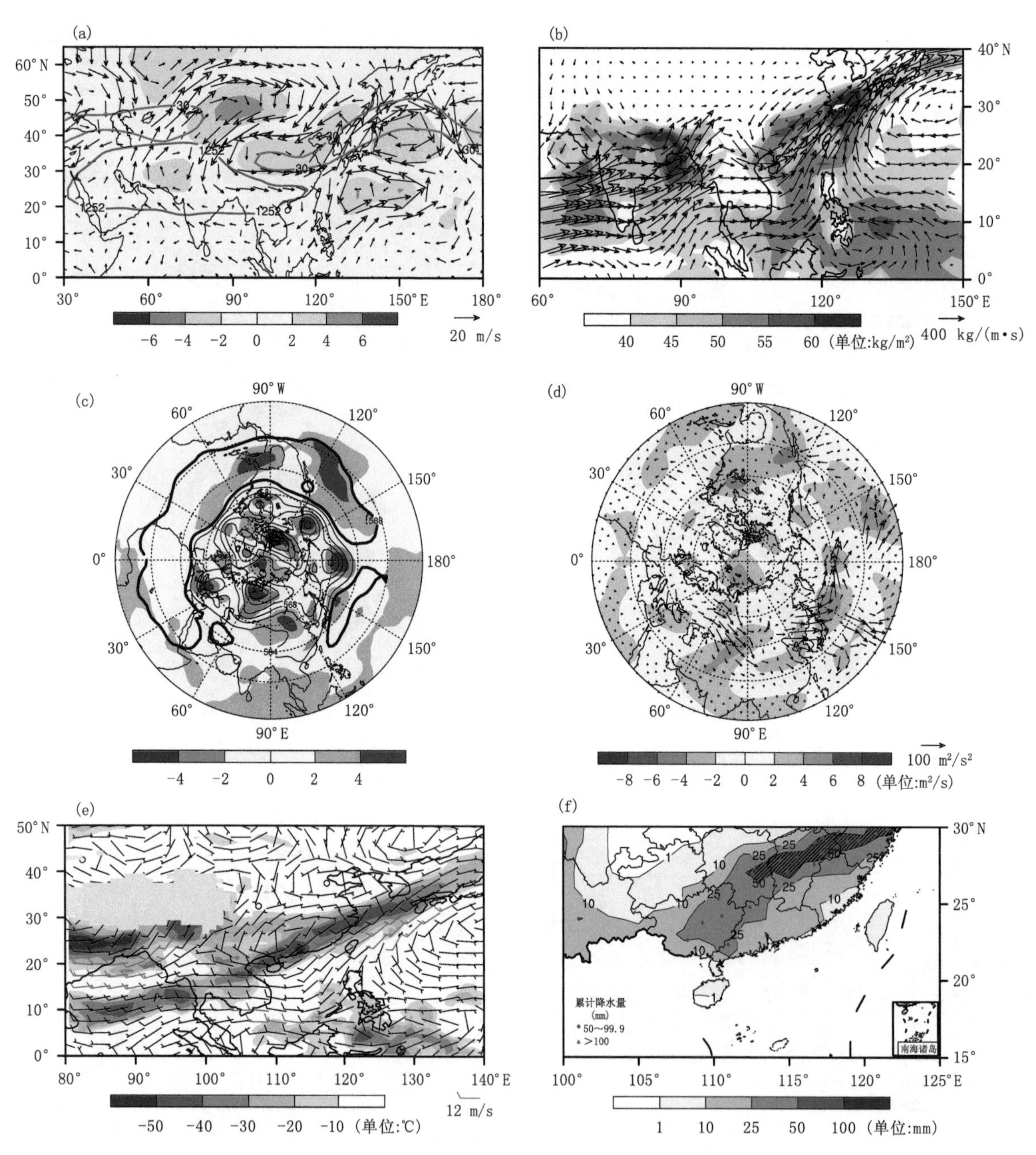

图 3.34 1997 年 7 月 8 日环流、水汽输送及降水特征图

(a)200 hPa 南亚高压、西风急流、位势高度标准化距平和矢量风距平的分布；(b)整层积分水汽和水汽输送的分布；(c)500 hPa 位势高度及其标准化距平的分布；(d)200 hPa 波通量和流函数距平的分布；(e)850 hPa 矢量风和 TBB 的分布；(f)累计降水量的分布

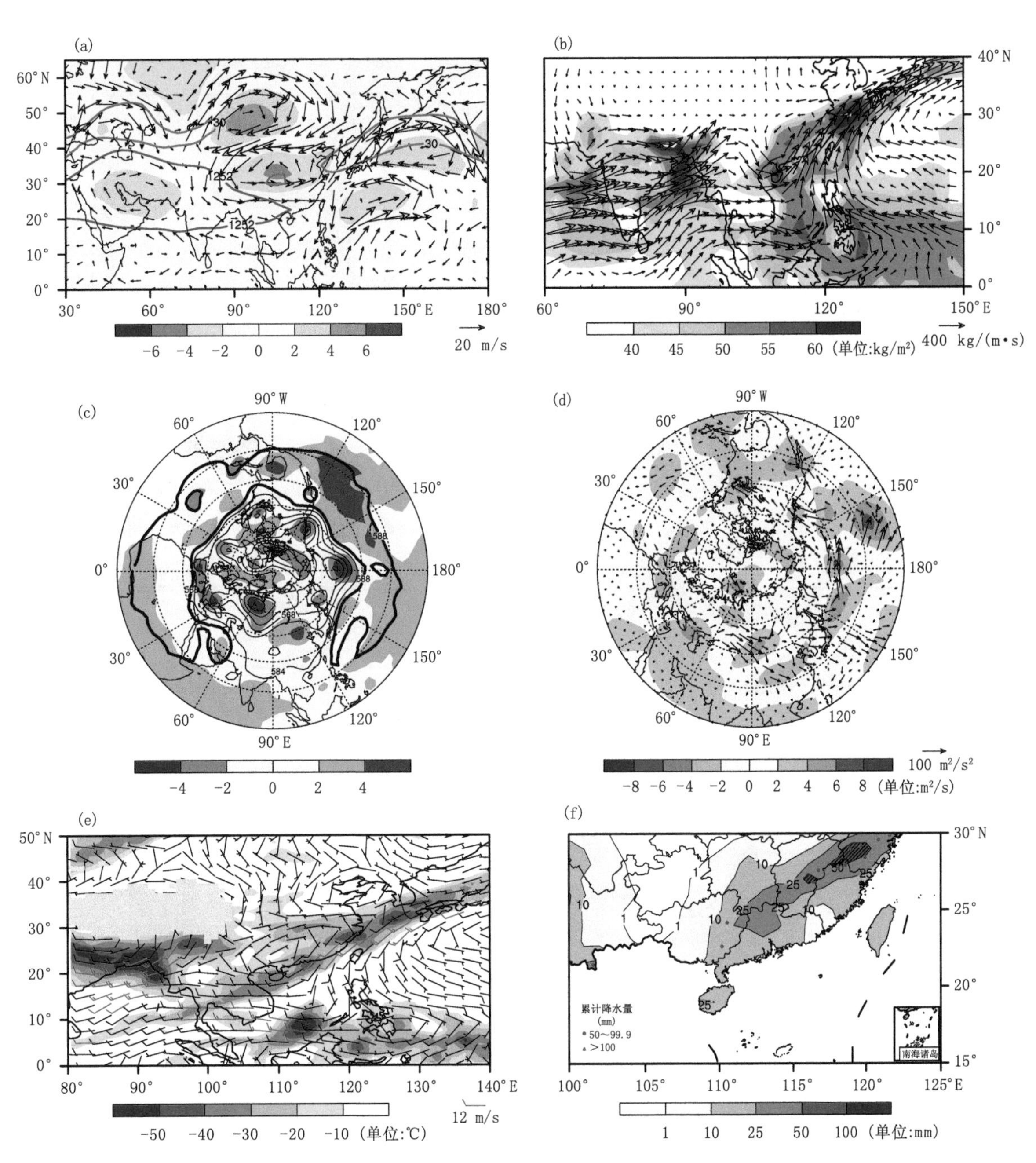

图 3.35 1997 年 7 月 9 日环流、水汽输送及降水特征图

(a)200 hPa 南亚高压、西风急流、位势高度标准化距平和矢量风距平的分布；(b)整层积分水汽和水汽输送的分布；(c)500 hPa 位势高度及其标准化距平的分布；(d)200 hPa 波通量和流函数距平的分布；(e)850 hPa 矢量风和 TBB 的分布；(f)累计降水量的分布

3.8.3 1997 年 7 月 19—24 日事件

3.8.3.1 降水概况

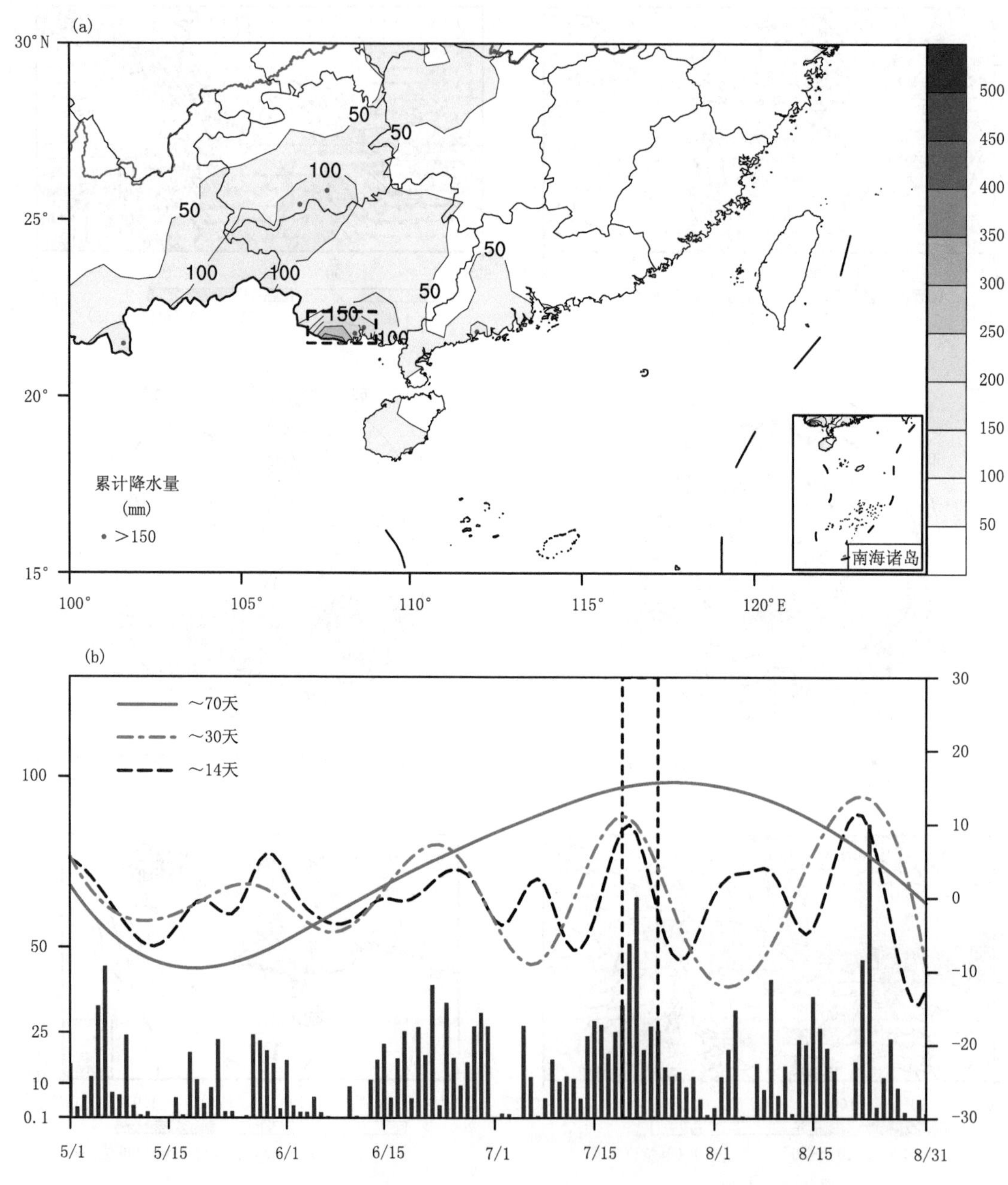

图 3.36 1997 年 7 月 19—24 日华南持续性暴雨事件过程降水特征图

(a)事件期间累计降水量，以及累计降水超过 150 mm 的站点，事件核心区域用黑色虚线框标出；(b)事件期间核心区域平均降水量(单位：mm)，以及原降水序列的三个本征模态(红色实线，蓝色虚线以及黑色虚线)，代表 3 个不同频段的低频周期，中心周期在图中标出，事件发生时段用黑色竖虚线标出

3.8.3.2　时间—经(纬)度剖面综合图

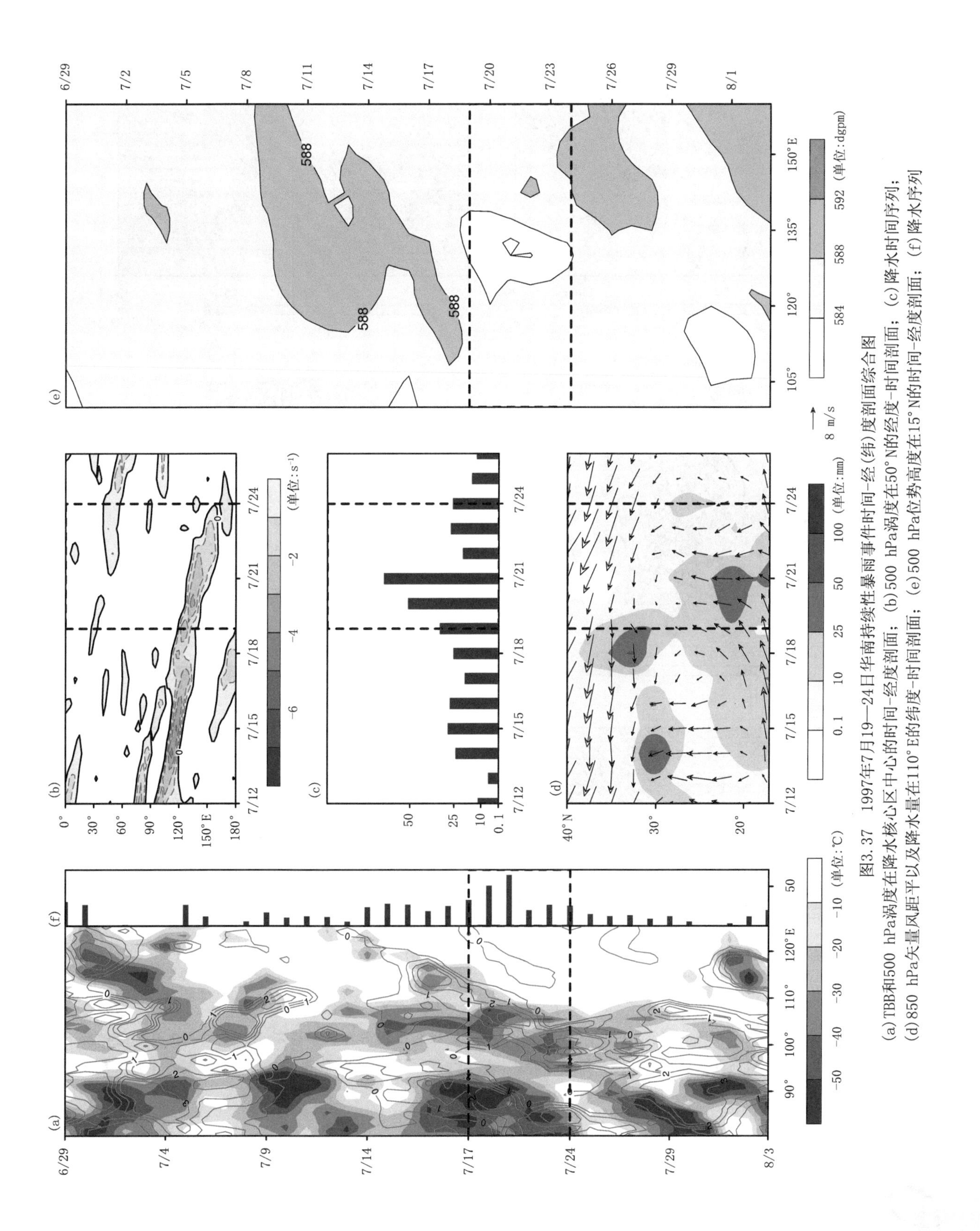

图3.37　1997年7月19—24日华南持续性暴雨事件时间-经(纬)度剖面综合图

(a)TBB和500 hPa涡度在降水核心区中心的时间-经度剖面；(b)500 hPa涡度在50°N的经度-时间剖面；(c)降水时间序列；(d)850 hPa矢量风距平以及降水量在110°E的纬度-时间剖面；(e)500 hPa位势高度在15°N的时间-经度剖面；(f)降水序列

3.8.3.3 逐日环流、水汽输送和降水特征图

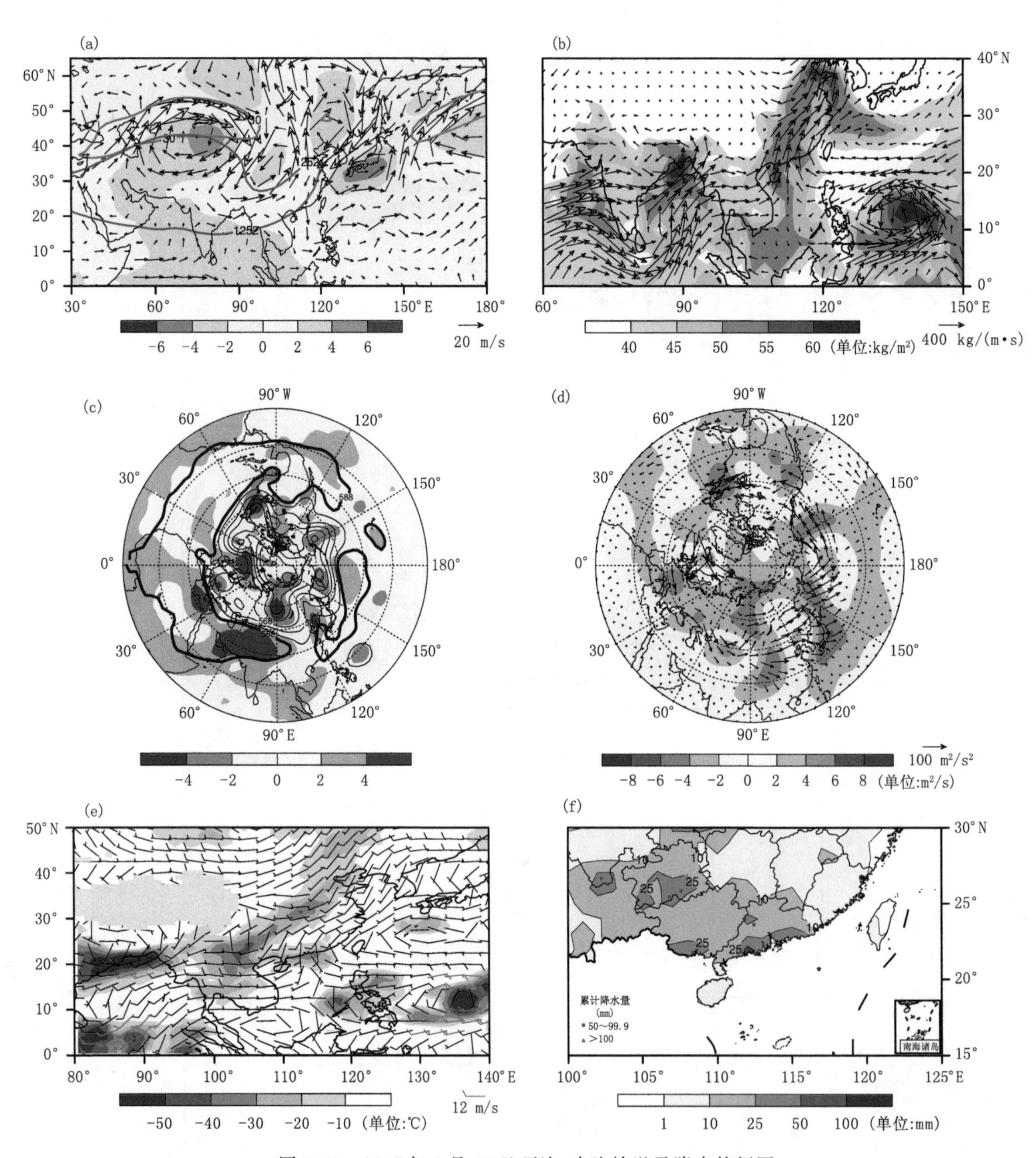

图 3.38 1997 年 7 月 19 日环流、水汽输送及降水特征图

(a)200 hPa 南亚高压、西风急流、位势高度标准化距平和矢量风距平的分布;(b)整层积分水汽和水汽输送的分布;(c)500 hPa 位势高度及其标准化距平的分布;(d)200 hPa 波通量和流函数距平的分布;(e)850 hPa 矢量风和 TBB 的分布;(f)累计降水量的分布

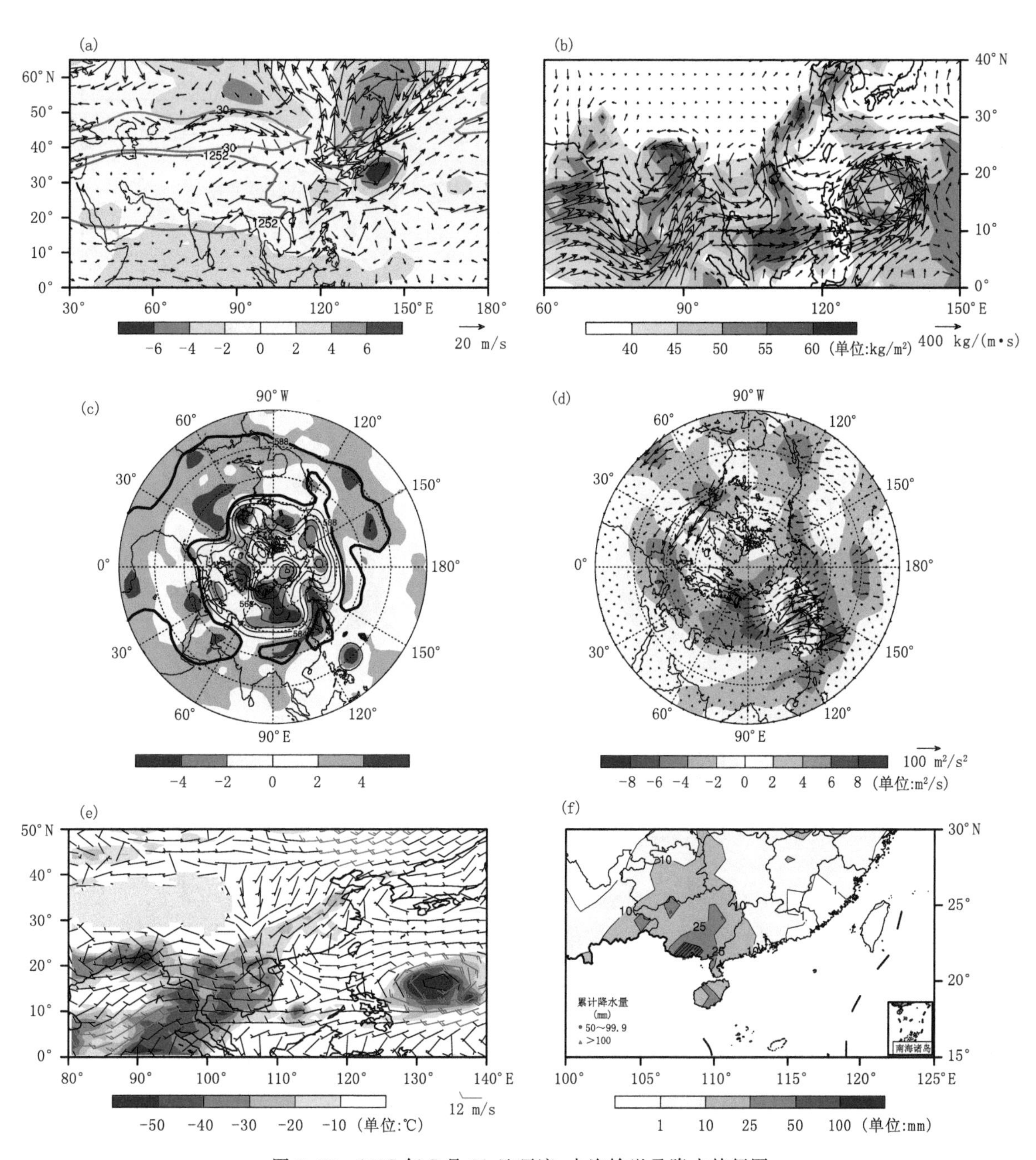

图3.39 1997年7月21日环流、水汽输送及降水特征图

(a)200 hPa南亚高压、西风急流、位势高度标准化距平和矢量风距平的分布;(b)整层积分水汽和水汽输送的分布;(c)500 hPa位势高度及其标准化距平的分布;(d)200 hPa波通量和流函数距平的分布;(e)850 hPa矢量风和TBB的分布;(f)累计降水量的分布

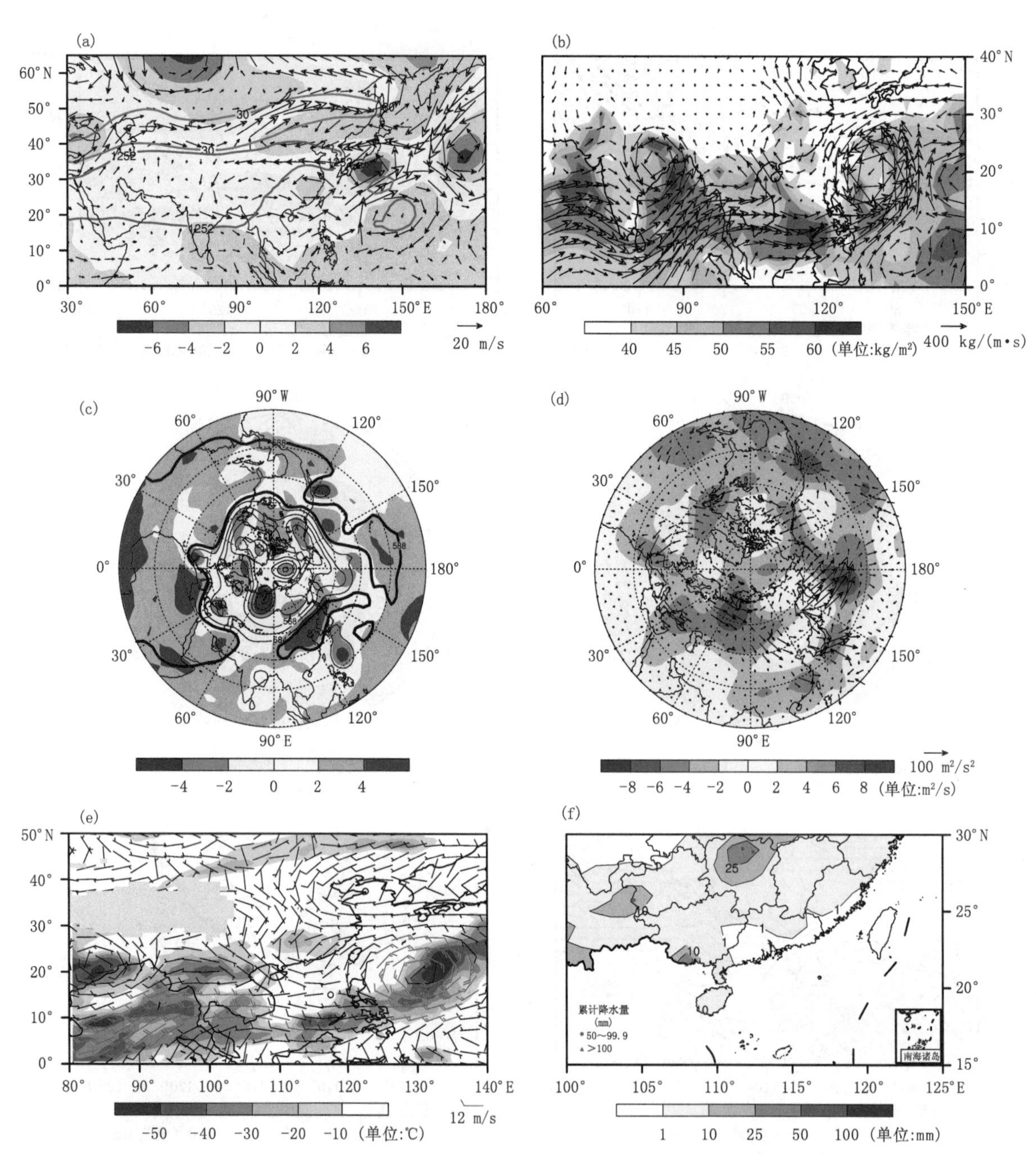

图 3.40　1997 年 7 月 23 日环流、水汽输送及降水特征图

(a)200 hPa 南亚高压、西风急流、位势高度标准化距平和矢量风距平的分布;(b)整层积分水汽和水汽输送的分布;(c)500 hPa 位势高度及其标准化距平的分布;(d)200 hPa 波通量和流函数距平的分布;(e)850 hPa 矢量风和 TBB 的分布;(f)累计降水量的分布

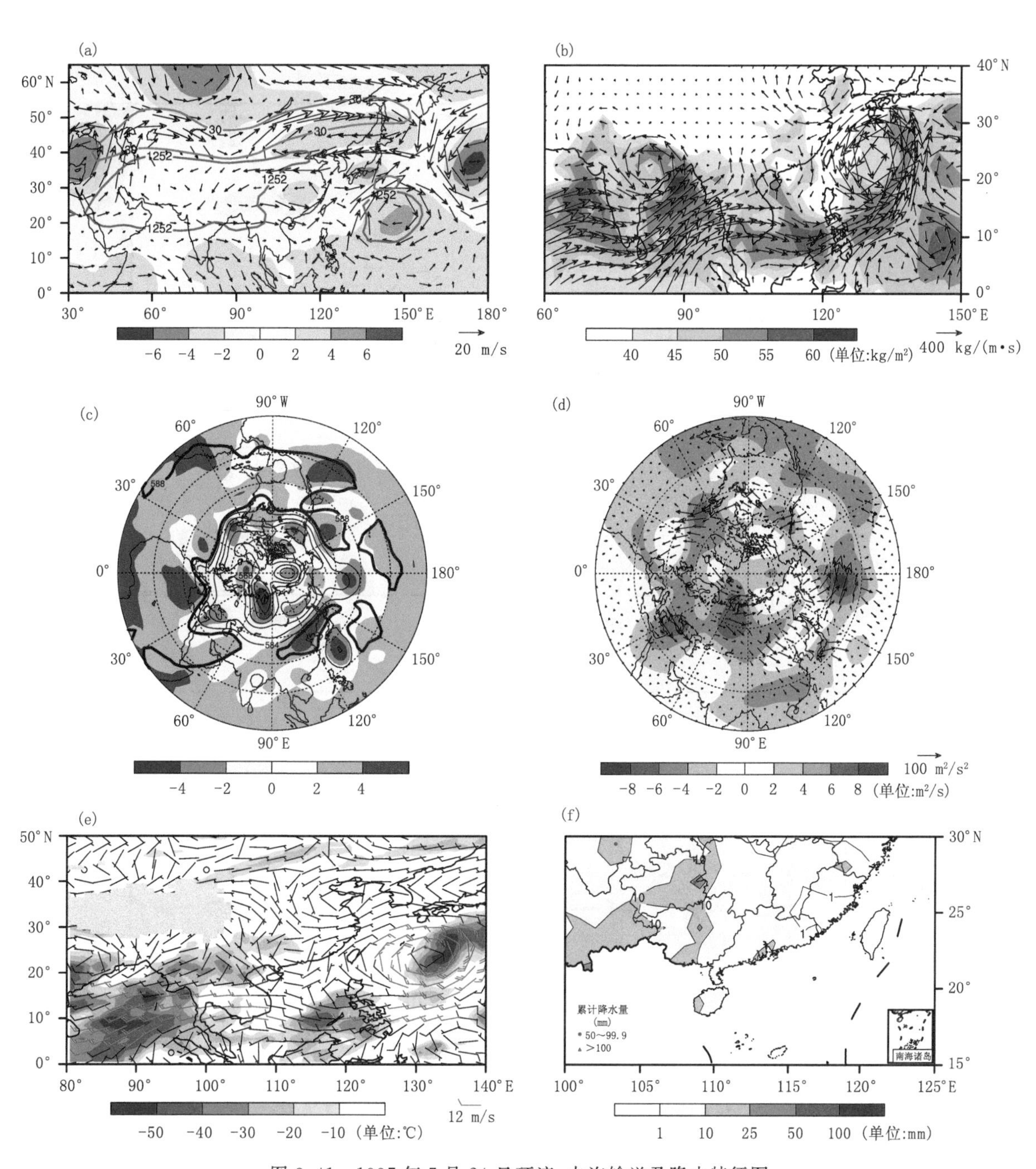

图 3.41 1997 年 7 月 24 日环流、水汽输送及降水特征图

(a)200 hPa 南亚高压、西风急流、位势高度标准化距平和矢量风距平的分布;(b)整层积分水汽和水汽输送的分布;(c)500 hPa 位势高度及其标准化距平的分布;(d)200 hPa 波通量和流函数距平的分布;(e)850 hPa 矢量风和 TBB 的分布;(f)累计降水量的分布

3.8.4 2000 年 7 月 17—22 日事件

3.8.4.1 降水概况

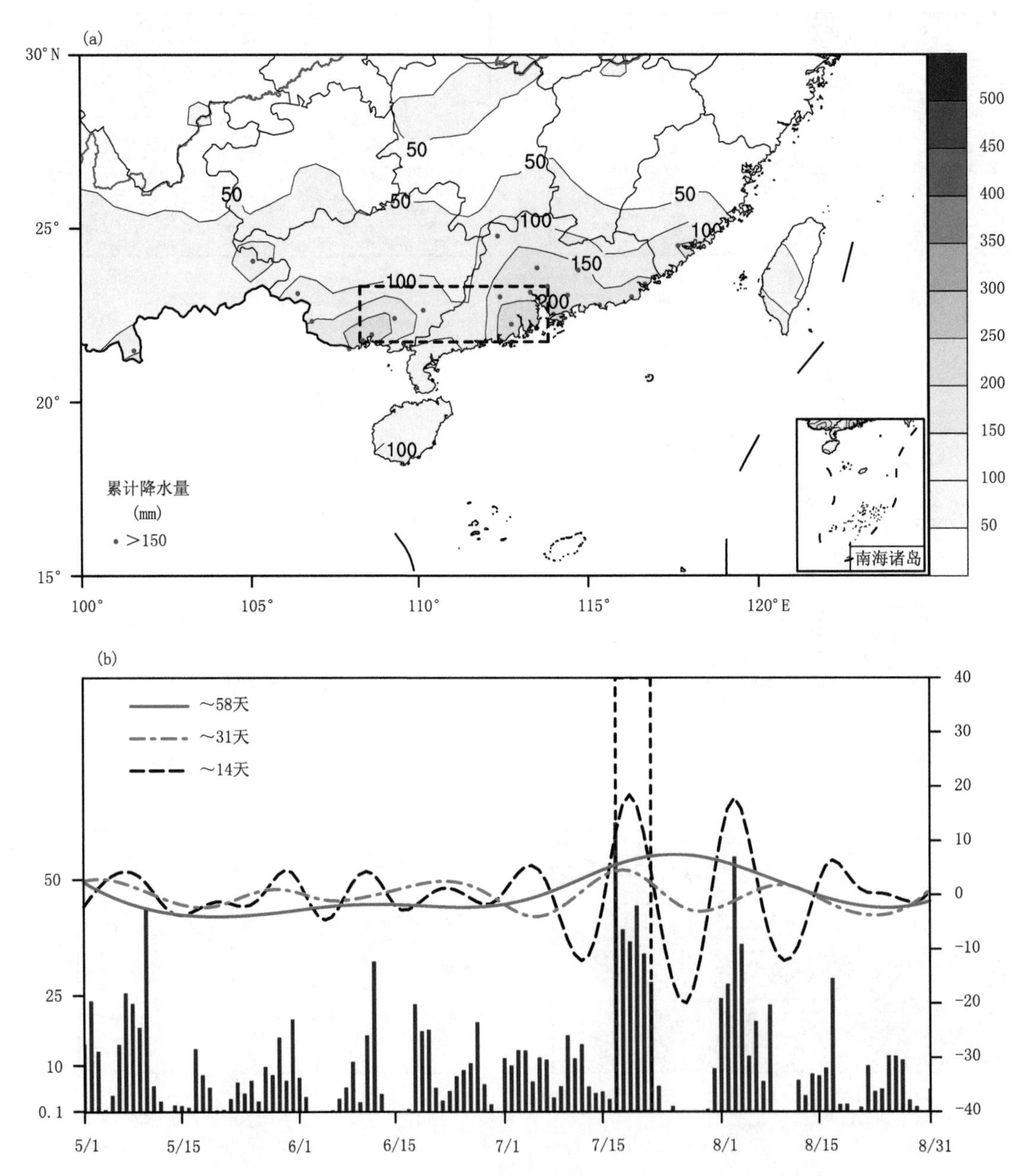

图 3.42 2000 年 7 月 17—22 日华南持续性暴雨事件过程降水特征图

(a)事件期间累计降水量，以及累计降水超过 150 mm 的站点，事件核心区域用黑色虚线框标出；(b)事件期间核心区域平均降水量(单位：mm)，以及原降水序列的三个本征模态(红色实线，蓝色虚线以及黑色虚线)，代表 3 个不同频段的低频周期，中心周期在图中标出，事件发生时段用黑色竖虚线标出

3.8.4.2 时间—经(纬)度剖面综合图

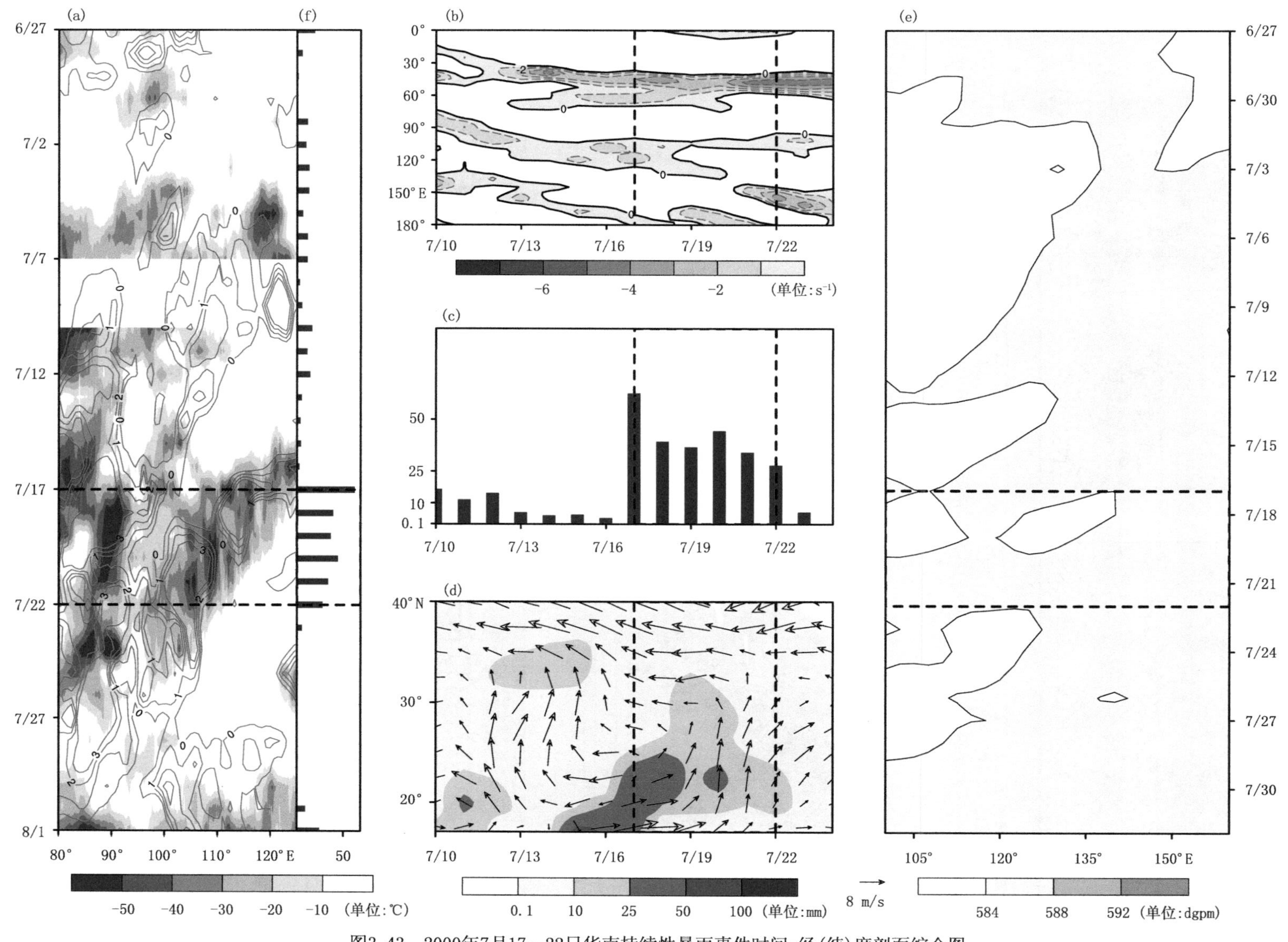

图3.43 2000年7月17—22日华南持续性暴雨事件时间-经(纬)度剖面综合图

(a)TBB和500 hPa涡度在降水核心区中心的时间-经度剖面(事件日前后部分TBB资料缺失)；(b)500 hPa涡度在55°N的经度-时间剖面；(c)降水时间序列；(d)850 hPa矢量风距平以及降水量在112.5°E的纬度-时间剖面；(e)500 hPa位势高度在15°N的时间-经度剖面；(f)降水序列

3.8.4.3 逐日环流、水汽输送和降水特征图

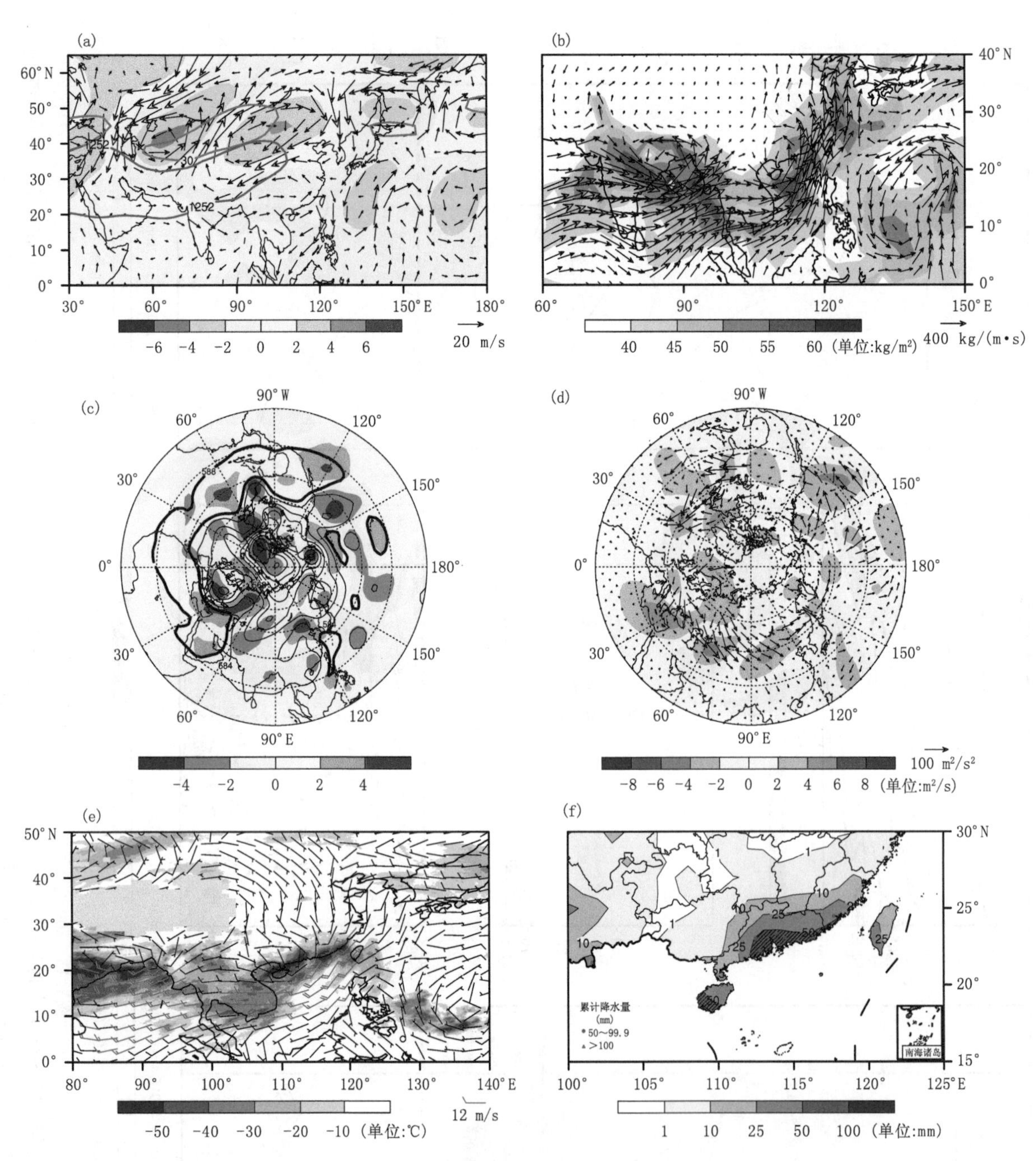

图 3.44 2000 年 7 月 17 日环流、水汽输送及降水特征图

(a)200 hPa 南亚高压、西风急流、位势高度标准化距平和矢量风距平的分布;(b)整层积分水汽和水汽输送的分布;(c)500 hPa 位势高度及其标准化距平的分布;(d)200 hPa 波通量和流函数距平的分布;(e)850 hPa 矢量风和 TBB 的分布;(f)累计降水量的分布

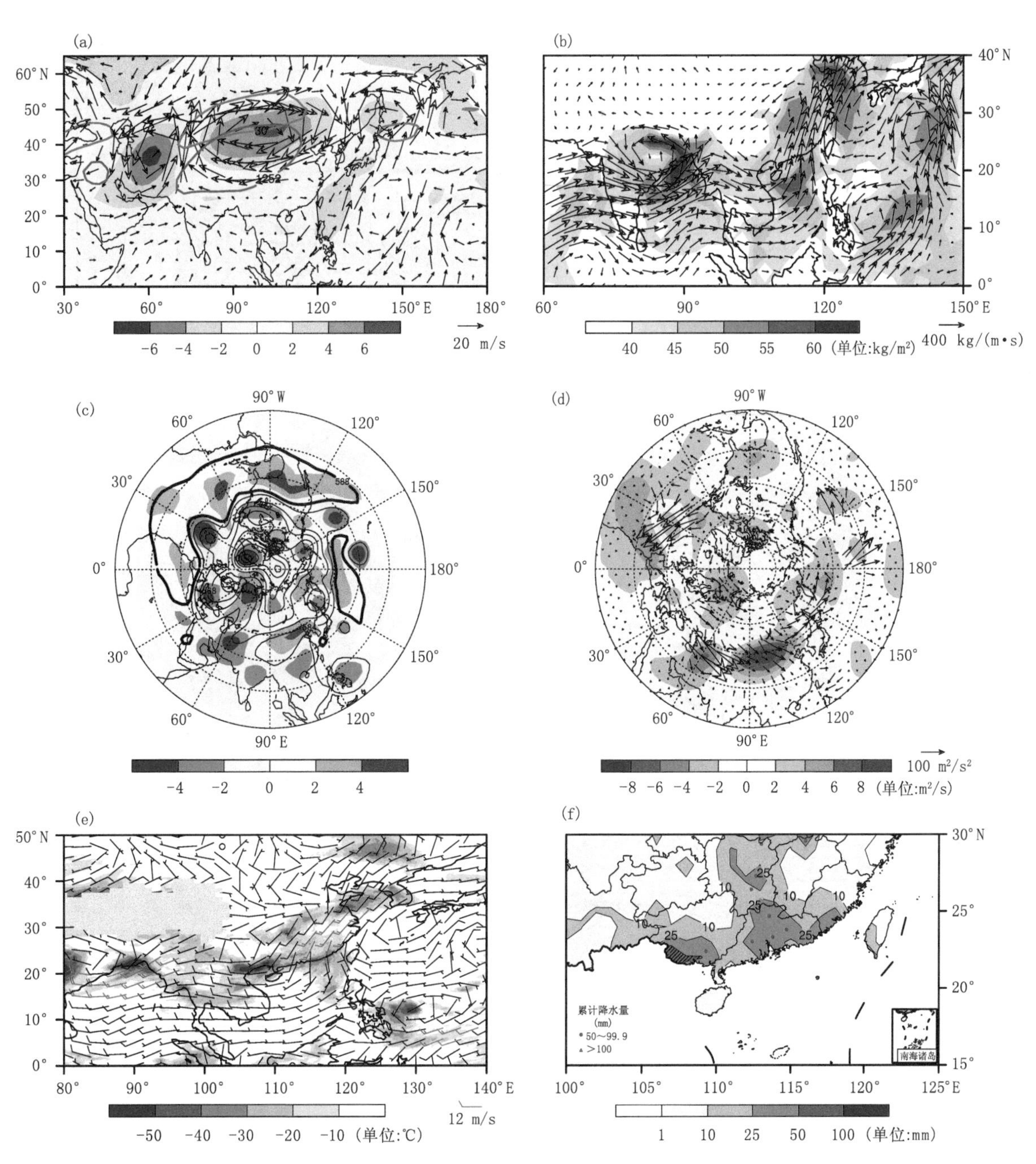

图 3.45 2000 年 7 月 19 日环流、水汽输送及降水特征图

(a)200 hPa 南亚高压、西风急流、位势高度标准化距平和矢量风距平的分布;(b)整层积分水汽和水汽输送的分布;(c)500 hPa 位势高度及其标准化距平的分布;(d)200 hPa 波通量和流函数距平的分布;(e)850 hPa 矢量风和 TBB 的分布;(f)累计降水量的分布

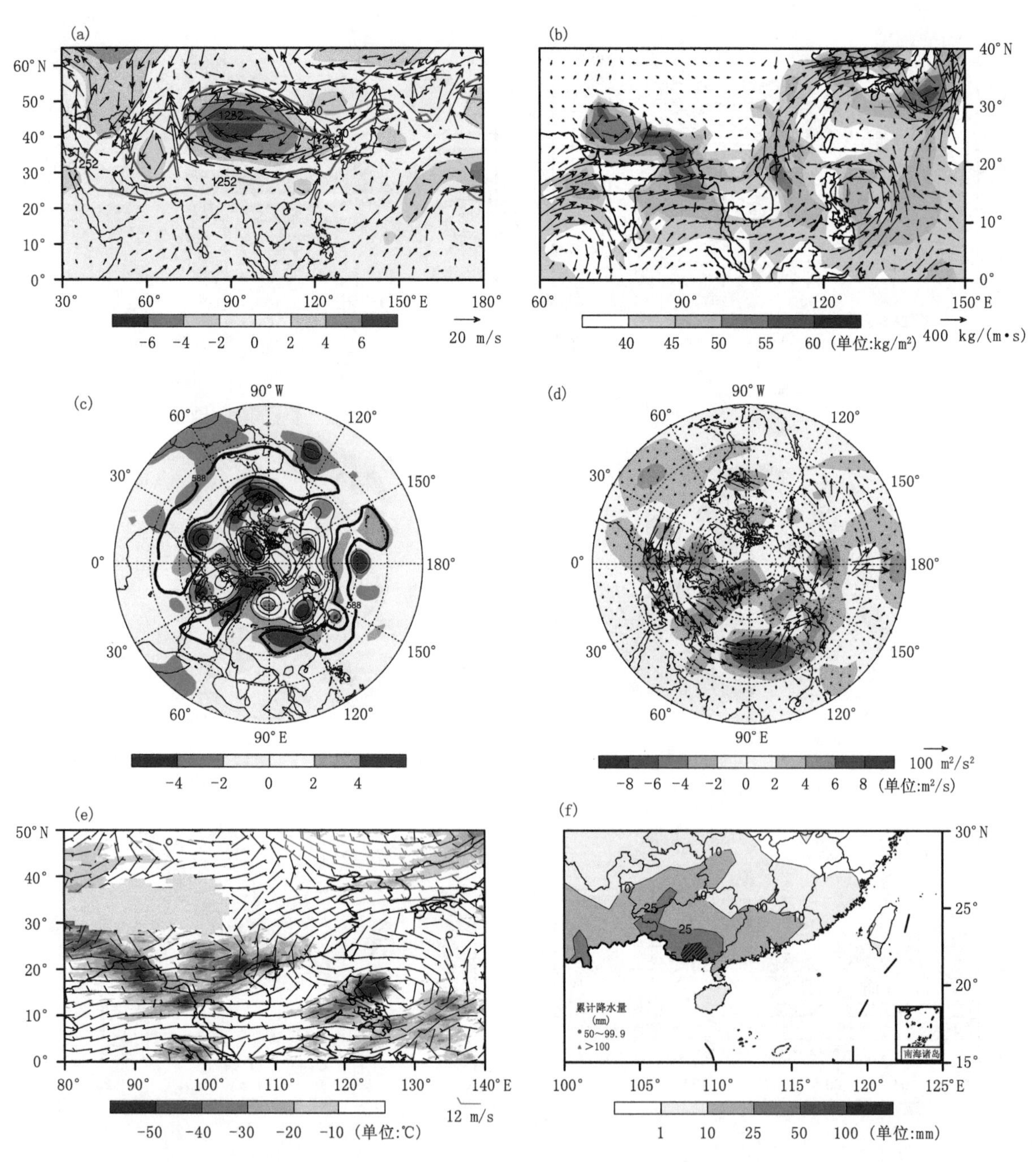

图 3.46　2000 年 7 月 21 日环流、水汽输送及降水特征图

(a)200 hPa 南亚高压、西风急流、位势高度标准化距平和矢量风距平的分布;(b)整层积分水汽和水汽输送的分布;(c)500 hPa 位势高度及其标准化距平的分布;(d)200 hPa 波通量和流函数距平的分布;(e)850 hPa 矢量风和 TBB 的分布;(f)累计降水量的分布

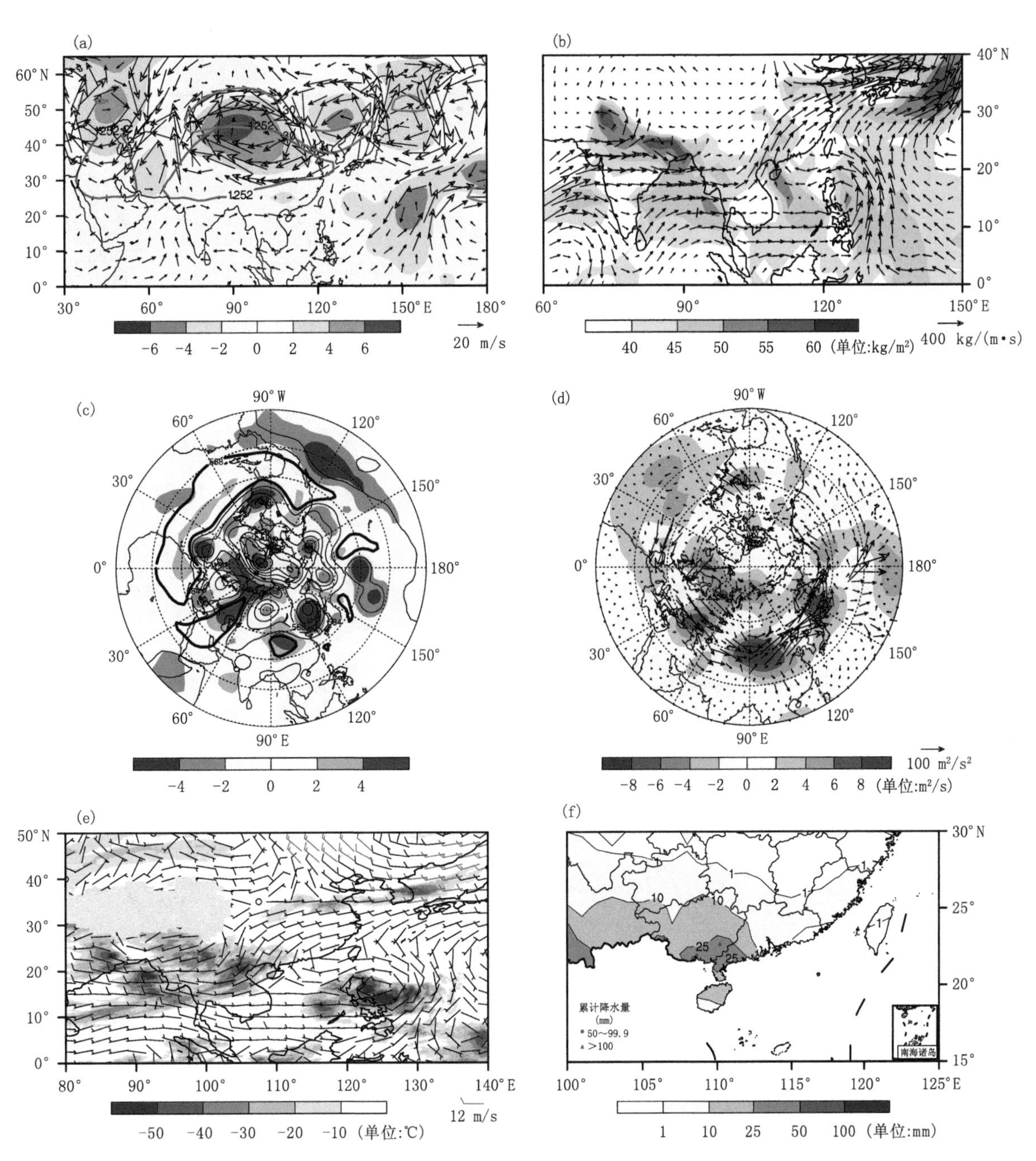

图 3.47 2000 年 7 月 22 日环流、水汽输送及降水特征图

(a)200 hPa 南亚高压、西风急流、位势高度标准化距平和矢量风距平的分布;(b)整层积分水汽和水汽输送的分布;(c)500 hPa 位势高度及其标准化距平的分布;(d)200 hPa 波通量和流函数距平的分布;(e)850 hPa 矢量风和 TBB 的分布;(f)累计降水量的分布

3.8.5 2000 年 8 月 1—4 日事件

3.8.5.1 降水概况

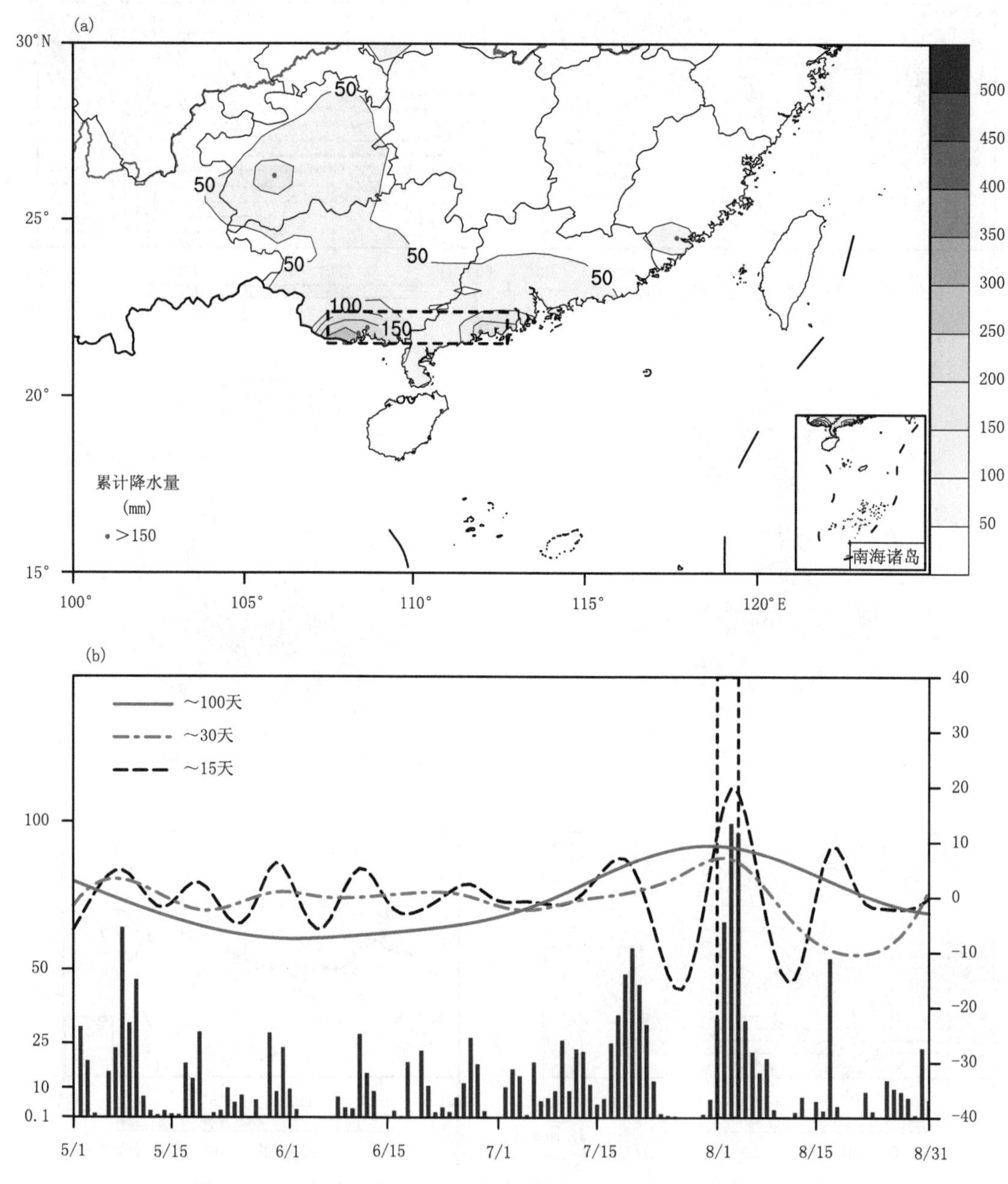

图 3.48 2000 年 8 月 1—4 日华南持续性暴雨事件过程降水特征图

(a)事件期间累计降水量，以及累计降水超过 150 mm 的站点，事件核心区域用黑色虚线框标出；(b)事件期间核心区域平均降水量(单位：mm)，以及原降水序列的三个本征模态(红色实线，蓝色虚线以及黑色虚线)，代表 3 个不同频段的低频周期，中心周期在图中标出，事件发生时段用黑色竖虚线标出

3.8.5.2　时间—经(纬)度剖面综合图

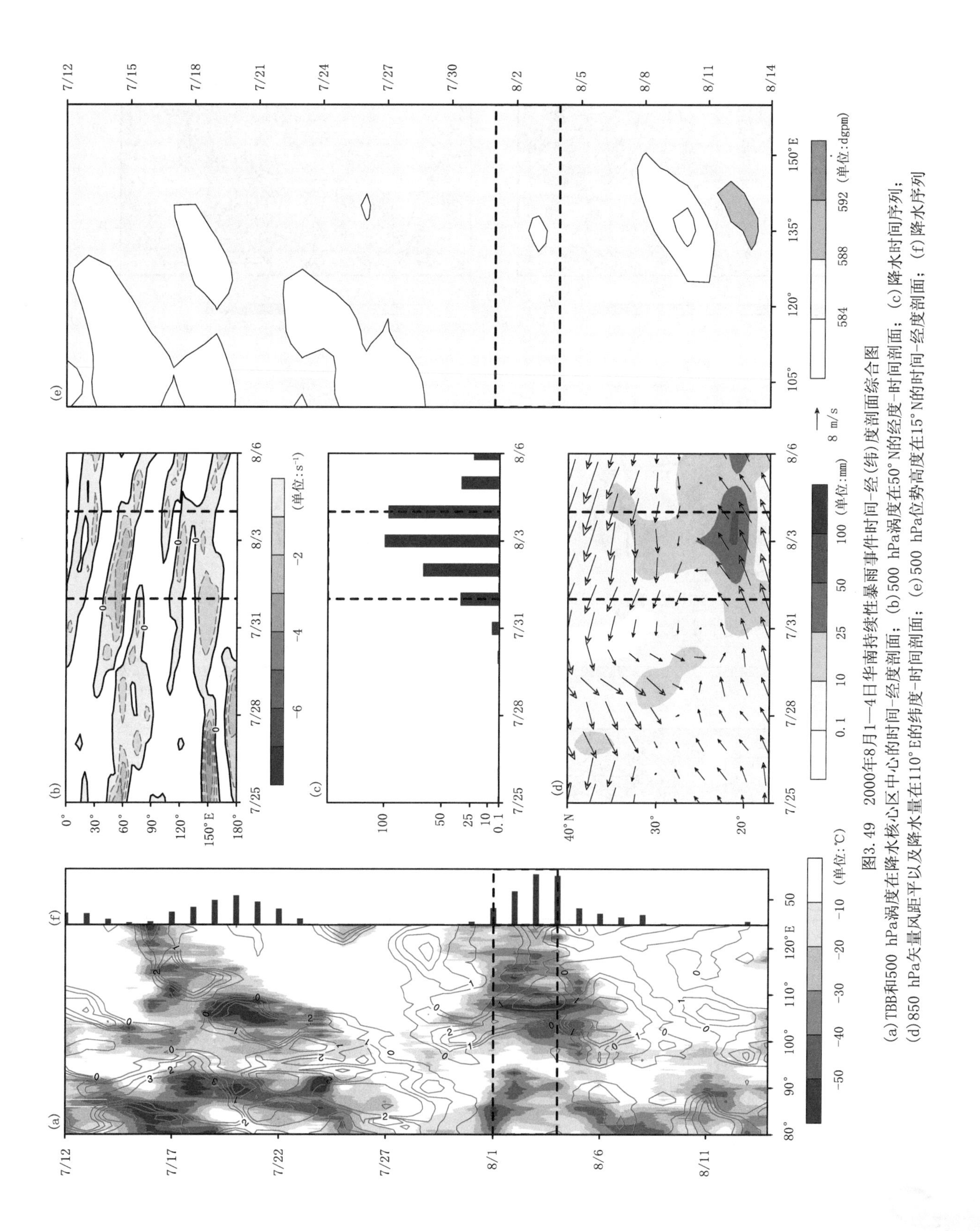

图3.49　2000年8月1—4日华南持续性暴雨事件时间-经(纬)度剖面综合图

(a) TBB和500 hPa涡度在降水核心区中心的时间-经度剖面；(b) 500 hPa涡度在50°N的经度-时间剖面；(c) 降水时间序列；(d) 850 hPa矢量风距平以及降水量在110°E的纬度-时间剖面；(e) 500 hPa位势高度在15°N的时间-经度剖面；(f) 降水序列

3.8.5.3 逐日环流、水汽输送和降水特征图

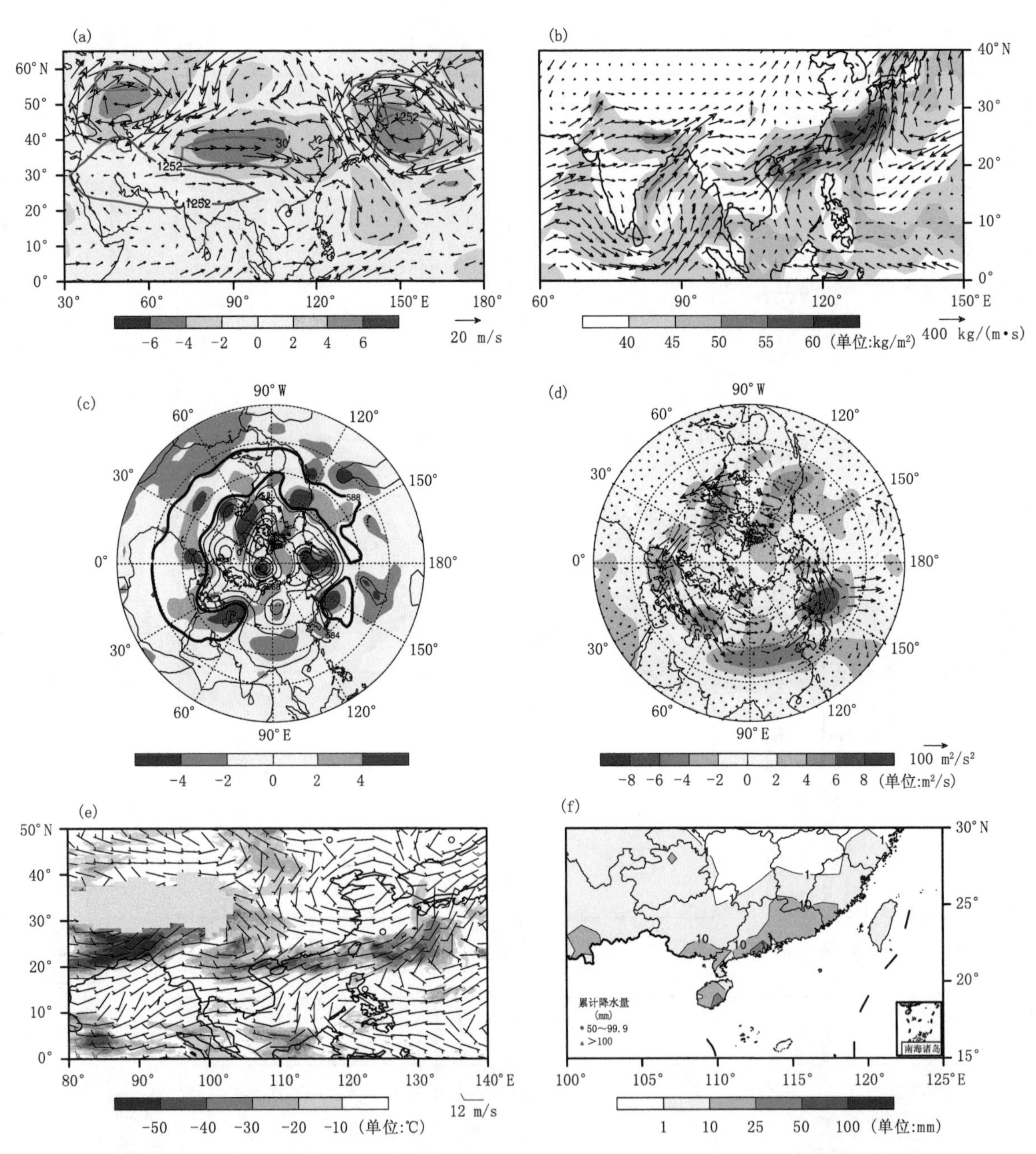

图 3.50 2000 年 8 月 1 日环流、水汽输送及降水特征图

(a)200 hPa 南亚高压、西风急流、位势高度标准化距平和矢量风距平的分布;(b)整层积分水汽和水汽输送的分布;(c)500 hPa 位势高度及其标准化距平的分布;(d)200 hPa 波通量和流函数距平的分布;(e)850 hPa 矢量风和 TBB 的分布;(f)累计降水量的分布

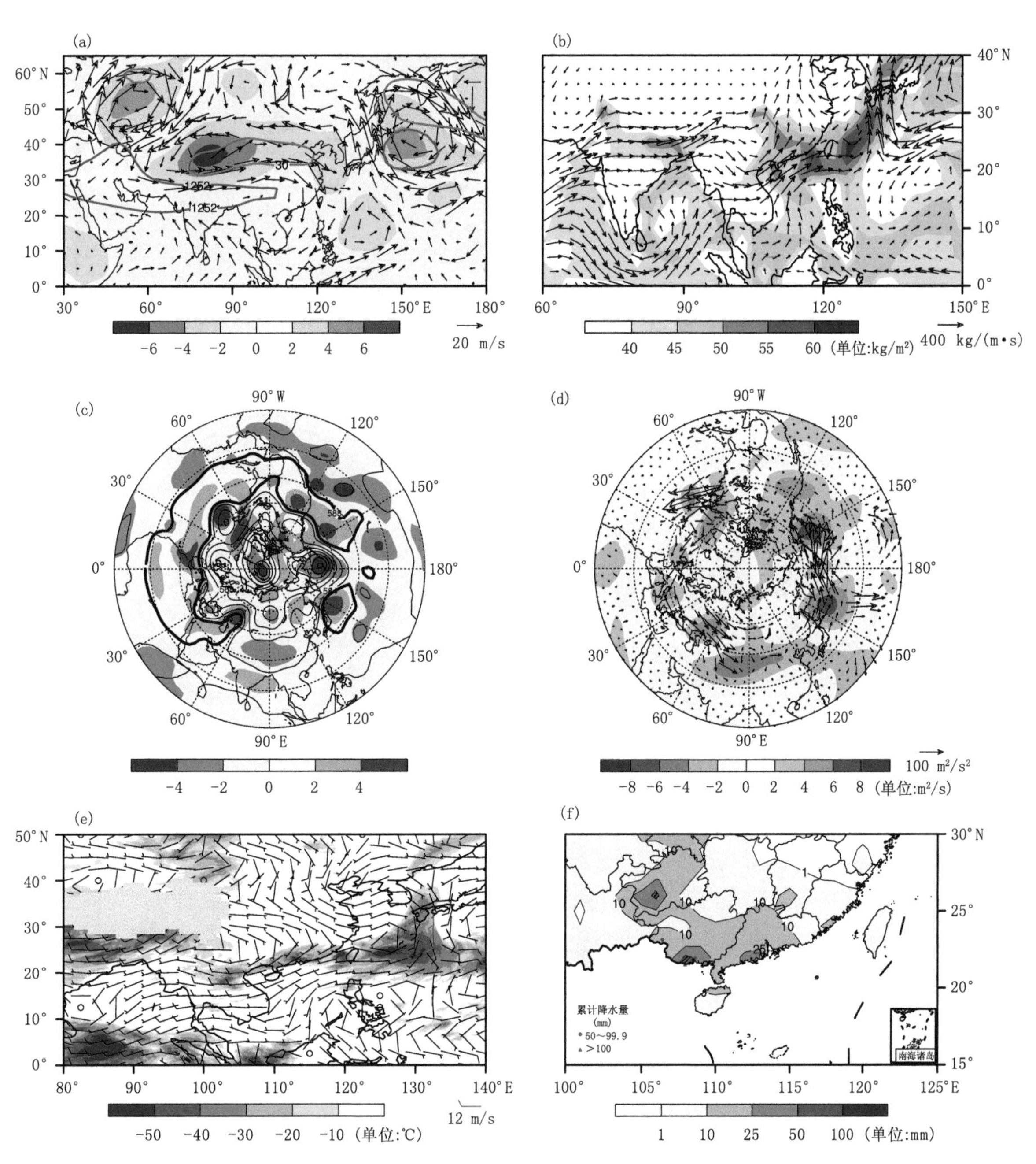

图3.51　2000年8月2日环流、水汽输送及降水特征图

(a)200 hPa南亚高压、西风急流、位势高度标准化距平和矢量风距平的分布;(b)整层积分水汽和水汽输送的分布;(c)500 hPa位势高度及其标准化距平的分布;(d)200 hPa波通量和流函数距平的分布;(e)850 hPa矢量风和TBB的分布;(f)累计降水量的分布

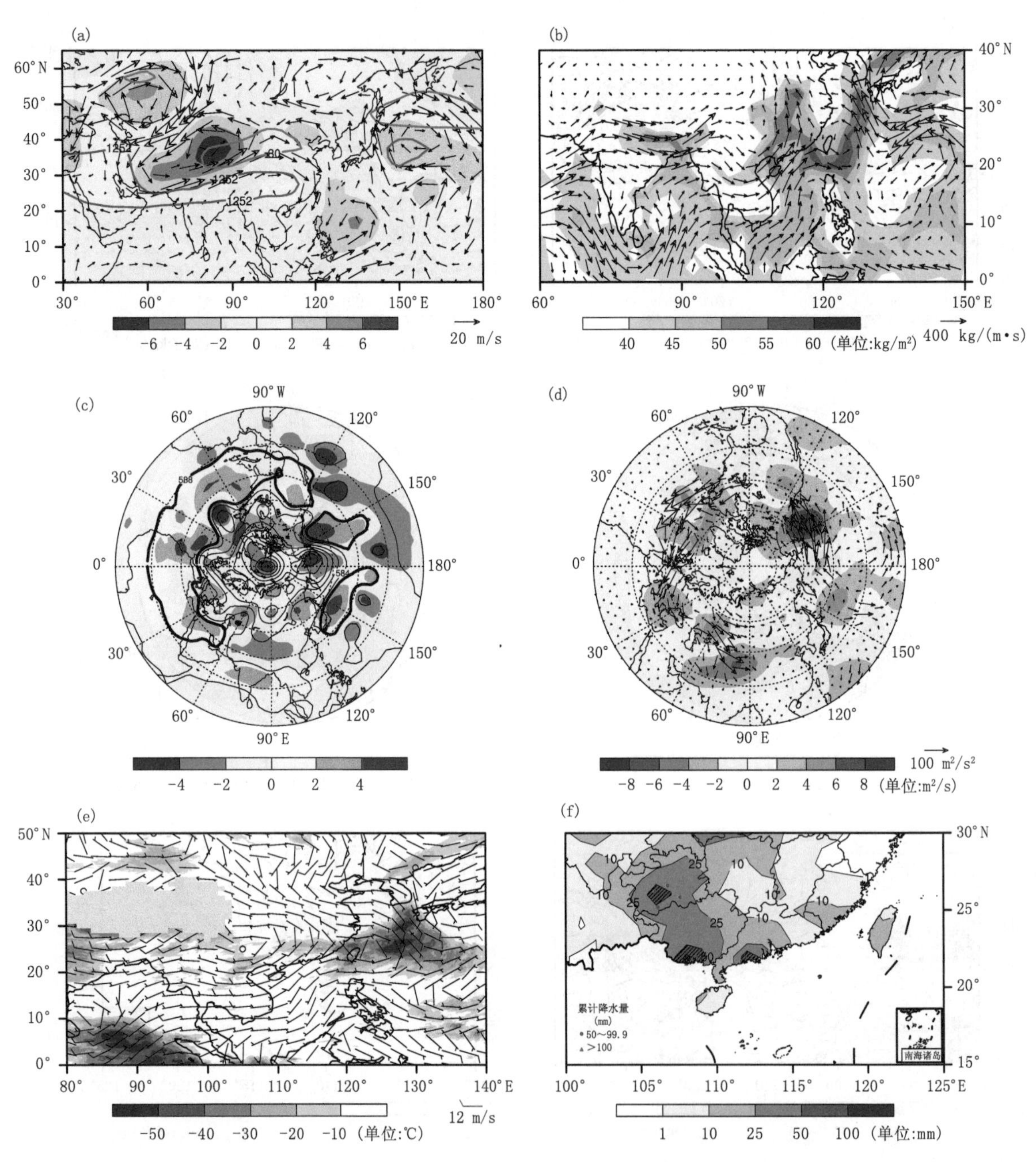

图 3.52 2000 年 8 月 3 日环流、水汽输送及降水特征图

(a)200 hPa 南亚高压、西风急流、位势高度标准化距平和矢量风距平的分布；(b)整层积分水汽和水汽输送的分布；(c)500 hPa 位势高度及其标准化距平的分布；(d)200 hPa 波通量和流函数距平的分布；(e)850 hPa 矢量风和 TBB 的分布；(f)累计降水量的分布

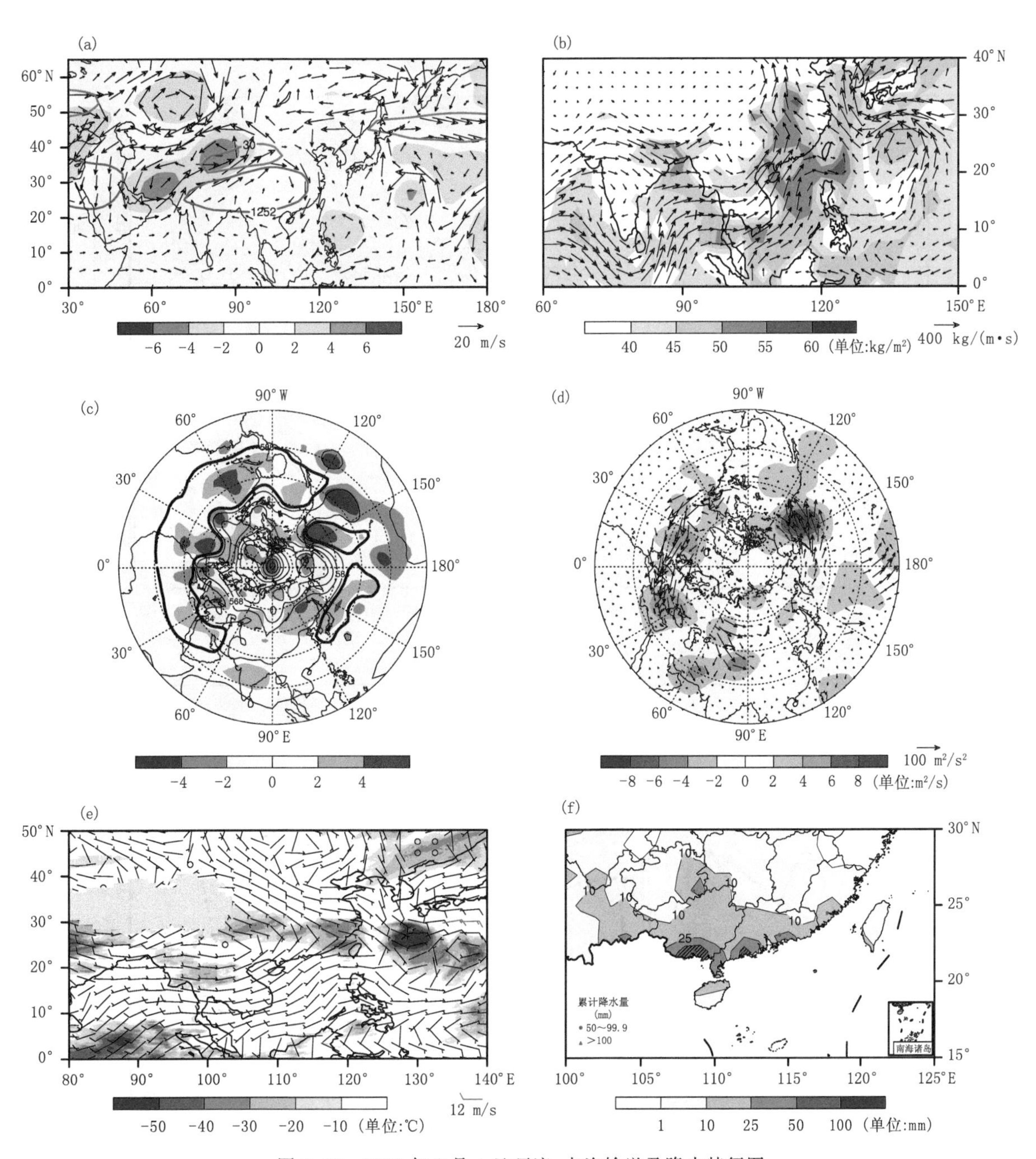

图 3.53 2000年8月4日环流、水汽输送及降水特征图

(a)200 hPa 南亚高压、西风急流、位势高度标准化距平和矢量风距平的分布；(b)整层积分水汽和水汽输送的分布；(c)500 hPa 位势高度及其标准化距平的分布；(d)200 hPa 波通量和流函数距平的分布；(e)850 hPa 矢量风和 TBB 的分布；(f)累计降水量的分布

3.8.6 2008 年 7 月 7—12 日事件

3.8.6.1 降水概况

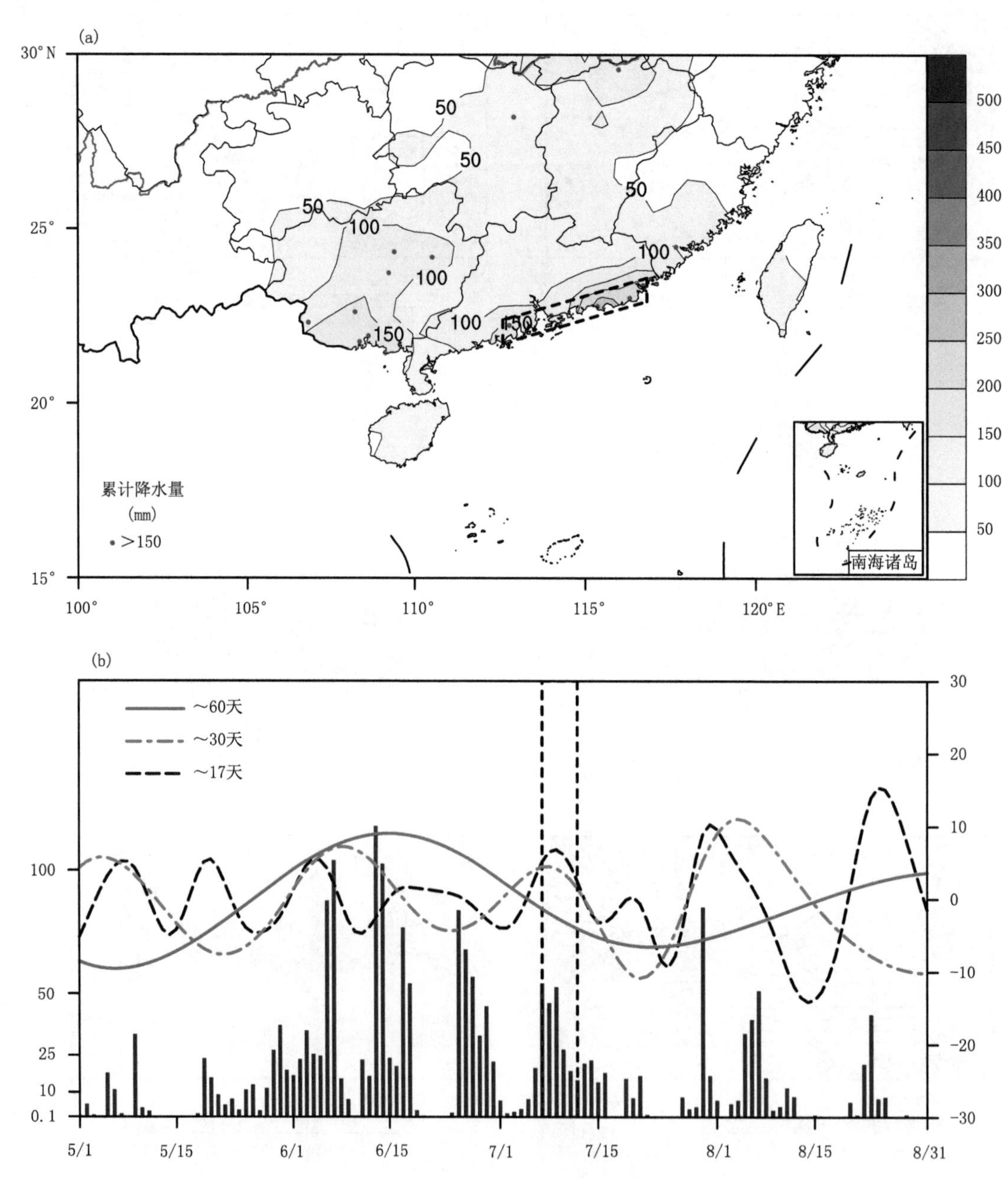

图 3.54 2008 年 7 月 7—12 日华南持续性暴雨事件过程降水特征图

(a)事件期间累计降水量，以及累计降水超过 150 mm 的站点，事件核心区域用黑色虚线框标出；(b)事件期间核心区域平均降水量(单位：mm)，以及原降水序列的三个本征模态(红色实线，蓝色虚线以及黑色虚线)，代表 3 个不同频段的低频周期，中心周期在图中标出，事件发生时段用黑色竖虚线标出

3.8.6.2 时间一经(纬)度剖面综合图

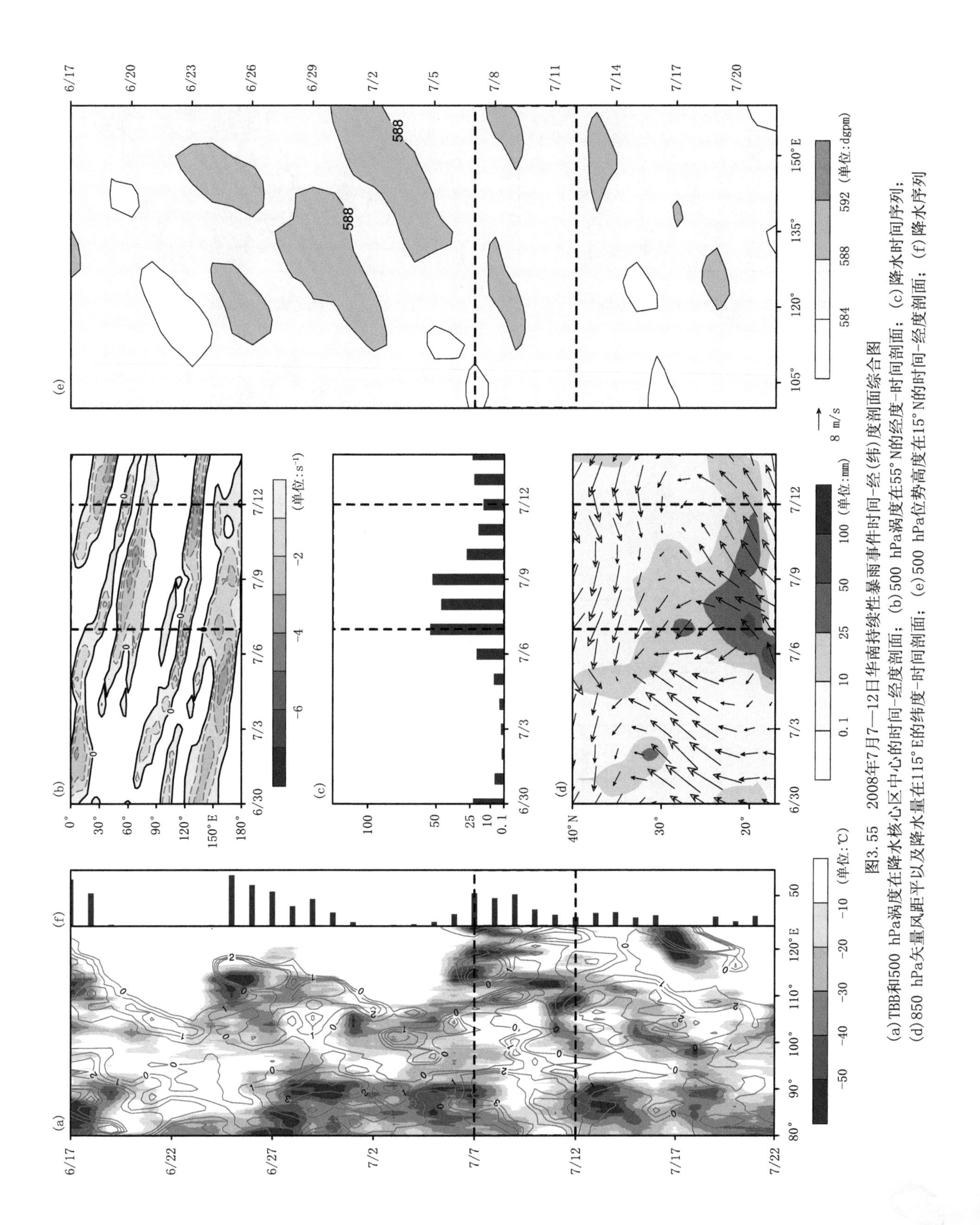

图3.55 2008年7月7—12日华南持续性暴雨事件时间-经(纬)度剖面综合图

(a) TBB和500 hPa涡度在降水核心区中心的时间-经度剖面；(b) 500 hPa涡度在55°N的经度-时间剖面；(c) 降水时间序列；(d) 850 hPa矢量风距平以及降水量在115°E的纬度-时间剖面；(e) 500 hPa位势高度在15°N的时间-经度剖面；(f) 降水序列

3.8.6.3 逐日环流、水汽输送和降水特征图

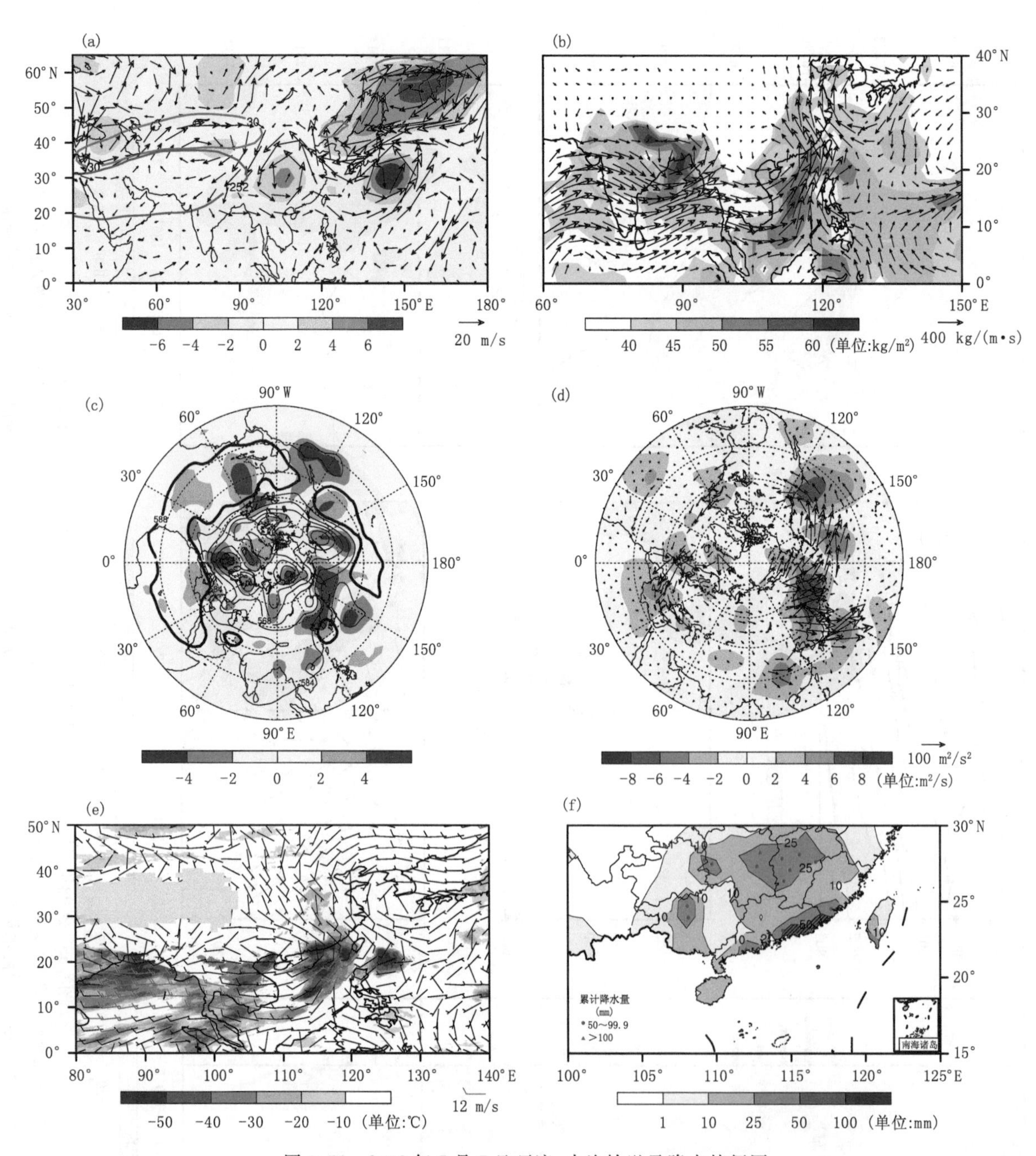

图 3.56 2008 年 7 月 7 日环流、水汽输送及降水特征图

(a)200 hPa 南亚高压、西风急流、位势高度标准化距平和矢量风距平的分布；(b)整层积分水汽和水汽输送的分布；(c)500 hPa 位势高度及其标准化距平的分布；(d)200 hPa 波通量和流函数距平的分布；(e)850 hPa 矢量风和 TBB 的分布；(f)累计降水量的分布

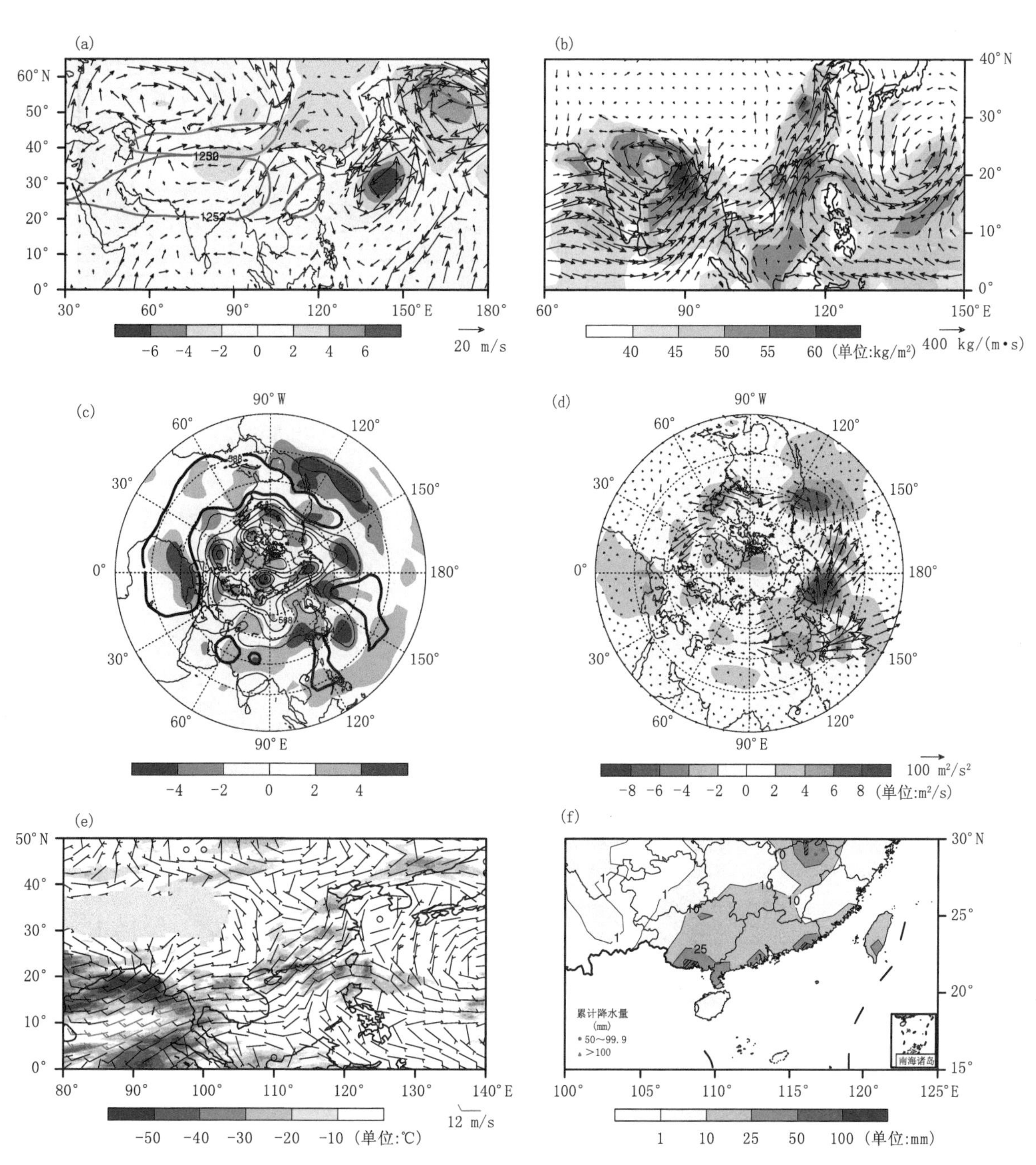

图 3.57　2008 年 7 月 9 日环流、水汽输送及降水特征图

(a)200 hPa 南亚高压、西风急流、位势高度标准化距平和矢量风距平的分布;(b)整层积分水汽和水汽输送的分布;(c)500 hPa 位势高度及其标准化距平的分布;(d)200 hPa 波通量和流函数距平的分布;(e)850 hPa 矢量风和 TBB 的分布;(f)累计降水量的分布

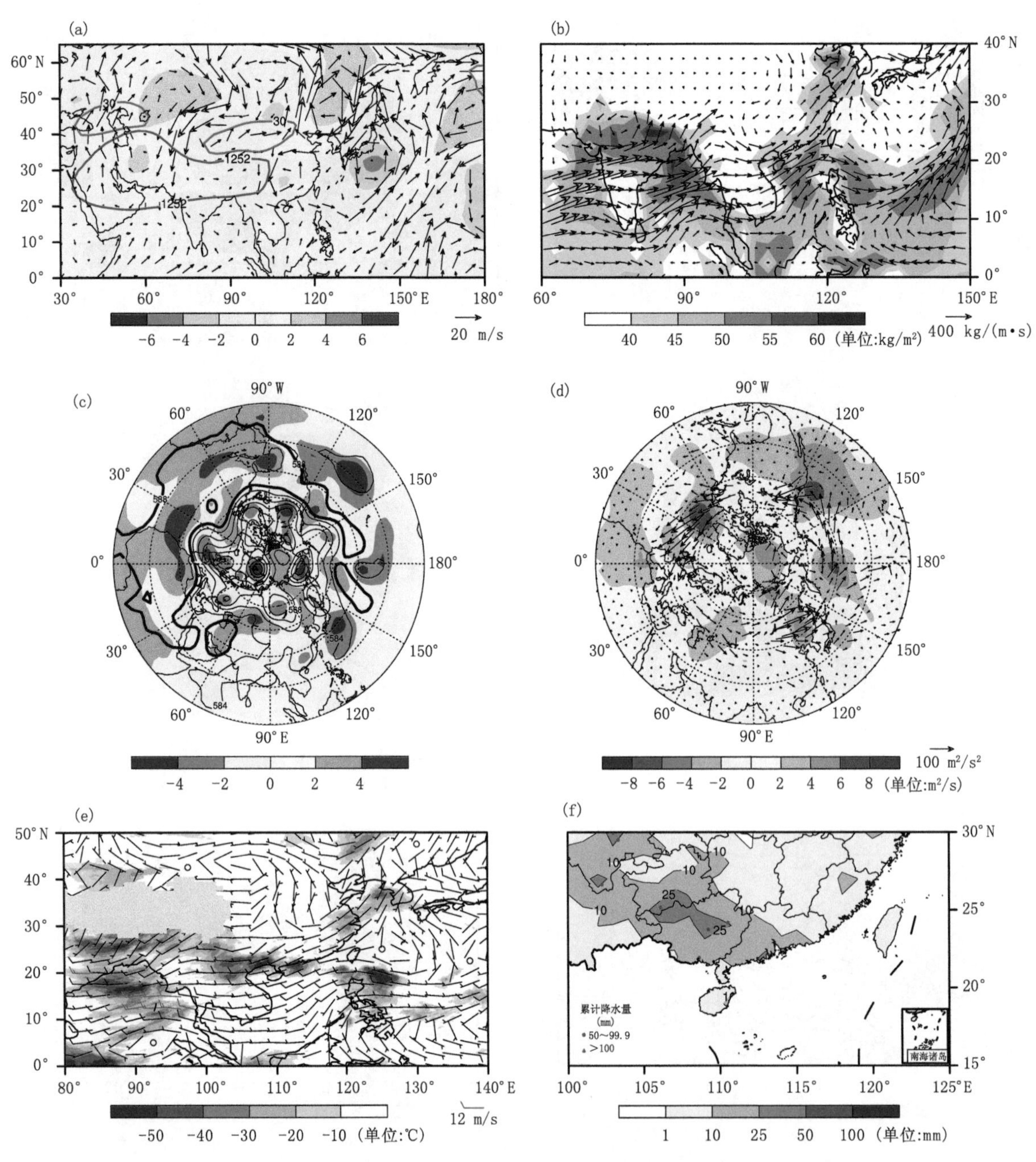

图 3.58　2008 年 7 月 11 日环流、水汽输送及降水特征图

(a)200 hPa 南亚高压、西风急流、位势高度标准化距平和矢量风距平的分布；(b)整层积分水汽和水汽输送的分布；(c)500 hPa 位势高度及其标准化距平的分布；(d)200 hPa 波通量和流函数距平的分布；(e)850 hPa 矢量风和 TBB 的分布；(f)累计降水量的分布

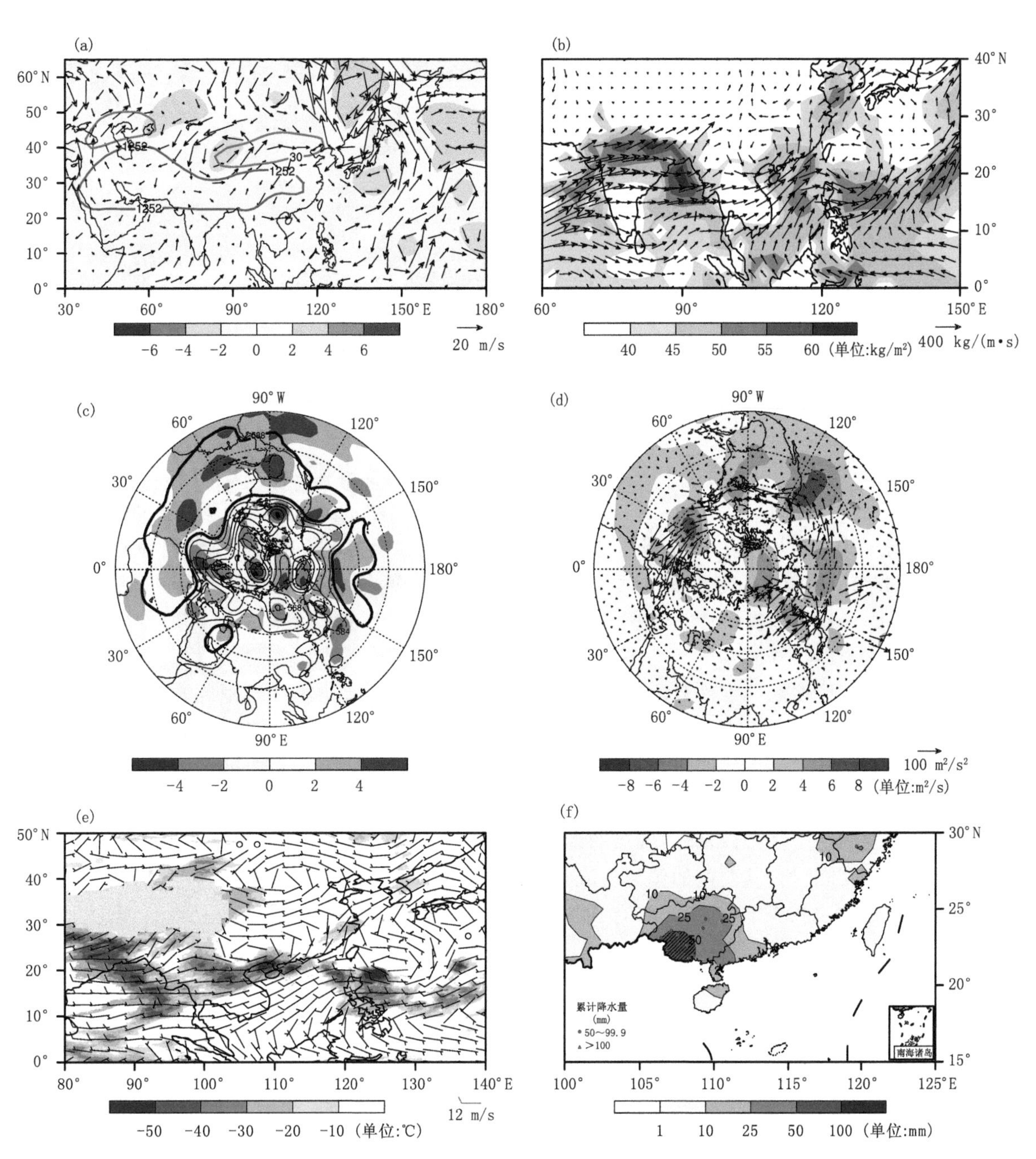

图 3.59 2008 年 7 月 12 日环流、水汽输送及降水特征图

(a)200 hPa 南亚高压、西风急流、位势高度标准化距平和矢量风距平的分布;(b)整层积分水汽和水汽输送的分布;(c)500 hPa 位势高度及其标准化距平的分布;(d)200 hPa 波通量和流函数距平的分布;(e)850 hPa 矢量风和 TBB 的分布;(f)累计降水量的分布

第4章　南方持续性低温雨雪冰冻事件及其环流特征

4.1　设计思路

1950—2010年我国南方地区持续性低温雨雪冰冻事件共21个(附录表4)，每个事件持续时间与影响区域都有所不同。前期研究表明，持续性低温雨雪冰冻事件主要取决于对流层高中低层环流异常的配置(丁一汇等，2008；陶诗言和卫捷，2008；王东海等，2008)。因此，本章在展示1980—2010年8个事件高中低层逐日环流演变特征时，重点关注了高层的西风急流和波动能量频散的特征，中层的500 hPa阻塞高压和副热带高压的位置与强度，还有低层来自热带海洋上的水汽输送。最后，基于持续性低温雨雪冰冻事件定义(Qian et al.，2014)考虑其中两个关键因素：温度和降水，给出了日降水量和日最高温度的分布图；日最高温度小于0 ℃易于产生冰冻，而持续性降水对于持续性低温雨雪冰冻的发生也是不可或缺的。

为清晰地描述持续性暴雨事件环流形势演变异常特征，本章参考持续性暴雨综合图的设计思路，选取影响冬季我国持续性低温雨雪冰冻事件发生的几个关键系统：阻塞高压、副热带高压以及南支槽，以及中低层冷空气还有导致事件发生的典型垂直温度层结结构——低层(850～700 hPa)逆温层。

中高纬的阻高缓慢东移，并且在事件期间的稳定维持有利于中高纬冷空气不断南下影响我国，为事件的发生提供必要的冷空气条件；而中低纬的南支槽缓慢东移，其槽前的西南急流不断将水汽向我国大陆输送，以及副高西伸北抬，其西侧的偏南气流将水汽向我国大陆输送，若这两种情况同时发生，可为事件的发生提供充足的水汽条件；同时，在有逆温层的层结结构下，极有可能造成持续性低温雨雪冰冻事件。

4.2　图形信息说明

4.2.1　逐日环流、水汽输送和降水特征图

持续性低温雨雪冰冻事件期间，如果事件持续时间过长，就间隔数日选取某一日绘制了诊断图形，其中事件起始日和结束日涵盖于其中。

逐日环流、水汽输送和降水特征图的图序为(a)、(b)、(c)、(d)、(e)、(f)，具体信息说明如下所述：

图(a)为200 hPa南亚低压、西风急流、位势高度标准化距平(填色)和水平风场距平(矢量箭头，单位：m/s)，位势高度(蓝色等值线所画范围表示南亚高压主体，单位：dgpm)，纬向风(红色等值线所画范围表示高空急流中心位置，单位：m/s)；

图(b)为对流层整层(1000～300 hPa)可降水量(填色，单位：kg/m^2)以及水汽通量(矢量箭头，单位：

kg/(m·s))；

图(c)为500 hPa位势高度(等值线，单位：dgpm)及标准化距平(填色)，588dgpm位势高度等值线所画范围(加粗)表征副热带高压位置；

图(d)为200 hPa流函数距平(填色，单位：m^2/s)和波活动通量(矢量箭头，单位：m^2/s^2)；

图(e)为850 hPa风场(矢量箭头，红色箭头代表急流(≥12 m/s)，单位：m/s)；

图(f)为日最高温度(填色，单位：℃)和24小时累计降水量(黑色实心圆点，单位：mm)。

4.2.2 时间—经(纬)度剖面综合图

时间—经(纬)度剖面综合图的图序为(a)、(b)、(c)、(d)、(e)、(f)、(g)，具体信息说明如下所述：

图(a)为500 hPa相对涡度(单位：s^{-1})时间—经度剖面，纬度范围取阻塞高压中心所在纬度带；

图(b)为500 hPa位势高度(单位：dgpm)时间—经度剖面，纬度范围取南支槽中心所在纬度带；

图(c)为850 hPa温度(填色，单位：℃)和水平风场(矢量箭头，单位：m/s)，经度范围取事件核心区所在经度带；

图(d)为事件核心区的温度(填色，单位：℃)的气压—时间剖面；

图(e)为对流层整层(1000～300 hPa)可降水量(填色，单位：kg/m^2)以及水汽通量(矢量箭头，单位：kg/(m·s))纬度—时间剖面，经度范围取事件核心区所在经度带；

图(f)为500 hPa位势高度(单位：dgpm)时间—经度剖面，纬度范围取副热带高压所在位置；

图(g)为500 hPa位势高度(单位：dgpm)纬度—时间剖面，经度范围取副热带高压所在位置。

此外，图(a)—(g)中两条黑色虚线指示持续性暴雨事件发生时段。

4.3 环流特征

我国南方持续性低温雨雪冰冻事件往往是多因素导致的，通过对历史个例的诊断可以发现，在南方持续性低温雨雪冰冻事件期间，中高纬度环流出现明显异常。具体表现为，在对流层高层(200 hPa)，事件期间急流稳定维持并且其中心强度明显加强；急流轴附近存在异常强盛且范围更大的正异常中心，这种高层的稳定形势及辐散机制为持续性低温雨雪冰冻事件的发生和维持提供了有利的高层条件。在对流层中层(500 hPa)，乌拉尔山地区附近有显著的位势高度正异常中心，在东亚地区存在负异常中心。这样的环流形势有利于欧亚高纬度地区的冷空气从贝加尔湖高压脊前连续不断地自北方侵入我国，为事件的发生提供冷空气条件。这种北高南低的偶极型阻塞形势在动力学上是非常稳定的，这有利于冷空气持续稳定地从高纬度地区东移，并沿着东亚大槽南下，从而造成我国持续的低温；西太平洋副热带高压的西伸北抬有利于将南海的水汽向大陆输送；低纬度地区的南支槽异常偏强且活跃，其槽前或者分离的小槽东移有利于西南暖湿气流向我国南方输送水汽。在对流层低层(850 hPa)，乌拉尔山地区附近存在异常反气旋，使得我国大部受到异常偏北或东北气流控制，为持续性低温雨雪冰冻事件的发生创造了有利的低温条件。另外，低层多切变或者低涡活动也为事件的发生提供了有利的辐合条件。我国西南及长江流域以南地区的水汽主要来源于南支槽前西南气流的输送，以及小部分来自南海的北向经向水汽输送，两支在西南地区辐合。这种高层辐散，低层辐合的配置为持续性低温雨雪冰冻事件的发生和维持提供了有利条件(钱晰，2014)。因此，下文分析中主要分析在高层辐散的条件下北侧的阻塞高压，南侧的水汽输送，西侧的低值扰动(南支槽)，东侧的副热带高压，及他们之间的相互配置。

4.4 2008年1月13日—2月2日事件范例分析

4.4.1 降水概况

2008年1月13日至2月2日在我国南方发生了持续时间最长强度最大的一次持续性低温雨雪冰冻事件，事件核心区域中心在27.4°N，109.6°E，其中影响28个气象观测站（图4.1a）。该次事件持续了21天（图4.1b），此次事件PT值高达479.7。

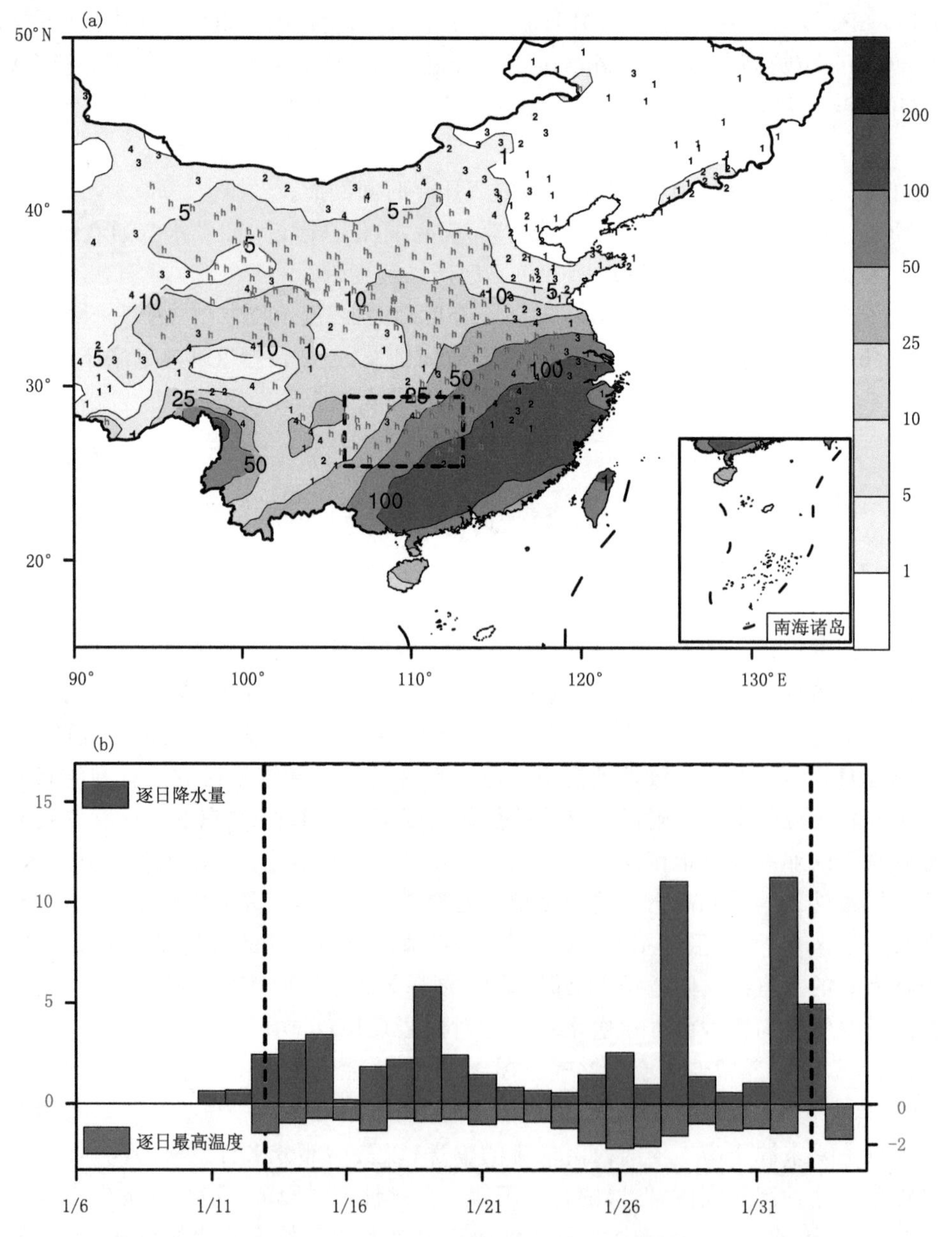

图4.1 2008年1月13日—2月2日持续性低温雨雪冰冻事件特征图

(a)事件期间累计降水量，数字符号表示事件期间站点最高温度低于0 ℃的日数，其中红色h表示日数大于等于5，事件核心区域用黑色虚线框标出；(b)表示事件期间核心区域平均降水量及平均最高温度（蓝色柱单位：mm；红色柱单位：℃），事件发生时段用黑色竖虚线标出

4.4.2 诊断分析

事件期间(图 4.3—4.7),对流层高层位势高度标准化距平场在 30°N～50°N 附近表现出“正负正负”波列特征,并在西风急流的引导下缓慢东移;西风急流位于 20°N～40°N 附近,强的风速切变,有利于其南下侧低层中尺度上升运动的加强(朱乾根等,2000);事件期间东亚地区存在高度场正异常区,表现为辐散气流;东亚地区上空对应辐散气流为持续性降水的发生和维持提供了非常有利的条件。从流函数距平场(图 4.3d—4.7d)看,我国南方地区高层对应正异常中心,即反气旋异常环流,这也从另一角度印证了高层有利的辐散条件。

中层 500 hPa 在乌拉尔山以东地区有阻塞形势,并在事件期间缓慢东移(图 4.2a,图 4.3c—4.7c),阻塞高压脊前不断引导冷空气南下,从图 4.2c 也可以看出,事件期间北风占主导地位,并向南推至 30°N 以南。中高纬地区波通量频散明显(图 4.3d—4.7d),事件期间能量不断从上游向阻塞区域频散使得阻塞高压稳定维持。阻塞高压西侧的西风急流分成南北两支,南支气流向东向南移动,北支气流携带冷空气南下。事件期间,西太平洋副热带高压西伸北抬(图 4.2g,f),西伸脊点在 115°E～125°E 附近摆动,其西侧气流将南海的水汽向我国大陆输送;同时南支槽较为深厚(图 4.2b),而且稳定少变,有利于槽前西南急流将孟加拉湾的水汽与南海的偏南暖湿气流汇集往我国大陆地区输送,这在 850 hPa 风场以及整层积分水汽通量上有较直观的表现(图 4.2e,图 4.3b—4.7b),并在冷空气的共同作用下辐合抬升产生上升运动形成持续性降水。

不断南下的冷空气与稳定水汽输送带在我国南方交汇,易形成持续性低温雨雪天气。在此次事件期间,事件核心区温度剖面图可看出明显的逆温层结构(图 4.2e),这对形成冻雨天气十分有利。从图 4.2d 和图 4.3f—4.7f 可以明显看出持续性低温雨雪冰冻过程。

4.4.3 时间一经(纬)度剖面综合图

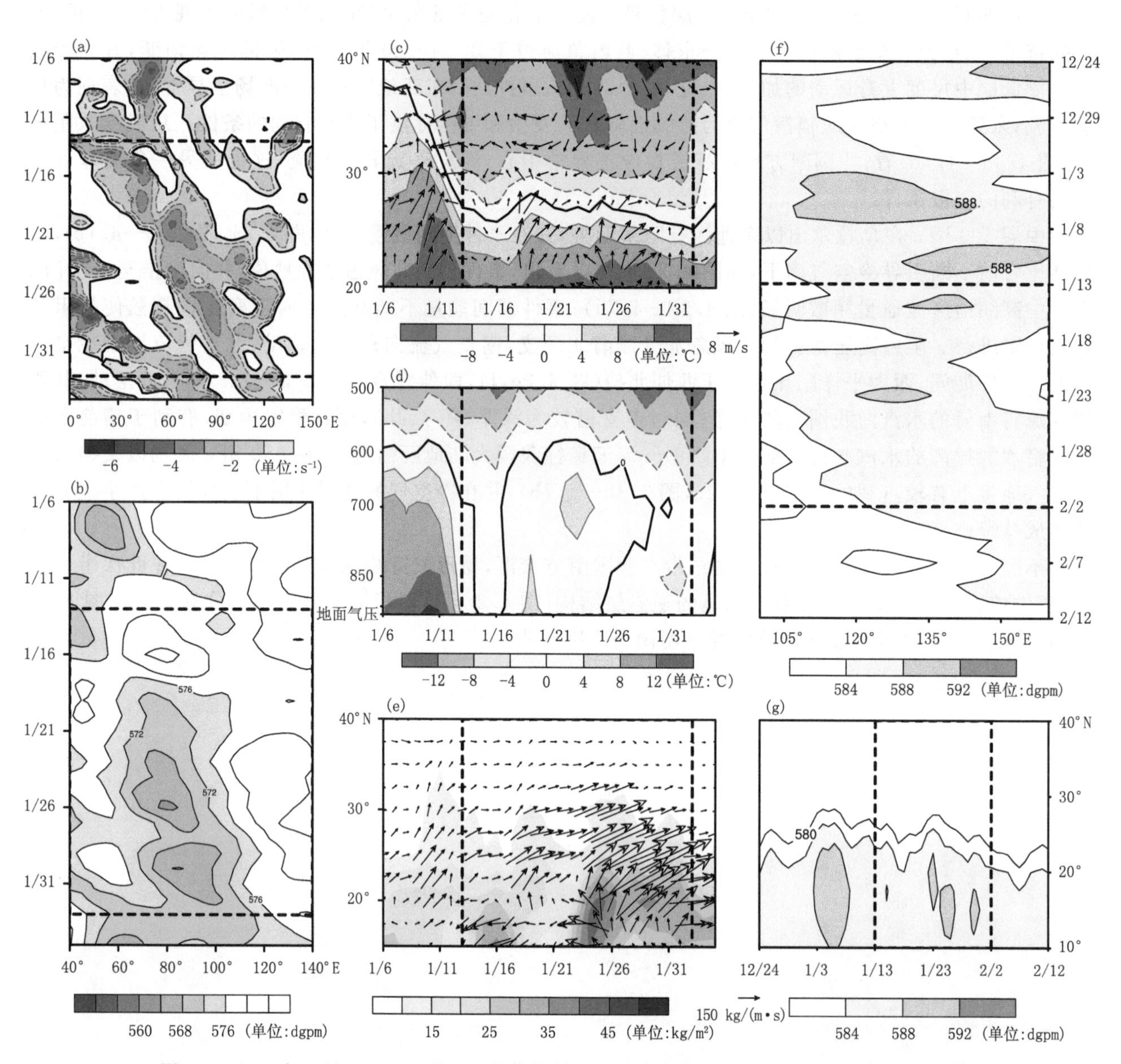

图 4.2 2008 年 1 月 13 日—2 月 2 日持续性低温雨雪冰冻事件时间一经(纬)度剖面综合图

(a)500 hPa 55°N 的相对涡度时间一经度剖面;(b)500 hPa 25°N 的位势高度的时间一经度剖面;(c)850 hPa 事件发生核心区矢量风以及温度纬度一时间剖面;(d)事件发生核心区域温度气压一时间剖面;(e)事件发生核心区整层水汽积分和水汽通量;(f)500 hPa 20°N 的位势高度经度一时间剖面;(g)500 hPa 120°E 位势高度时间一纬度剖面

4.4.4 逐日环流、水汽输送和降水特征图

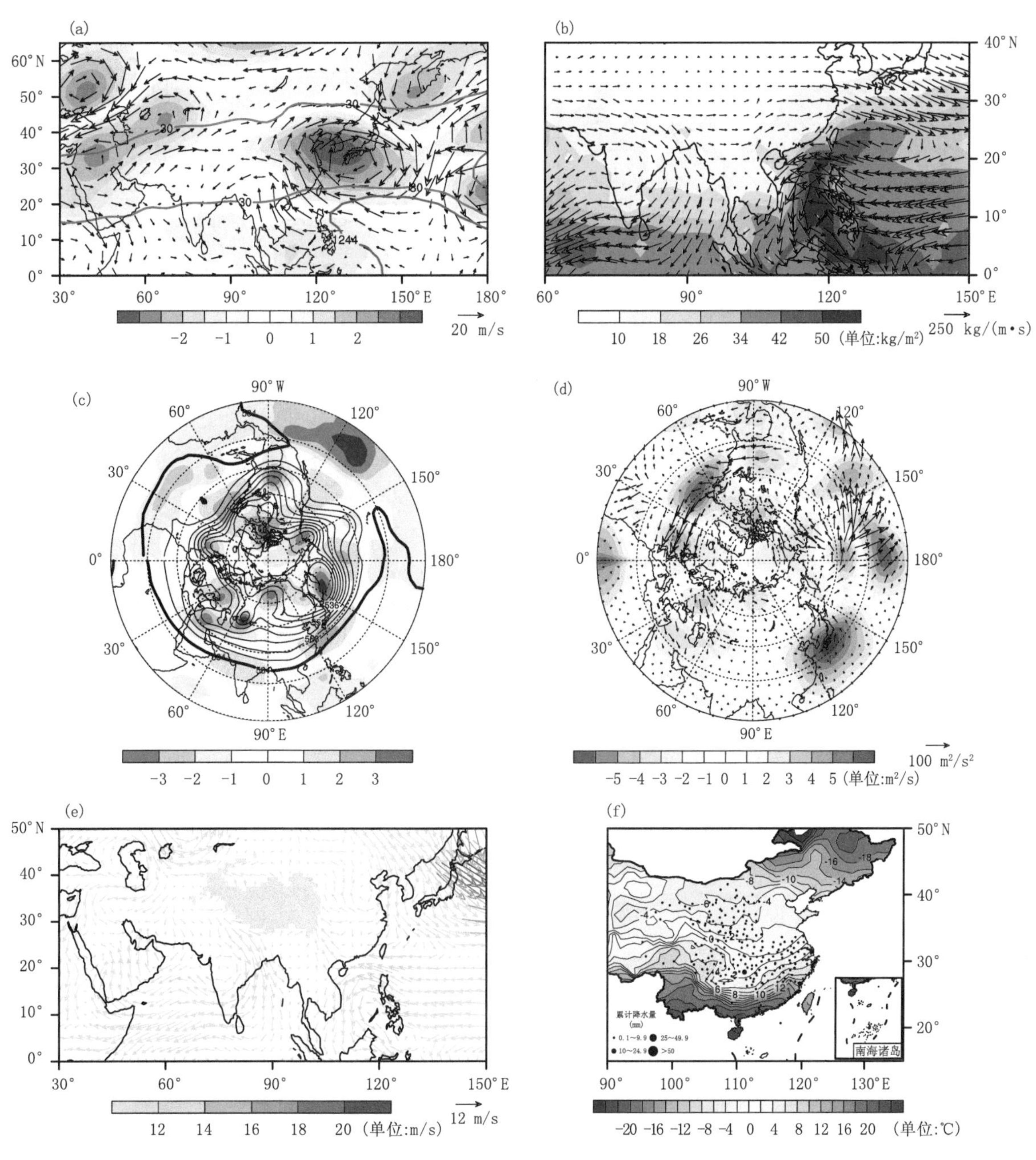

图 4.3 2008年1月13日环流、水汽输送及降水特征图

(a)200 hPa 南亚高压、西风急流、位势高度标准化距平和矢量风距平分布;(b)整层积分水汽和水汽输送分布;(c)500 hPa 位势高度及其标准化距平分布;(d)200 hPa 波通量和流函数距平分布;(e)850 hPa 矢量风分布;(f)日最高温度和日累计降水量分布

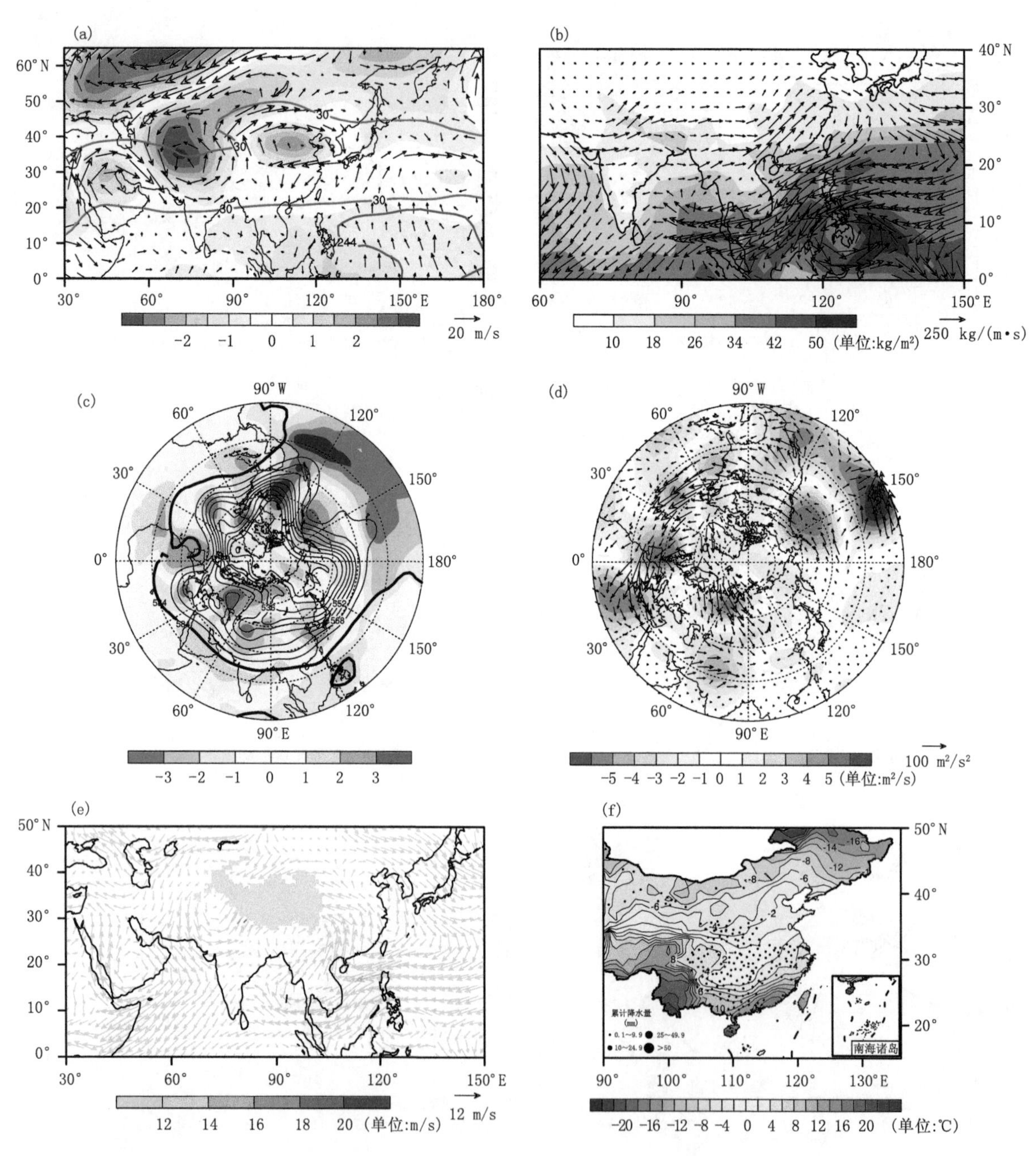

图 4.4　2008 年 1 月 18 日环流、水汽输送及降水特征图

(a)200 hPa 南亚高压、西风急流、位势高度标准化距平和矢量风距平分布；(b)整层积分水汽和水汽输送分布；(c)500 hPa 位势高度及其标准化距平分布；(d)200 hPa 波通量和流函数距平分布；(e)850 hPa 矢量风分布；(f)日最高温度和日累计降水量分布

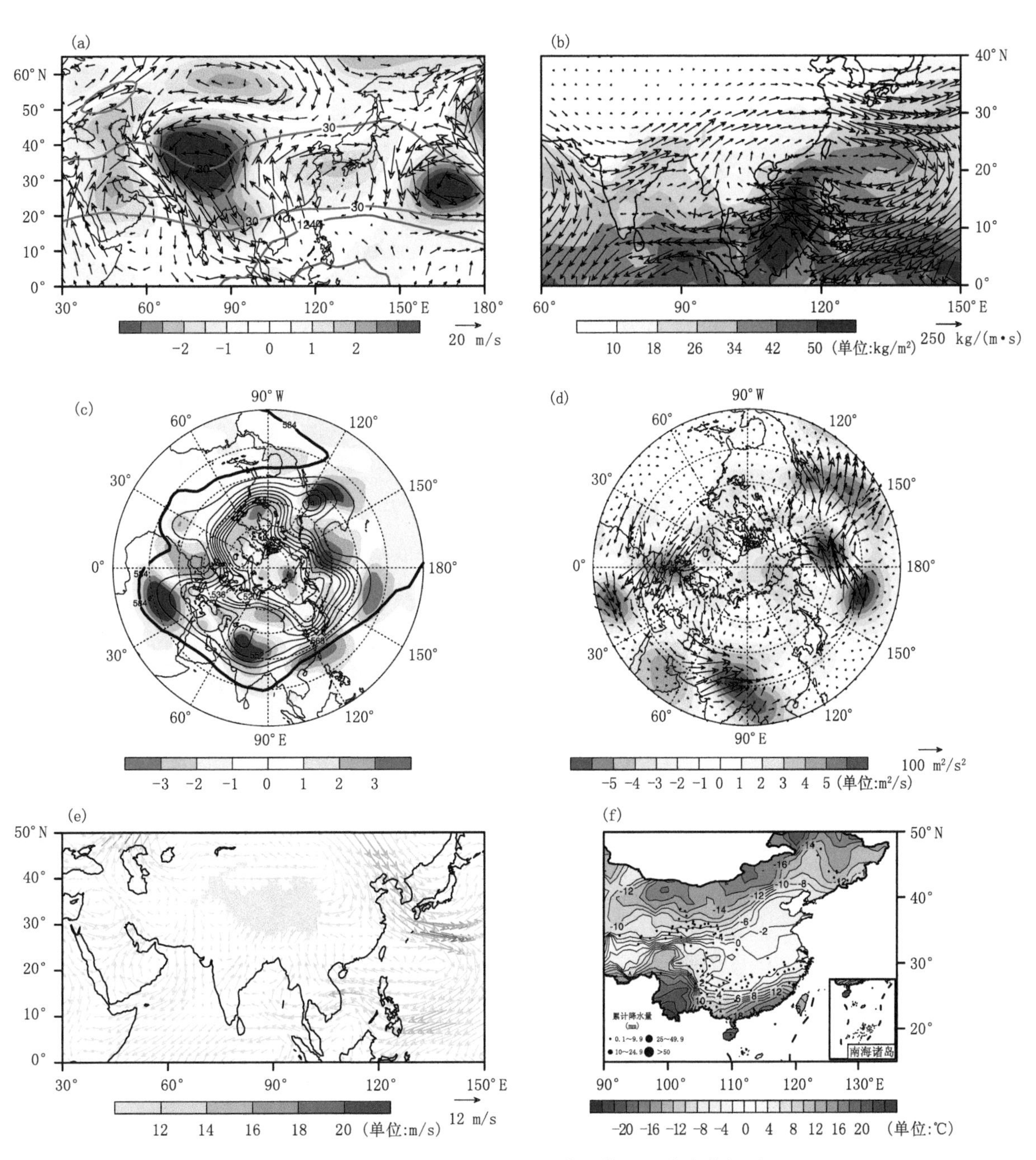

图 4.5 2008 年 1 月 23 日环流、水汽输送及降水特征图

(a)200 hPa 南亚高压、西风急流、位势高度标准化距平和矢量风距平分布;(b)整层积分水汽和水汽输送分布;(c)500 hPa 位势高度及其标准化距平分布;(d)200 hPa 波通量和流函数距平分布;(e)850 hPa 矢量风分布;(f)日最高温度和日累计降水量分布

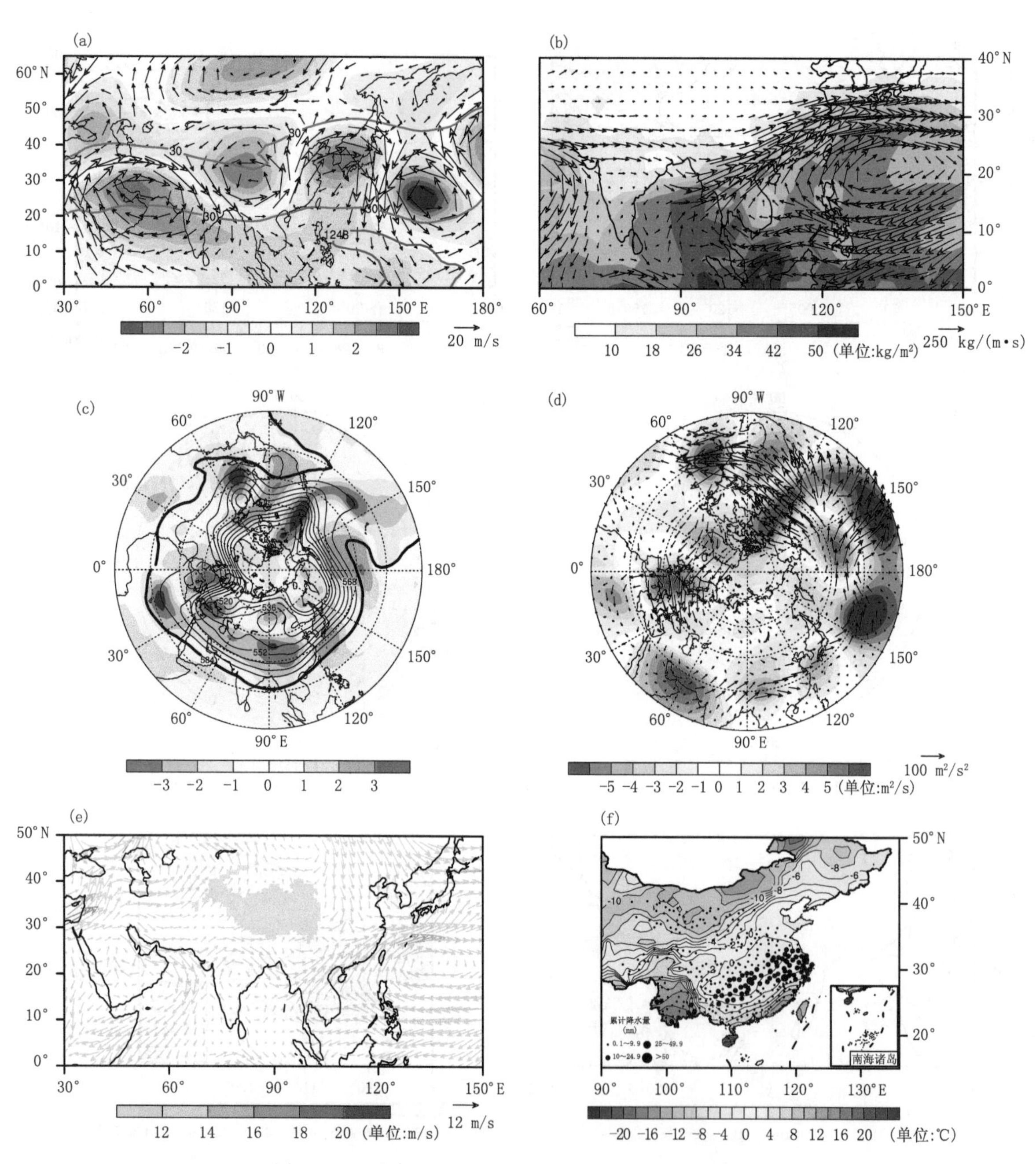

图 4.6　2008 年 1 月 28 日环流、水汽输送及降水特征图

(a)200 hPa 南亚高压、西风急流、位势高度标准化距平和矢量风距平分布；(b)整层积分水汽和水汽输送分布；(c)500 hPa 位势高度及其标准化距平分布；(d)200 hPa 波通量和流函数距平分布；(e)850 hPa 矢量风分布；(f)日最高温度和日累计降水量分布

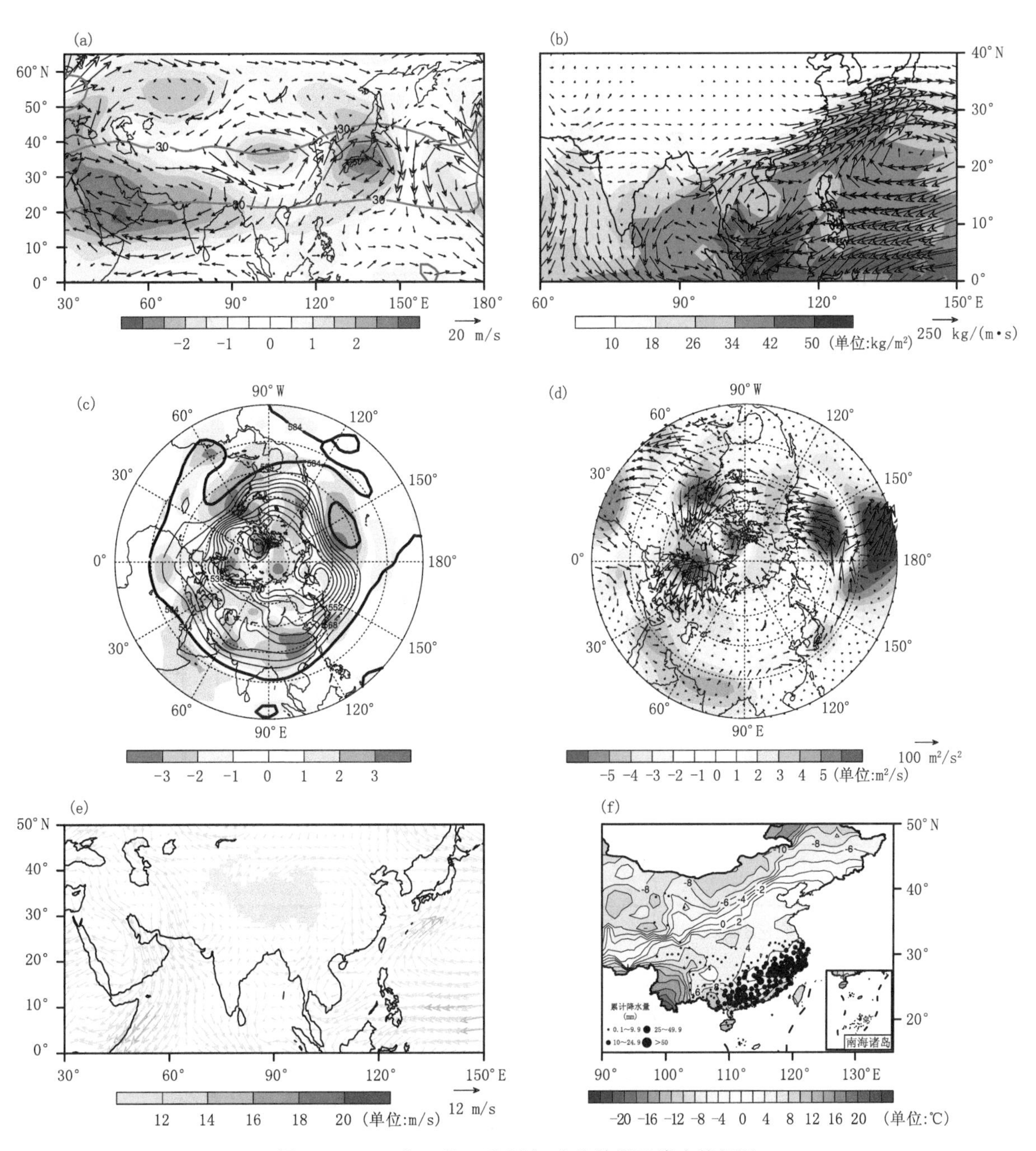

图 4.7　2008 年 2 月 2 日环流、水汽输送及降水特征图

(a)200 hPa 南亚高压、西风急流、位势高度标准化距平和矢量风距平分布；(b)整层积分水汽和水汽输送分布；(c)500 hPa 位势高度及其标准化距平分布；(d)200 hPa 波通量和流函数距平分布；(e)850 hPa 矢量风分布；(f)日最高温度和日累计降水量分布

4.5 个例图集

4.5.1 1980 年 1 月 29 日—2 月 12 日事件

4.5.1.1 降水概况

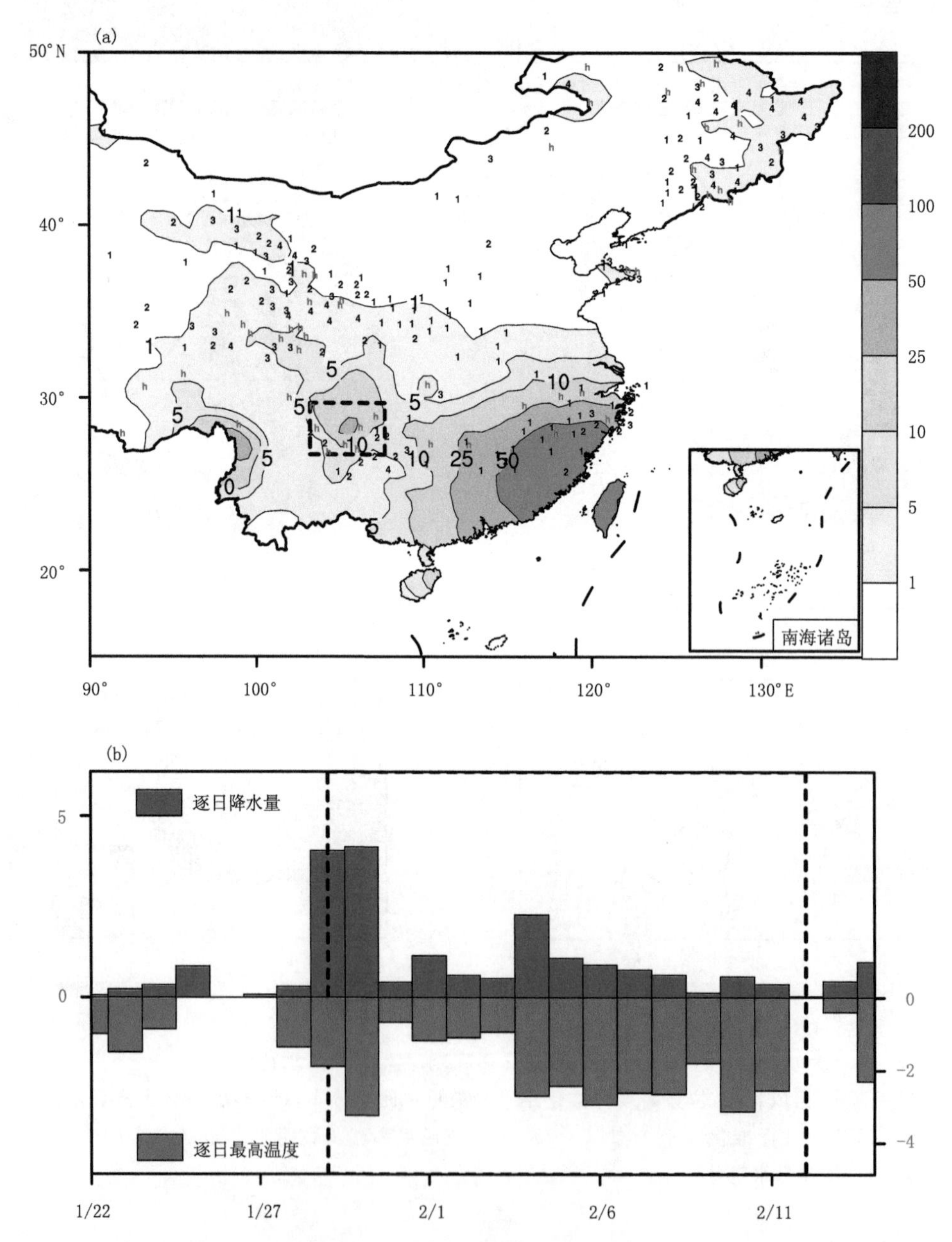

图 4.8 1980 年 1 月 29 日—2 月 12 日持续性低温雨雪冰冻事件过程特征图

(a)事件期间累计降水量，数字符号表示事件期间站点最高温度低于 0 ℃的日数，其中红色 h 表示日次大于等于 5，事件核心区域用黑色虚线框标出；(b)表示事件期间核心区域平均降水量及平均最高温度（蓝色柱单位：mm；红色柱单位：℃），事件发生时段用黑色竖虚线标出

4.5.1.2 时间—经(纬)度剖面综合图

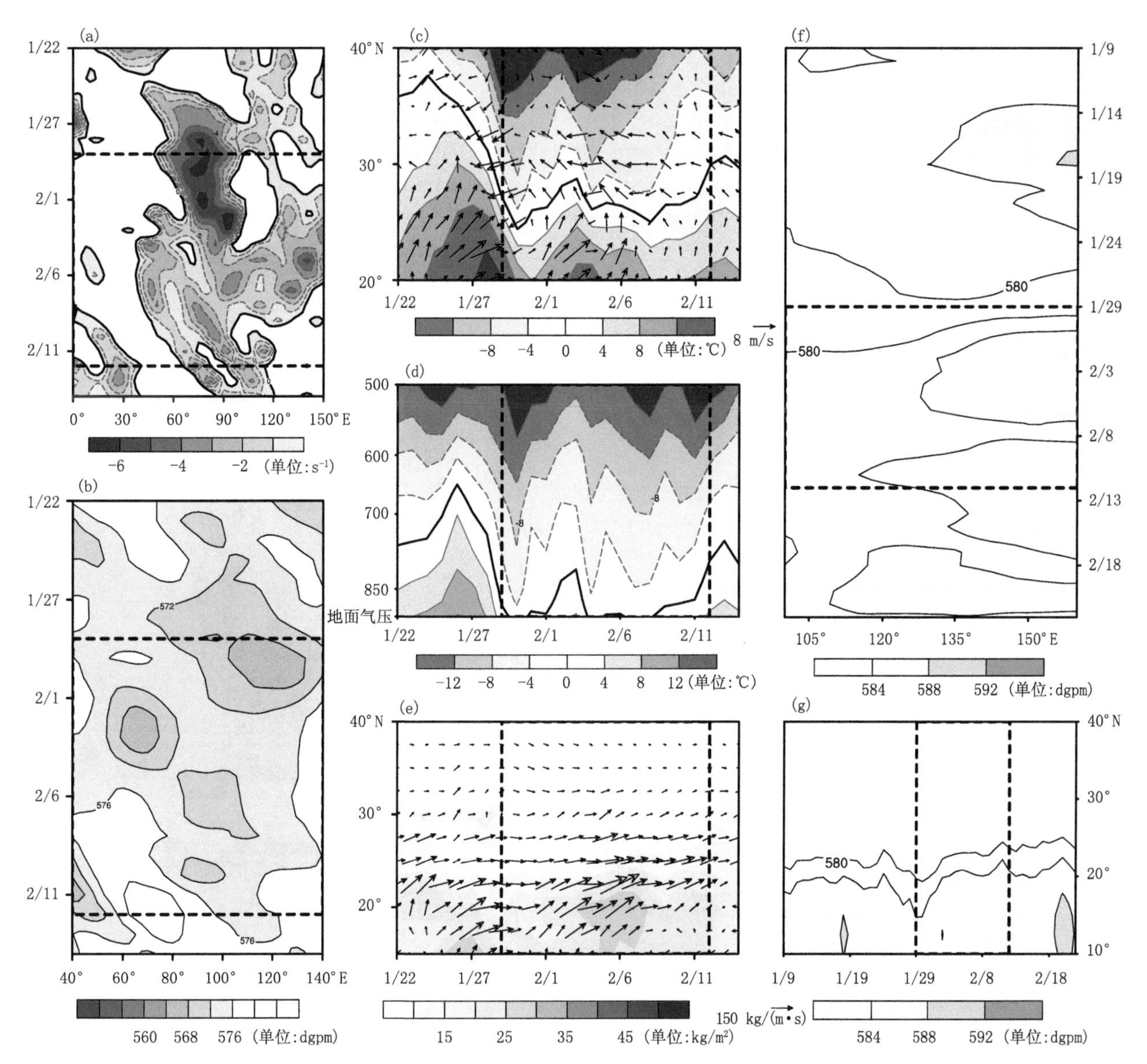

图4.9 1980年1月29日—2月12日持续性低温雨雪冰冻事件时间—经(纬)度剖面综合图

(a)500 hPa 60°N的相对涡度时间—经度剖面;(b)500 hPa 25°N的位势高度的时间—经度剖面;(c)850 hPa 事件发生核心区矢量风以及温度纬度—时间剖面;(d)事件发生核心区域温度气压—时间剖面;(e)事件发生核心区整层水汽积分和水汽通量;(f)500 hPa 20°N的位势高度经度—时间剖面;(g)500 hPa 120°E位势高度时间—纬度剖面

4.5.1.3 逐日环流、水汽输送和降水特征图

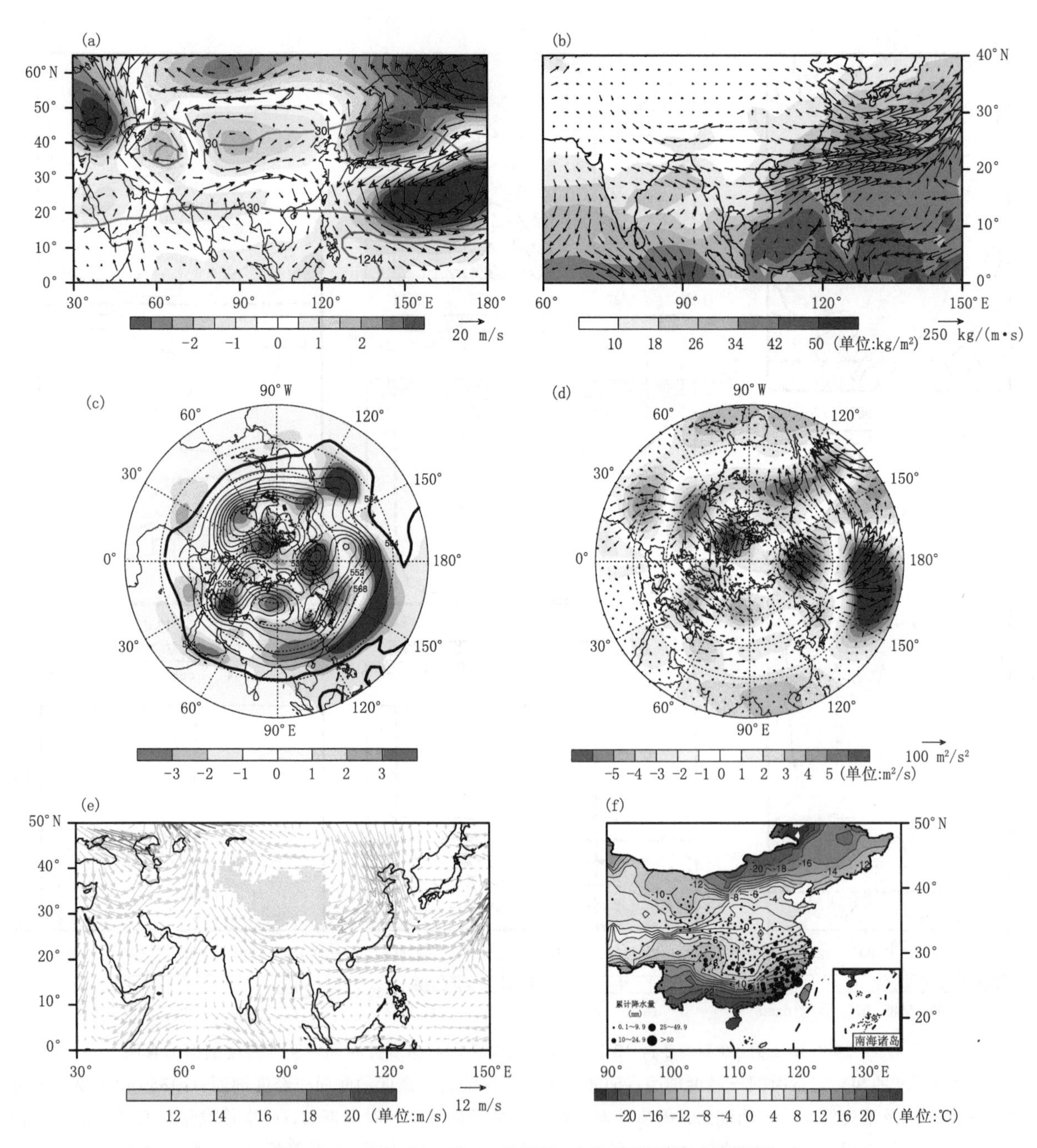

图 4.10 1980 年 1 月 29 日环流、水汽输送及降水特征图

(a)200 hPa 南亚高压、西风急流、位势高度标准化距平和矢量风距平分布;(b)整层积分水汽和水汽输送分布;(c)500 hPa 位势高度及其标准化距平分布;(d)200 hPa 波通量和流函数距平分布;(e)850 hPa 矢量风分布;(f)日最高温度和日累计降水量分布

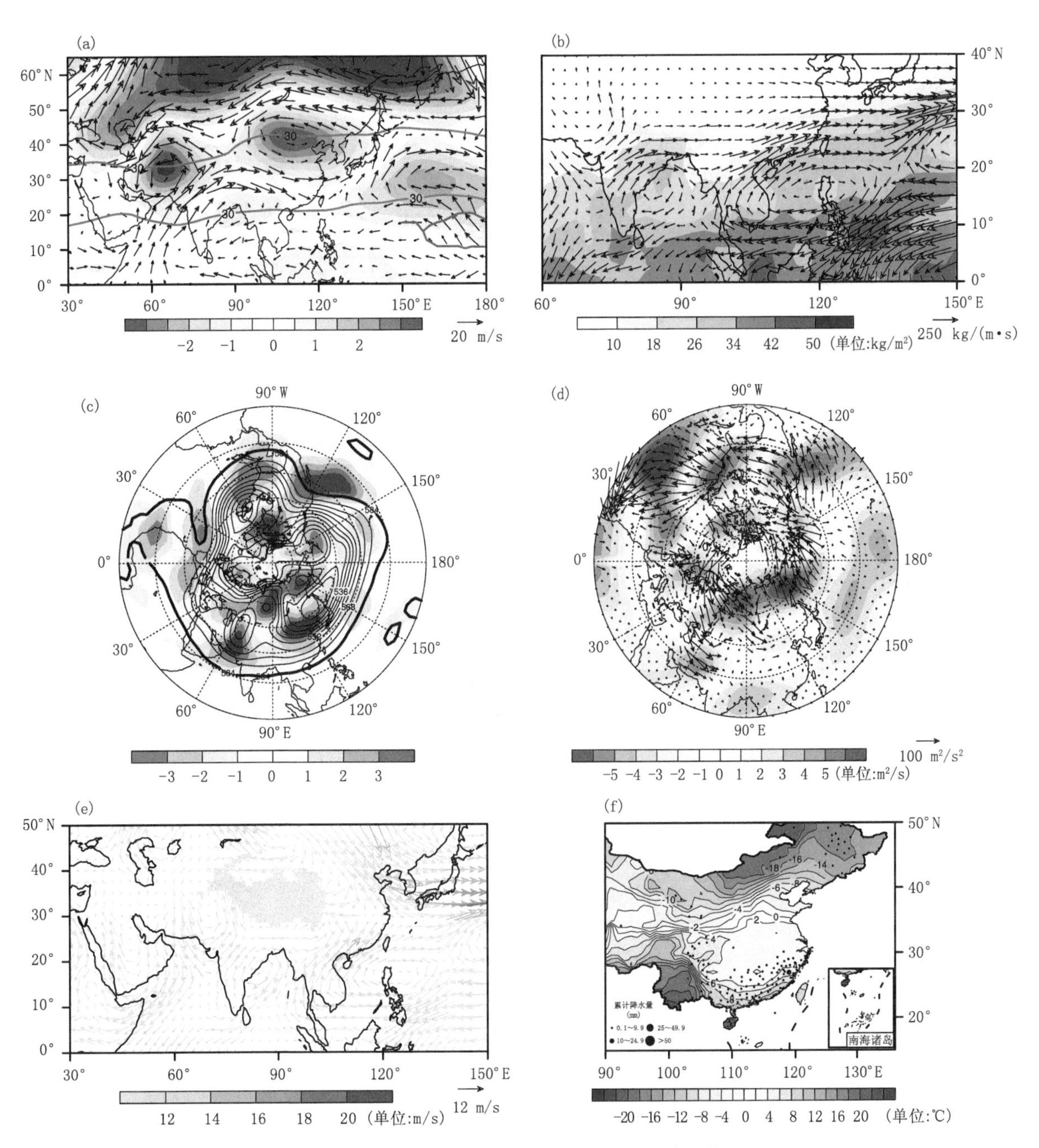

图 4.11 1980 年 2 月 3 日环流、水汽输送及降水特征图

(a)200 hPa 南亚高压、西风急流、位势高度标准化距平和矢量风距平分布;(b)整层积分水汽和水汽输送分布;(c)500 hPa 位势高度及其标准化距平分布;(d)200 hPa 波通量和流函数距平分布;(e)850 hPa 矢量风分布;(f)日最高温度和日累计降水量分布

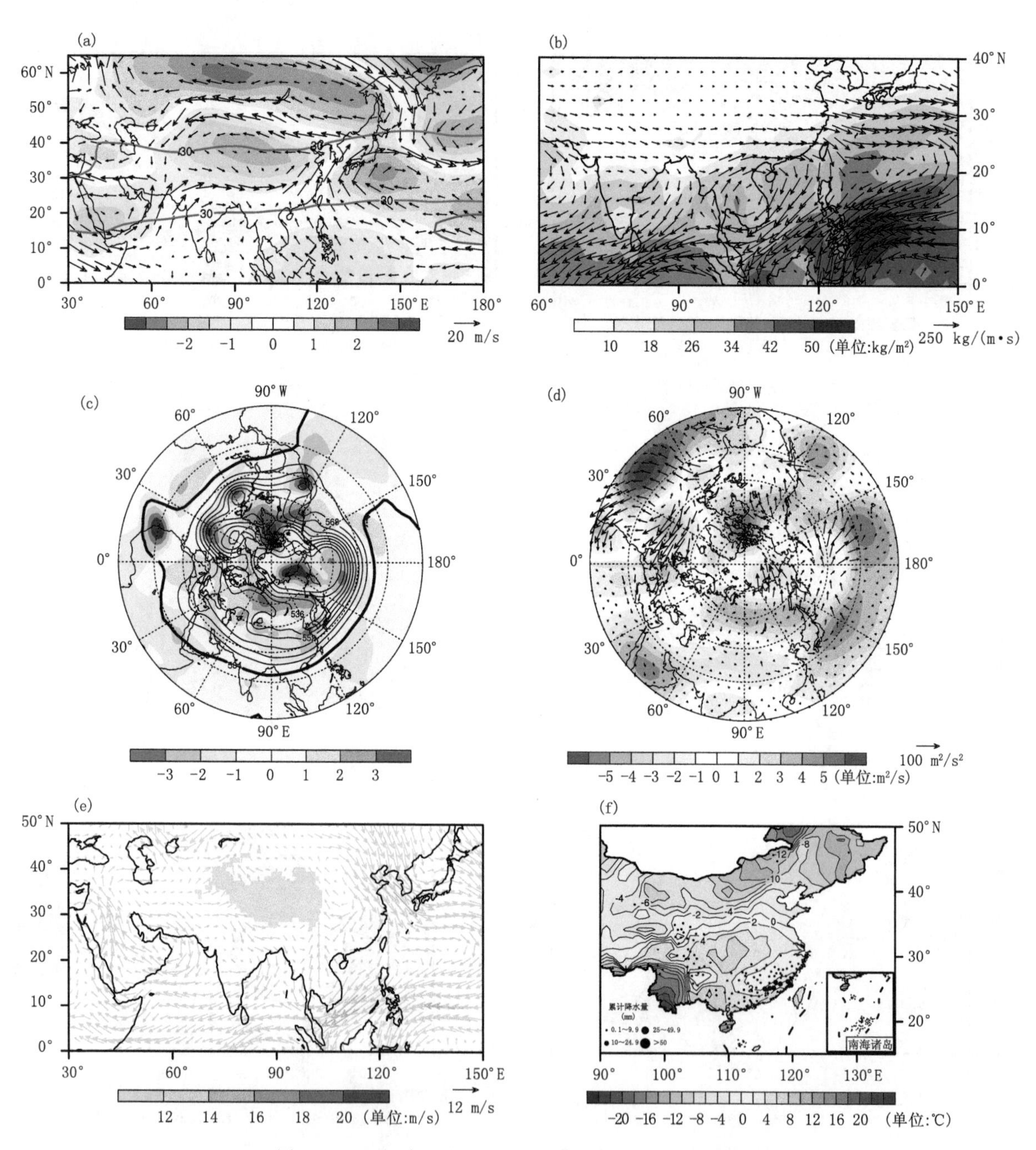

图 4.12　1980 年 2 月 8 日环流、水汽输送及降水特征图

(a)200 hPa 南亚高压、西风急流、位势高度标准化距平和矢量风距平分布；(b)整层积分水汽和水汽输送分布；(c)500 hPa 位势高度及其标准化距平分布；(d)200 hPa 波通量和流函数距平分布；(e)850 hPa 矢量风分布；(f)日最高温度和日累计降水量分布

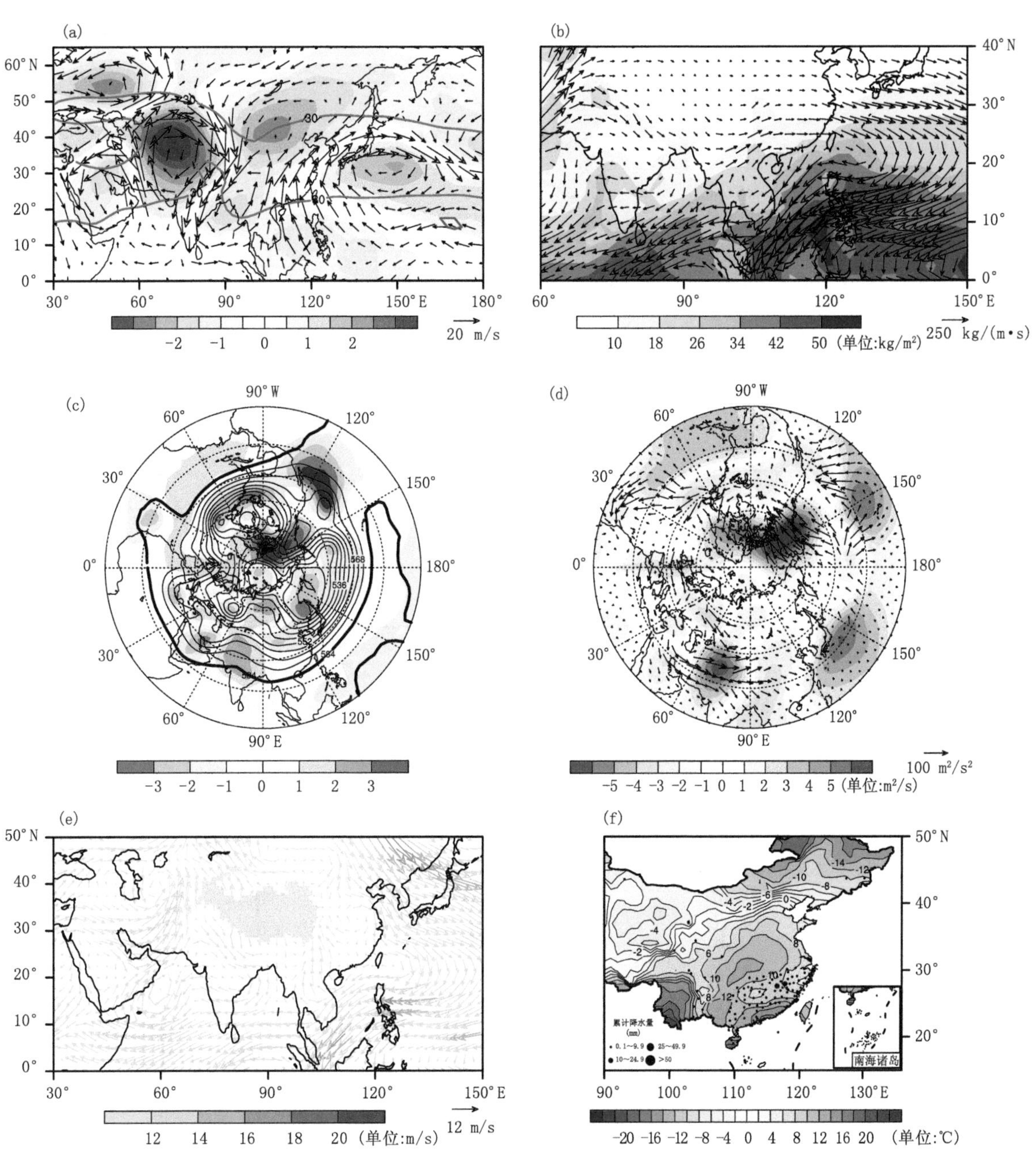

图 4.13 1980 年 2 月 12 日环流、水汽输送及降水特征图

(a)200 hPa 南亚高压、西风急流、位势高度标准化距平和矢量风距平分布;(b)整层积分水汽和水汽输送分布;(c)500 hPa 位势高度及其标准化距平分布;(d)200 hPa 波通量和流函数距平分布;(e)850 hPa 矢量风分布;(f)日最高温度和日累计降水量分布

4.5.2 1983 年 1 月 8—14 日事件

4.5.2.1 降水概况

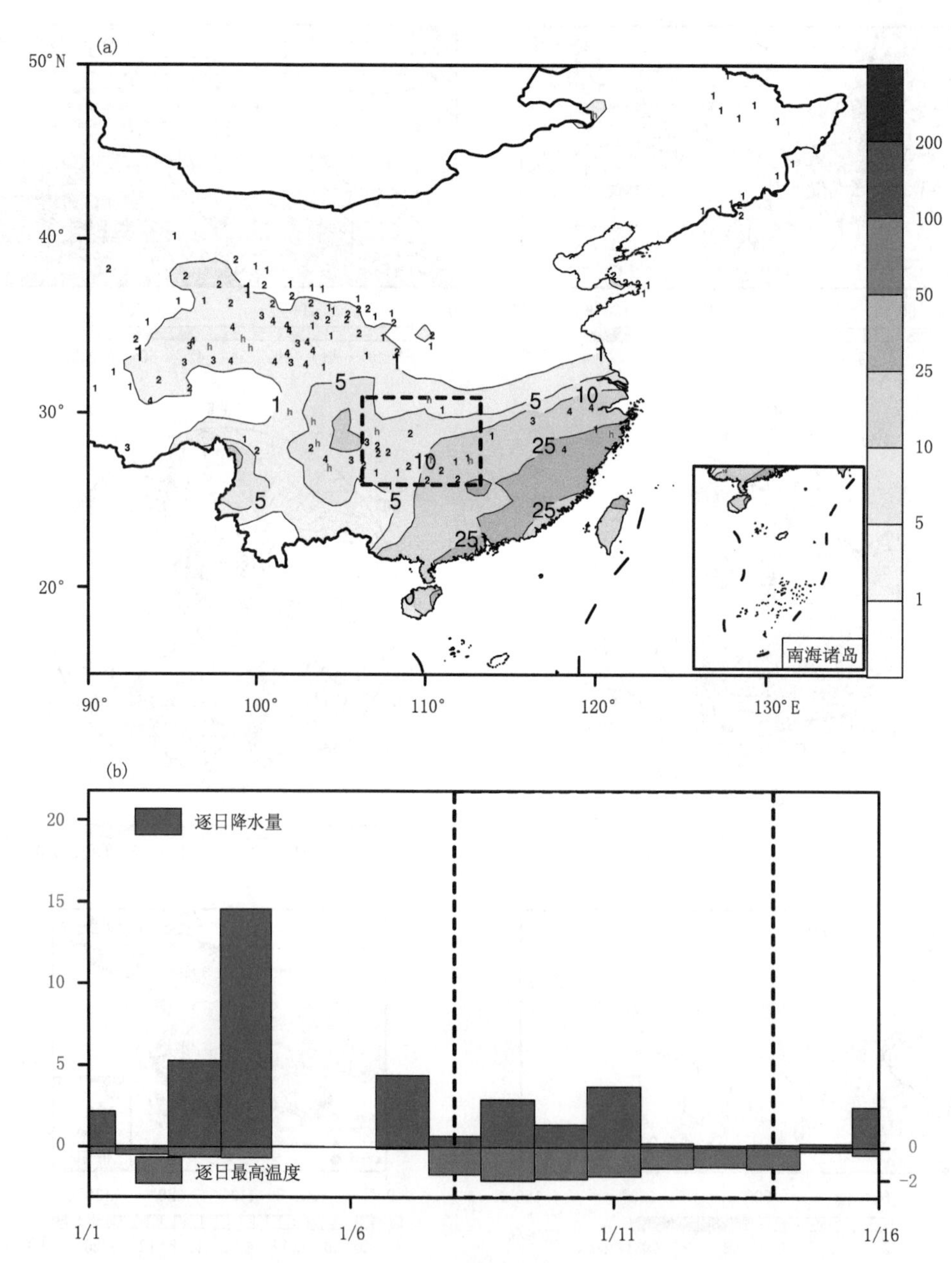

图 4.14 1983 年 1 月 8—14 日持续性低温雨雪冰冻事件过程特征图

(a)事件期间累计降水量,数字符号表示事件期间站点最高温度低于 0 ℃的日数,其中红色 h 表示日数大于等于 5,事件核心区域用黑色虚线框标出;(b)表示事件期间核心区域平均降水量及平均最高温度(蓝色柱单位:mm;红色柱单位:℃),事件发生时段用黑色竖虚线标出

4.5.2.2 时间一经(纬)度剖面综合图

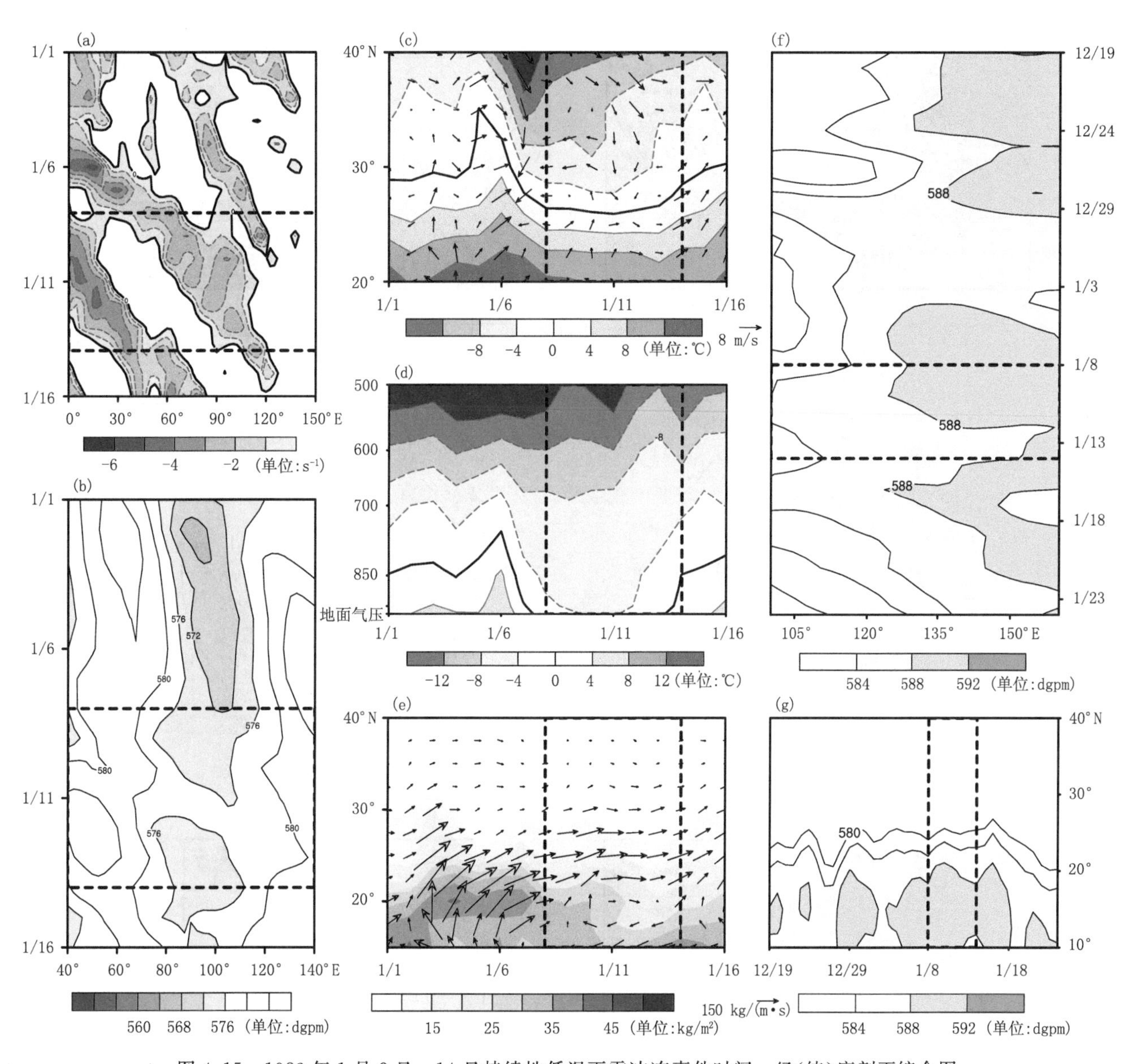

图4.15 1983年1月8日—14日持续性低温雨雪冰冻事件时间一经(纬)度剖面综合图
(a)500 hPa 50°N的相对涡度时间一经度剖面;(b)500 hPa 25°N的位势高度的时间一经度剖面;(c)850 hPa事件发生核心区矢量风以及温度纬度一时间剖面;(d)事件发生核心区域温度气压一时间剖面;(e)事件发生核心区整层水汽积分和水汽通量;(f)500 hPa 20°N的位势高度经度一时间剖面;(g)500 hPa 120°E位势高度时间一纬度剖面

4.5.2.3 逐日环流、水汽输送和降水特征图

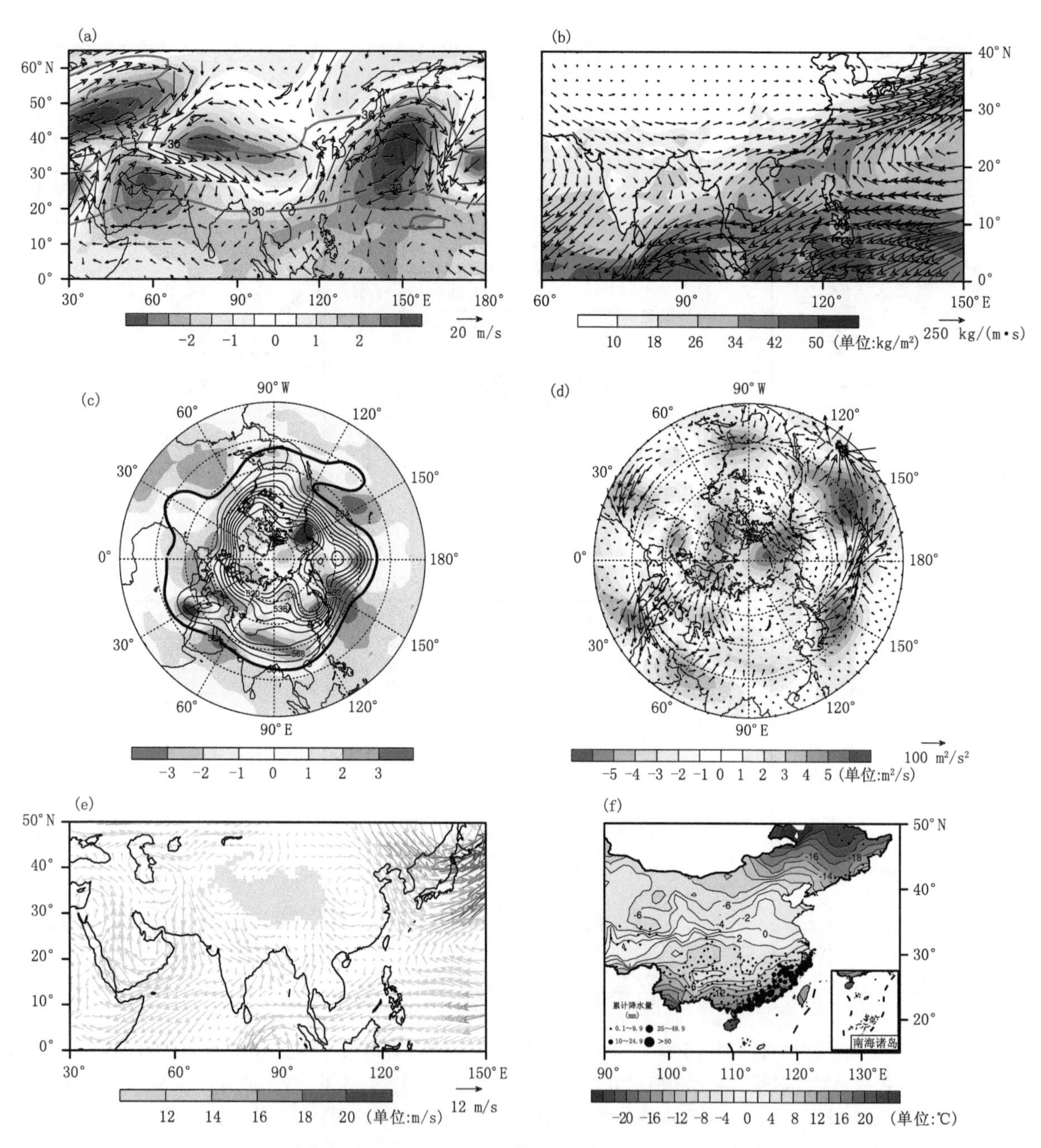

图 4.16　1983 年 1 月 8 日环流、水汽输送及降水特征图

(a)200 hPa 南亚高压、西风急流、位势高度标准化距平和矢量风距平分布；(b)整层积分水汽和水汽输送分布；(c)500 hPa 位势高度及其标准化距平分布；(d)200 hPa 波通量和流函数距平分布；(e)850 hPa 矢量风分布；(f)日最高温度和日累计降水量分布

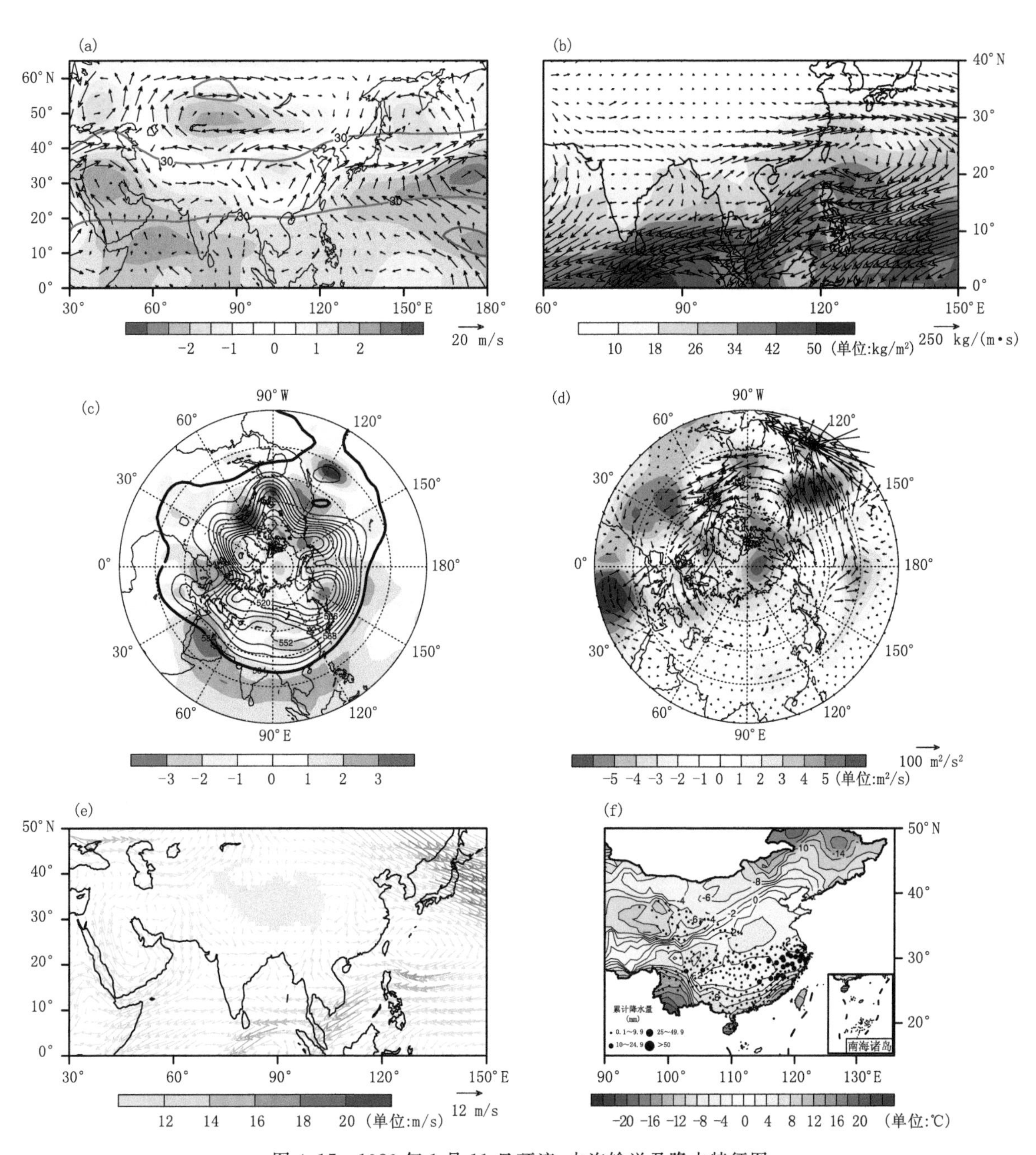

图 4.17 1983 年 1 月 11 日环流、水汽输送及降水特征图

(a)200 hPa 南亚高压、西风急流、位势高度标准化距平和矢量风距平分布;(b)整层积分水汽和水汽输送分布;(c)500 hPa 位势高度及其标准化距平分布;(d)200 hPa 波通量和流函数距平分布;(e)850 hPa 矢量风分布;(f)日最高温度和日累计降水量分布

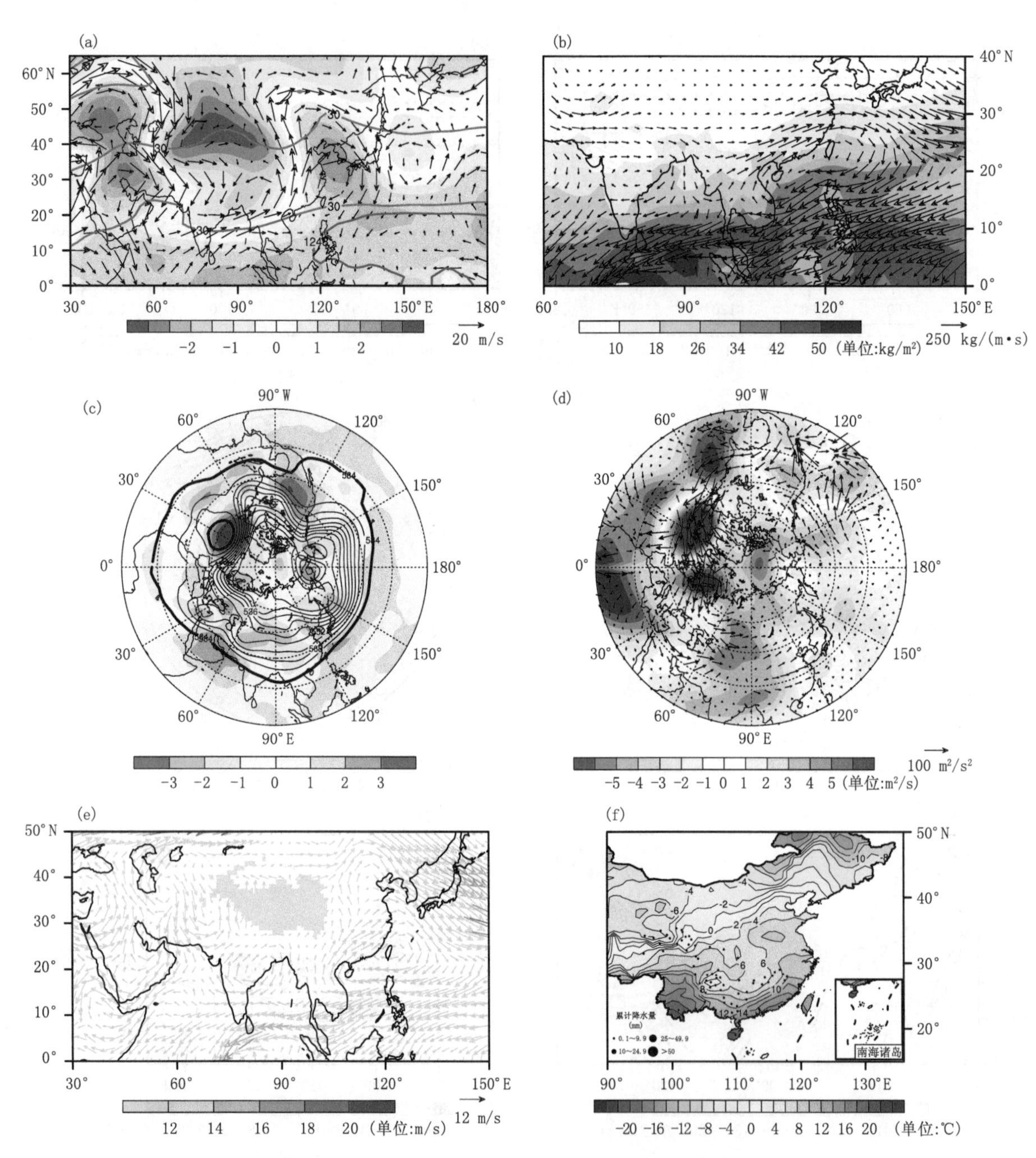

图 4.18　1983 年 1 月 14 日环流、水汽输送及降水特征图

(a)200 hPa 南亚高压、西风急流、位势高度标准化距平和矢量风距平分布；(b)整层积分水汽和水汽输送分布；(c)500 hPa 位势高度及其标准化距平分布；(d)200 hPa 波通量和流函数距平分布；(e)850 hPa 矢量风分布；(f)日最高温度和日累计降水量分布

4.5.3 1984年1月17日—2月6日事件

4.5.3.1 降水概况

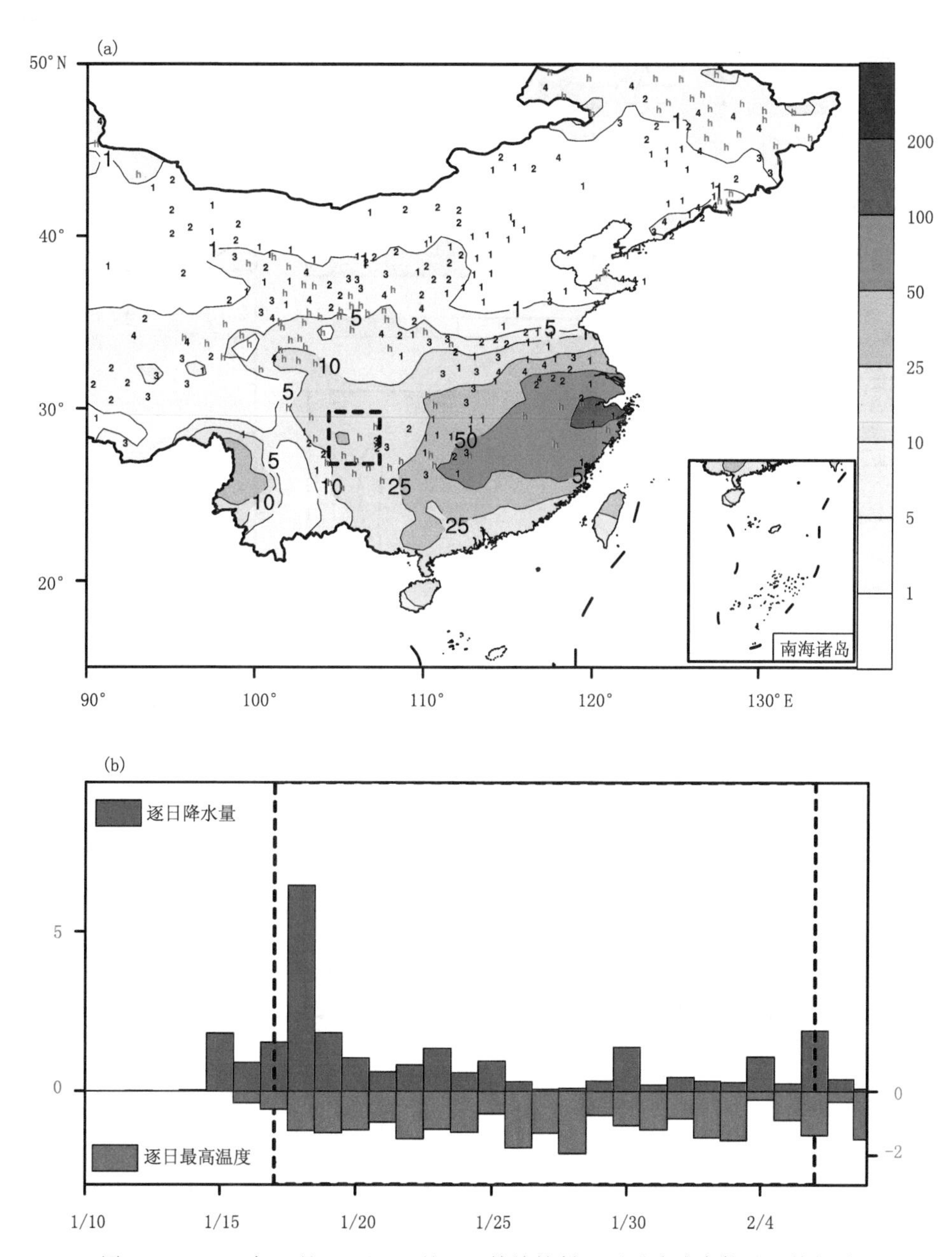

图4.19 1984年1月17日—2月6日持续性低温雨雪冰冻事件过程特征图

(a)事件期间累计降水量,数字符号表示事件期间站点最高温度低于0 ℃的日数,其中红色h表示日数大于等于5,事件核心区域用黑色虚线框标出;(b)表示事件期间核心区域平均降水量及平均最高温度(蓝色柱单位:mm;红色柱单位:℃),事件发生时段用黑色竖虚线标出

4.5.3.2 时间—经(纬)度剖面综合图

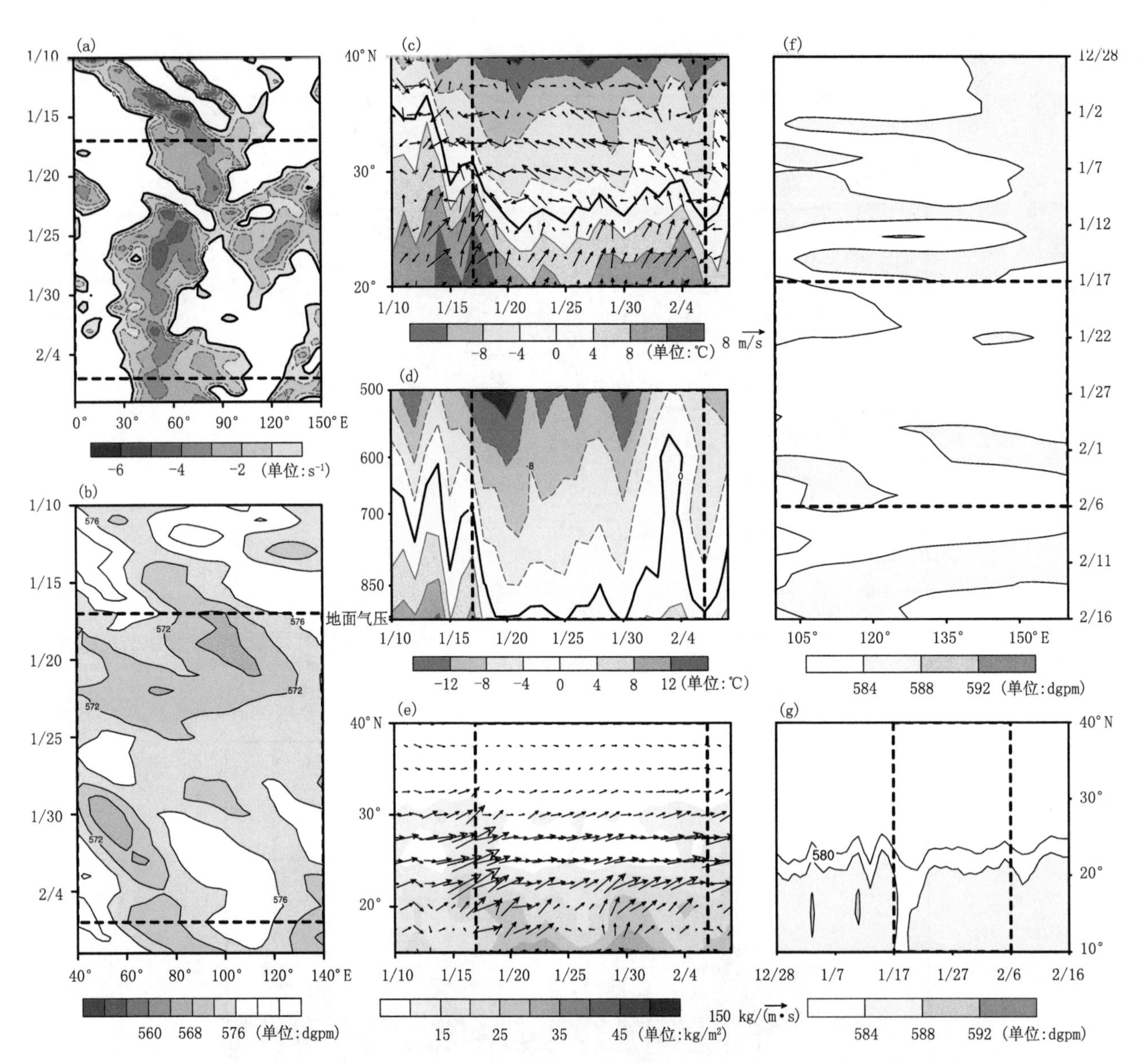

图 4.20 1984 年 1 月 17 日—2 月 6 日持续性低温雨雪冰冻事件时间—经(纬)度剖面综合图

(a)500 hPa 60°N 的相对涡度时间—经度剖面;(b)500 hPa 25°N 的位势高度的时间—经度剖面;(c)850 hPa 事件发生核心区矢量风以及温度纬度—时间剖面;(d)事件发生核心区域温度气压—时间剖面;(e)事件发生核心区整层水汽积分和水汽通量;(f)500 hPa 20°N 的位势高度经度—时间剖面;(g)500 hPa 120°E 位势高度时间—纬度剖面

4.5.3.3 逐日环流、水汽输送和降水特征图

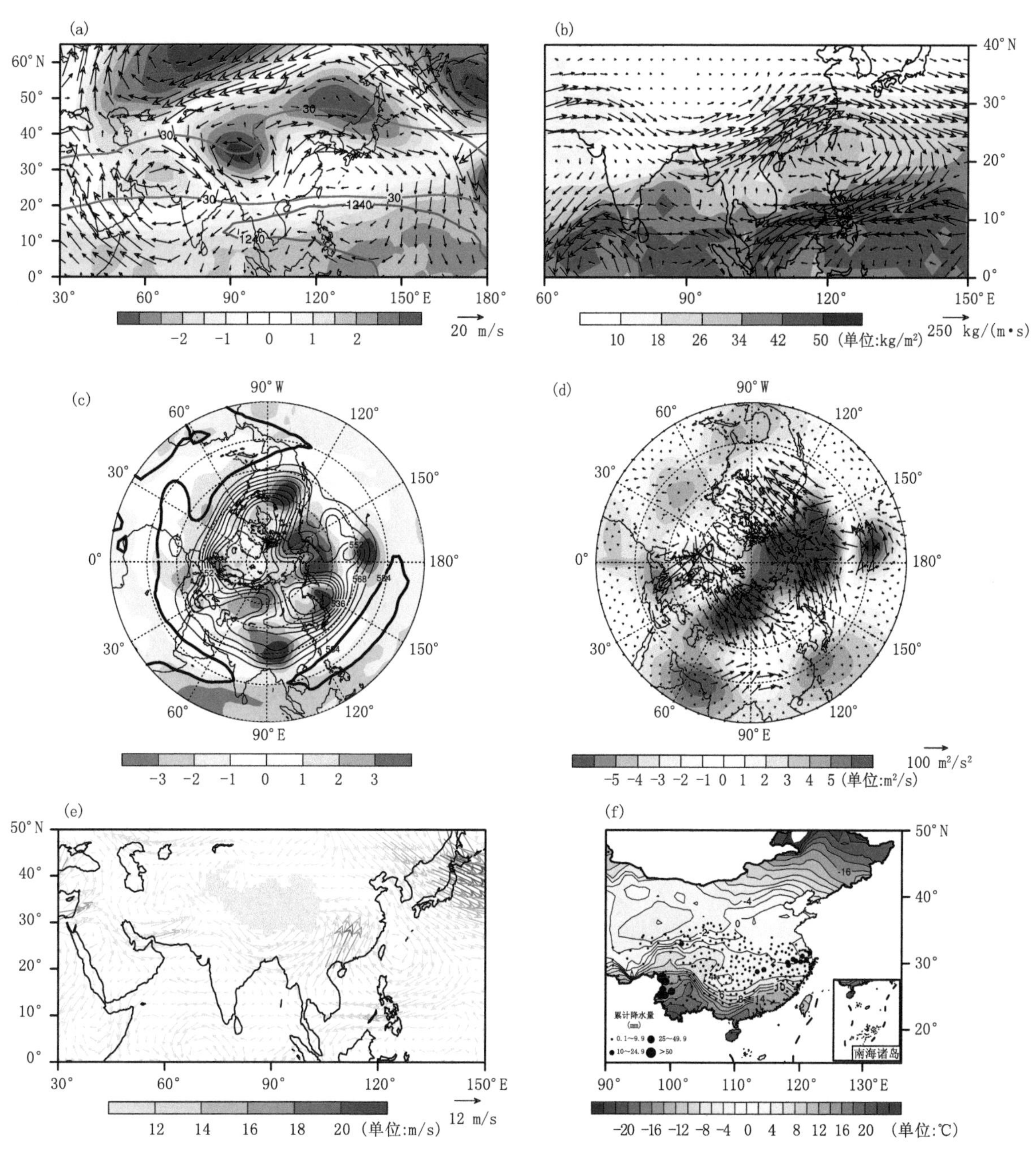

图4.21 1984年1月17日环流、水汽输送及降水特征图

(a)200 hPa南亚高压、西风急流、位势高度标准化距平和矢量风距平分布；(b)整层积分水汽和水汽输送分布；(c)500 hPa位势高度及其标准化距平分布；(d)200 hPa波通量和流函数距平分布；(e)850 hPa矢量风分布；(f)日最高温度和日累计降水量分布

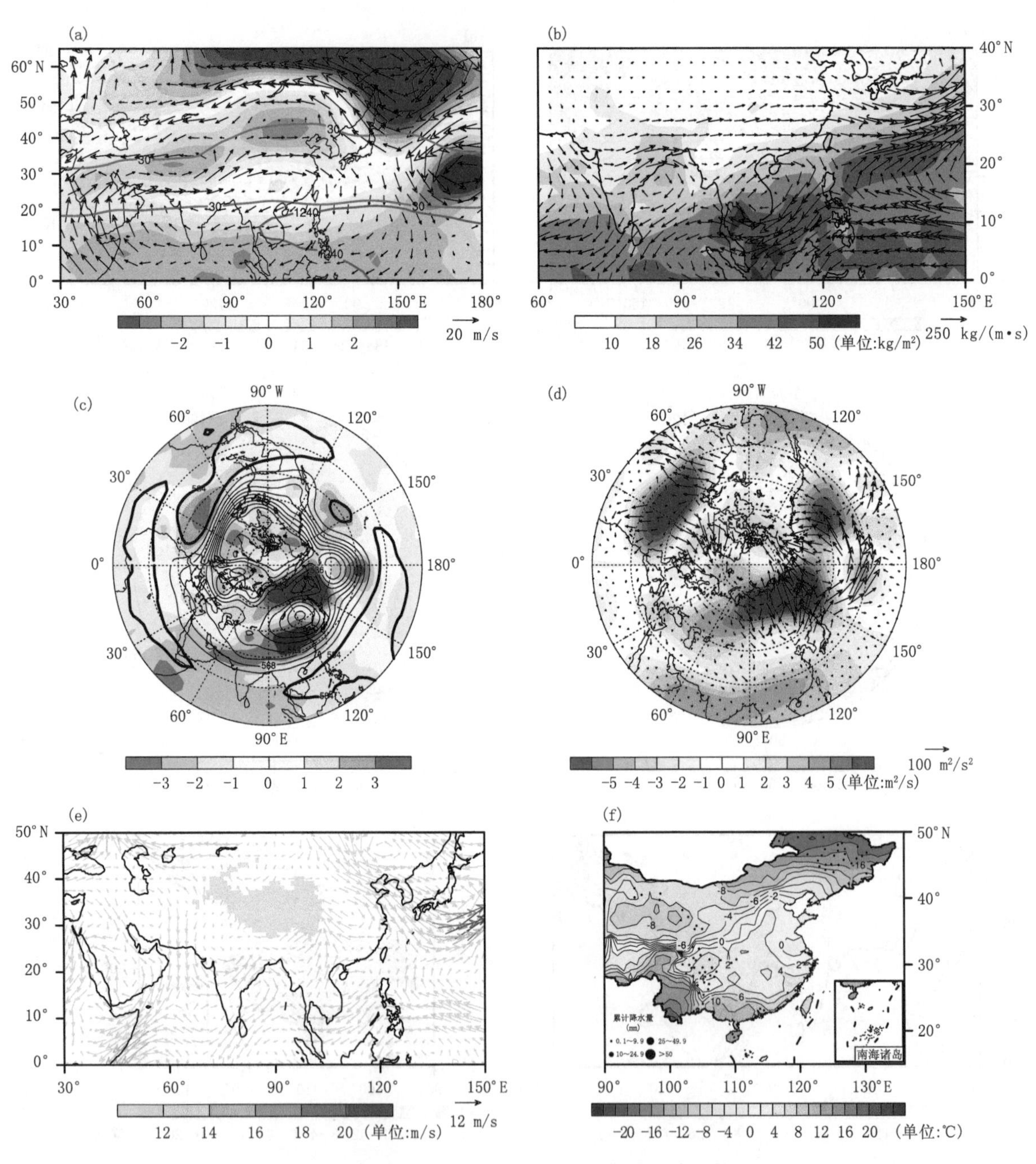

图 4.22　1984 年 1 月 22 日环流、水汽输送及降水特征图

(a)200 hPa 南亚高压、西风急流、位势高度标准化距平和矢量风距平分布；(b)整层积分水汽和水汽输送分布；(c)500 hPa 位势高度及其标准化距平分布；(d)200 hPa 波通量和流函数距平分布；(e)850 hPa 矢量风分布；(f)日最高温度和日累计降水量分布

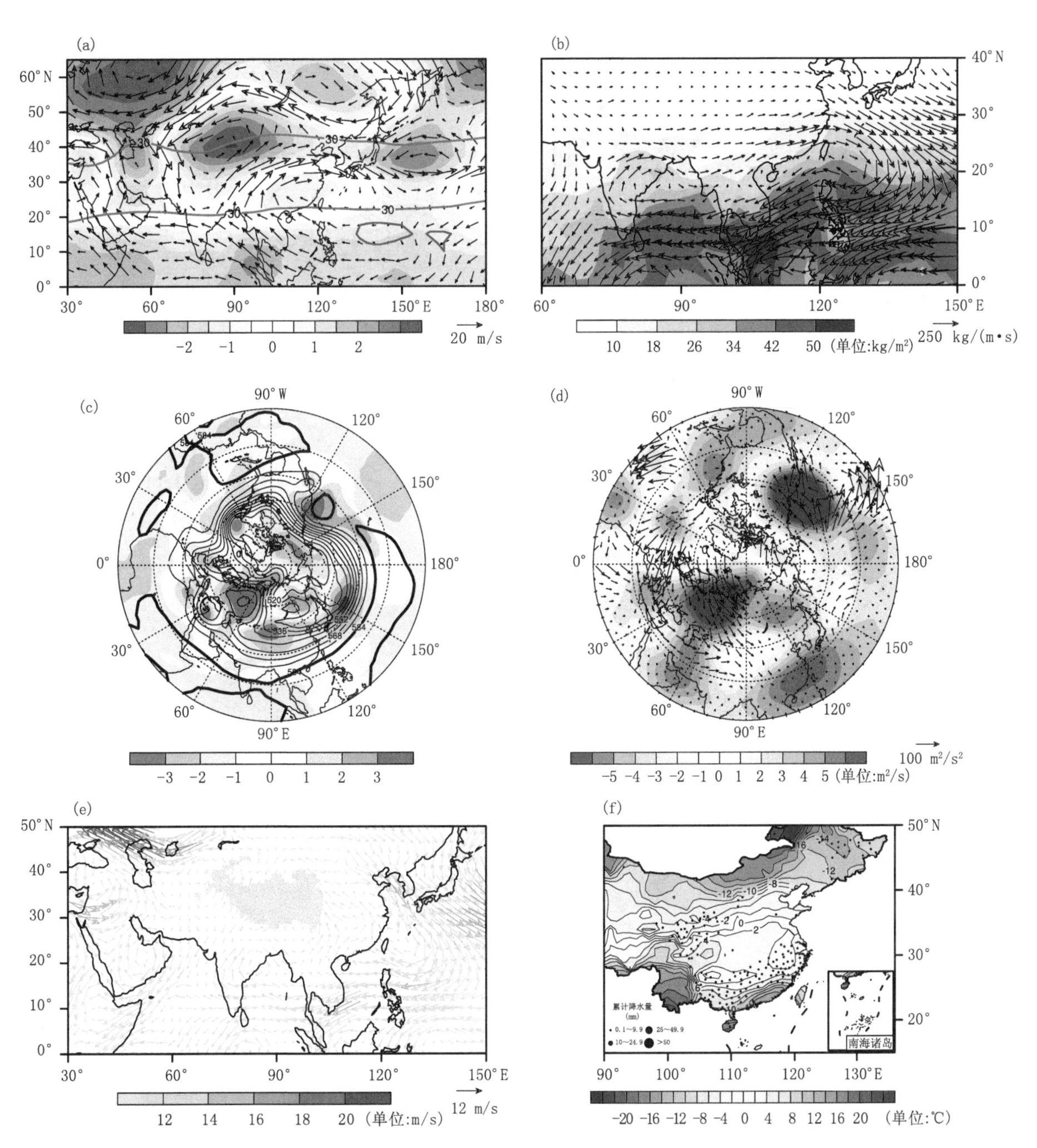

图 4.23　1984 年 1 月 27 日环流、水汽输送及降水特征图

(a)200 hPa 南亚高压、西风急流、位势高度标准化距平和矢量风距平分布；(b)整层积分水汽和水汽输送分布；(c)500 hPa 位势高度及其标准化距平分布；(d)200 hPa 波通量和流函数距平分布；(e)850 hPa 矢量风分布；(f)日最高温度和日累计降水量分布

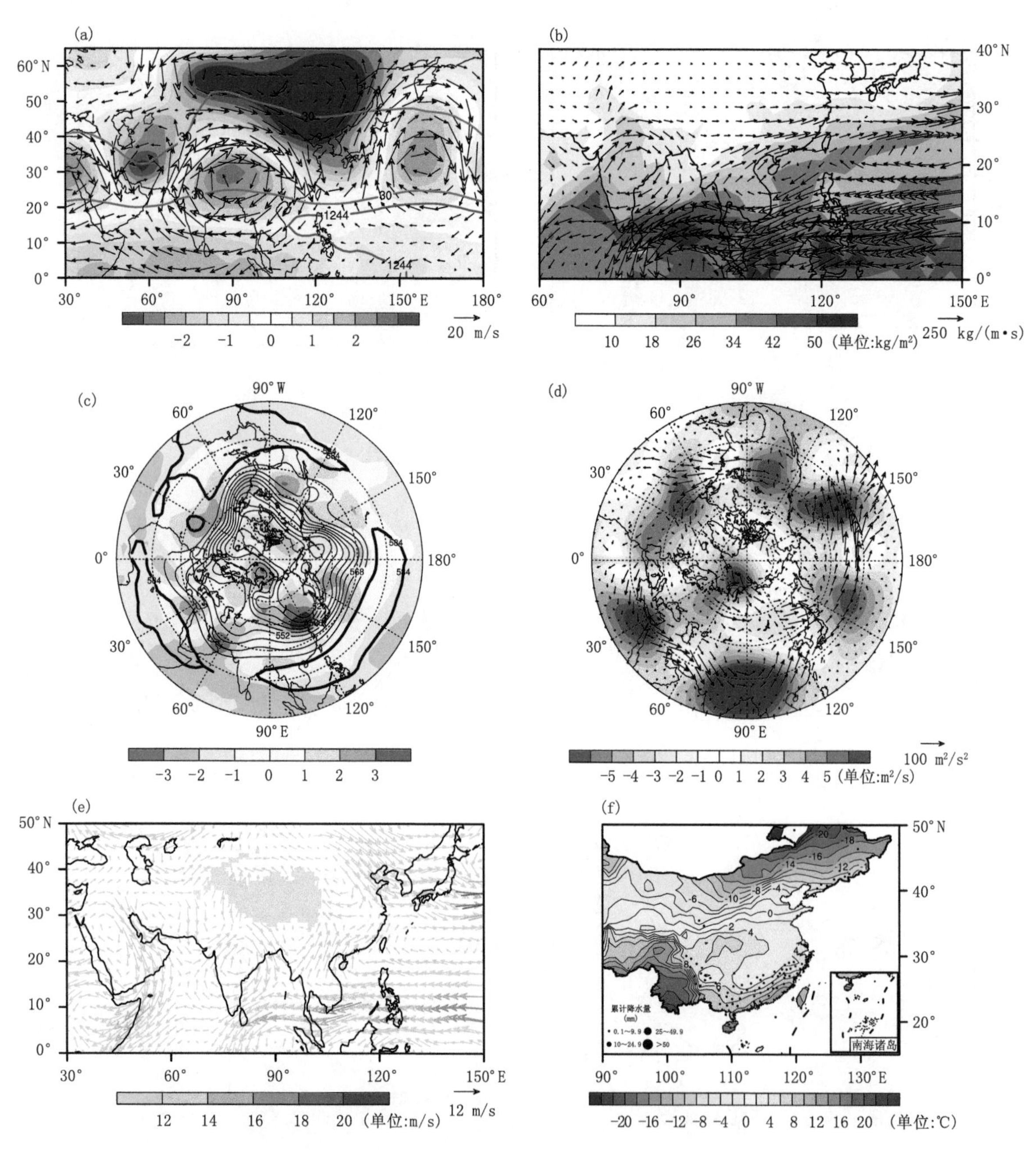

图 4.24　1984 年 2 月 1 日环流、水汽输送及降水特征图

(a)200 hPa 南亚高压、西风急流、位势高度标准化距平和矢量风距平分布；(b)整层积分水汽和水汽输送分布；(c)500 hPa 位势高度及其标准化距平分布；(d)200 hPa 波通量和流函数距平分布；(e)850 hPa 矢量风分布；(f)日最高温度和日累计降水量分布

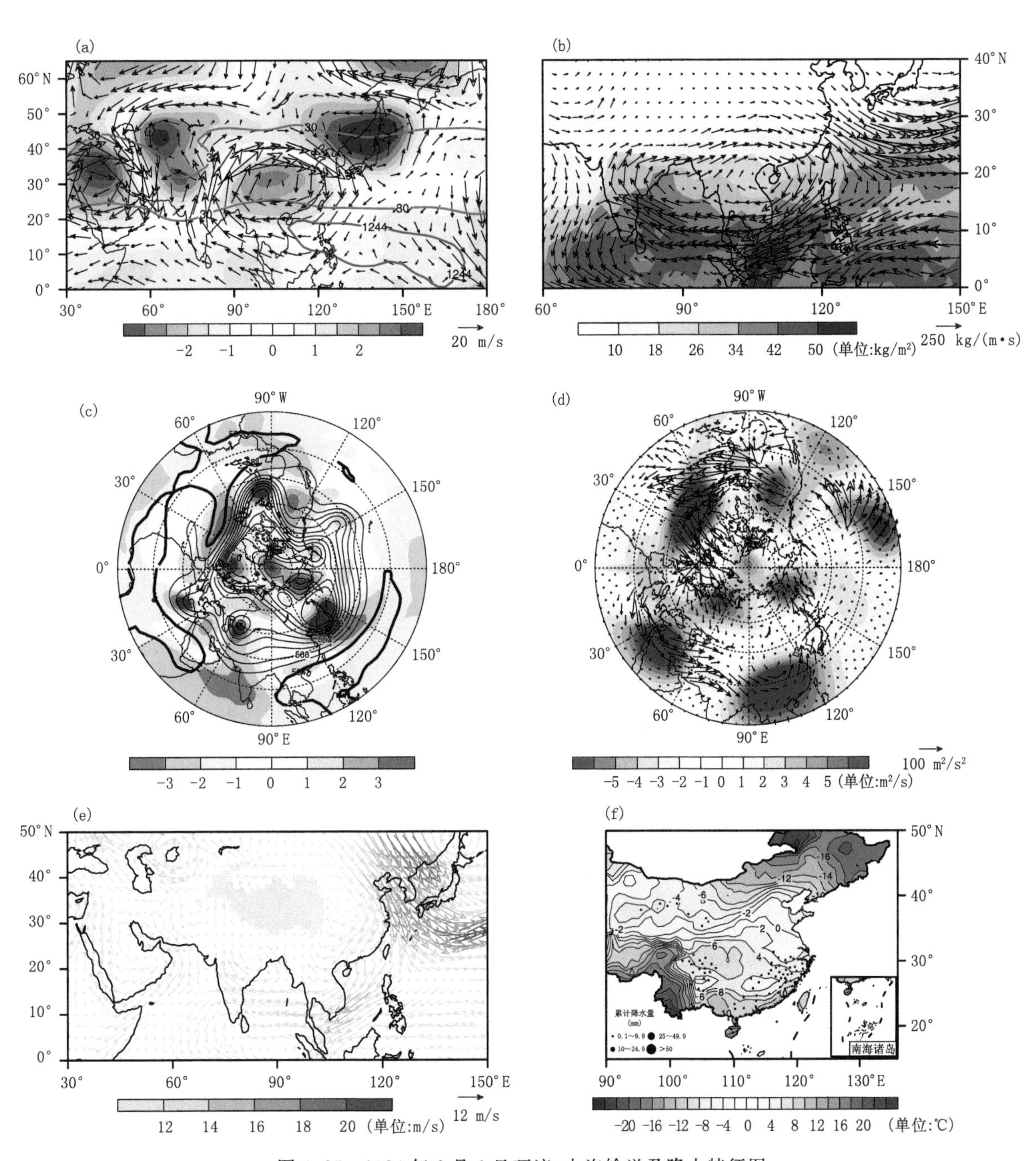

图 4.25 1984 年 2 月 6 日环流、水汽输送及降水特征图

(a)200 hPa 南亚高压、西风急流、位势高度标准化距平和矢量风距平分布；(b)整层积分水汽和水汽输送分布；(c)500 hPa 位势高度及其标准化距平分布；(d)200 hPa 波通量和流函数距平分布；(e)850 hPa 矢量风分布；(f)日最高温度和日累计降水量分布

4.5.4 1984 年 12 月 18—29 日事件

4.5.4.1 降水概况

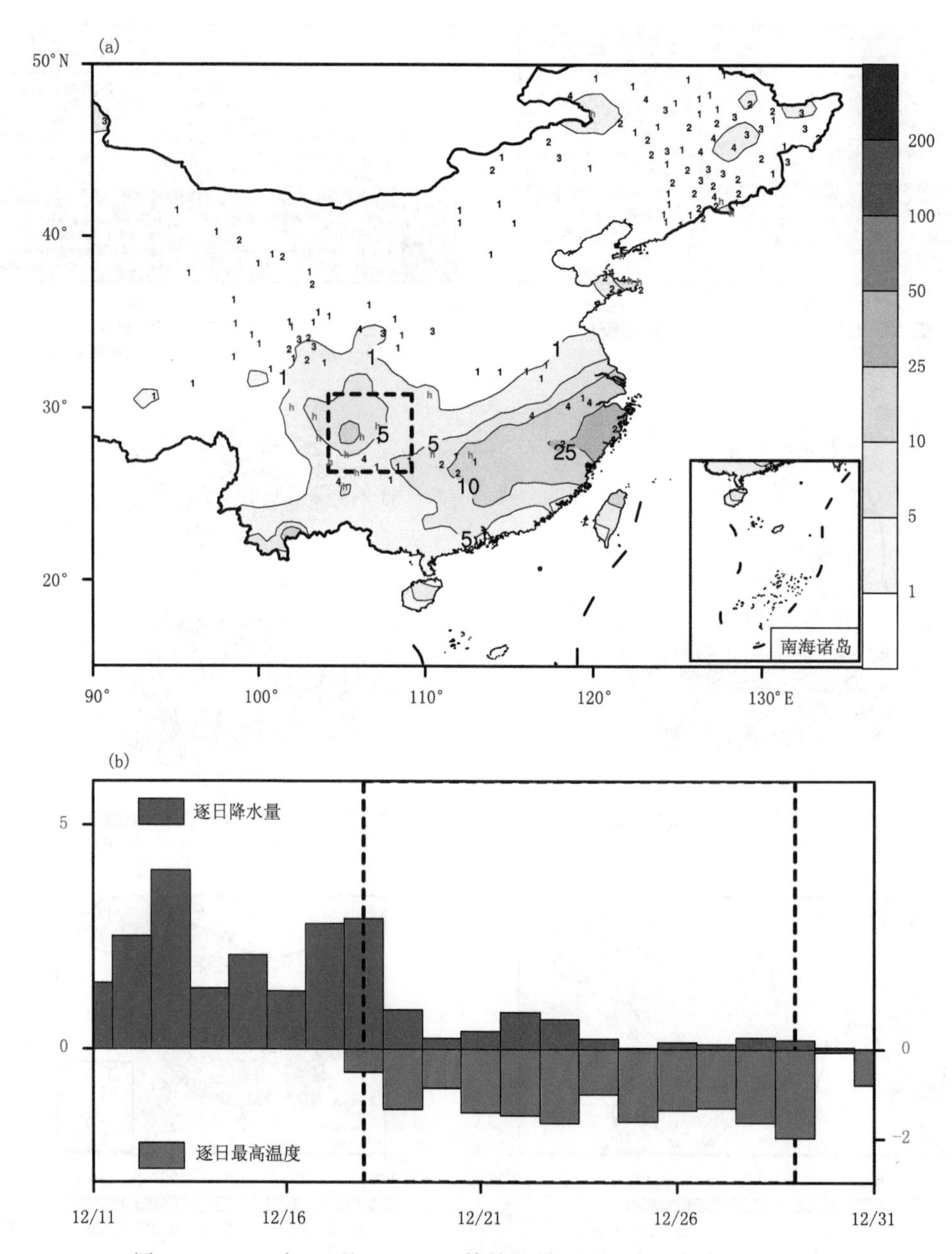

图 4.26 1984 年 12 月 18—29 日持续性低温雨雪冰冻事件过程特征图

(a)事件期间累计降水量,数字符号表示事件期间站点最高温度低于 0 ℃的日数,其中红色 h 表示日数大于等于 5,事件核心区域用黑色虚线框标出;(b)表示事件期间核心区域平均降水量及平均最高温度(蓝色柱单位:mm;红色柱单位:℃),事件发生时段用黑色竖虚线标出

4.5.4.2 时间—经(纬)度剖面综合图

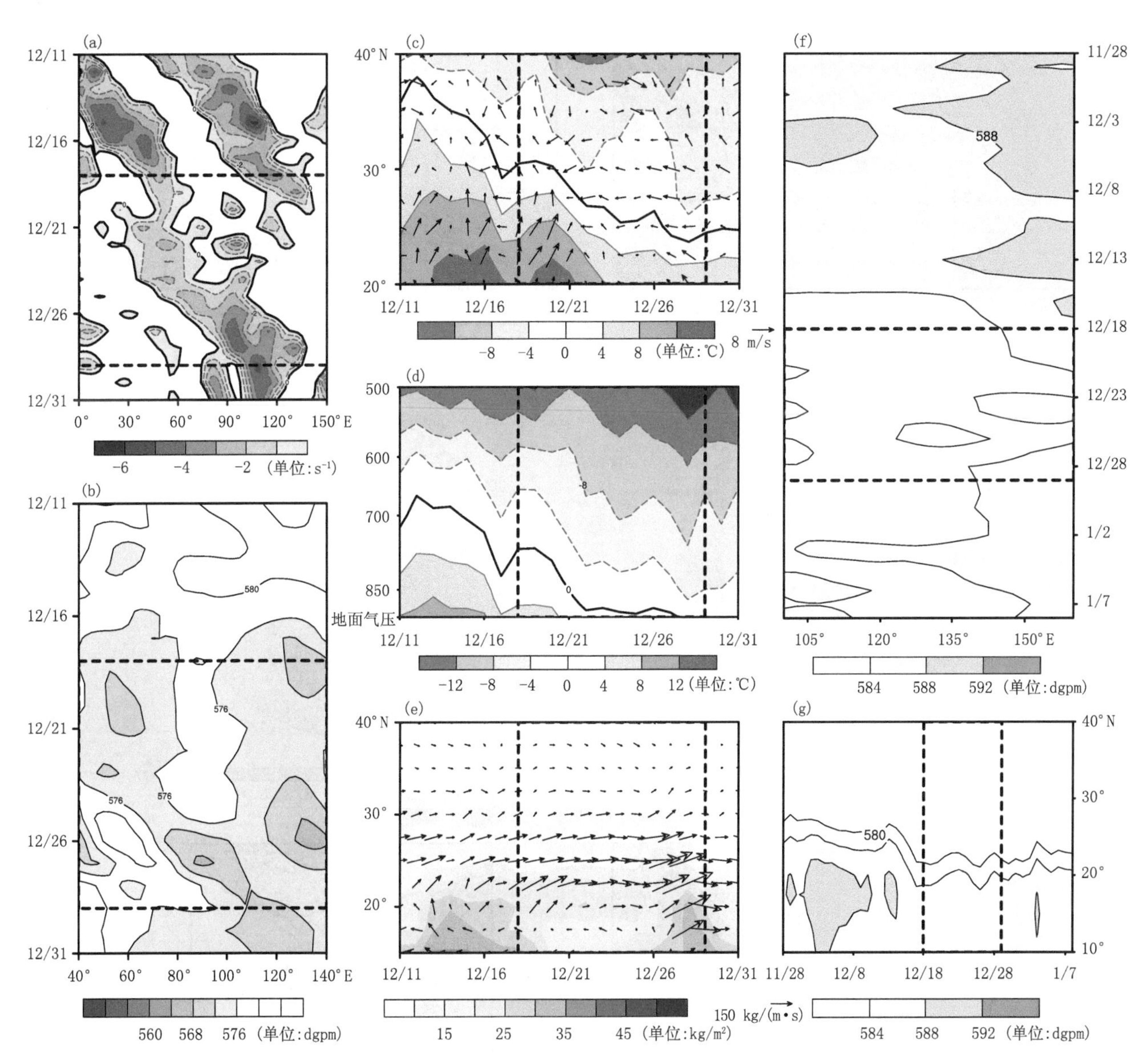

图4.27 1984年12月18—29日持续性低温雨雪冰冻事件时间—经(纬)度剖面综合图

(a)500 hPa 60°N的相对涡度时间—经度剖面;(b)500 hPa 25°N的位势高度的时间—经度剖面;(c)850 hPa事件发生核心区矢量风以及温度纬度—时间剖面;(d)事件发生核心区域温度气压—时间剖面;(e)事件发生核心区整层水汽积分和水汽通量;(f)500 hPa 20°N的位势高度经度—时间剖面;(g)500 hPa 120°E位势高度时间—纬度剖面

4.5.4.3 逐日环流、水汽输送和降水特征图

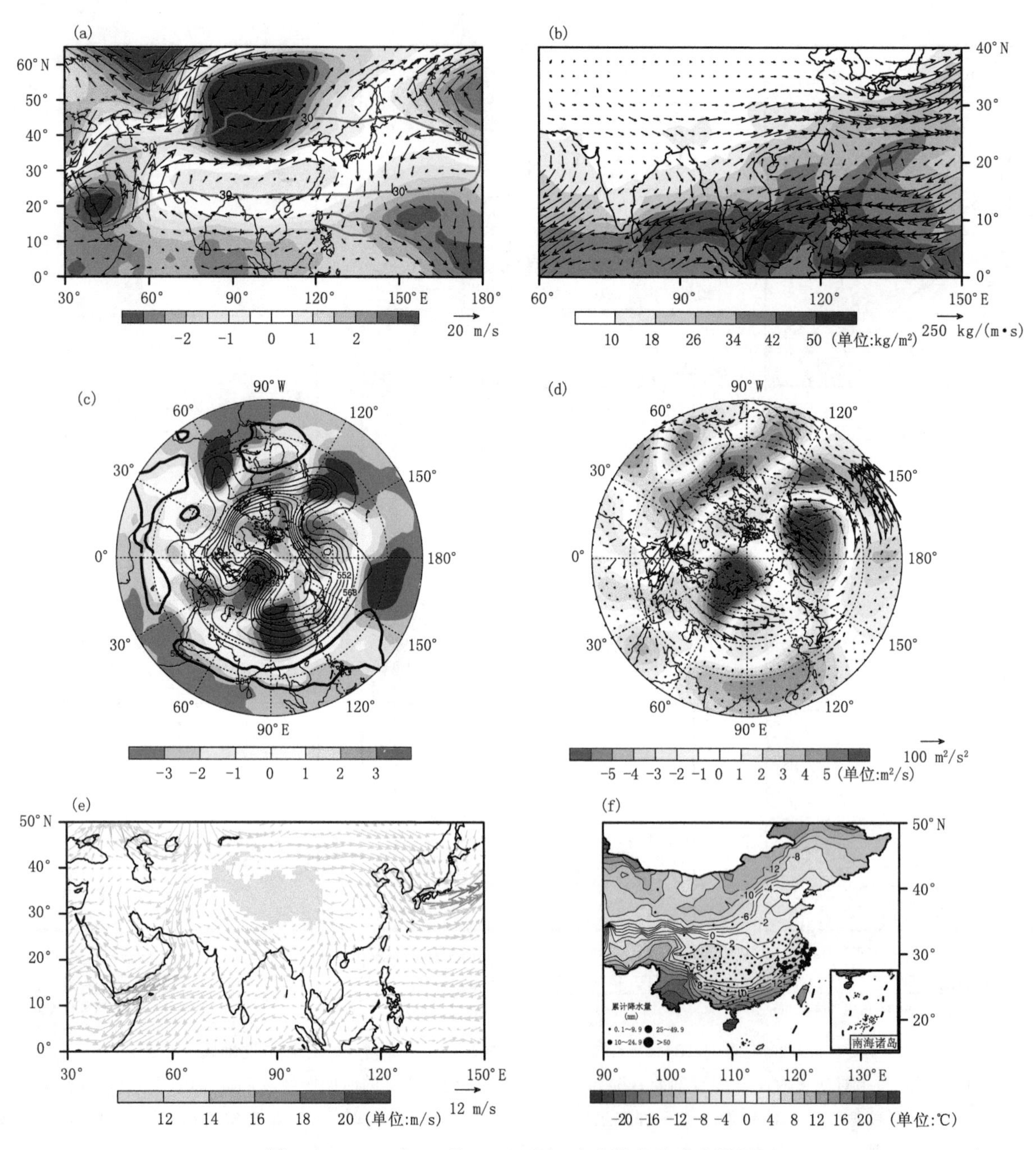

图 4.28 1984年12月18日环流、水汽输送及降水特征图

(a)200 hPa 南亚高压、西风急流、位势高度标准化距平和矢量风距平分布;(b)整层积分水汽和水汽输送分布;(c)500 hPa 位势高度及其标准化距平分布;(d)200 hPa 波通量和流函数距平分布;(e)850 hPa 矢量风分布;(f)日最高温度和日累计降水量分布

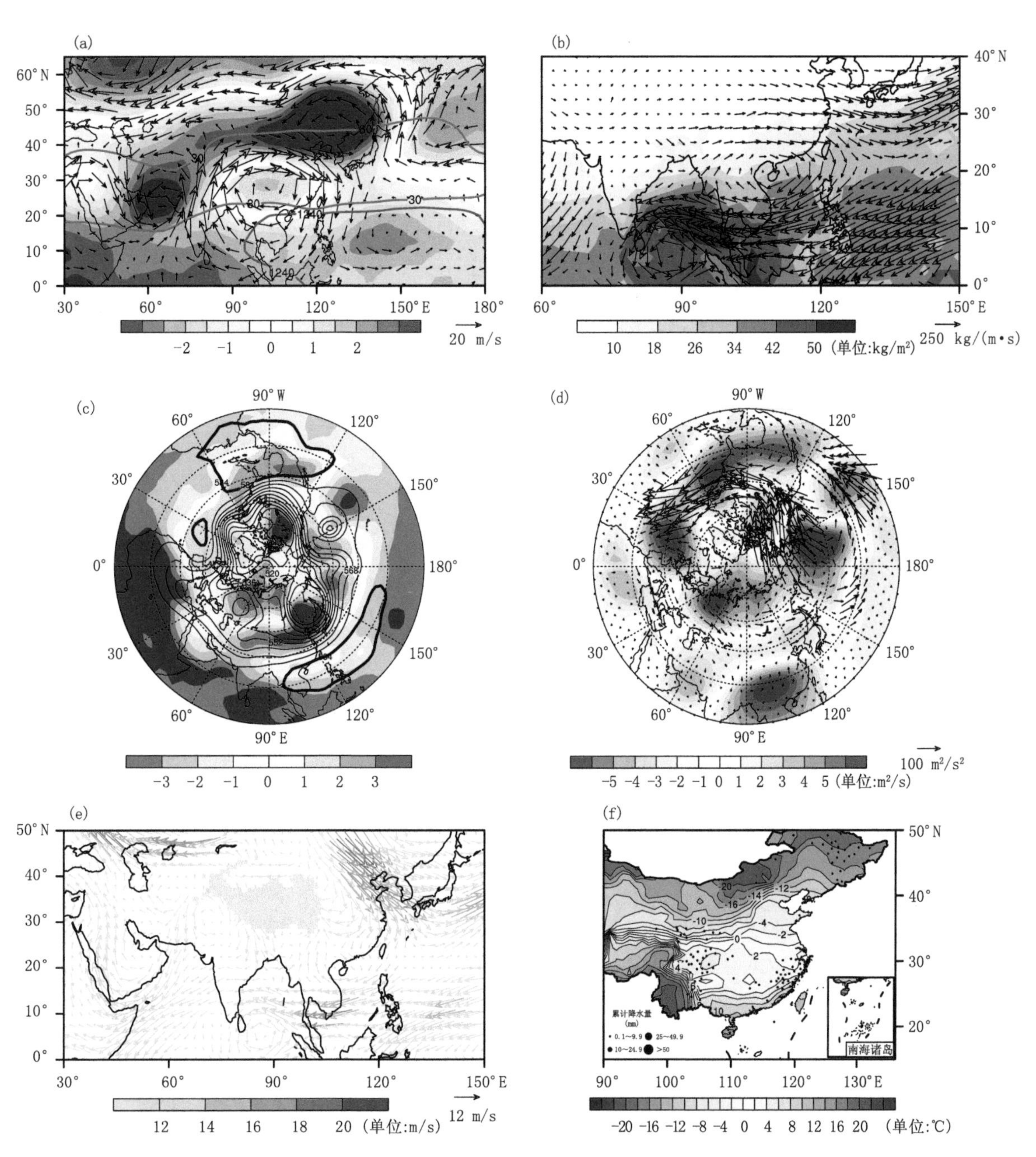

图 4.29　1984 年 12 月 22 日环流、水汽输送及降水特征图

(a)200 hPa 南亚高压、西风急流、位势高度标准化距平和矢量风距平分布;(b)整层积分水汽和水汽输送分布;(c)500 hPa 位势高度及其标准化距平分布;(d)200 hPa 波通量和流函数距平分布;(e)850 hPa 矢量风分布;(f)日最高温度和日累计降水量分布

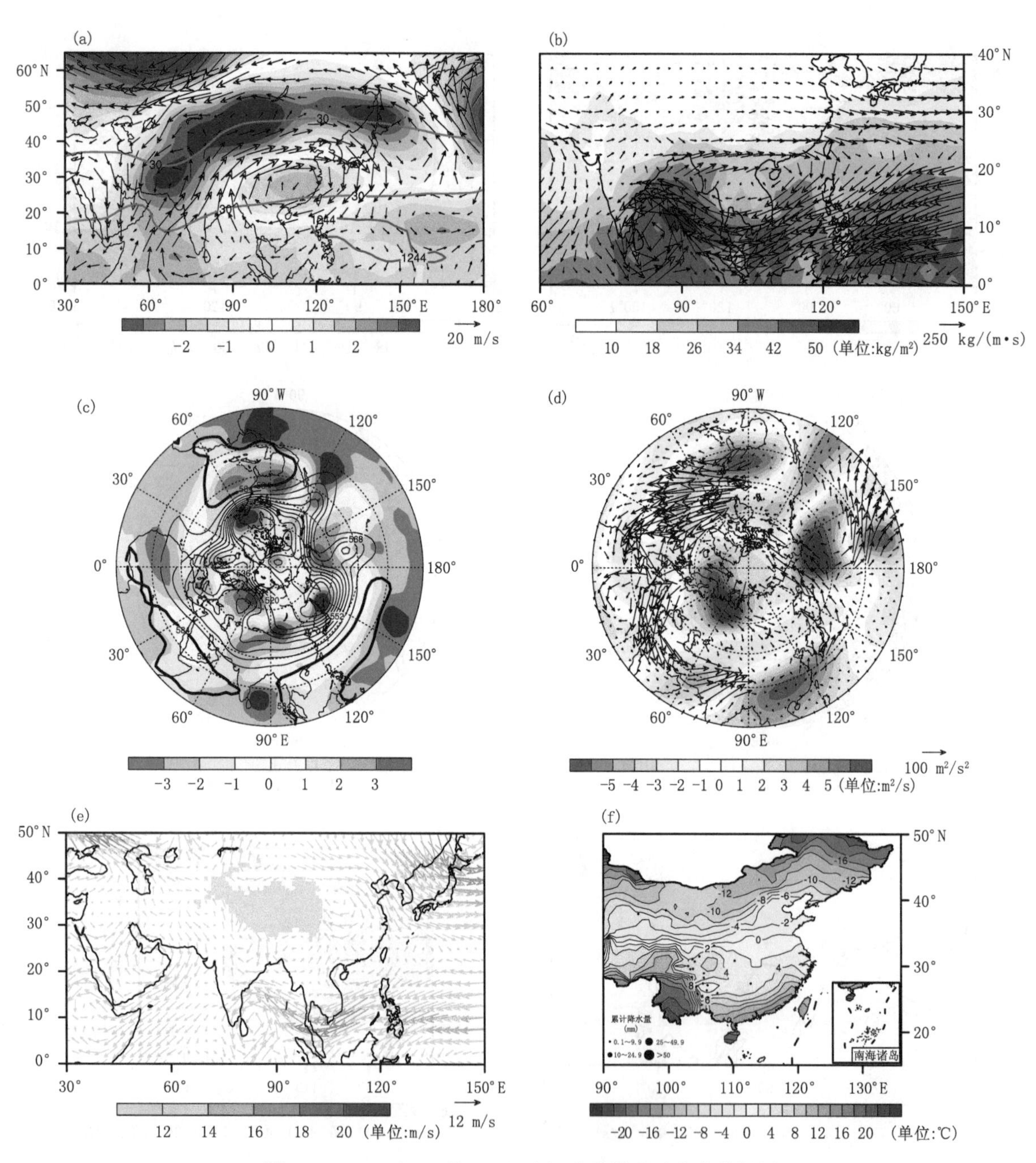

图 4.30 1984 年 12 月 26 日环流、水汽输送及降水特征图

(a)200 hPa 南亚高压、西风急流、位势高度标准化距平和矢量风距平分布；(b)整层积分水汽和水汽输送分布；(c)500 hPa 位势高度及其标准化距平分布；(d)200 hPa 波通量和流函数距平分布；(e)850 hPa 矢量风分布；(f)日最高温度和日累计降水量分布

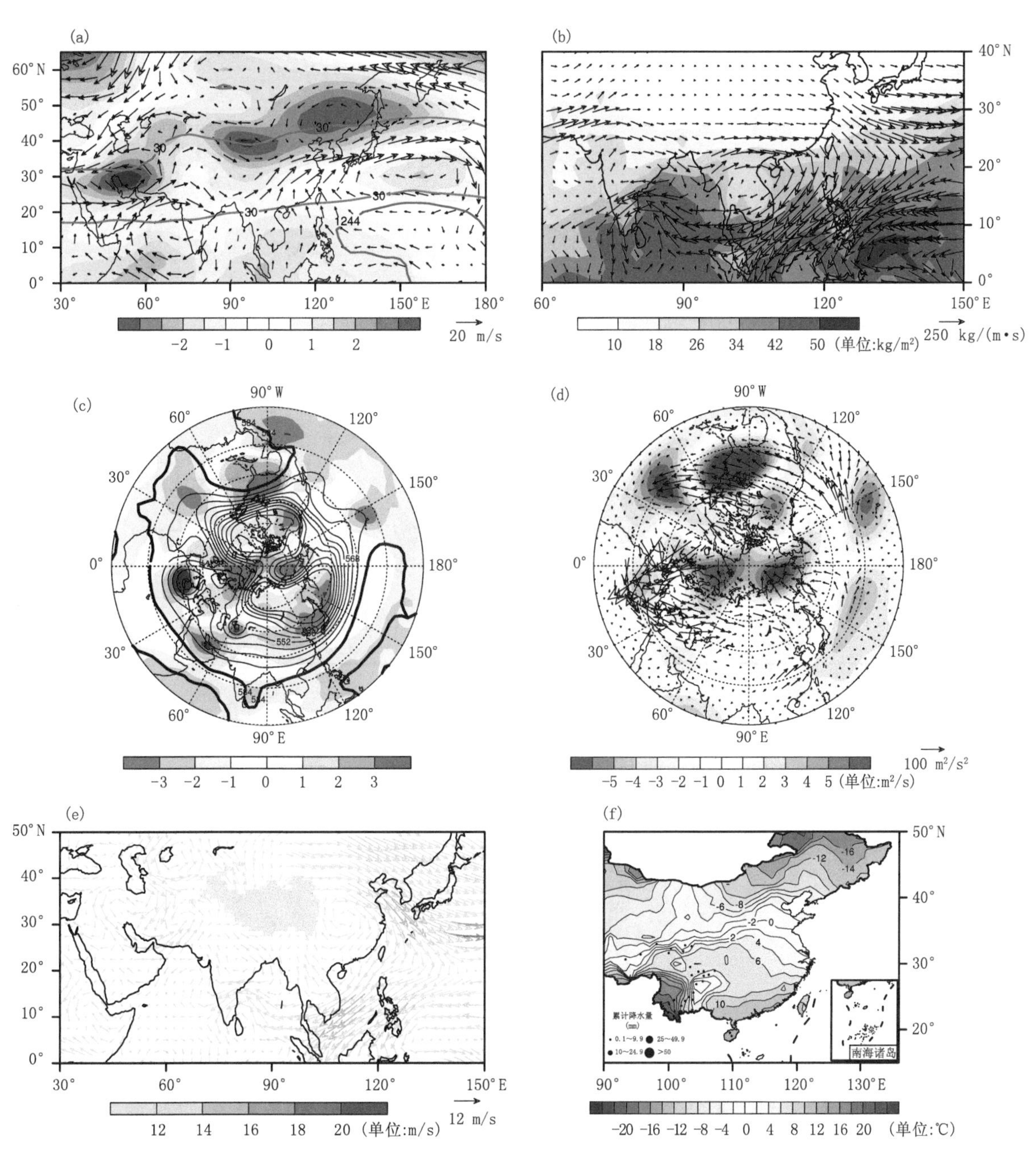

图 4.31 1984 年 12 月 29 日环流、水汽输送及降水特征图

(a)200 hPa 南亚高压、西风急流、位势高度标准化距平和矢量风距平分布;(b)整层积分水汽和水汽输送分布;(c)500 hPa 位势高度及其标准化距平分布;(d)200 hPa 波通量和流函数距平分布;(e)850 hPa 矢量风分布;(f)日最高温度和日累计降水量分布

4.5.5　1993 年 1 月 13—23 日事件

4.5.5.1　降水概况

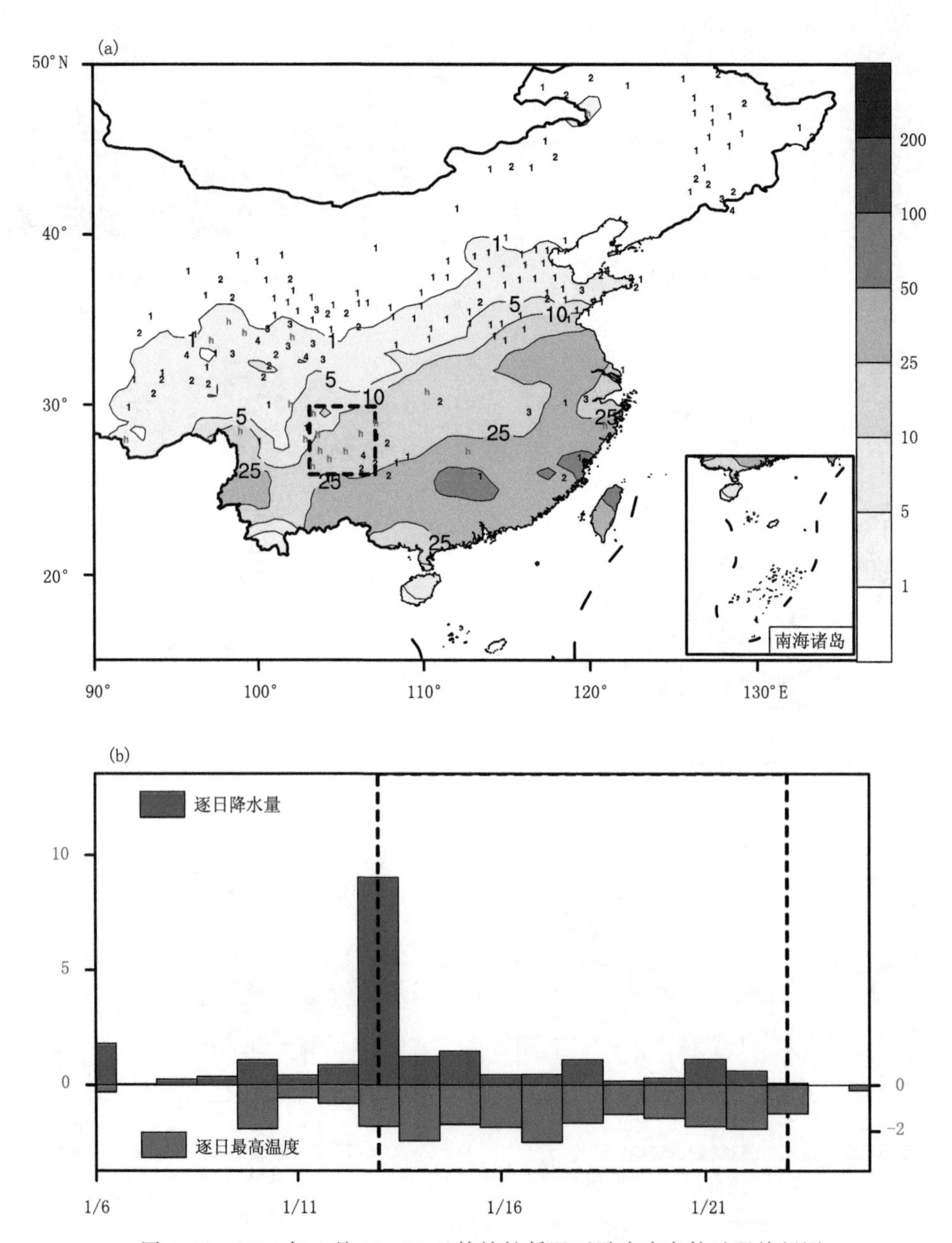

图 4.32　1993 年 1 月 13—23 日持续性低温雨雪冰冻事件过程特征图

(a)事件期间累计降水量，数字符号表示事件期间站点最高温度低于 0 ℃的日数，其中红色 h 表示日数大于等于 5，事件核心区域用黑色虚线框标出；(b)表示事件期间核心区域平均降水量及平均最高温度(蓝色柱单位：mm；红色柱单位：℃)，事件发生时段用黑色竖虚线标出

4.5.5.2 时间—经(纬)度剖面综合图

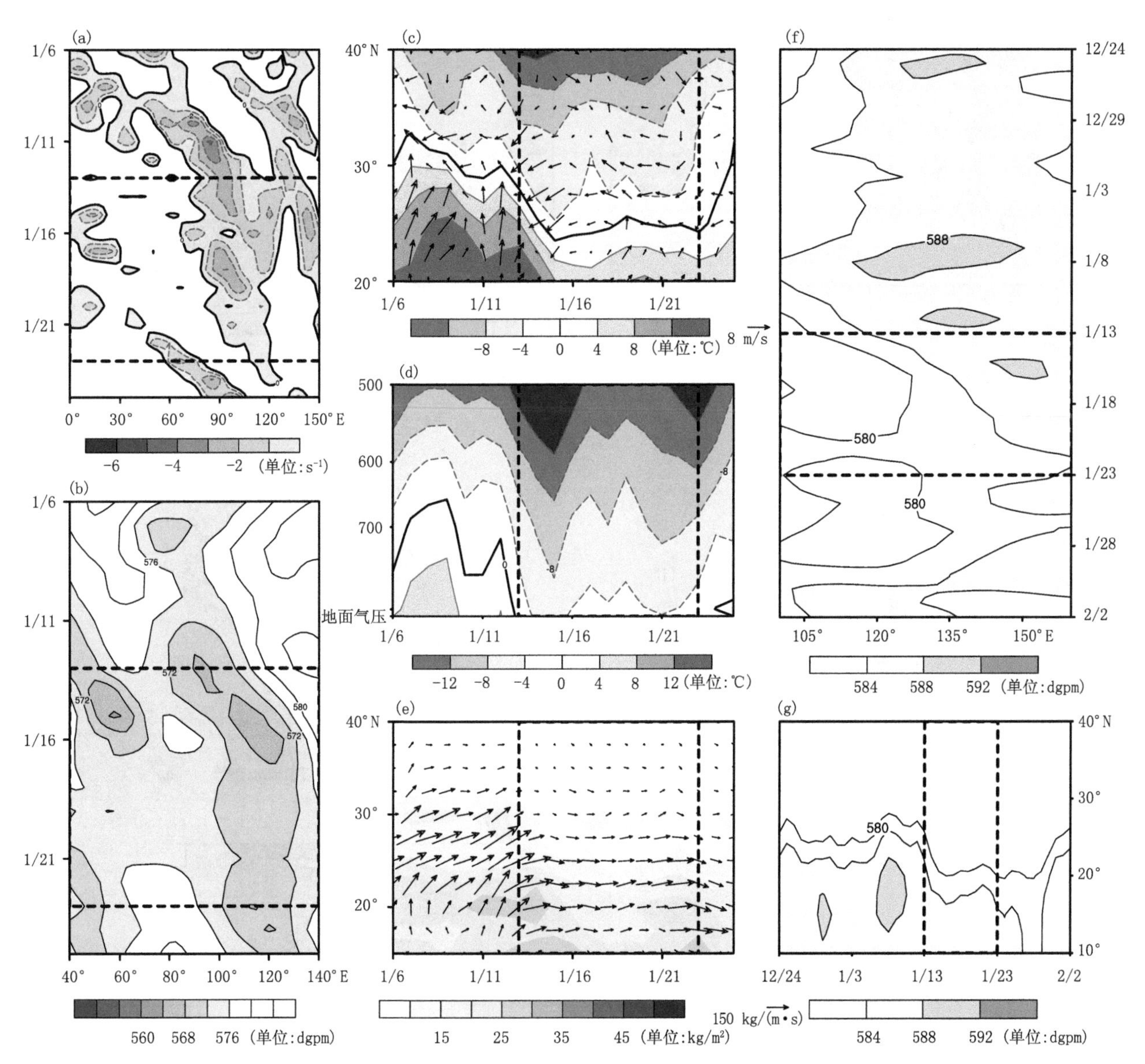

图 4.33 1993 年 1 月 13—23 日持续性低温雨雪冰冻事件时间—经(纬)度剖面综合图

(a)500 hPa 60°N 的相对涡度时间—经度剖面;(b)500 hPa 25°N 的位势高度的时间—经度剖面;(c)850 hPa 事件发生核心区矢量风以及温度纬度—时间剖面;(d)事件发生核心区域温度气压—时间剖面;(e)事件发生核心区整层水汽积分和水汽通量;(f)500 hPa 20°N 的位势高度经度—时间剖面;(g)500 hPa 120°E 位势高度时间—纬度剖面

4.5.5.3 逐日环流、水汽输送和降水特征图

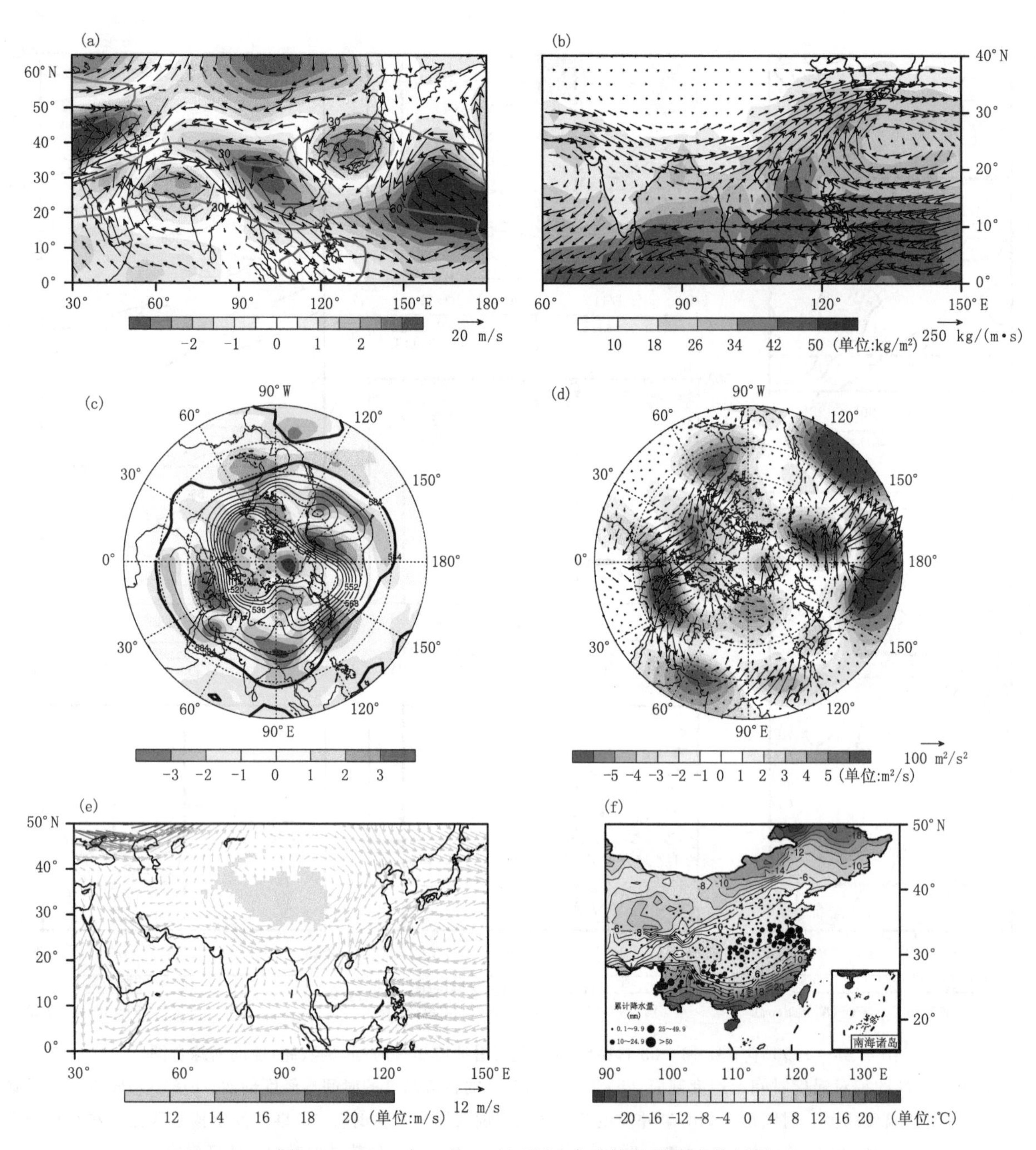

图 4.34　1993 年 1 月 13 日环流、水汽输送及降水特征图

(a)200 hPa 南亚高压、西风急流、位势高度标准化距平和矢量风距平分布；(b)整层积分水汽和水汽输送分布；(c)500 hPa 位势高度及其标准化距平分布；(d)200 hPa 波通量和流函数距平分布；(e)850 hPa 矢量风分布；(f)日最高温度和日累计降水量分布

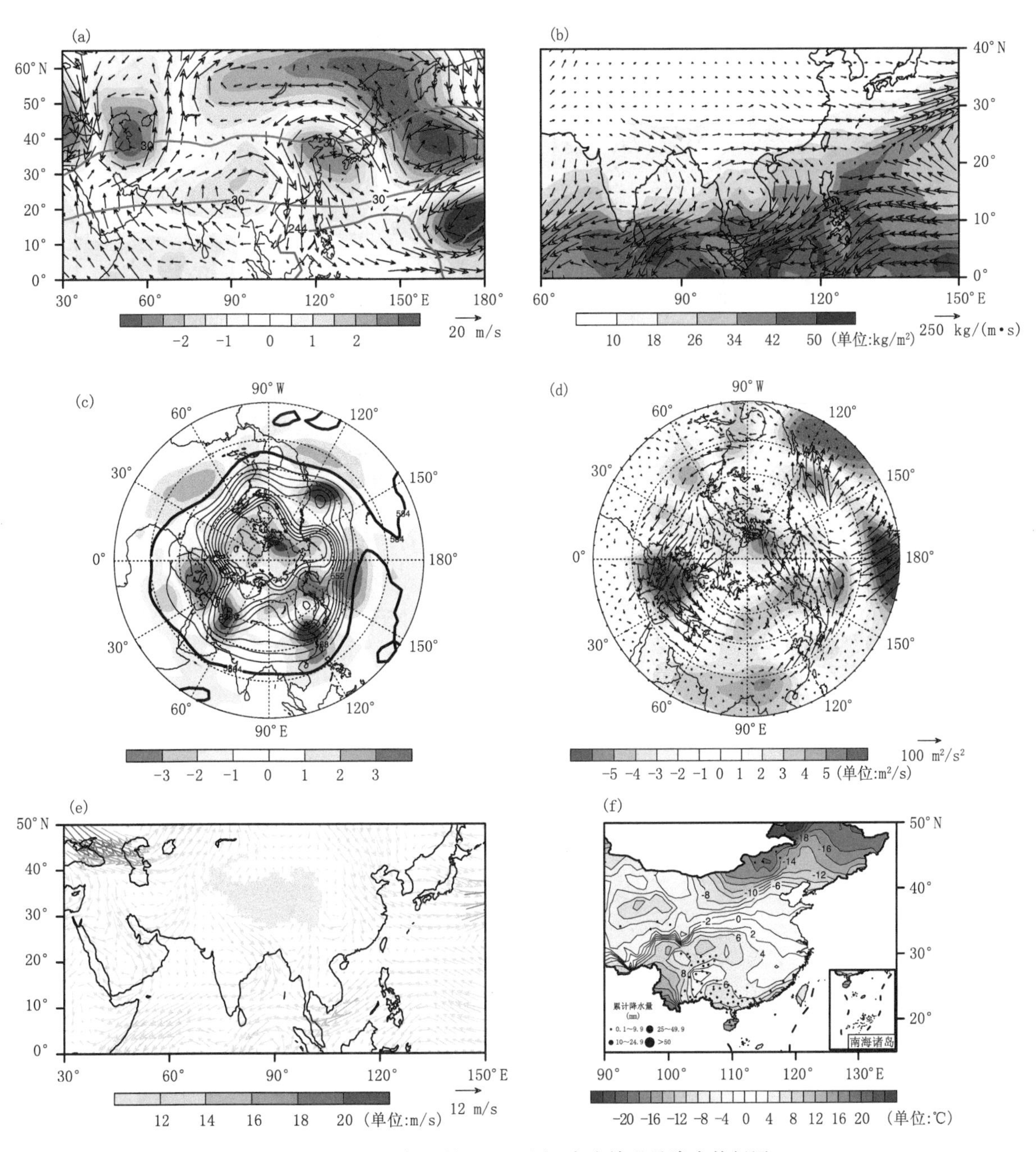

图 4.35 1993 年 1 月 17 日环流、水汽输送及降水特征图

(a)200 hPa 南亚高压、西风急流、位势高度标准化距平和矢量风距平分布；(b)整层积分水汽和水汽输送分布；(c)500 hPa 位势高度及其标准化距平分布；(d)200 hPa 波通量和流函数距平分布；(e)850 hPa 矢量风分布；(f)日最高温度和日累计降水量分布

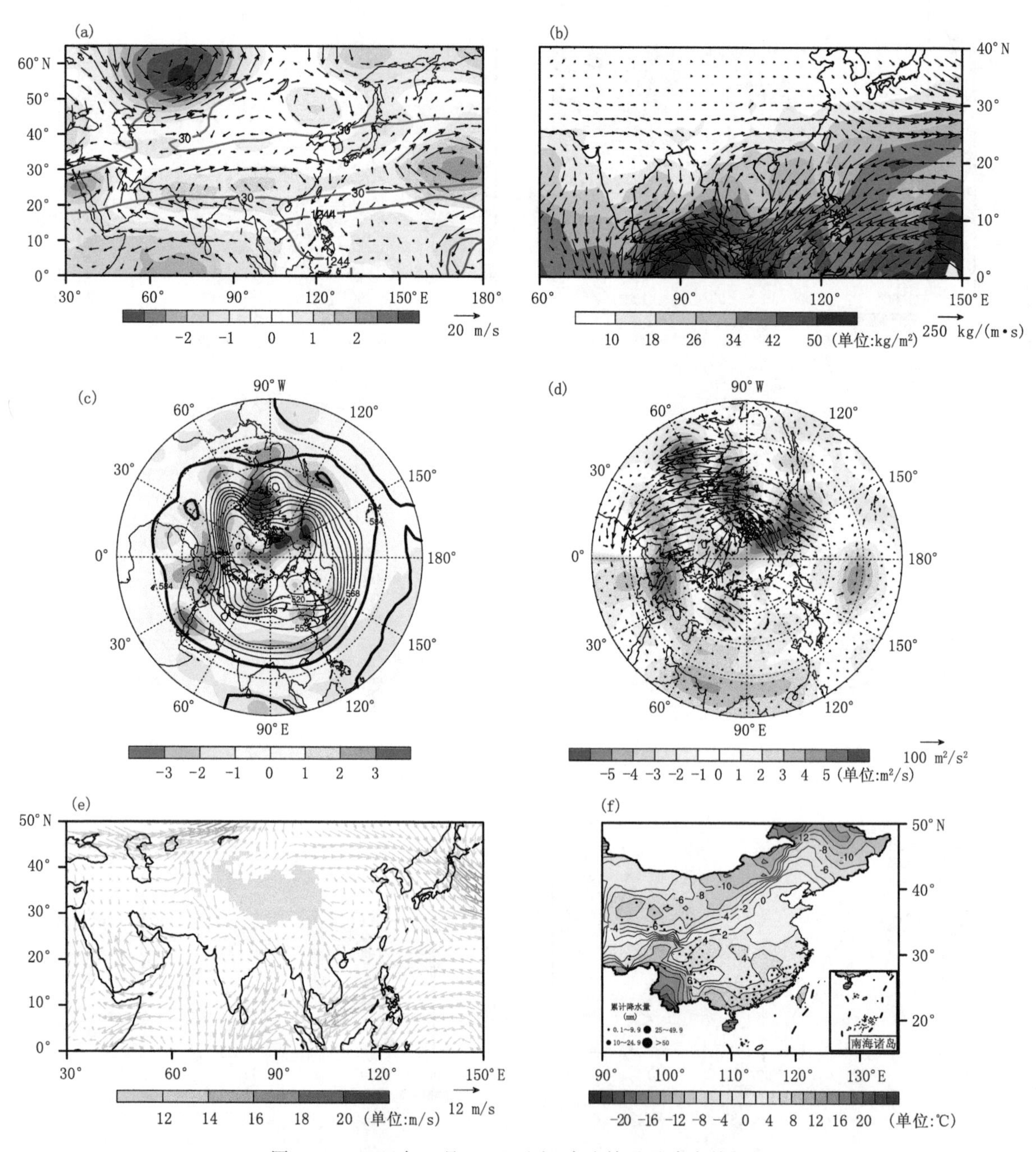

图 4.36 1993 年 1 月 21 日环流、水汽输送及降水特征图

(a)200 hPa 南亚高压、西风急流、位势高度标准化距平和矢量风距平分布；(b)整层积分水汽和水汽输送分布；(c)500 hPa 位势高度及其标准化距平分布；(d)200 hPa 波通量和流函数距平分布；(e)850 hPa 矢量风分布；(f)日最高温度和日累计降水量分布

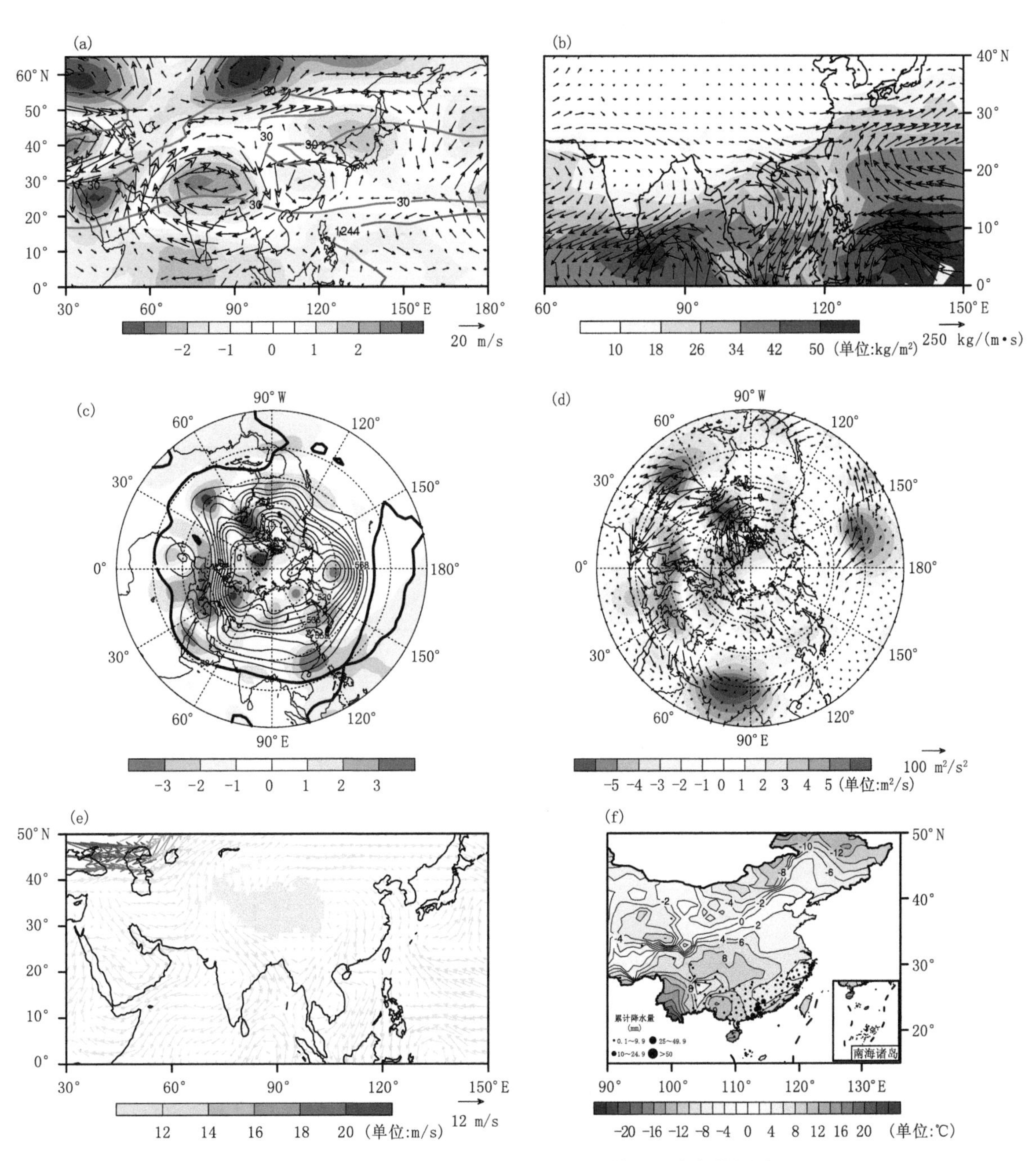

图 4.37 1993 年 1 月 23 日环流、水汽输送及降水特征图

(a)200 hPa 南亚高压、西风急流、位势高度标准化距平和矢量风距平分布；(b)整层积分水汽和水汽输送分布；(c)500 hPa 位势高度及其标准化距平分布；(d)200 hPa 波通量和流函数距平分布；(e)850 hPa 矢量风分布；(f)日最高温度和日累计降水量分布

4.5.6 1996 年 2 月 17—25 日事件

4.5.6.1 降水概况

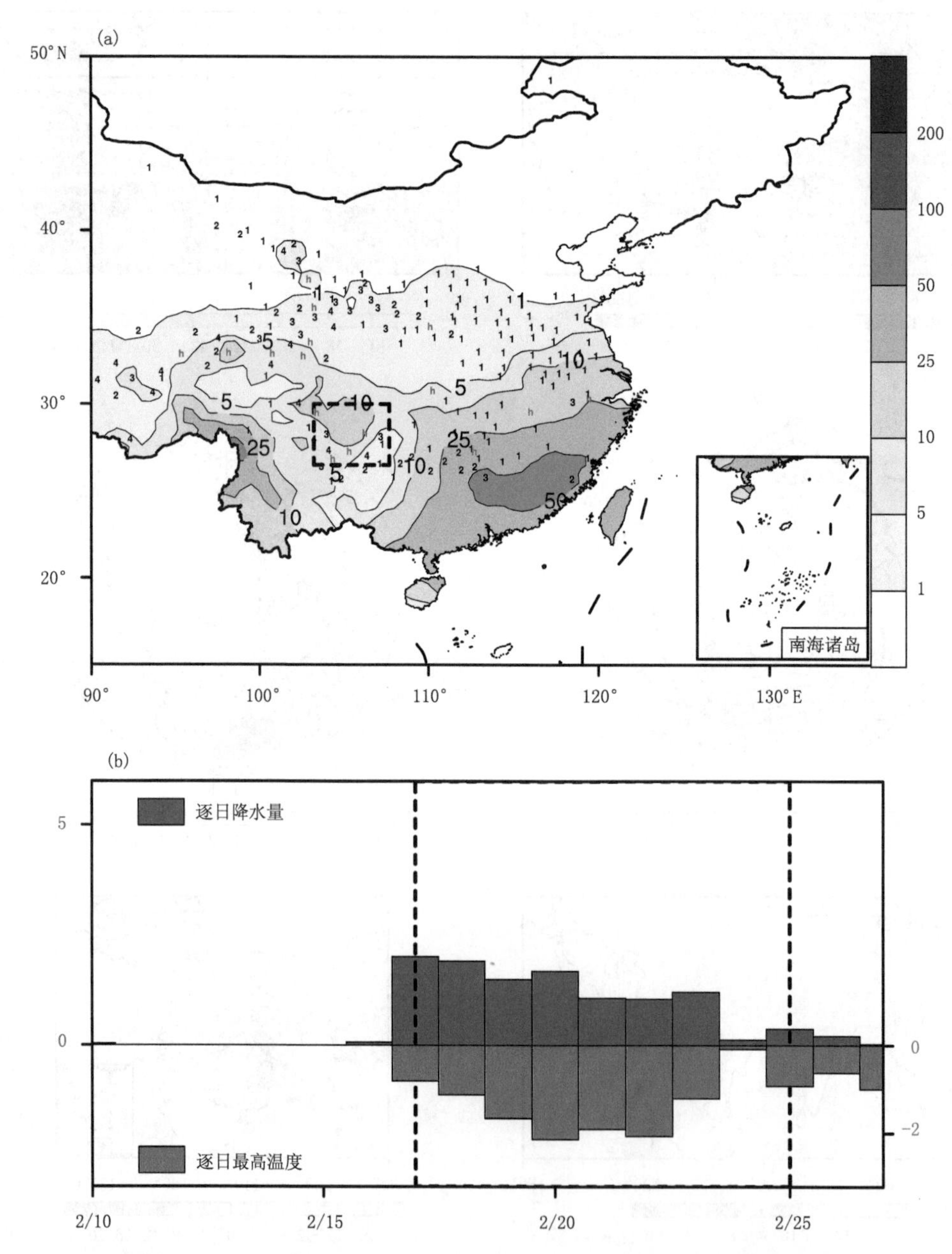

图 4.38 1996 年 2 月 17—25 日持续性低温雨雪冰冻事件过程特征图

(a)事件期间累计降水量，数字符号表示事件期间站点最高温度低于 0 ℃的日数，其中红色 h 表示日数大于等于 5，事件核心区域用黑色虚线框标出；(b)表示事件期间核心区域平均降水量及平均最高温度(蓝色柱单位：mm；红色柱单位：℃)，事件发生时段用黑色竖虚线标出

4.5.6.2 时间一经(纬)度剖面综合图

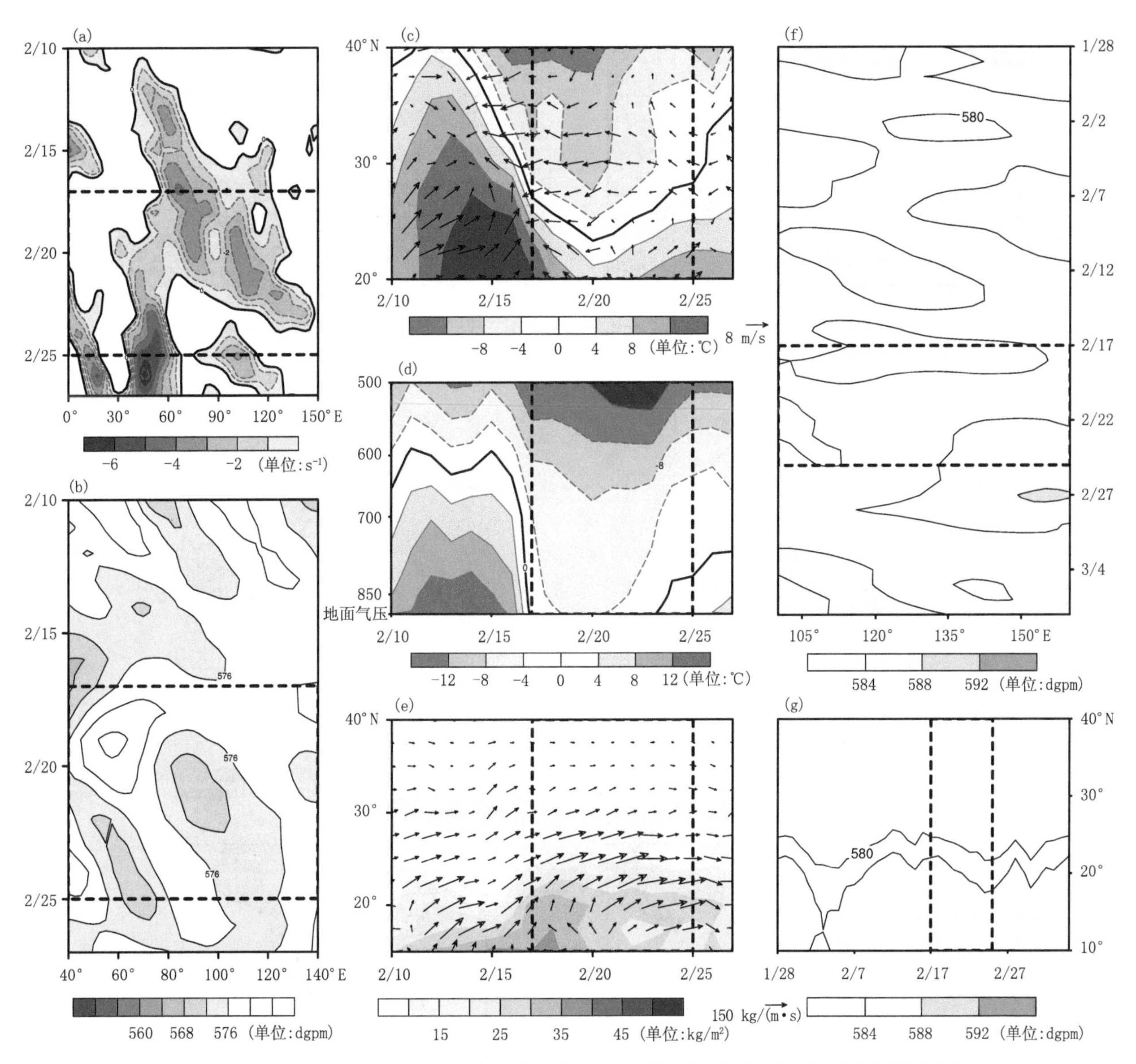

图4.39 1996年2月17—25日持续性低温雨雪冰冻事件时间一经(纬)度剖面综合图

(a)500 hPa 55°N的相对涡度时间一经度剖面;(b)500 hPa 25°N的位势高度的时间一经度剖面;(c)850 hPa事件发生核心区矢量风以及温度纬度一时间剖面;(d)事件发生核心区域温度气压一时间剖面;(e)事件发生核心区整层水汽积分和水汽通量;(f)500 hPa 20°N的位势高度经度一时间剖面;(g)500 hPa 120°E位势高度时间一纬度剖面

4.5.6.3 逐日环流、水汽输送和降水特征图

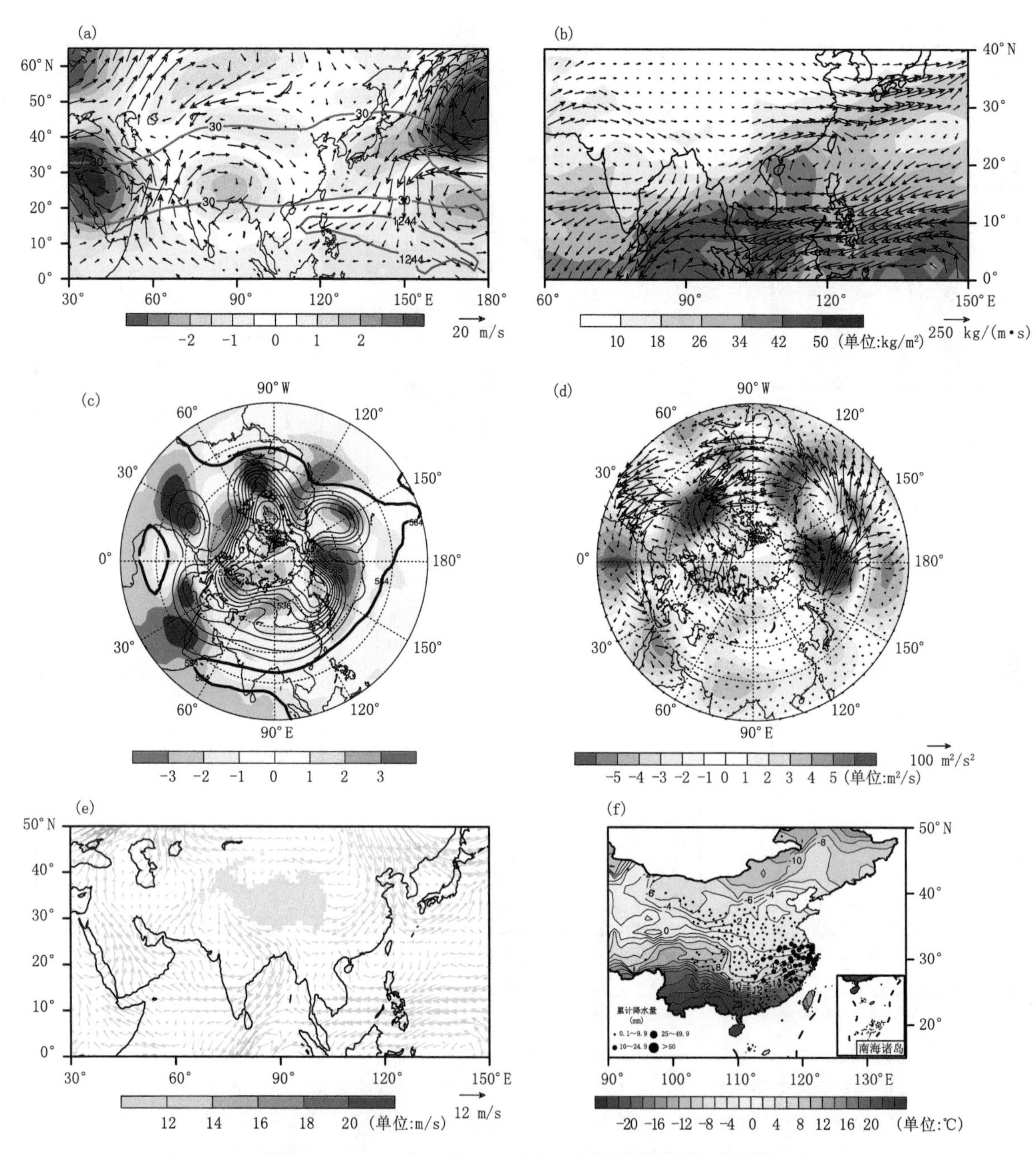

图 4.40 1996 年 2 月 17 日环流、水汽输送及降水特征图

(a)200 hPa 南亚高压、西风急流、位势高度标准化距平和矢量风距平分布;(b)整层积分水汽和水汽输送分布;(c)500 hPa 位势高度及其标准化距平分布;(d)200 hPa 波通量和流函数距平分布;(e)850 hPa 矢量风分布;(f)日最高温度和日累计降水量分布

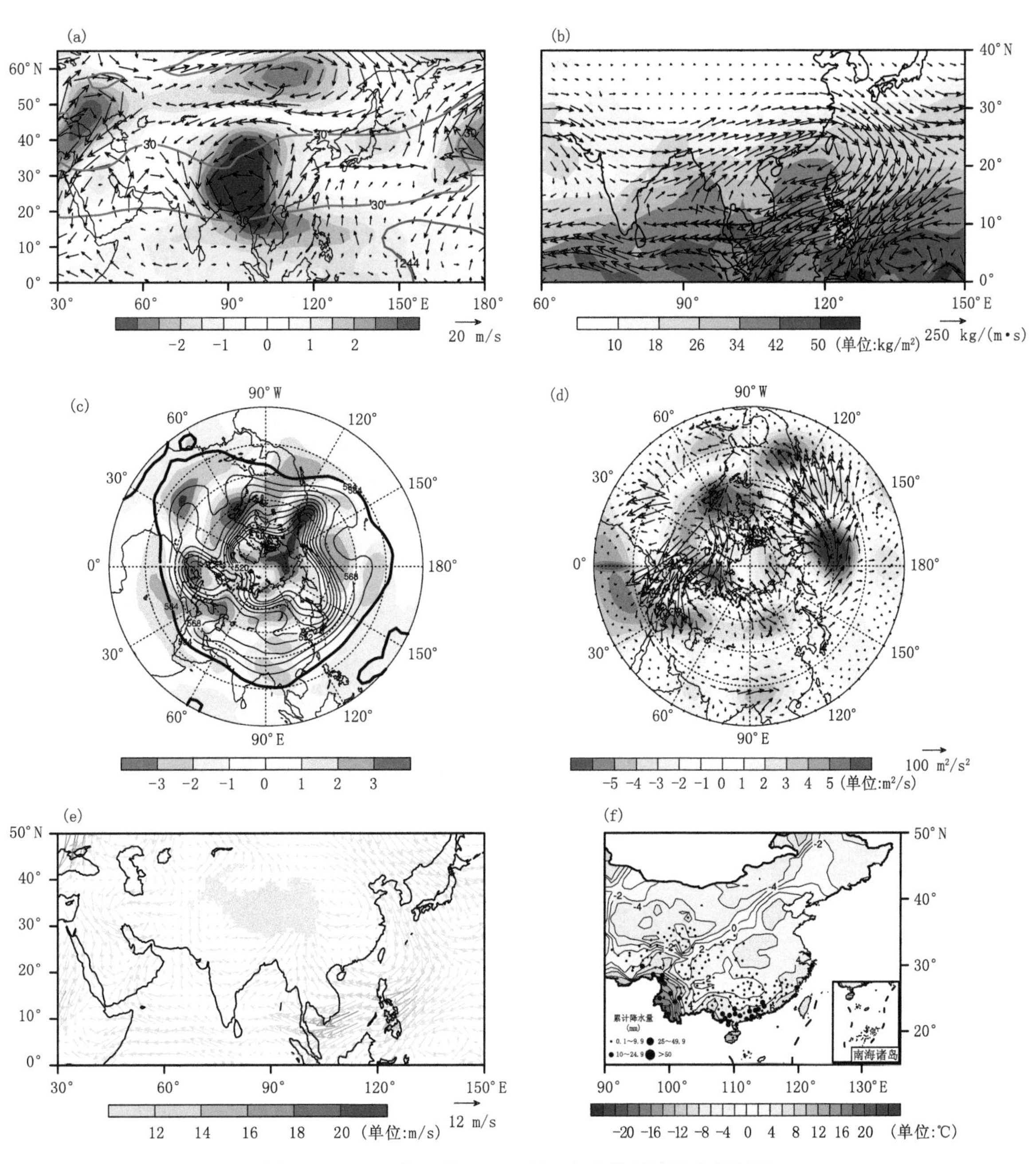

图 4.41　1996 年 2 月 21 日环流、水汽输送及降水特征图

(a)200 hPa 南亚高压、西风急流、位势高度标准化距平和矢量风距平分布；(b)整层积分水汽和水汽输送分布；(c)500 hPa 位势高度及其标准化距平分布；(d)200 hPa 波通量和流函数距平分布；(e)850 hPa 矢量风分布；(f)日最高温度和日累计降水量分布

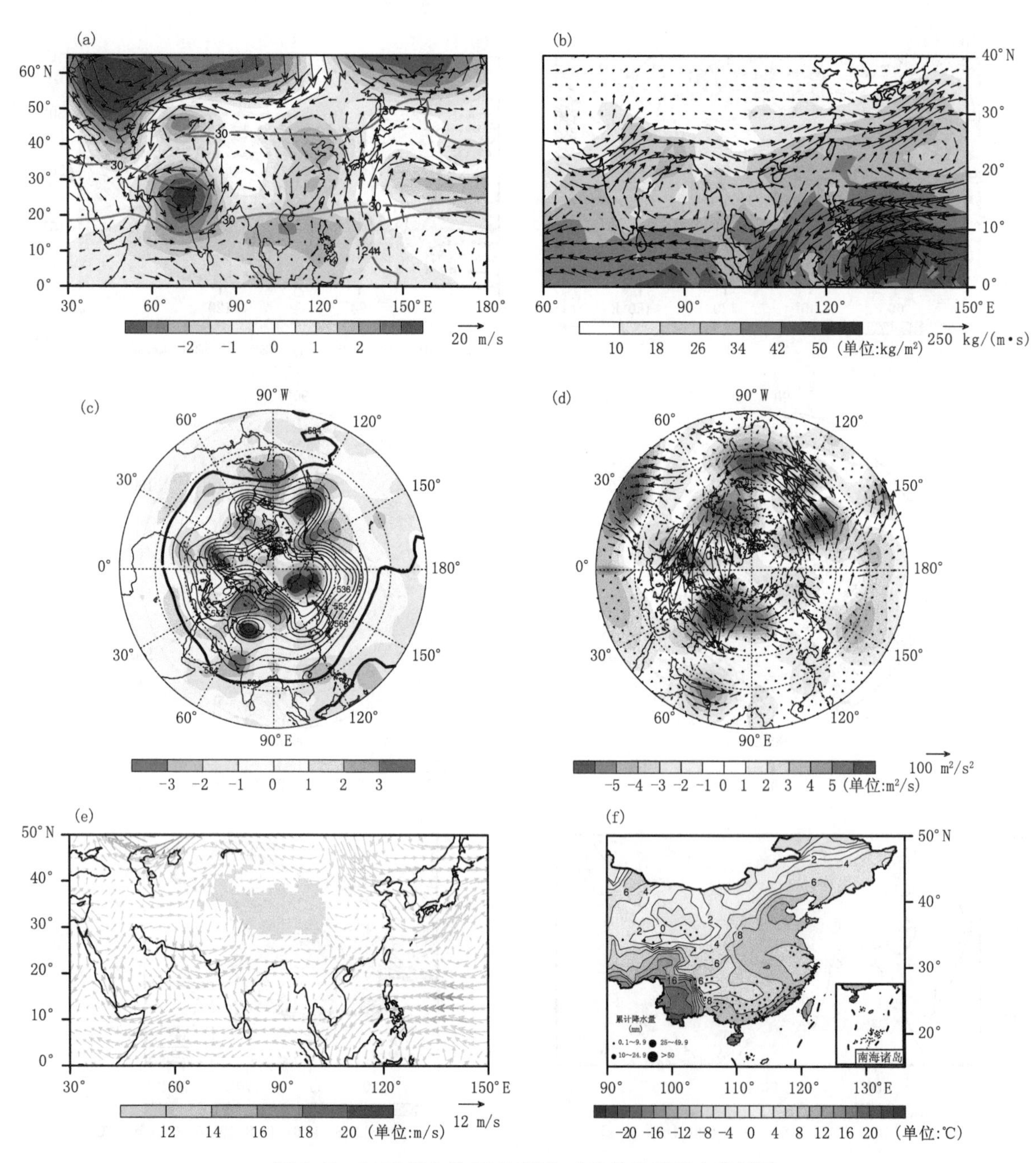

图 4.42　1996 年 2 月 25 日环流、水汽输送及降水特征图

(a)200 hPa 南亚高压、西风急流、位势高度标准化距平和矢量风距平分布;(b)整层积分水汽和水汽输送分布;(c)500 hPa 位势高度及其标准化距平分布;(d)200 hPa 波通量和流函数距平分布;(e)850 hPa 矢量风分布;(f)日最高温度和日累计降水量分布

4.5.7 2008 年 2 月 6—14 日事件

4.5.7.1 降水概况

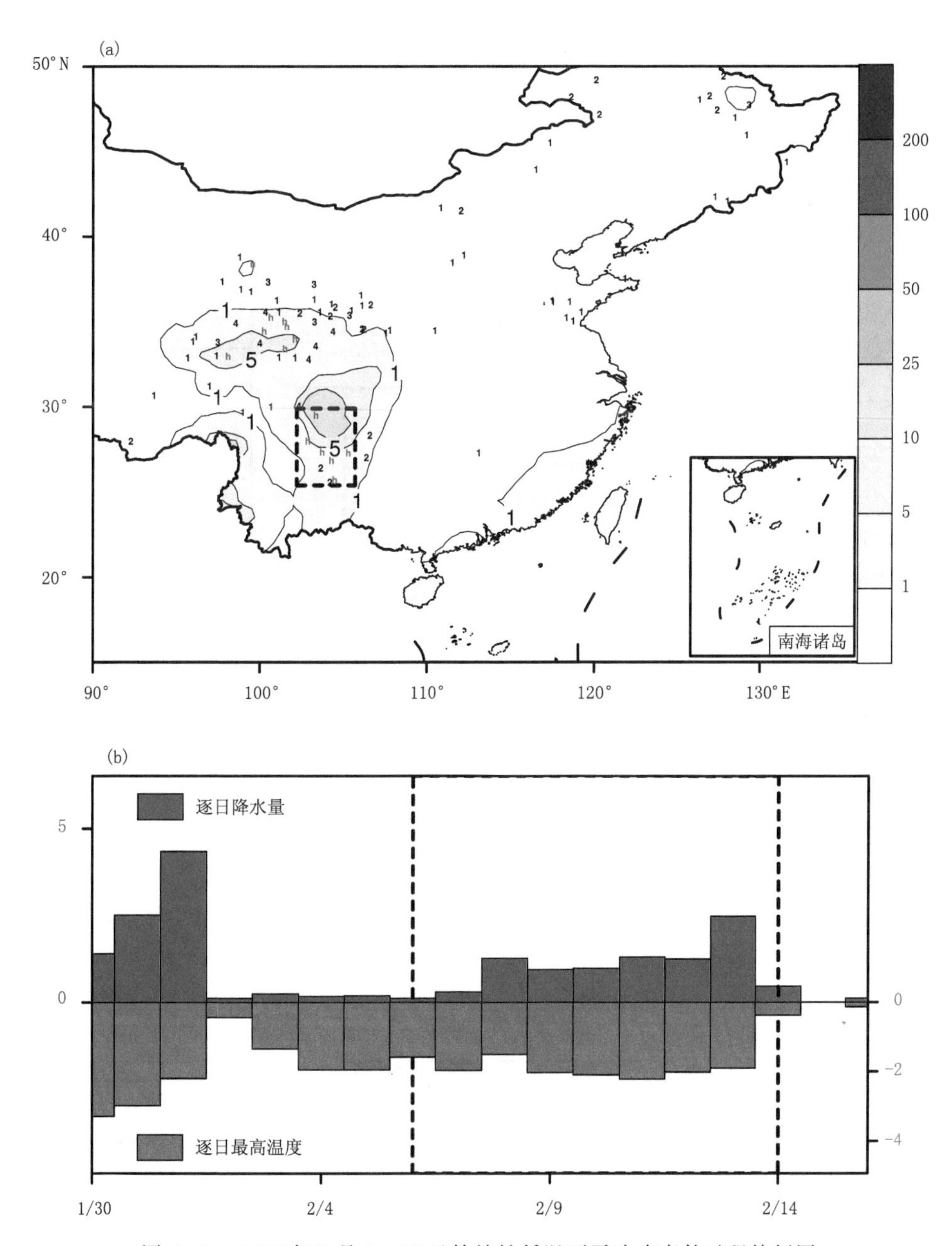

图 4.43 2008 年 2 月 6—14 日持续性低温雨雪冰冻事件过程特征图

(a)事件期间累计降水量，数字符号表示事件期间站点最高温度低于 0 ℃的日数，其中红色 h 表示日数大于等于 5，事件核心区域用黑色虚线框标出；(b)表示事件期间核心区域平均降水量及平均最高温度（蓝色柱单位：mm；红色柱单位：℃），事件发生时段用黑色竖虚线标出

4.5.7.2 时间一经(纬)度剖面综合图

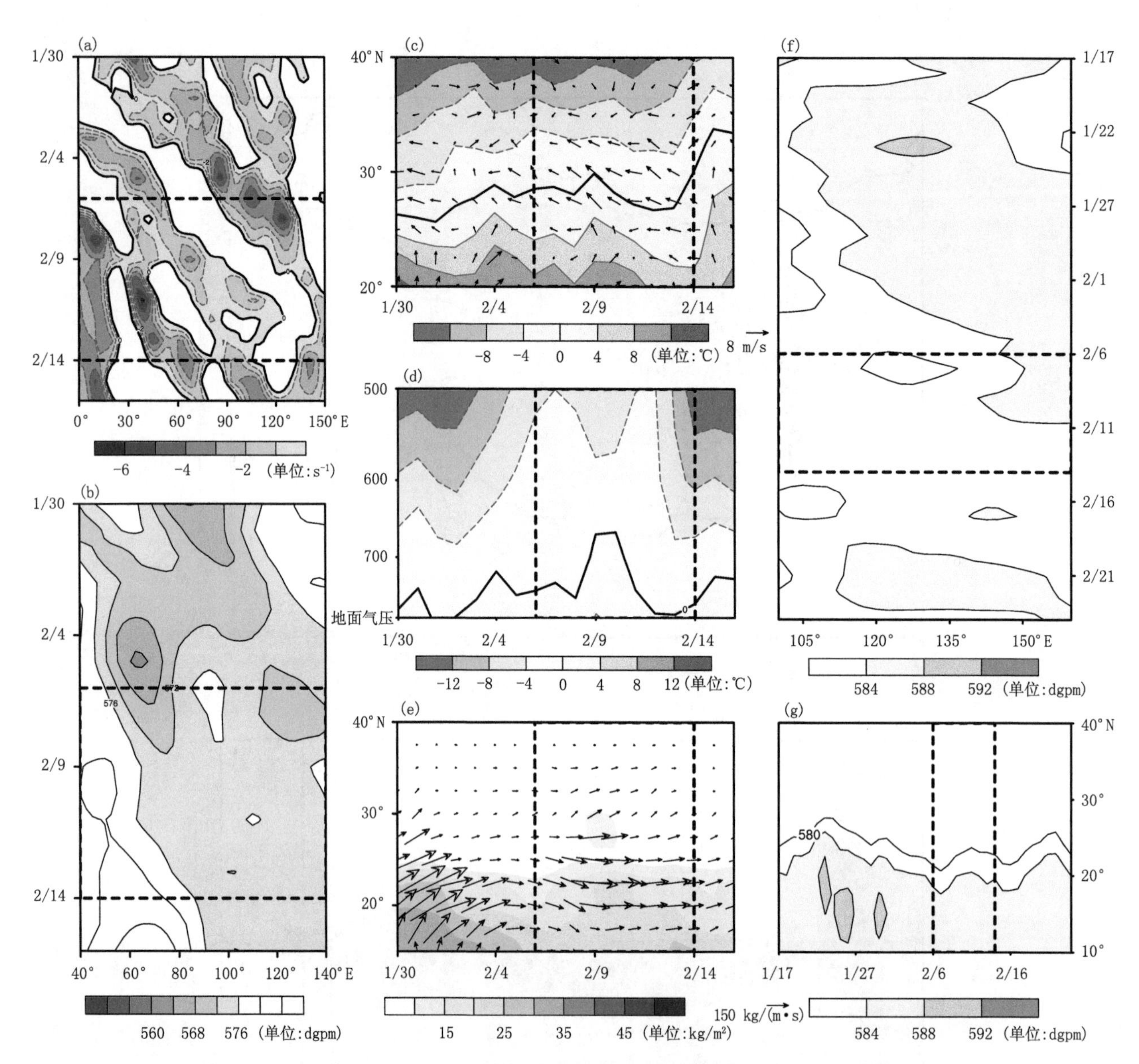

图 4.44 2008 年 2 月 6—14 日持续性低温雨雪冰冻事件时间一经(纬)度剖面综合图

(a)500 hPa 55°N 的相对涡度时间一经度剖面;(b)500 hPa 25°N 的位势高度的时间一经度剖面;(c)850 hPa 事件发生核心区矢量风以及温度纬度一时间剖面;(d)事件发生核心区域温度气压一时间剖面;(e)事件发生核心区整层水汽积分和水汽通量;(f)500 hPa 20°N 的位势高度经度一时间剖面;(g)500 hPa 120°E 位势高度时间一纬度剖面

4.5.7.3 逐日环流、水汽输送和降水特征图

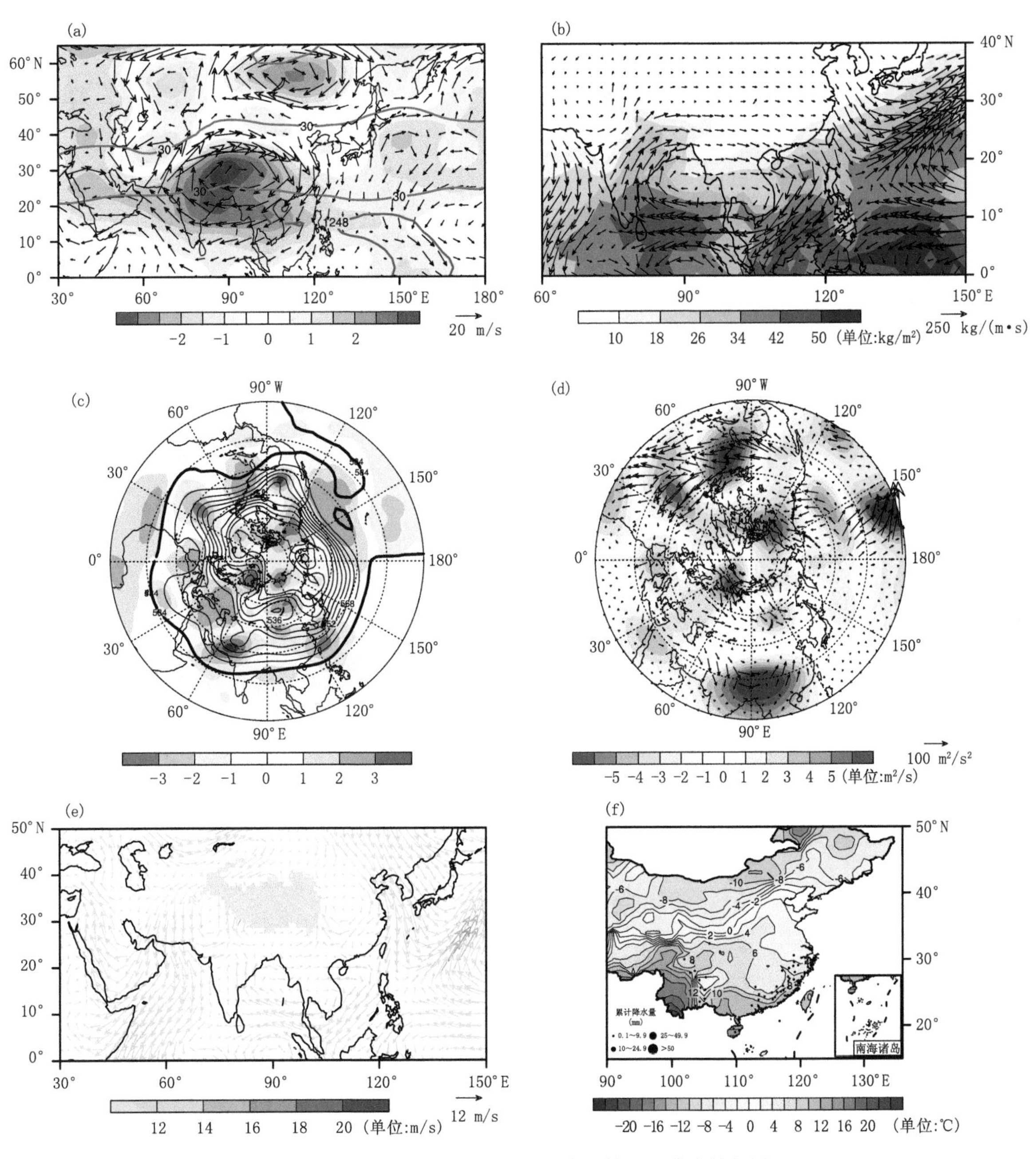

图4.45 2008年2月6日环流、水汽输送及降水特征图

(a)200 hPa南亚高压、西风急流、位势高度标准化距平和矢量风距平分布;(b)整层积分水汽和水汽输送分布;(c)500 hPa位势高度及其标准化距平分布;(d)200 hPa波通量和流函数距平分布;(e)850 hPa矢量风分布;(f)日最高温度和日累计降水量分布

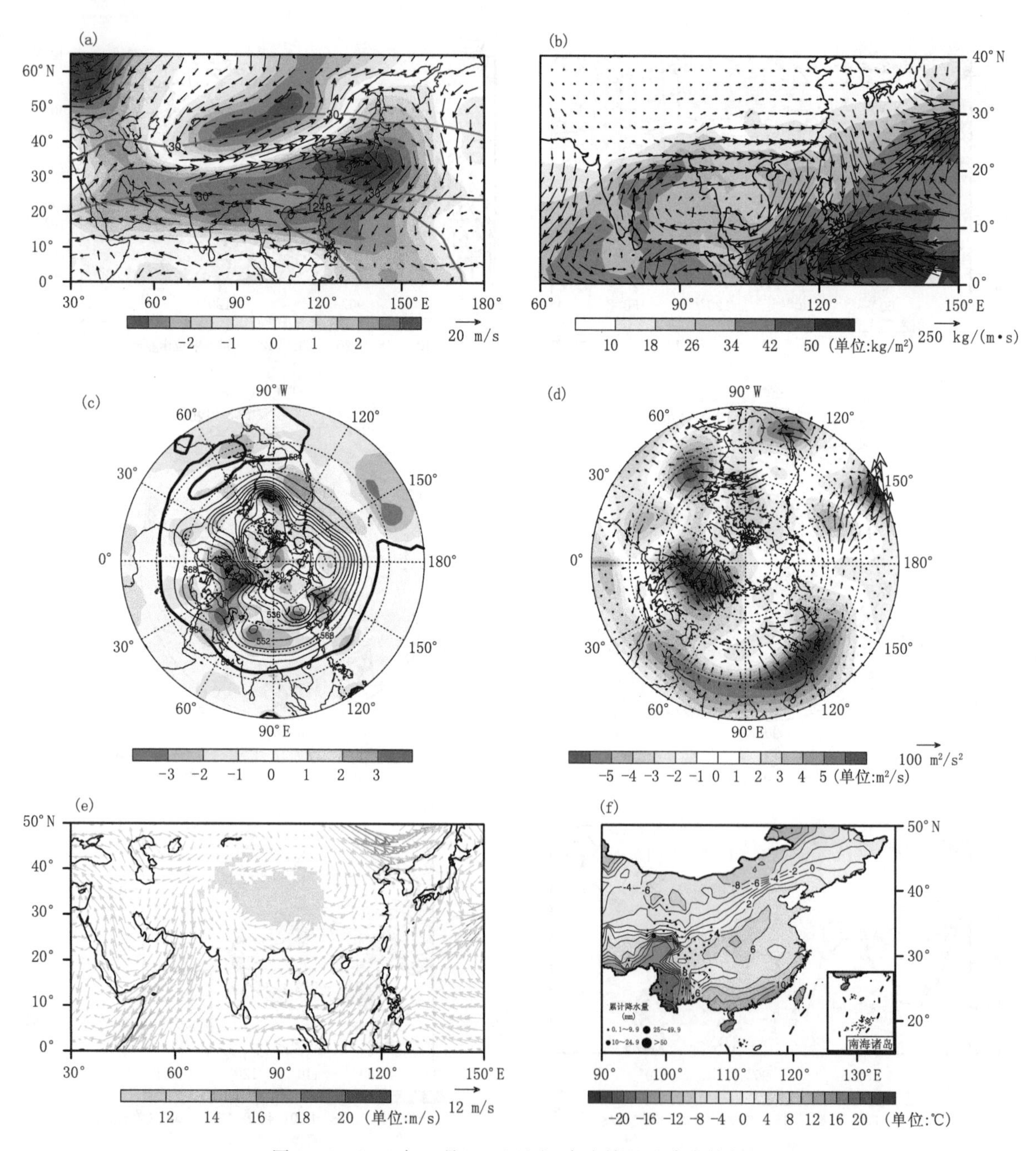

图 4.46　2008 年 2 月 10 日环流、水汽输送及降水特征图

(a)200 hPa 南亚高压、西风急流、位势高度标准化距平和矢量风距平分布；(b)整层积分水汽和水汽输送分布；(c)500 hPa 位势高度及其标准化距平分布；(d)200 hPa 波通量和流函数距平分布；(e)850 hPa 矢量风分布；(f)日最高温度和日累计降水量分布

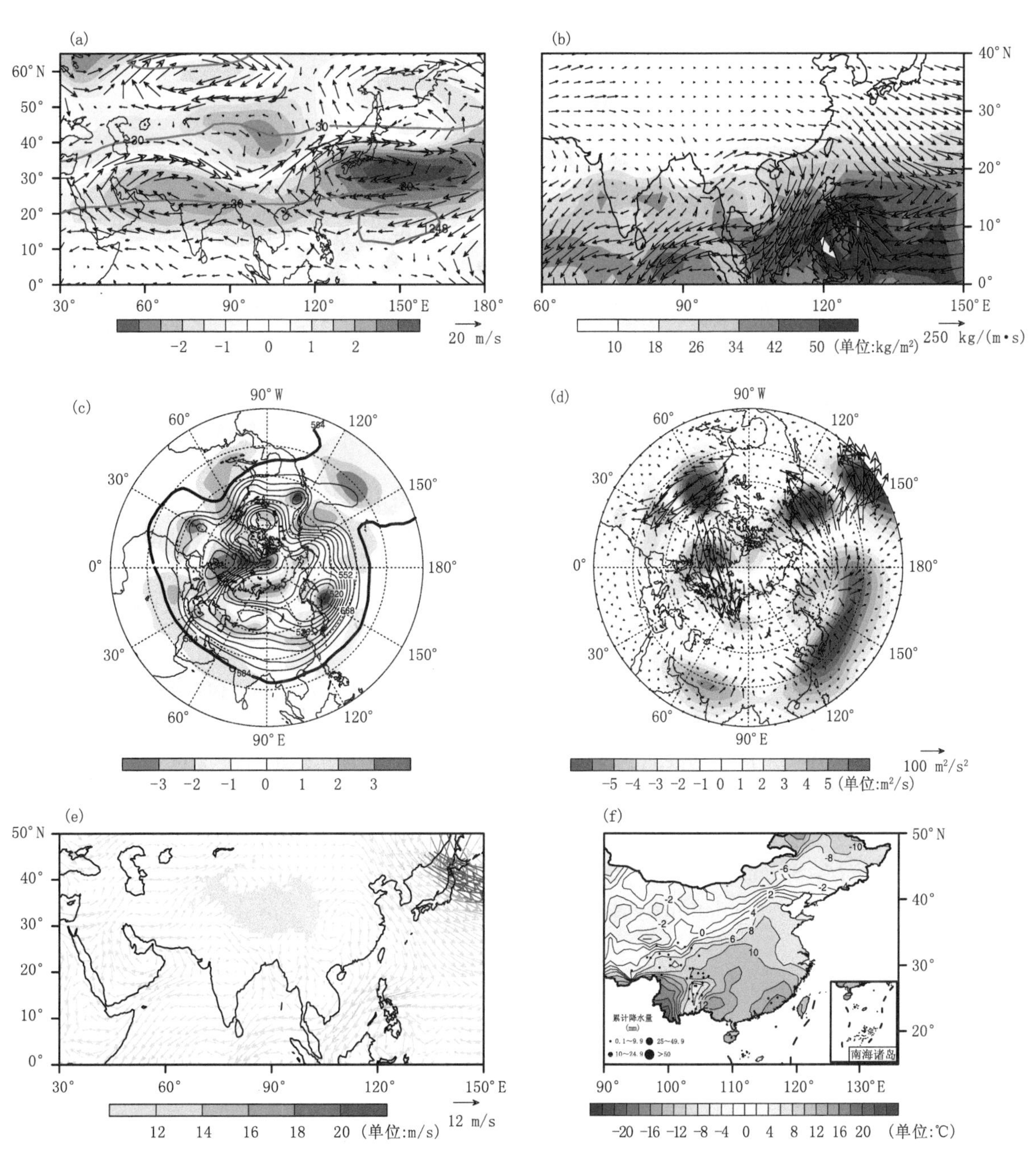

图 4.47 2008 年 2 月 14 日环流、水汽输送及降水特征图

(a)200 hPa 南亚高压、西风急流、位势高度标准化距平和矢量风距平分布；(b)整层积分水汽和水汽输送分布；(c)500 hPa 位势高度及其标准化距平分布；(d)200 hPa 波通量和流函数距平分布；(e)850 hPa 矢量风分布；(f)日最高温度和日累计降水量分布

参考文献

丁一汇，王遵娅，宋亚芳，等，2008.中国南方 2008 年 1 月罕见低温雨雪冰冻灾害发生的原因及其与气候变暖的关系.气象学报，66(5):808-825.

钱晰，2014. 中国低温雨雪冰冻事件特征及大尺度环流异常分析.南京信息工程大学.

陶诗言，卫捷，2007. 夏季中国南方流域性致洪暴雨与季风涌的关系. 气象，33(3):10-18.

陶诗言，卫捷，2008. 2008 年 1 月我国南方严重冰雪灾害过程分析. 气候与环境研究，13(4):337-350.

王东海，柳崇健，刘英，等，2008. 2008 年 1 月中国南方低温雨雪冰冻天气特征及其天气动力学成因的初步分析. 气象学报，66(3):405-422.

徐海明，何金海，周兵，2001. 江淮入梅前后大气环流的演变特征和西太平洋副高北跳西伸的可能机制. 应用气象学报，12(2):150-158.

朱乾根，林锦瑞，寿绍文，2000. 天气学原理和方法. 北京:气象出版社.

Bai A J，Zhai P M，Liu X D，2007. Climatology and trends of wet spells in China. Theoretical and applied climatology，88(3-4):139-148.

Chen Y，Zhai P M，2013. Persistent extreme precipitation events in China during 1951—2010. Climate Research，57(2):143-155.

Chen Y，Zhai P M，2014a. Precursor circulation features for persistent extreme precipitation in Central-Eastern China. Weather and Forecasting，29(2):226-240.

Chen Y，Zhai P M，2014b. Two types of typical circulation patterns for the persistent extreme precipitation in central-eastern China. Quarterly Journal of the Royal Meteorological Society，140(682):1467-1478.

Dee D P，Uppala S M，Simmons A J，et al. 2011. The ERA-Interim reanalysis:configuration and performance of the data assimilation system. Quarterly Journal of the Royal Meteorological Society，137(656):553-597.

Ding Y H，Chan J C L，2005. The East Asian summer monsoon:an overview. Meteorology and Atmospheric Physics，89(1-4):117-142.

Hart R E，Grumm R H，2001. Using normalized climatological anomalies to rank synoptic-scale events objectively. Monthly weather review，129(9):2426-2442.

Kalnay E，Kanamitsu M，Kistler R，et al，1996. The NCEP/NCAR 40-year reanalysis project. Bulletin of the American meteorological Society，77(3):437-471.

Lee H T，2014. Climate Algorithm Theorectical Busis Document (C-ATBD):Outgoing Longwave Radiation (OLR)-Daily. NOAA's Climate Date Record (CDR) Program，CDRP-ATBD-0526，46pp.

Qian X，Miao Q L，Zhai P M，et al，2014. Cold-wet spells in mainland China during 1951—2011. Natural hazards，74(2):931-946.

Takaya K，Nakamura H，2001. A formulation of a phase-independent wave-activity flux for stationary and migratory quasigeostrophic eddies on a zonally varying basic flow. Journal of the atmospheric sciences，58(6):608-627.

Wang H J，Sun J H，Zhao S X，et al，2016. The multiscale factors favorable for apersistent heavy rain event over Hainan Island in October 2010. Journal of Meteorological Research, 30(4):496-512.

Wu H., Zhai P M, Chen Y, 2016. A Comprehensive Classification of Anomalous Circulation Patterns Responsible for Persistent Precipitation Extremes in South China. Journal of Meteorological Research, 30(4):483-495.

Zhai P M, Zhang X B, Wan H, et al, 2005. Trends in total precipitation and frequency of daily precipitation extremes over China. Journal of climate, 18(7):1096-1108.

Zhang H Q, Qin J, and Li Y, 2011. Climatic background of cold and wet winter in southern China:part I observational analysis. Climate dynamics, 37(11-12):2335-2354.

附　录

1951—2010 年持续性暴雨与低温雨雪冰冻事件基本信息见附录表 1—4，1980—2010 年事件及其关键影响系统信息详见附录表 5。

附录表 1　长江流域持续性暴雨事件基本信息

年份	起始日期		结束日期		持续	影响	影响面积	北界	南界	西界	东界	过程最大降	过程最小降
	月	日	月	日	时间(d)	站数	(10^4 km^2)	(°N)	(°N)	(°E)	(°E)	水量(mm)	水量(mm)
1954	7	4	7	7	4	3	3.23	32.9	32.15	115.62	117.38	430.20	265.40
1955	6	18	6	23	6	6	5.70	29.73	28.67	115.97	119.63	516.80	265.40
1961	6	7	6	11	5	3	2.59	31.43	28.3	117.2	119.48	264.90	172.00
1964	6	24	6	29	6	5	5.29	30.73	29.38	110.15	115.67	574.90	262.20
1967	6	17	6	22	6	3	2.59	29	27.05	114.92	118.9	358.90	197.60
1968	6	16	6	19	4	3	1.82	27.05	26.63	118.15	118.97	424.50	303.90
1968	7	13	7	20	8	5	4.84	33.6	30.65	113.15	119.02	565.90	305.50
1970	7	8	7	14	7	4	3.47	30.12	27.9	115.97	118.52	295.60	177.60
1974	7	14	7	17	4	3	2.59	30.12	29.3	117.2	118.27	279.50	238.70
1982	6	13	6	19	7	9	9.16	28.07	27.05	111.45	118.52	551.50	240.80
1989	6	29	7	3	5	4	3.80	29	27.78	114.38	118.9	379.30	302.80
1991	6	12	6	15	4	4	3.80	32.55	31.88	115.62	120.87	370.40	231.60
1991	7	1	7	11	11	9	9.05	32.87	30.33	112.13	120.32	742.20	369.90
1992	7	4	7	8	5	4	3.47	28.07	25.5	117.45	119.78	447.90	215.30
1995	6	21	6	26	6	3	2.07	30.12	28.67	118.13	118.9	469.00	286.00
1996	6	29	7	2	4	4	2.77	30.33	29.72	118.13	120.15	619.90	291.20
1997	7	7	7	12	6	5	4.66	30.73	26.85	116.32	122.43	389.10	275.10
1998	6	12	6	27	16	12	10.78	30.62	23.78	113.52	118.97	1053.90	283.60
1999	6	24	7	1	8	7	4.84	31.15	29.62	113.92	120.15	813.50	313.80
2000	6	9	6	12	4	6	4.68	28.07	25.5	118.02	120.2	376.50	204.20
2002	6	14	6	17	4	3	2.54	26.9	26.63	116.32	118.15	551.30	378.80
2003	7	8	7	10	3	5	5.57	31.18	28.83	108.75	115.02	481.70	197.20
2005	6	18	6	23	6	9	7.26	27.9	23.78	114.73	120.2	706.80	295.10
2006	6	4	6	7	4	5	3.47	28.07	26.9	116.63	119.13	421.10	219.00
2010	6	17	6	25	9	6	5.08	27.9	26.9	116.63	118.52	754.40	441.10

注：表格阴影表示本书中给出的研究个例。

附录表 2 华南地区(非台风型)持续性暴雨事件基本信息

年份	起始日期		结束日期		持续	影响	影响面积	北界	南界	西界	东界	过程最大降	过程最小降
	月	日	月	日	时间(d)	站数	(10^4 km^2)	(°N)	(°N)	(°E)	(°E)	水量(mm)	水量(mm)
1955	7	17	7	25	9	5	6.37	25.78	22.63	110.15	117.5	482.90	310.30
1956	8	7	8	9	3	3	7.26	21.93	21.45	107.97	109.13	389.40	223.30
1957	5	12	5	14	3	3	2.74	23.87	23.07	113.52	114.73	311.30	210.60
1959	6	11	6	15	5	9	9.03	23.78	22.33	110.08	116.68	737.00	298.80
1964	6	9	6	16	8	5	4.89	25.5	21.83	111.97	119.78	662.20	307.00
1968	6	10	6	14	5	3	3.15	23.78	22.78	114.73	116.68	612.40	319.30
1969	4	13	4	16	4	3	6.78	22.33	21.73	110.92	112.75	395.50	293.90
1972	6	15	6	17	3	5	5.81	23.77	22.78	115.37	117.5	341.90	220.80
1991Ⅰ	6	7	6	12	6	3	10.89	21.93	21.52	107.97	112.75	679.30	358.40
1994Ⅱ	6	13	6	17	5	3	3.39	25.2	22.33	109.38	110.92	583.90	306.00
1994Ⅰ	7	14	7	21	8	4	8.47	21.93	21.03	107.97	109.13	1156.60	387.30
1995Ⅰ	6	5	6	8	4	4	11.86	21.83	21.52	107.97	112.75	807.50	251.40
1997Ⅱ	7	2	7	9	8	3	2.98	24.2	22.52	110.5	114	434.70	288.60
1997Ⅱ	7	19	7	24	6	4	9.68	21.93	18.48	107.97	110.02	584.50	192.90
1998Ⅱ	7	1	7	9	9	5	10.89	21.93	18.22	107.97	110.02	863.20	263.30
2000Ⅱ	7	17	7	22	6	6	10.08	23.33	21.73	108.33	113.83	435.00	230.80
2000Ⅱ	8	1	8	4	4	4	12.10	21.93	21.52	107.97	112.75	410.40	269.50
2008Ⅱ	7	7	7	12	6	3	7.26	23.38	21.73	112.75	116.68	323.90	288.80

注:表格阴影表示本书中给出的研究个例。本书仅对 1980 年以后的事件进行了分型。其中Ⅰ表示华南Ⅰ类,Ⅱ表示华南Ⅱ类。

附录表 3 台风型持续性暴雨事件基本信息

年份	起始日期		结束日期		持续	影响	影响面积	北界	南界	西界	东界	过程最大降	过程最小降
	月	日	月	日	时间(d)	站数	(10^4 km^2)	(°N)	(°N)	(°E)	(°E)	水量(mm)	水量(mm)
1956	9	17	9	24	8	3	3.39	27.33	24.9	118.08	120.2	491.30	412.90
1957	10	12	10	14	3	3	4.84	19.5	19.03	109.57	110.45	636.90	178.60
1960	8	24	8	28	5	3	3.15	23.78	23.03	114.42	116.3	390.70	298.10
1965	9	27	9	30	4	3	6.86	23.03	21.73	112.43	116.3	612.30	218.80
1967	8	4	8	7	4	3	3.63	24.7	22.42	107.02	109.3	558.10	331.70
1967	9	13	9	19	7	3	4.60	20	18.48	109.83	110.25	494.30	369.30
1972	8	18	8	21	4	5	5.81	23.77	21.83	111.97	117.5	384.30	223.20
1974	10	18	10	21	4	3	6.78	22.78	21.73	112.75	115.37	399.10	244.60
1976	9	19	9	23	5	5	5.08	22.75	21.15	108.62	111.97	482.30	340.40
1979	9	20	9	23	4	3	4.84	19.03	18.22	109.5	110.02	565.10	354.20
1981	9	28	10	4	7	4	11.45	22.23	21.48	107.97	112.78	558.60	403.30
1985	8	26	8	31	6	6	11.05	23.42	21.03	105.83	112.75	612.10	306.30
1990	7	30	8	4	6	5	5.45	26.07	23.03	116.3	119.27	537.50	330.90
1990	8	19	8	23	5	6	5.31	28.8	23.43	117.02	120.92	516.40	225.00
1990	10	3	10	6	4	3	4.60	20.33	18.48	109.83	110.18	452.70	330.60

续表

年份	起始日期 月	起始日期 日	结束日期 月	结束日期 日	持续时间(d)	影响站数	影响面积(10^4 km^2)	北界(°N)	南界(°N)	西界(°E)	东界(°E)	过程最大降水量(mm)	过程最小降水量(mm)
1993	9	24	9	27	4	3	6.78	22.78	21.73	112.75	115.37	641.90	247.30
1994	8	4	8	6	3	3	3.11	24.48	23.38	116.68	118.07	410.60	193.50
1995	7	31	8	4	5	3	3.39	23.77	22.78	115.37	117.5	390.70	342.70
1996	8	11	8	15	5	3	3.63	21.77	21.03	108.33	109.13	379.50	239.10
2000	10	13	10	19	7	4	5.81	20	19.03	109.57	110.45	819.00	596.70
2001	8	29	9	5	8	5	4.76	23.17	21.83	111.97	116.3	671.90	329.50
2002	9	12	9	17	6	3	2.90	22.52	21.15	110.3	114	557.90	294.40
2008	7	28	8	1	5	3	2.51	30.12	24.9	118.13	119.5	394.00	252.60
2008	8	7	8	9	3	4	4.84	21.93	21.03	108.33	109.13	484.70	301.10
2009	8	5	8	10	6	3	3.39	21.45	19.08	108.62	110.3	604.20	234.00
2010	10	1	10	9	9	6	9.20	20.33	18.22	109.5	110.45	1488.10	528.80
2010	10	15	10	18	4	3	6.05	19.22	18.48	109.83	110.45	521.50	369.60

附录表 4 持续性低温雨雪冰冻事件基本信息

起始日期 年	起始日期 月	起始日期 日	结束日期 年	结束日期 月	结束日期 日	持续时间(d)	影响站数	经度(°E)	纬度(°N)	PT 值
1954	12	25	1955	1	10	17	49	111.1	30.4	1172.6
1964	1	23	1964	2	8	17	6	105.9	29.9	73.5
1964	2	15	1964	2	25	11	8	107.9	28.4	122.2
1966	12	24	1967	1	11	19	7	106.7	28.5	93.7
1968	1	30	1968	2	15	17	9	106.7	28.3	191.9
1969	1	29	1969	2	7	10	3	105.1	27.9	30.5
1971	1	25	1971	2	2	9	7	106.3	28.5	103.2
1972	2	2	1972	2	9	8	7	106.5	29	114.2
1974	1	29	1974	2	11	14	7	108.3	28.5	90.8
1975	12	8	1975	12	15	8	10	106.4	28.4	175.8
1976	12	26	1977	1	10	16	7	106.7	27.7	100.2
1977	1	27	1977	2	2	7	12	115.4	27.8	143.3
1980	1	29	1980	2	12	15	8	106.7	28.7	111.4
1983	1	8	1983	1	14	7	3	109.8	27.9	28.7
1984	1	17	1984	2	6	21	13	105.9	28.3	238.1
1984	12	18	1984	12	29	12	7	106.7	28.8	121.5
1993	1	13	1993	1	23	11	5	105.1	27.9	90.2
1996	2	17	1996	2	25	9	5	106.7	28.5	76
2001	1	11	2001	1	16	6	3	121.8	37.3	39.8
2008	1	13	2008	2	2	21	28	109.6	27.4	479.7
2008	2	6	2008	2	14	9	3	103.7	27.4	38

注:表格阴影表示本书中给出的研究个例,主要为我国南方持续性低温雨雪冰冻事件。2001 年个例属于北方个例,不在本次研究范围内。

附录表 5　1980—2010 年持续性极端降水事件及其关键影响系统

	年份	起始日期		结束日期		南亚高压东伸	高层西风急流南移	阻塞高压/脊活动	水汽输送增强	低值扰动（高原涡/西南涡/切变线/南支槽）	西太平洋副热带高压西伸
长江流域持续性暴雨事件	1982	6	13	6	19	√	√	不明显或不稳定	√	√	√
	1989	6	29	7	3	√	√	乌拉尔山，鄂霍次克海	√	√	√
	1991	6	12	6	15	√	√	不明显或不稳定	√	√	√
	1991	7	1	7	11	√	√	乌拉尔山，鄂霍次克海	√	√	√
	1992	7	4	7	8	√	√	贝加尔湖	√		√
	1995	6	21	6	26	√	√	乌拉尔山，鄂霍次克海	√		√
	1996	6	29	7	2	√	√	乌拉尔山，鄂霍次克海	√	√	√
	1997	7	7	7	12	√	√	贝加尔湖	√	√	√
	1998	6	12	6	27	√	√	乌拉尔山，鄂霍次克海	√	√	√
	1999	6	24	7	1	√	√	乌拉尔山，鄂霍次克海	√		√
	2000	6	9	6	12	√	√	贝加尔湖	√	√	√
	2002	6	14	6	17	√	√	贝加尔湖	√	√	√
	2003	7	8	7	10	√	√	不明显或不稳定	√		√
	2005	6	18	6	23	√	√	贝加尔湖	√	√	√
	2006	6	4	6	7	√	√	乌拉尔山，鄂霍次克海	√	√	√
	2010	6	17	6	25	√	√	贝加尔湖	√	√	√
华南型持续性暴雨事件	1991	6	7	6	12	√	√	乌拉尔山，鄂霍次克海	√		√
	1994	6	13	6	17	√	√	鄂霍次克海	√	√	
	1994	7	14	7	21	√	√	贝加尔湖	√		√
	1995	6	5	6	8	√	√	乌拉尔山，鄂霍次克海	√		√
	1997	7	2	7	9	√	√	贝加尔湖	√	√	
	1997	7	19	7	24	√	√	鄂霍次克海	√	√	
	1998	7	1	7	9	√	√	不明显或不稳定	√	√	√
	2000	7	17	7	22	√	√	乌拉尔山	√	√	
	2000	8	1	8	4	√	√	乌拉尔山	√	√	
	2008	7	7	7	12	√	√	不明显或不稳定	√	√	
持续性低温雨雪冰冻事件	1980	1	29	2	12		√	乌拉尔山-西西伯利亚	√	√	
	1983	1	8	1	14		√	贝加尔湖	√		√
	1984	1	17	2	6		√	乌拉尔山	√	√	
	1984	12	18	12	29		√	西西伯利亚	√	√	
	1993	1	13	1	23		√	贝加尔湖	√	√	
	1996	2	17	2	25		√	贝加尔湖	√	√	
	2008	1	13	2	2		√	西西伯利亚-贝加尔湖	√	√	√
	2008	2	6	2	14		√	乌拉尔山	√	√	